Concreto protendido:
teoria e prática

LUIZ CHOLFE & LUCIANA BONILHA

ATUALIZADA COM A NBR 6118/2014 — 2ª EDIÇÃO

Concreto protendido:
teoria e prática

Copyright © 2018 Oficina de Textos
1ª reimpressão 2022
Grafia atualizada conforme o Acordo Ortográfico da Língua Portuguesa de 1990, em vigor no Brasil desde 2009.

CONSELHO EDITORIAL Arthur Pinto Chaves; Cylon Gonçalves da Silva;
Doris C. C. K. Kowaltowski; José Galizia Tundisi; Luis Enrique Sánchez;
Paulo Helene; Rozely Ferreira dos Santos; Teresa Gallotti Florenzano

CAPA Malu Vallim
PROJETO GRÁFICO E DIAGRAMAÇÃO Diagramme – Design Gráfico & Editoração
REVISÃO DE TEXTO Ricardo Sanovick Shimada
IMPRESSÃO E ACABAMENTO BMF gráfica e editora

Dados Internacionais de Catalogação na Publicação (CIP)
(Câmara Brasileira do Livro, SP, Brasil)

Cholfe, Luiz
Concreto protendido : teoria e prática / Luiz Cholfe & Luciana Bonilha. — 2. ed. — São Paulo: Oficina de Textos, 2018.

Bibliografia.
ISBN 978-85-77975-297-1

1. Engenharia de estruturas 2. Estruturas de concreto protendido I. Bonilha, Luciana. II. Título.

15-04758   CDD-624.1834

Índices para catálogo sistemático:
1. Estrutura de concreto protendido :
Engenharia estrutural 624.1834

Todos os direitos reservados à **Editora Oficina de Textos**
Rua Cubatão, 798
CEP 04003-003 São Paulo SP
tel. (11) 3085 7933
www.ofitexto.com.br
atend@ofitexto.com.br

Prefácio 1

Em um país com escassas publicações técnicas, é com muita satisfação e entusiasmo que anuncio mais uma obra sobre engenharia estrutural de concreto. Trata-se do livro sobre concreto protendido dos engenheiros Luiz Cholfe e Luciana Bonilha.

As notas de aula, dos mesmos autores, da disciplina de Concreto Protendido da Escola de Engenharia da Universidade Presbiteriana Mackenzie (EEUPM) são, de longa data, referência bibliográfica obrigatória para o apoio e estudo, utilizadas pelo meio técnico em projetos estruturais. Não apenas os alunos que assistiam às aulas tinham contato com essas notas de aula, mas inúmeros outros engenheiros estruturais também recorriam a esse material didático sobre os ensinamentos e conceitos do concreto protendido. Digo isso pela minha própria experiência profissional, pois, quando fui especificar um sistema computacional para lajes protendidas, também recorri a essas excelentes notas de aula e sempre as citei como excelente material didático sobre o assunto.

Com base na experiência acadêmica de décadas ministrando aulas de Concreto Protendido na EEUPM, finalmente os engenheiros Luiz Cholfe e Luciana Bonilha estão concretizando um clamor do nosso meio técnico, que é o de publicar um livro sobre projeto estrutural de concreto protendido.

Escrito de forma clara e objetiva, abordando os assuntos com a devida profundidade, os conceitos apresentados neste livro são aplicados para o projeto estrutural em concreto protendido de lajes, vigas, pórticos, elementos especiais, estruturas premoldadas, pontes etc.

Com a didática acumulada ao longo da extensa vida acadêmica e prática profissional, são explanados os conceitos básicos da protensão, os efeitos dos cabos de protensão nas estruturas, introduzindo um novo comportamento do modelo estrutural, a comparação entre concreto armado e protendido e os níveis de protensão, tanto para pré-tração como para pós-tração. Está contemplado também o dimensionamento das seções transversais com armaduras ativas e passivas no estado-limite último. As verificações dos estados-limites em serviço para os diversos níveis de protensão são equacionadas.

As perdas de protensão de diversas origens possuem um capítulo à parte, sempre com exemplos numéricos completos e elucidativos. Finalmente, um extenso capítulo dedicado exclusivamente a exemplos práticos resolvidos é apresentado, além do roteiro completo a ser seguido para a elaboração do projeto de estruturas protendidas em todas as suas etapas.

Em resumo, projetar estruturas de concreto protendido não é tarefa corriqueira como projetar uma estrutura de concreto armado. Os colegas engenheiros têm certo receio neste tipo de projeto, devido às particularidades com o novo material, verificações adicionais que necessitam serem realizadas, dúvidas na execução etc. Com certeza, esta publicação vai atingir plenamente o grande objetivo dos autores, que é transmitir ao meio técnico informações necessárias e suficientes para entender e desmistificar o uso e a aplicação da protensão nos mais variados elementos estruturais.

Quero aqui parabenizar os autores pela publicação que, sem dúvida, será livro obrigatório para os engenheiros estruturais que atuam no mercado como projetistas de estruturas protendidas.

Nelson Covas
Diretor da TQS Informática Ltda.
Conselheiro da Abece – Associação Brasileira de Engenharia e Consultoria Estrutural
Conselheiro do Ibracon – Instituto Brasileiro do Concreto

Prefácio 2

Devo atribuir à generosidade dos autores o convite para prefaciar este importante empreendimento editorial, que já está destinado a se tornar obra de referência nos cenários acadêmico e profissional da engenharia civil brasileira, mercê dos múltiplos atributos do seu conteúdo e, de modo muito especial, da credibilidade técnico-científica dos Professores Engenheiros Luiz Cholfe e Luciana Bonilha.

Os méritos do livro Concreto Protendido: Teoria e Prática começam pela própria organização da obra – metodologicamente instigante e graficamente atraente – que mescla de forma inteligente textos conceituais, representações gráficas e iconográficas, exemplos numéricos e exercícios de aplicação. Seu lastro conceitual é seguro e preciso; os gráficos, diagramas e desenhos são nítidos e esclarecedores; as imagens fotográficas ilustram contextos reais, revelando, em muitos casos, amostras do vasto acervo técnico dos próprios autores. Quanto aos exemplos numéricos e aos exercícios de aplicação, vê-se que o contexto e a ordem de grandeza dessas proposições são compatíveis com a realidade profissional, não ficando subordinadas à materialização puramente acadêmica de conceitos e procedimentos. Em síntese: teoria e prática complementam-se harmoniosamente, fazendo jus ao título e à proposta da obra. Nesse sentido, os gregos antigos diriam que a episteme uniu-se virtuosamente à praxis para elaborar a téchne. Sem dúvida, a convergência dessas dimensões foi deliberadamente induzida e construída por quem tinha em mente compartilhar com estudantes e engenheiros as peculiaridades e sutilezas das estruturas protendidas. A autoria dessa obra bem tecida tem identidade própria e credenciais marcantes. Convém inserir, aqui e agora, os devidos destaques.

Com efeito, a credibilidade técnico-científica atribuída aos autores tem sua prova mais evidente no alentado acervo de projetos, gerenciamento e serviços de consultoria que os Engenheiros Luiz Cholfe e Luciana Bonilha vêm desenvolvendo há mais de três décadas, com reconhecido padrão de qualidade e confiabilidade. Veja-se, a propósito, o portfólio da empresa Statura Engenharia e Projetos, de que ambos são titulares, e que conta com quase duas mil assinaturas de autoria técnica, incluindo soluções inovadoras, sofisticadas e arrojadas. Esse respeitável capital intelectual e tecnológico atesta as credenciais de competência profissional dos autores. Existe, contudo, outra dimensão a considerar: ambos são também Professores Universitários experientes, portadores do título de "Mestre em Engenharia", que ministram aulas de Concreto Protendido aos alunos da tradicional Escola de Engenharia da Universidade Presbiteriana Mackenzie. Vale a pena realçar esse aspecto, pois tal circunstância ganha sentido contextual de relevo, se abordada em uma perspectiva histórica.

De fato, à medida que, de longa data, Luiz Cholfe e Luciana Bonilha protagonizam o ensino do Concreto Protendido na Escola de Engenharia da Universidade Presbiteriana Mackenzie, dão também sequência a uma linhagem de ilustres docentes dessa disciplina, que compreende figuras como Roberto Rossi Zuccolo, José Carlos de Figueiredo Ferraz, Augusto Carlos de Vasconcelos e Antranig Muradian – todos, sem exceção, notáveis engenheiros e magistrais professores. Por força da conexão temática, esse registro permite que se mencione igualmente o pioneirismo que a Escola de Engenharia Mackenzie ostentou em várias frentes de atuação, a exemplo do próprio ensino de Concreto Armado como disciplina autônoma, desde o longínquo ano de 1913, e da publicação do primeiro livro didático de Concreto Armado, produzido no Brasil, em 1918, pelo Professor R. B. Clark, do Mackenzie.

Voltando à questão do ensino de Concreto Protendido no Mackenzie, já em 1954 era contratado o Professor José Carlos de Figueiredo Ferraz para essa finalidade, pois a matéria deixara de ser capítulo da então cadeira de Concreto Armado para constituir disciplina específica. Quanto a Roberto Rossi Zuccolo, que se formara brilhantemente em 1946 e se fizera Catedrático de Sistemas Estruturais na Faculdade de Arquitetura e Urbanismo do Mackenzie, o Professor Vasconcelos (também insigne protagonista desta história) afirma que foi ele – Zuccolo – o primeiro a executar projetos estruturais de concreto protendido em São Paulo, fazendo jus ao título de "pai do concreto protendido no Brasil." Hoje, o Centro Histórico Mackenzie guarda em seus arquivos todo o acervo do antigo Escritório Técnico Roberto Rossi Zuccolo, compreendendo cerca de 12.000 documentos, entre projetos, memoriais de cálculo, manuais e livros. À luz desse panorama, percebe-se a grandeza da responsabilidade atribuída aos Professores Luiz Cholfe e Luciana Bonilha, qual seja dar continuidade a essa brilhante trajetória e alçá-la, cada vez mais, aos mais elevados patamares de respeitabilidade e excelência. Na certeza de que os leitores estudantes e os leitores engenheiros civis estarão sendo brindados com uma excelente referência bibliográfica, encerro minhas palavras de apreço augurando que, além do preenchimento de uma aguda lacuna editorial, esta obra possa contribuir para que seus autores (e eventuais outros abnegados discípulos) continuem dedicados à missão do "ensino da juventude" que, abaixo da prece, eleva a linguagem humana à sua maior expressão de sublimidade (como dizia Rui Barbosa). Nesse caso, ousaria dizer que o Mackenzie e os mackenzistas agradecem!

Por fim, caberia imaginar as intenções dos meus amigos Luiz Cholfe e Luciana Bonilha quando se propuseram a transformar consagradas apostilas em 300 preciosas páginas de livro. Essas intenções estavam alinhadas, provavelmente, com o imaginário do imortal Fernando Pessoa, que transcrevo e parafraseio: "Tinham pensamentos tais que, se pudessem revelá-los e fazê-los viver, acrescentariam nova luminosidade às estrelas e nova beleza ao mundo".

Concretamente, essa pretensão deve encontrar-se embutida nos nichos mais íntimos da vida dos autores, ancorada no âmago das suas convicções, sem excentricidades inconvenientes e sem perdas decorrentes do tempo e dos afrouxamentos tão comuns entre figuras de menor linearidade ética.

Prof. Dr. Marcel Mendes
Vice-Reitor da Universidade Presbiteriana Mackenzie

Introdução

Esta publicação tem como objetivo fornecer, aos estudantes dos cursos de graduação em Engenharia Civil e engenheiros iniciantes que atuam na área de projetos estruturais, informações básicas conceituais da arte de projetar estruturas de concreto protendido.

O livro consolida a experiência acumulada do curso de graduação, ministrado na Escola de Engenharia da Universidade Presbiteriana Mackenzie (EEUPM), em que os autores, atuais responsáveis pela disciplina, dão continuidade ao trabalho de outros professores que atuam na área, como o engenheiro Antraning Muradian.

A teoria apresentada tem como base as recomendações da Norma NBR 6118 (Projeto de Estruturas de Concreto - Procedimento) complementada com aplicações numéricas de exemplos extraídos da prática profissional.

No Capítulo 1, estão abordados definições e conceitos iniciais do concreto protendido, da força de protensão e seus efeitos com exemplos práticos de traçado de cabos.

O Capítulo 2 mostra um estudo comparativo entre os concretos armado e protendido e os tipos de protensão quanto aos processos construtivos (Pré e Pós-Tração) e quanto às exigências relativas à fissuração do concreto e à proteção das armaduras: protensões nível 1 (parcial), nível 2 (limitada) e nível 3 (completa).

Uma abordagem rápida sobre o método dos estados-limites, ações, combinações, materiais e segurança foi contemplada.

Para o Capítulo 3 foi reservada uma parte importante do projeto de seções armadas com armaduras ativas e passivas. Trata-se do dimensionamento e verificação de seções transversais com a aplicação do método dos estados-limites. Equações de equilíbrio no ELU permitem a definição das armaduras que satisfazem as hipóteses do concreto protendido para os diversos ELS definidos nas protensões níveis 1, 2 e 3. Exemplos numéricos mostram como proceder para a definição adequada das armaduras.

As perdas da força de protensão estão consideradas no Capítulo 4. A teoria, acompanhada de aplicações numéricas, aborda as perdas imediatas (atrito, acomodação das ancoragens e encurtamento imediato do concreto) e as perdas progressivas (retração e fluência do concreto e relaxação do aço protendido), presentes nas peças projetadas com pré e pós-tração.

O Capítulo 5 apresenta revisões de cálculo para características geométricas, tensões normais, verificações no ato da protensão, procedimentos de projeto e traçado geométrico de cabos.

Aplicações numéricas diversas estão contidas no Capítulo 6.

Informações sobre detalhamento e acessórios de protensão (ancoragens, fretagens, bainhas etc.), equipamentos (aparelhos tensores, bombas de injeção, misturadores etc.) e procedimentos construtivos não fazem parte deste trabalho. Consultas podem ser obtidas através das empresas de protensão que disponibilizam em seus sites os detalhes necessários ao projeto e execução das peças protendidas.

As estruturas mais complexas (vigas contínuas, pórticos, lajes cogumelo etc.), quando submetidas às ações da protensão, necessitam de uma análise mais profunda para a determinação dos chamados "hiperestáticos de protensão". É um assunto importante, não abordado neste trabalho, que pode ser encontrado nos programas integrados de projeto estrutural como o TQS e outros. O engenheiro projetista deve ter conhecimento dos casos em que os "hiperestáticos" estão presentes.

O estudo do cisalhamento e seus efeitos, produzidos por forças cortantes e torção atuando em conjunto com a protensão, também não fazem parte desta publicação.

Por fim, acreditamos que este livro possa ser utilizado como material didático em cursos de graduação, especialização e por profissionais que projetam e executam estruturas de concreto protendido.

Sumário

1 | Conceitos 1
    1.1. Considerações 1
    1.2. Concreto estrutural 10
    1.3. O concreto e o aço nas estruturas protendidas 13
    1.4. Conceituação do funcionamento estrutural de vigas de concreto armado e a utilização de aços especiais de alta resistência 23
    1.5. Conceitos de concreto protendido 33
    1.6. Efeitos da força de protensão 35

2 | Tipos de protensão 45
    2.1. Estudo comparativo: concreto protendido × concreto armado 45
    2.2. Tipos de protensão: classificação 49
    2.3. Uma breve evolução dos processos de cálculo: o método dos estados-limites 60
    2.4. Ações representadas por "F" 64
    2.5. Resistências 70
    2.6. Segurança das estruturas civis – considerações 72
    2.7. Aplicação teórica do método dos estados-limites 73

3 | Método dos estados-limites: dimensionamento e verificações de seções transversais 77
    3.1. Introdução 77
    3.2. Elementos sujeitos a solicitações normais – estado-limite último (ELU) – hipóteses básicas 79
    3.3. Seção transversal, estado-limite último (ELU), arranjo das variáveis estruturais – equilíbrio 81
    3.4. Pré-alongamento da armadura ativa 84
    3.5. Verificações de vigas protendidas no estado-limite último (ELU) – domínio 3 86
    3.6. Vigas protendidas: dimensionamento de seções retangulares, no estado-limite último (ELU) – domínios 2, 3 e 4 – com aplicação do processo prático K6 para concretos classes C25 a C40 97
    3.7. Estados-limites de serviço – verificações 114
    3.8. Estado-limite último (ELU) no ato da protensão 128

4 | Perdas da força de protensão 133

- 4.1. Introdução 133
- 4.2. Perdas iniciais da força de protensão 133
- 4.3. Perdas imediatas da força de protensão 134
- 4.4. Perdas progressivas da força de protensão 168
- 4.5. Processos de cálculo das perdas progressivas 202
- 4.6. Considerações finais 211
- 4.7. Um exemplo completo: pós-tração 213

5 | Revisão 227

- 5.1. Revisão de cálculo de características geométricas de seções transversais 227
- 5.2. Revisão de cálculo de tensões normais de seções transversais no Estádio 1 235
- 5.3. Macrorroteiro de projeto de estruturas de concreto protendido com pós-tensão 253
- 5.4. Verificação estados-limites de serviço 258
- 5.5. Traçado geométrico 279

6 | Exercícios resolvidos 295

- 6.1. Exercícios resolvidos 295
- 6.2. Dimensionamento 296
- 6.3. Estado-limite último 319
- 6.4. Traçado geométrico, perdas e alongamento 333

Referências bibliográficas 345

Bibliografia recomendada 346

Capítulo 1

CONCEITOS

1.1. CONSIDERAÇÕES

Ao longo do último século, observamos uma espantosa evolução da engenharia das estruturas civis, tanto metálicas quanto de concreto. Essa evolução ocorreu em três grandes grupos: dos **materiais estruturais**; dos processos de **cálculos/projetos**; e dos **métodos e procedimentos construtivos.**

Os materiais, que são representados basicamente pelo concreto e pelo aço, possuem hoje características especiais de performance e resistência. A tecnologia desenvolveu novos aditivos/adições, que, incorporados ao concreto, garantiram melhorias de qualidade, durabilidade e aumento da resistência a valores que ultrapassam com facilidade a marca dos 50 MPa. Surgiram, em decorrência, os concretos especiais de alto desempenho [*CAD*], os autoadensáveis [*CAA*] e outros de uso corrente na construção das estruturas. O emprego adequado desses concretos tem produzido estruturas mais seguras e duráveis.

Em relação ao aço, considerado a mais versátil e a mais importante das ligas metálicas, o desenvolvimento industrial disponibilizou no mercado os chamados aços-carbono, com aplicações importantes para as estruturas metálicas [***ASTM A36**, **ASTM 572** e **ASTM 709***], concreto armado [***CA50** e **CA60***] e concreto protendido [***CP190** e **CP210***]. Nas estruturas modernas, tornou-se comum o uso de cordoalhas engraxadas, simplificando e popularizando a aplicação da protensão, principalmente em lajes e pré-moldados.

Os processos de ***cálculos/projetos*** apresentaram grande impulso a partir da década de 60. A técnica da probabilização das variáveis estruturais [ações e resistências] e o método dos estados-limites permitiram ao engenheiro de estruturas desenvolver formulações mais claras para verificar a segurança e o desempenho das construções.

A análise estrutural com auxílio de computadores e programas de alta capacidade também teve um papel importante ao ampliar a possibilidade de uso de modelos sofisticados, dotados de processamentos rápidos e confiáveis. As simulações podem ser lineares ou não lineares [***geometria e materiais***], com respostas estáticas ou dinâmicas.

Os profissionais de projeto contam com programas integrados de cálculo e desenhos para aumentar a produtividade e a qualidade do detalhamento gráfico dos elementos das estruturas. Vale ressaltar que a criação dos ambientes colaborativos promoveu a integração das diversas disciplinas do projeto [***arquitetura, estrutura, instalações, mecânica e outras***], com transmissão instantânea e troca de arquivos via internet.

O sistema BIM (Building Information Model) permite que projetistas de diversas especialidades desenvolvam os seus projetos por meio da modelagem da edificação e alimentem simultaneamente o sistema que vai verificar automaticamente eventuais interferências. O sistema também permite controlar informações sobre materiais, orçamento, cronograma e histórico do empreendimento.

Em relação à técnica dos procedimentos **construtivos**, as máquinas e os equipamentos passaram a realizar tarefas que costumavam ser executadas manualmente por operários construtores. O transporte e a montagem de materiais e peças foram otimizados e passaram a possibilitar significativas reduções nos prazos das obras.

A protensão, também encarada como um sistema construtivo (por meio da aplicação de forças externas nas seções fletidas/tracionadas de concreto), propiciou um maior aproveitamento estrutural, com aumento das capacidades resistentes, redução das deformações e melhorias de durabilidade e uso. A protensão teve influência decisiva na industrialização da construção civil, com a produção em série de peças pré-moldadas: lajes, vigas, estacas e painéis de fachada.

A própria NBR 6118 pode ser considerada uma consequência da evolução da engenharia das estruturas de concreto. Trata-se de uma norma moderna, que está nivelada a outros códigos internacionais e servirá como base para a apresentação deste curso de concreto protendido.

Muitas são as aplicações práticas da protensão. Esse sistema atinge obras de grande porte (***pontes, viadutos***), médio porte (***edifícios***) e também leves (***pré-moldados***).

As fotografias na sequência mostram exemplos práticos de estruturas com uso de protensão.

Figura 1: Edifícios comerciais – Alphaville, SP – Projeto Statura (2005).
Estrutura de lajes maciças protendidas, pós-tração, com cordoalhas engraxadas.

Figura 2: Fábrica de pneus Continental – Projeto Statura (2005).
Estrutura pré-moldada, pós e pré-tração.

Figura 3: Edifício Mackenzie (Rua Piauí) – Projeto Statura (2005).
Estrutura de lajes nervuradas protendidas, pós-tração, com cordoalhas engraxadas.

Figura 4: Edifício Mackenzie prédio "T" – Projeto Statura (2005).
Estrutura de lajes nervuradas protendidas, pós-tração, com cordoalhas engraxadas.

Figura 5: MUBE – Museu Brasileiro de Escultura – Projeto JKMF.
Estrutura protendida, pós-tração com aderência posterior e vão de 60 m – altura estrutural de 3 m.

Figura 6: Teatro de Arena Villa-Lobos – Projeto Ugo Tedeschi (1987).
Estrutura protendida, pós-tração com aderência posterior e balanço de 22 m – altura estrutural de 1,70 m.

Figura 7: Espaço Sociocultural CIEE – São Paulo (edifício para escritórios e teatro) – Projeto Statura (2005). Estrutura com vigas protendidas, pós-tração com cordoalhas engraxadas.

1.2. CONCRETO ESTRUTURAL

Conforme a **NBR 6118,** temos as seguintes definições de concreto:

Concreto simples: elementos sem quaisquer armaduras ou com quantidade inferior à mínima exigida para o concreto armado [item 3.1.2 da NBR 6118].

Concreto armado: elementos cujo comportamento estrutural depende da *aderência* entre o concreto e a armadura, sem aplicação de alongamentos iniciais nas armaduras antes da materialização dessa aderência [item 3.1.3 da NBR 6118].

Armadura passiva (A_s): não é pré-alongada (aços apresentados na forma de barras ou fios) [item 3.1.5 da NBR 6118].

Concreto protendido: elementos nos quais parte das armaduras é *previamente alongada (protensão)* com a finalidade de, em serviço (ELS), reduzir fissuras e deslocamentos e, no estado-limite último (ELU), propiciar melhor aproveitamento de aços de alta resistência [item 3.1.4 da NBR 6118].

Armadura ativa (A_p): armaduras *pré-alongadas* para produzir forças de protensão (aços especiais apresentados na forma de barras, fios e cordoalhas) [item 3.1.6 da NBR 6118].

VIGA DE CONCRETO ARMADO

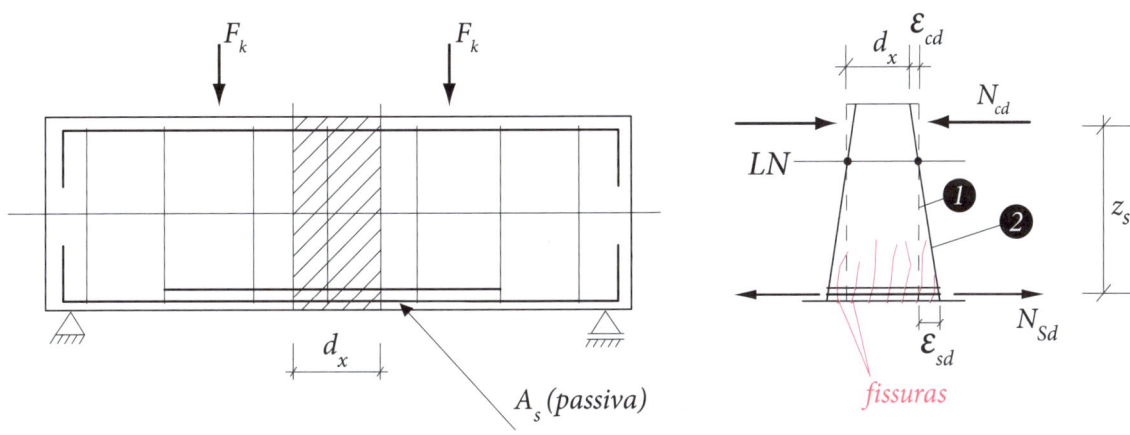

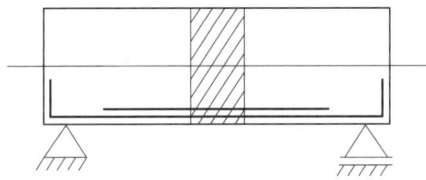

1 Posição inicial

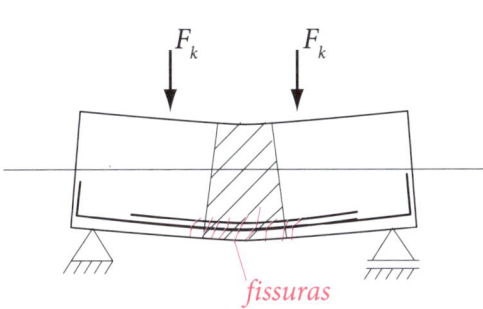

2 Posição deformada fissurada: $\varepsilon_{cd}, \varepsilon_{sd}$

$N_{cd} = \int_{Acc} \sigma_{cd}\, dA$ (compressão)

$N_{Sd} = A_s \cdot \sigma_{sd}$ (tração)

Equilíbrio: $N_{cd} = N_{Sd}$

$N_{cd} \cdot z_s = N_{Sd} \cdot z_s = M_d(F_k)$

A solução da viga de concreto armado consiste no estudo do equilíbrio das diversas seções resistentes, levando-se em conta a geometria, os materiais e as solicitações externas.

Figura 8: Viga de concreto armado.

VIGA DE CONCRETO PROTENDIDO

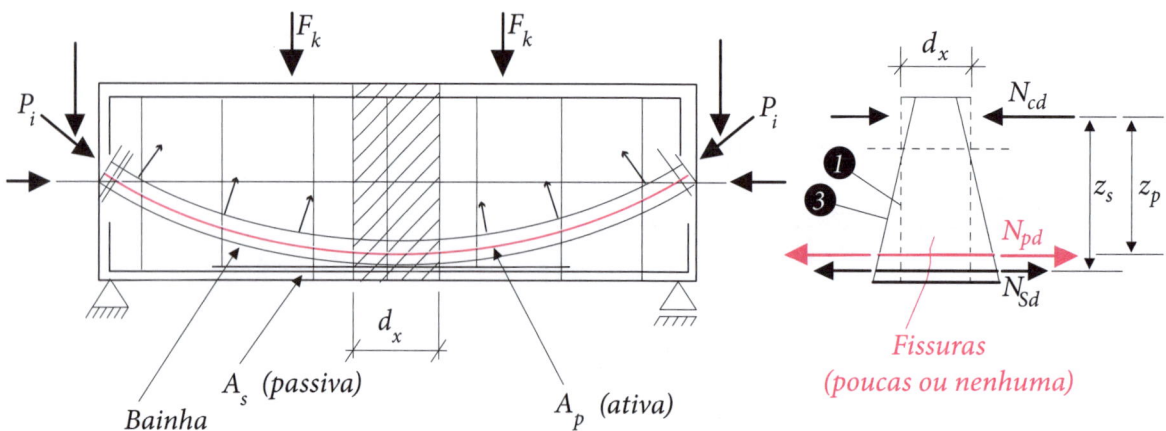

A_s (passiva)
Bainha
A_p (ativa)

Fissuras (poucas ou nenhuma)

❶ Posição inicial

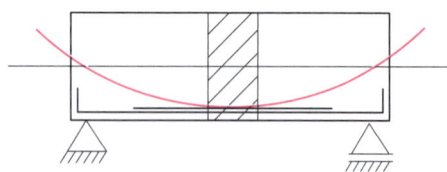

❷ Após a protensão $\Delta\varepsilon_{pi}$

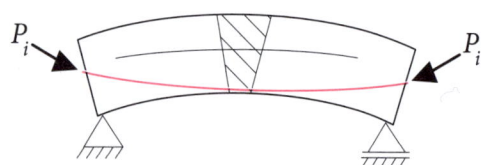

❸ Posição deformada fissurada

ε_{cd}

ε_{sd}

$\Delta\varepsilon_{pi} + \Delta\varepsilon_{pd}$

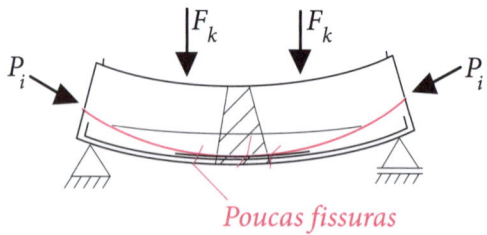

Poucas fissuras

$N_{cd} = \int_{Acc} \sigma_{cd} \, dA \quad$ (compressão)

$N_{Sd} = A_s \cdot \sigma_{sd} \quad$ (tração)

$N_{pd} = A_p \cdot \sigma_{pd} \quad$ (tração)

Com $\sigma_{pd} = f\,(\Delta\varepsilon_{pi} + \Delta\varepsilon_{pd})$

Equilíbrio: $N_{cd} = N_{pd} + N_{Sd}$

$N_{pd} \cdot z_p + N_{Sd} \cdot z_s = M_d\,(F_k)$

No equilíbrio comparece agora a força N_{pd} cuja intensidade decorre da soma de duas deformações: o pré-alongamento da protensão ($\Delta\varepsilon_{pi}$) e o ganho da deformada da viga ($\Delta\varepsilon_{pd}$).

Figura 9: O concreto e o aço nas estruturas protendidas.

1.3. O CONCRETO E O AÇO NAS ESTRUTURAS PROTENDIDAS

Serão apresentadas as propriedades e características dos materiais concreto e aço, com destaque para aplicações no projeto das estruturas protendidas, conforme a Norma Brasileira (NBR 6118).

1.3.1. CONCRETO

Material frágil, com grande capacidade resistente à compressão e baixa resistência à tração. É obtido por meio da mistura de

$$\text{CIMENTO + AGREGADOS + ÁGUA + ADITIVOS (ADIÇÕES)}$$

A NBR 8953 classifica os concretos conforme seus níveis de resistência. A classe de resistência do grupo I (C10 a C50) vai até ao concreto C50 e do grupo II (C55 a C90) vai até ao concreto C90, que é a resistência limite considerada na NBR 6118:2014.

Concreto com ARMADURA PASSIVA: C20 ou superior.

Concreto com ARMADURA ATIVA: C25 ou superior.

Na prática, é frequente a utilização de concretos C30, C35 e C40 nas estruturas de concreto armado ou protendido e com a tendência da adoção de resistências cada vez maiores. Concretos de melhor qualidade garantem o desempenho superior das estruturas (resistência e, principalmente, durabilidade).

O concreto C15 pode ser aplicado em fundações e obras provisórias.

1.3.1.1. PARÂMETROS DO CONCRETO, RESISTÊNCIAS

$\gamma_c = 25 \text{ kN/m}^3$ [armado ou protendido] = peso específico

$\alpha_T = 10^{-5} / \text{°C}$ = coeficiente de dilatação térmica

f_{cmj} = resistência à compressão média aos j dias

f_{ck} = resistência à compressão característica (28 dias)

f_{ckj} = resistência à compressão característica (j dias)

OBS.: *no tratamento estatístisco (curva Gauss)* $f_{ckj} = f_{ckj\,inf}$

A evolução da resistência à compressão com a idade, na ausência de ensaios específicos, pode ser estimada através da seguinte expressão [item 12.3.3.b da NBR 6118]:

$f_{ckj} = \beta_1 \cdot f_{ck}$, em que $\beta_1 = e^{\{s \cdot [1-(\frac{28}{t})^{1/2}]\}}$

S = 0,38 para concreto de cimento CPIII e IV – Lentos

S = 0,25 para cada concreto de cimento CPI e II – Normais

S = 0,20 para cada concreto de cimento CPV (ARI) – Rápidos

t = idade efetiva do concreto em dias, com **t** < **28**

EXEMPLO 1

Para um concreto C30, qual o valor de f_{ckj} aos 7 dias com os três tipos de cimento?

$f_{ck7} = \beta_1 \cdot f_{ck}$, em que $\beta_1 = e^{\{s[1-(\frac{28}{7})^{1/2}]\}} = e^{-s}$

- Para cimento CPIII e IV, S = 0,38: $\beta_1 = 0,684$; $f_{ck7} = 0,684 \cdot 30 = 20,52$ MPa

- Para cimento CPI e II, S = 0,25: $\beta_1 = 0,779$; $f_{ck7} = 0,779 \cdot 30 = 23,37$ MPa

- Para cimento CPV, S = 0,20: $\beta_1 = 0,819$; $f_{ck7} = 0,819 \cdot 30 = 24,57$ MPa

Com relação à resistência à tração do concreto, na falta de ensaios, considerar as fórmulas conforme item 8.2.5 da NBR 6118, tensões em MPa.

f_{ctm} = resistência à tração direta média

- Para concretos de classes C20 até C50: $f_{ctm} = 0,3 \cdot f_{ck}^{2/3}$

- Para concretos de classes C55 até C90: $f_{ctm} = 2,12 \cdot \ln(1 + 0,11 \cdot f_{ck})$

$f_{ctk,inf} = 0,7 \cdot f_{ctm}$ e $f_{ctk,sup} = 1,3 \cdot f_{ctm}$

f_{ctf} = resistência à tração na flexão

Para idades j < 28 dias, com $f_{ckj} \geq 7$ MPa, adotar:

Tração na flexão: $f_{ctkj,f} = 1,428 \cdot f_{ctkj}$

Módulo de elasticidade do concreto para j = 28 dias

E_{ci} = módulo tangente inicial

- Para concretos de classes C20 até C50: $E_{ci} = \alpha_E \cdot 5.600 \cdot f_{ck}^{1/2}$ em MPa

- Para concretos de classes C55 até C90: $E_{ci} = 21{,}5 \cdot 10^3 \cdot \alpha_E \cdot \left(\dfrac{f_{ck}}{10} + 1{,}25\right)^{1/3}$ em MPa

Sendo:

α_E = 1,2 para basalto e diabásio

α_E = 1,0 para granito e gnaisse

α_E = 0,9 para calcário

α_E = 0,7 para arenito

E_{ci} é o módulo a ser especificado em projeto e controlado na obra. Deve ser utilizado para avaliação do comportamento global da estrutura e para o cálculo das perdas de protensão.

Módulo secante → E_{cs}

Deve ser utilizado em análises elásticas e verificações de estados-limites de serviço.

O módulo de deformação secante pode ser obtido segundo método de ensaio estabelecido na NBR 8522, ou estimado pela expressão:

$E_{cs} = \alpha_i \cdot E_{ci}$

Sendo:

$\alpha_i = 0{,}8 + 0{,}2 \cdot \dfrac{f_{ck}}{80} \leq 1{,}0$

A Tabela 1 (Tabela 8.1 da NBR 6118) apresenta valores estimados arredondados que podem ser usados no projeto estrutural.

TABELA 1 – VALORES ESTIMADOS DE MÓDULO DE ELASTICIDADE EM FUNÇÃO DA RESISTÊNCIA CARACTERÍSTICA À COMPRESSÃO DO CONCRETO (CONSIDERANDO O USO DO GRANITO COMO AGREGADO GRAÚDO)

Classe de resistência	C20	C25	C30	C35	C40	C45	C50	C60	C70	C80	C90
E_{ci} (GPa)	25	28	31	33	35	38	40	42	43	45	47
E_{cs} (GPa)	21	24	27	29	32	34	37	40	42	45	47
α_i	0,85	0,86	0,88	0,89	0,90	0,91	0,93	0,95	0,98	1,00	1,00

Fonte: NBR 6118:2014.

O módulo de elasticidade em uma idade menor que 28 dias e maior que 7 dias pode ser avaliado pelas expressões a seguir:

- Para concretos de classes C20 até C45:

$$E_{ci}(t) = \left[\frac{f_{ckj}}{f_{ck}}\right]^{0,5} \cdot E_{ci} \qquad \text{MPa}$$

- Para concretos de classes C50 até C90:

$$E_{ci}(t) = \left[\frac{f_{ckj}}{f_{ck}}\right]^{0,3} \cdot E_{ci} \qquad \text{MPa}$$

Onde

E_{ci} é a estimativa do módulo de elasticidade do concreto em uma idade entre 7 dias e 28 dias;

f_{ckj} é a resistência característica à compressão do concreto na idade em que se pretende estimar o módulo de elasticidade (MPa).

EXEMPLO 2

$f_{ck} = 30$ MPa

Agregado graúdo: granito $\rightarrow$ $\alpha_E = 1,0$

$E_{ci} = \alpha_E \cdot 5.600 \cdot f_{ck}^{1/2}$

$E_{ci} = 1,0 \cdot 5.600 \cdot 30^{1/2}$

$E_{ci} = 30.672$ MPa $\rightarrow$ $E_{ci} = 31$ GPa

$E_{cs} = \alpha_i \cdot E_{ci}$

$E_{cs} = 0,88 \cdot 31$ $\rightarrow$ $E_{cs} = 27$ GPa

Coeficiente de Poisson: $\upsilon = 0,2$

Módulo de elasticidade transversal: $G_c = \dfrac{E_{cs}}{2,4}$

Para análises no ELU (estado-limite último), pode-se adotar o diagrama idealizado a seguir:

$f_{cd} = f_{ck} / \gamma_c$

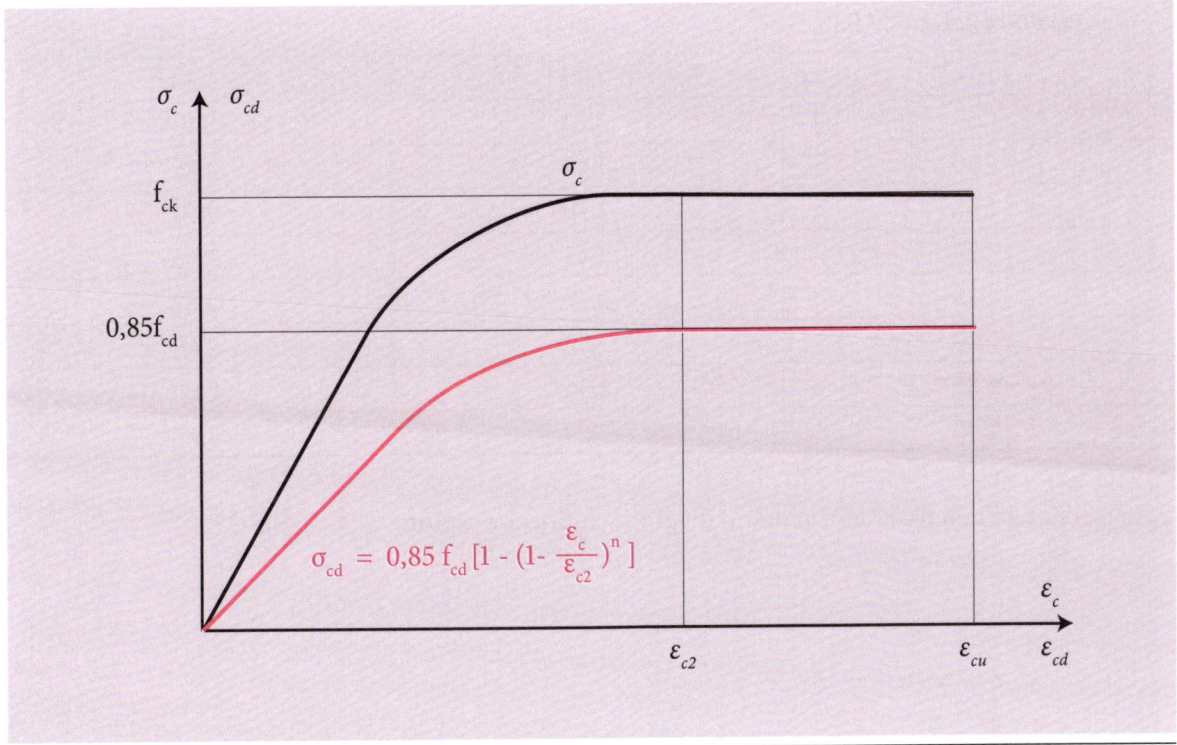

Figura 10: Diagrama tensão-deformação idealizado (compressão).

- Para $f_{ck} \leq 50$ MPa: $n = 2$
- Para $f_{ck} > 50$ MPa: $n = 1,4 + 23,4 \cdot \left[\dfrac{(90 - f_{ck})}{100}\right]^4$

ε_{c2}: deformação específica de encurtamento do concreto no início do patamar plástico;

ε_{cu}: deformação específica de encurtamento do concreto na ruptura.

- Para concretos de classes até C50:

$\varepsilon_{c2} = 2,0‰$;

$\varepsilon_{cu} = 3,5‰$.

- Para concretos de classes C55 até C90:

$\varepsilon_{c2} = 2,0‰ + 0,085‰ \cdot (f_{ck} - 50)^{0,53}$;

$\varepsilon_{cu} = 2,6‰ + 35‰ \cdot [(90 - f_{ck})/100]^4$.

TABELA 2 – DEFORMAÇÕES ESPECÍFICAS DE ENCURTAMENTO DO CONCRETO		
Classe do concreto (MPa)	ε_{c2} (‰)	ε_{cu} (‰)
C20 a C50	2,00	3,50
C55	2,20	3,12
C60	2,29	2,88
C65	2,36	2,74
C70	2,42	2,66
C75	2,47	2,62
C80	2,52	2,60
C85	2,56	2,60
C90	2,60	2,60

Para o concreto não fissurado, adotar o diagrama bilinear a seguir:

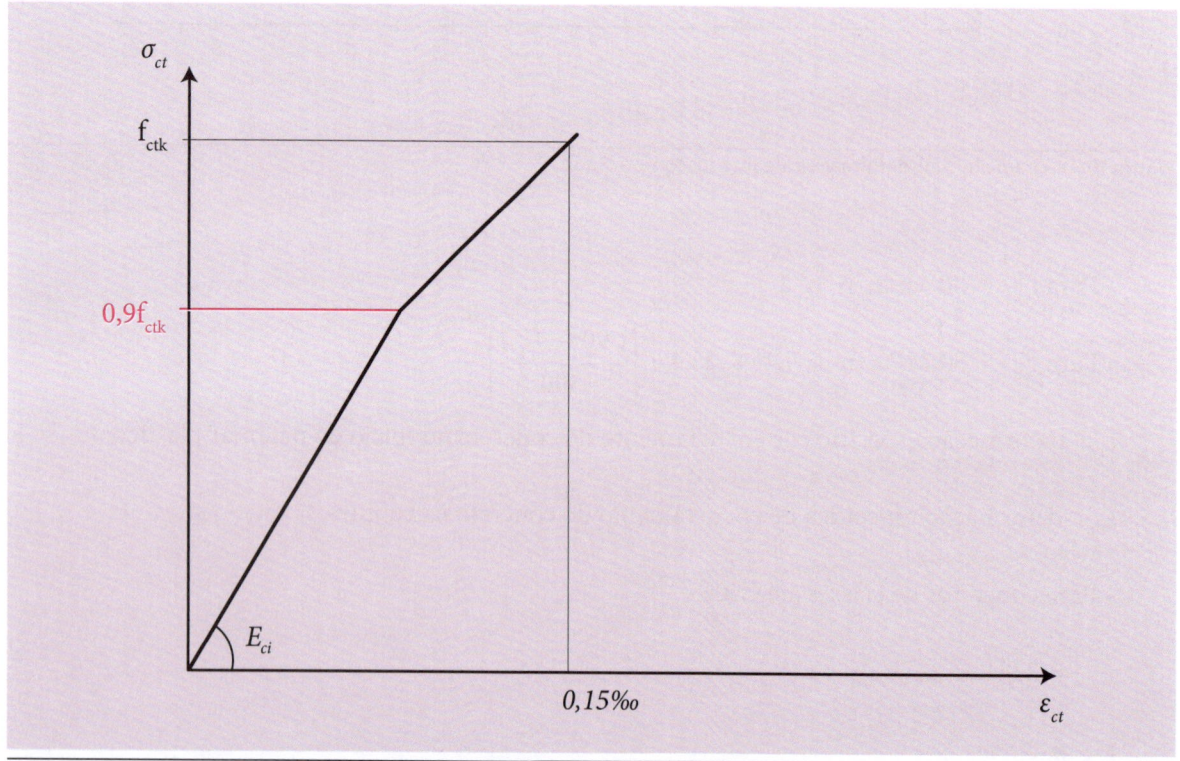

Figura 11: Diagrama tensão-deformação idealizado (tração).

1.3.1.2. VALORES LIMITES

Tradicionalmente, nos projetos de estruturas de concreto, são verificadas as máximas tensões para cada situação de cálculo.

Estado-limite de compressão excessiva na protensão:

$\sigma_{máx} = \leq 0{,}5$ a $0{,}7\, f_{ckj}$

Em serviço, é recomendável que as máximas tensões de compressão no concreto não ultrapassem $0{,}6 \cdot f_{ck}$.

Para cisalhamento e torção devem ser seguidas as recomendações apresentadas nos itens 17.4 e 17.5 da NBR 6118.

Como ordem de grandeza, para efeito de pré dimensionamento, podem ser considerados os valores tradicionais de referência:

ELU no cisalhamento: $\tau_{wu} \leq 0{,}30 \cdot f_{cd}$ (*valores de referência*)

ELU na torção: $\tau_{wu} \leq 0{,}22 \cdot f_{cd}$ (*valores de referência*)

1.3.2. AÇO

Material dúctil, produzido industrialmente nas siderúrgicas, é responsável pelas trações (domínios 1, 2, 3 e 4) e também por parte das compressões (domínio 5).

Aço de armadura passiva: barras e fios classificados de acordo com o valor característico da resistência de escoamento [f_{yk}], nas categorias CA25, CA50 e CA60 [CA].

> **OBS.:** *a aderência "concreto × aço" está relacionada ao tipo de superfície da barra que é caracterizada pelo coeficiente de conformação superficial [η_b e η_1]. A fissuração depende dessa aderência.*

PARÂMETROS DO AÇO CA

$\gamma_s = 78{,}5\ kN/m^3$ = peso específico

$\alpha_T = 10^{-5}\ /\ °C$ = coeficiente de dilatação térmica, válido para $-20\ °C \leq \Delta T \leq +150\ °C$

$E_s = 210\ GPa$ = módulo de elasticidade do aço CA

1.3.2.1. DEFORMAÇÃO: TRAÇÃO E COMPRESSÃO

Para análises nos estados-limites de serviço [ELS] e último [ELU], pode ser usado o diagrama simplificado a seguir:

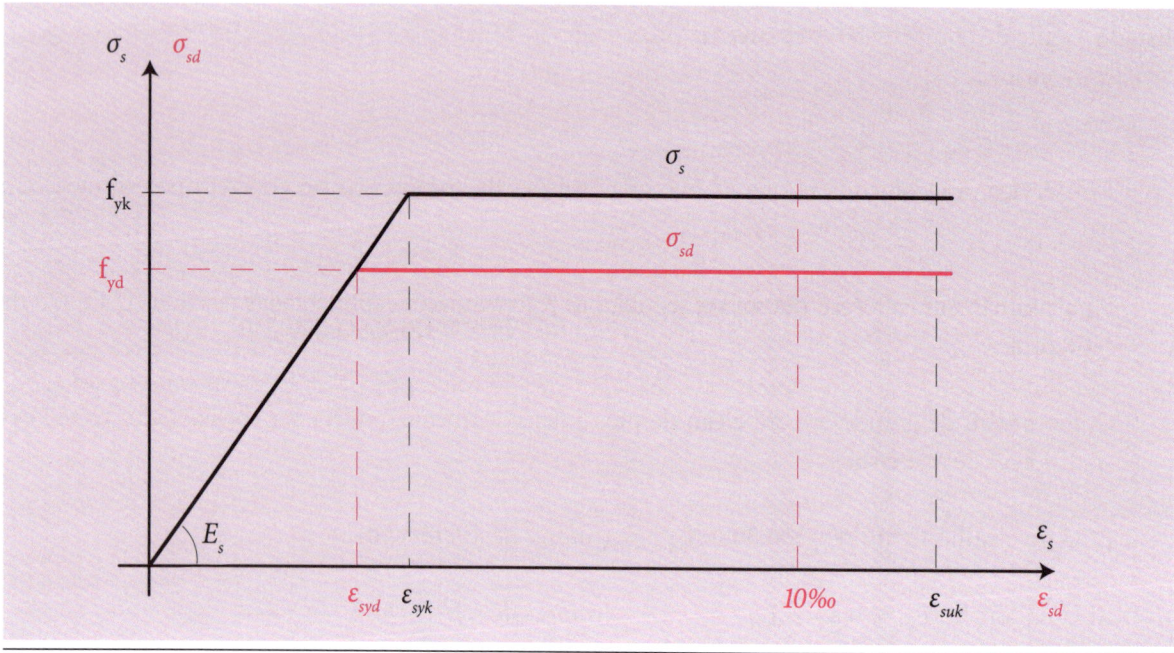

Figura 12: Diagrama tensão-deformação simplificado do aço CA.

ε_{syk} = deformação característica de escoamento = $\dfrac{f_{yk}}{E_s}$

ε_{suk} = deformação característica de ruptura

$\varepsilon_{syd} = \dfrac{f_{yd}}{E_s}$ com $f_{yd} = \dfrac{f_{yk}}{\gamma_s}$

TABELA 3 – CARACTERÍSTICA DE DEFORMAÇÃO SIMPLIFICADA DO AÇO		
Categoria	ε_{syk}	ε_{syd}
CA25	1,19‰	1,03‰
CA50	2,38‰	2,07‰
CA60	2,86‰	2,48‰

OBS.: *ver Normas específicas para características de ductibilidade, fadiga e soldabilidade.*

Aço de armadura ativa: barras, fios e cordoalhas são classificados de acordo com o valor característico da resistência à tração [f_{ptk}] e quanto à relaxação [CP] – [RN ou RB]. De acordo com a NBR 7483, que trata das cordoalhas de aço para concreto protendido, os aços mais usados são os seguintes:

Categoria CP190: f_{pyk} = 1.710 MPa e f_{ptk} = 1.900 MPa

Categoria CP210: f_{pyk} = 1.890 MPa e f_{ptk} = 2.100 MPa

OBS.: *os aços das cordoalhas são produzidos na condição de Relaxação Baixa [RB].*

Estão disponíveis no mercado cordoalhas com as seguintes características, nas categorias CP190-210:

TABELA 4 – CARACTERÍSTICAS NAS CATEGORIAS: CP190-210			
Número de fios	**Ø Nominal (mm)**	**Área (cm²)**	**Massa (kg/m)**
3 fios de 3,0 mm	6,5	0,218	0,171
3 fios de 3,5 mm	7,6	0,303	0,238
3 fios de 4,0 mm	8,8	0,387	0,304
3 fios de 4,5 mm	9,6	0,466	0,366
3 fios de 5,0 mm	11,1	0,662	0,520
7 fios	9,5 (⅜")	0,562	0,441
7 fios	12,7 (½")	1,009	0,792
7 fios	15,2 (⅝")	1,434	1,126

PARÂMETROS DO AÇO CP

γ_p = 78,5 kN/m³

α_T = 10⁻⁵ / °C = coeficiente de dilatação térmica, com –20 °C ≤ ΔT ≤ + 150 °C

E_p = 200 GPa = módulo de elasticidade (fios e cordoalhas)

Para análises nos estados-limites de serviço [ELS] e último [ELU], pode-se utilizar o diagrama simplificado a seguir:

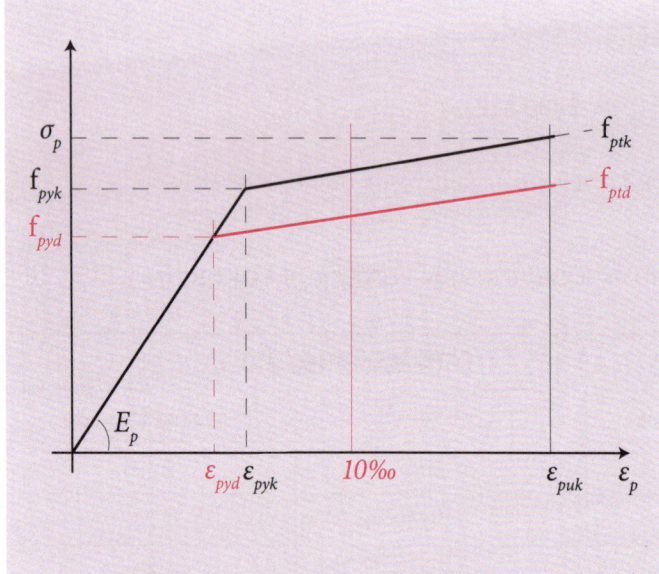

$\varepsilon_{pyk} = f_{pyk} / E_p$

$\varepsilon_{pyd} = f_{pyd} / E_p$

$\varepsilon_{puk} \approx 30‰$ a $40‰$

Figura 13: Diagrama tensão-deformação simplificado do aço CP.

TABELA 5 – DEFORMAÇÃO SIMPLIFICADA AÇO: CP190-210		
Categoria	ε_{pyk}	ε_{pyd}
CP190	8,55‰	7,43‰
CP210	9,45‰	8,22‰

OBS.: *a mobilização de altas tensões nos aços exige grandes deformações.*
Para que as tensões de escoamento sejam atingidas, serão necessárias as seguintes deformações:

Aço CA25: $\varepsilon_{syk} = (250 \cdot 1.000 \text{ mm}) / 210.000 \text{ m} = 1,19 \text{ mm/m}$

Aço CA50: $\varepsilon_{syk} = (500 \cdot 1.000 \text{ mm}) / 210.000 \text{ m} = 2,38 \text{ mm/m}$

Aço CP210: $\varepsilon_{pyk} = (1.890 \cdot 1.000 \text{ mm}) / 200.000 \text{ m} = 9,45 \text{ mm/m}$

Aço CP190: $\varepsilon_{pyk} = (1.710 \cdot 1.000 \text{ mm}) / 200.000 \text{ m} = 8,55 \text{ mm/m}$

Conceitualmente, no concreto aderido, as deformações correspondentes ao escoamento dos aços somente seriam atingidas com a fissuração do concreto no entorno do aço. Se toda deformação se transformasse em fissuração, no caso do aço CP210, teríamos fissuras com aberturas de até 9,45 mm/m ou 0,945 mm/10 cm, o que é inaceitável para peças de concreto armado.

1.4. CONCEITUAÇÃO DO FUNCIONAMENTO ESTRUTURAL DE VIGAS DE CONCRETO ARMADO E A UTILIZAÇÃO DE AÇOS ESPECIAIS DE ALTA RESISTÊNCIA

Considerando-se uma viga de concreto armado submetida a ações externas crescentes, podemos analisar o equilíbrio estrutural, conforme ilustração a seguir:

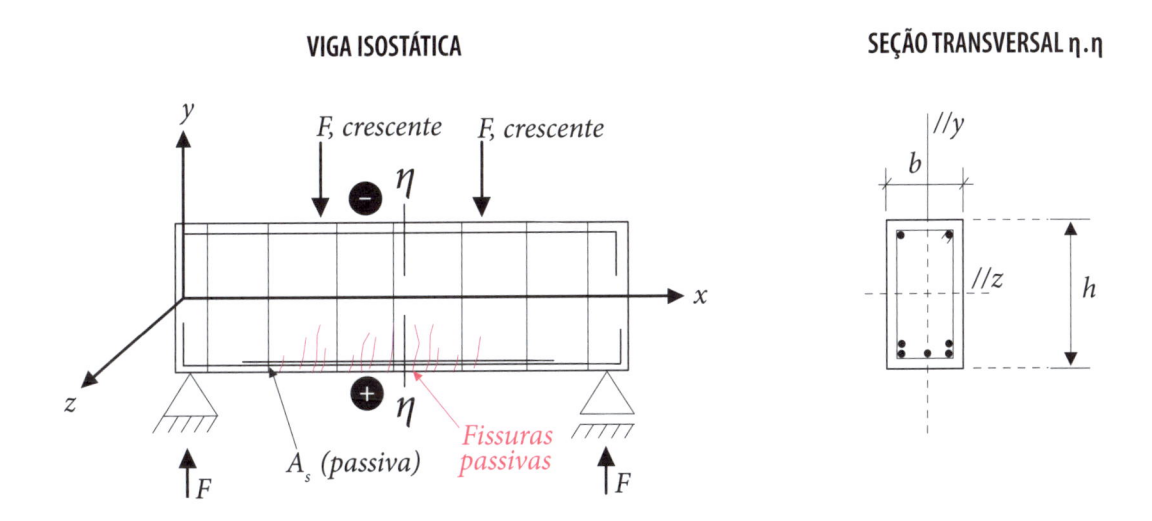

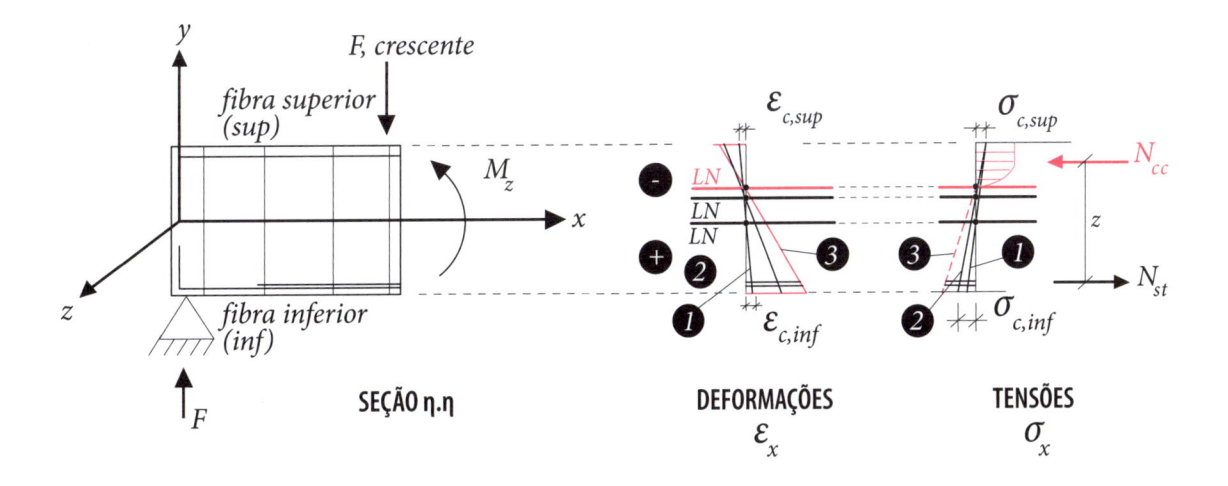

Figura 14: Funcionamento estrutural de vigas de concreto armado.

Aumentando progressivamente as forças transversais F, a seção η · η passará por diversas situações. Veja a descrição dessas situações a seguir:

SITUAÇÃO 1

Força F pequena, tensões pequenas $\sigma_{c,inf} < f_{ctk,f}$, seções plenas, sem fissuras, LN no CG da seção, concreto trabalhando à compressão e tração, diagramas lineares conforme Teoria da Resistência dos Materiais, com aço pouco solicitado passivamente. No Concreto Armado, essa situação é denominada ESTÁDIO 1.

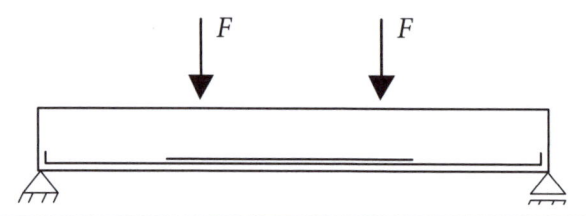

Figura 15: Estádio 1 (*força F pequena*), deslocamentos muito pequenos.

SITUAÇÃO 2

Força F maior, tensões maiores $\sigma_{c,inf} > f_{ctk,f}$, primeiras fissuras, LN sobe, a responsabilidade da tração passa para o aço e a seção não é mais plena. O diagrama de tensões no concreto comprimido ainda é linear. No Concreto Armado, essa situação é denominada ESTÁDIO 2.

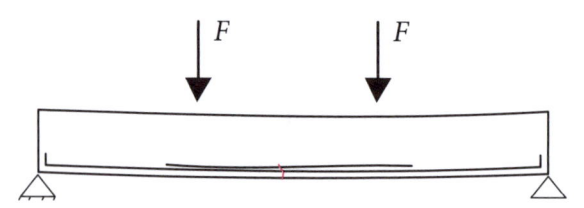

Figura 16: Estádio 2 (*força F maior*), deslocamentos pequenos.

SITUAÇÃO 3

Força F elevada, fissuras mais abertas, LN subindo, reduzindo a área comprimida e aumentando a tensão no concreto, que passa a ter um diagrama não linear. As tensões no aço aumentam, e a viga fissurada assume uma geometria fletida. Essa situação é denominada ESTÁDIO 3. As verificações são feitas no ELU, com γ_f e γ_m, utilizando os domínios para solicitações normais.

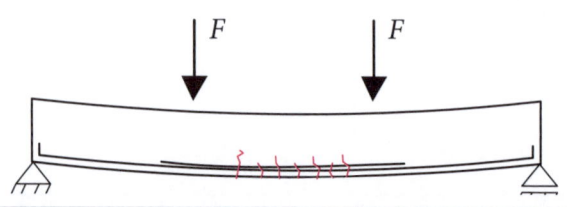

Figura 17: Estádio 3 (*força F elevada*), deslocamentos maiores.

O cálculo do equilíbrio é feito de modo semelhante nas três situações: o momento externo é equilibrado por um binário resistente interno.

$$N_{cc} = \text{resultante de compressão} = \int_{Acc} \sigma_{cd} \, dA \approx A_{cc} \cdot \sigma_c$$

$$N_{st} = \text{resultante tracionada (concreto fissurado)} \; N_{st} = A_s \cdot \sigma_s$$

$$\Sigma F_x = 0 \rightarrow \boxed{A_{cc} \cdot \sigma_c = A_s \cdot \sigma_s}$$

$$\Sigma M_z = 0 \rightarrow N_{cc} \cdot z = N_{st} \cdot z = M_z; \; z = \text{braço de alavanca}$$

Substituindo, teremos: $\boxed{A_{cc} \cdot \sigma_c \cdot z = A_s \cdot \sigma_s \cdot z = M_z}$

As expressões anteriores mostram que a capacidade resistente da viga depende da geometria e dos materiais aqui representados por σ_c (concreto) e σ_s (aço).

Mantidas constantes as áreas A_{cc}, A_s e o braço de alavanca z (aproximações para raciocínio), conclui-se que a eficiência da viga aumentará com σ_c e σ_s.

Teoricamente, a melhoria das resistências dos materiais concreto σ_c e aço σ_s implicaria elevados valores de M_z. Como $M_z = M_z(F)$, a viga apresentaria grande capacidade para as ações externas F aplicadas. Matematicamente, a equação estaria satisfeita, restando analisar o modelo físico.

Na engenharia, o funcionamento físico real das seções resistentes determina que as tensões sejam mobilizadas quando os materiais se deformam (translações e rotações das seções transversais planas). Sendo assim, nos diagramas tensão-deformação dos materiais, teríamos as seguintes situações:

No concreto, a melhoria da qualidade (e da resistência) não implica aumento significativo de deformações.

No caso dos concretos classes C20 a C50, a resistência característica será atingida, independentemente de seu valor, sempre que a deformação ε_c atingir 2‰, mantendo-se constante até 3,5‰. A figura a seguir ilustra:

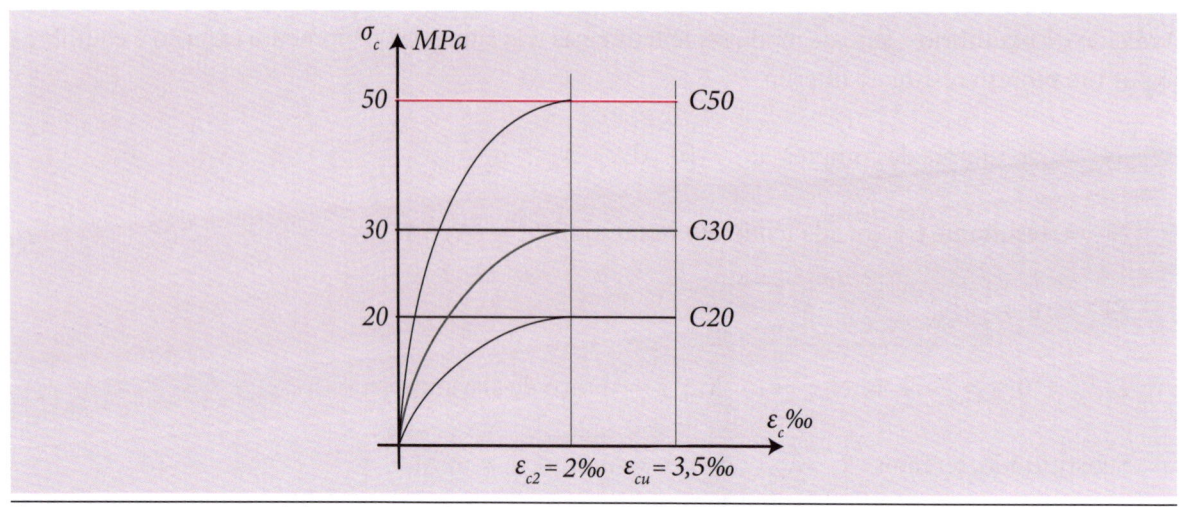

Figura 18: Diagrama tensão-deformação para diversas resistências de concreto entre C20 e C50.

No caso dos concretos classes C55 a C90, a resistência característica será atingida sempre que a deformação ε_c atingir ε_{c2} (variando de 2,20‰ para C55 até 2,60‰ para C90), mantendo-se constante até ε_{cu} (variando de 3,5‰ para C55 até 2,60‰ para C90). As figuras a seguir ilustram:

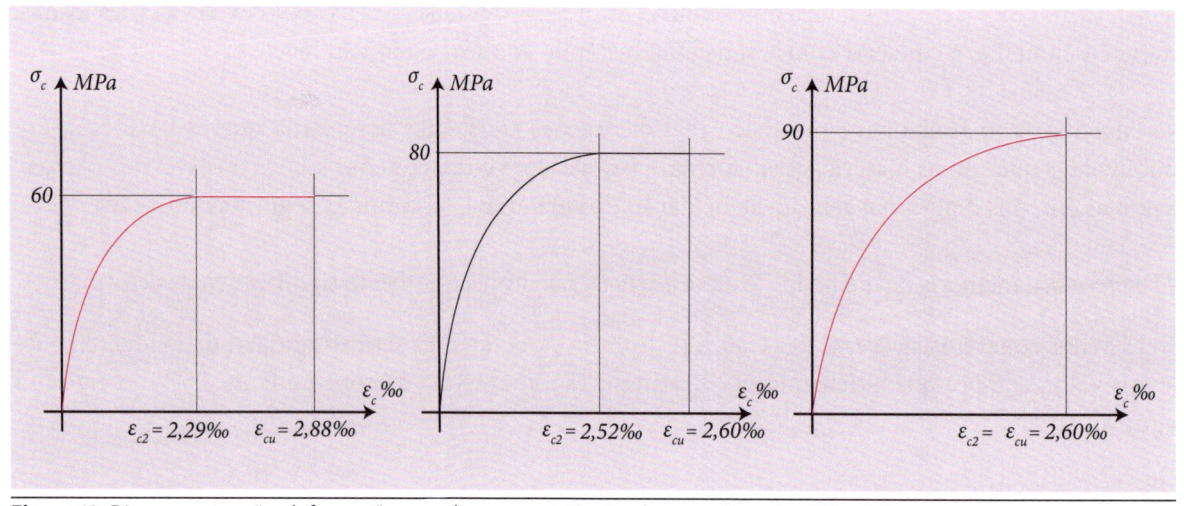

Figura 19: Diagramas tensão-deformação para diversas resistências de concreto entre C55 e C90.

O aço apresenta um comportamento linear para tensões menores do que a de escoamento, qualquer que seja a qualidade do material. Portanto, a mobilização de altas tensões somente será possível com deformações linearmente correspondentes. A figura a seguir exemplifica:

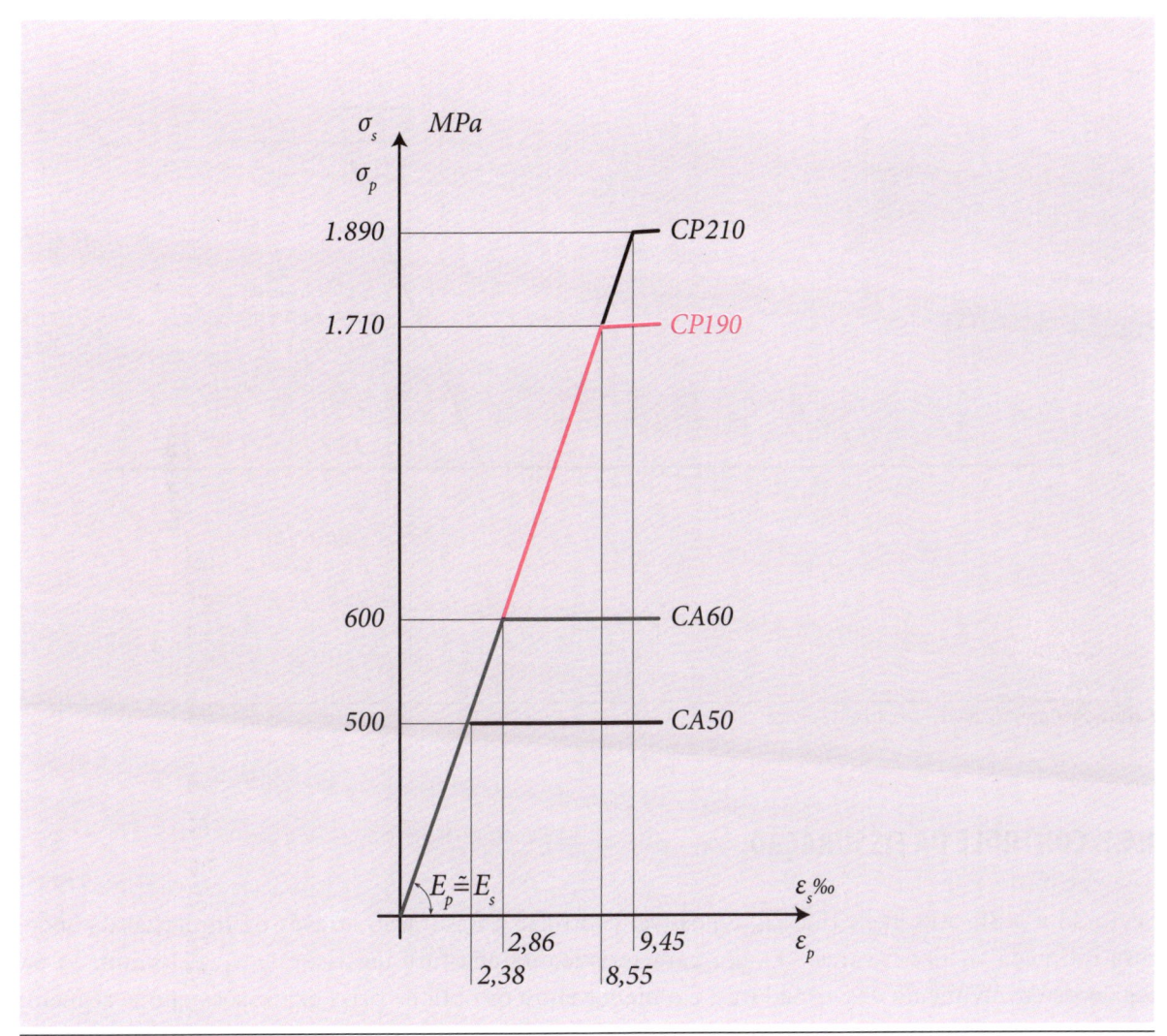

Figura 20: Diagrama tensão-deformação para diversas resistências de aço.

A mobilização do escoamento do aço CP210 em relação ao aço CA50 exigirá uma deformação 3,97 vezes maior.

Nas seções de concreto com armadura aderida e mobilização passiva do aço, a deformação da seção transversal exigirá a fissuração do concreto no entorno do aço tracionado. O controle das fissuras, em serviços, vai definir o limite máximo de deformação do aço.

O controle da fissuração em serviço e, portanto, do maior valor de ε_s (ou σ_s) é o que vai determinar a categoria do aço a ser utilizado passivamente nas seções de concreto armado.

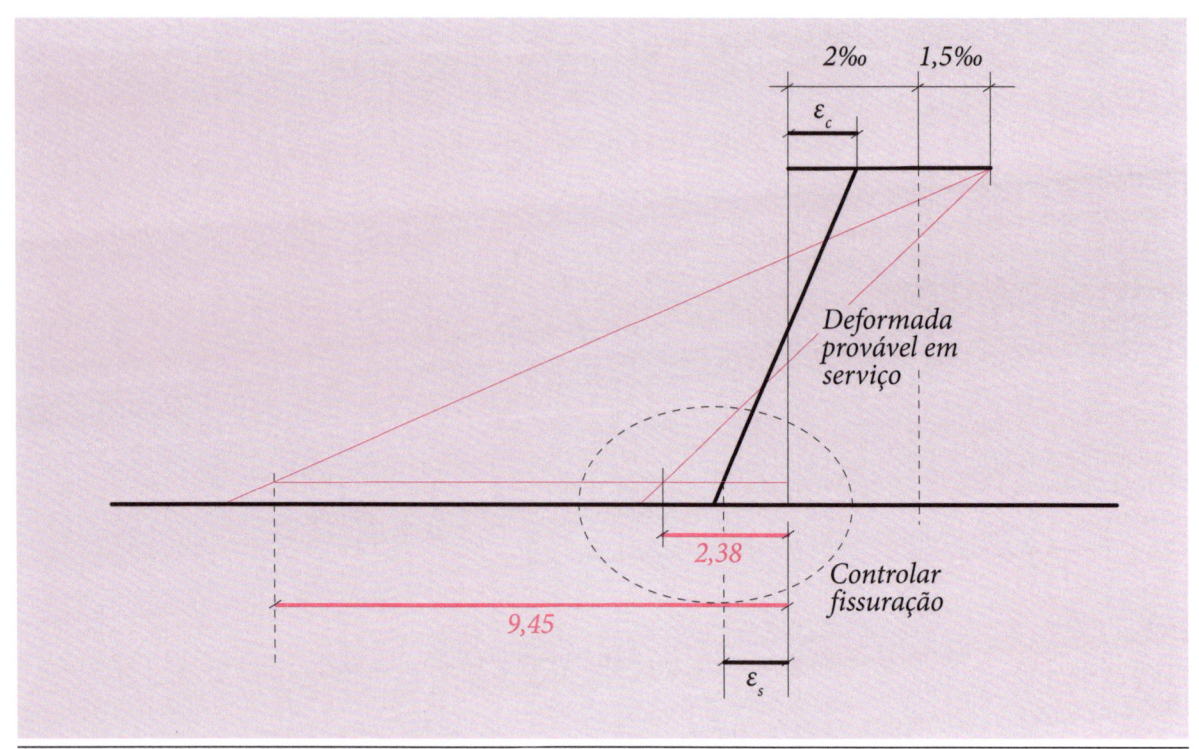

Figura 21: Controle da fissuração em serviço.

1.4.1. CONTROLE DA FISSURAÇÃO

Segundo a NBR 6118 [item 17.3.3.2], é possível controlar a fissuração através da limitação da abertura estimada w_k das fissuras. O valor característico da abertura de fissuras, w_k, determinado na região de envolvimento das armaduras, é o menor entre os obtidos pelas expressões que se seguem:

$$w_k = \frac{\emptyset_i}{(12,5 \cdot \eta_1)} \cdot \frac{\sigma_{si}}{E_{si}} \cdot \frac{3 \cdot \sigma_{si}}{f_{ctm}}$$

$$w_k = \frac{\emptyset_i}{12,5 \cdot \eta_1} \cdot \frac{\sigma_{si}}{E_{si}} \cdot \left[\frac{4}{\rho_{ri}} + 45\right], \text{ onde:}$$

$\emptyset_i$ = diâmetro da barra que protege a região de envolvimento considerada

η_1 = coeficiente de conformação superficial valendo 1 para barras lisas e 2,25 para alta aderência (barras nervuradas)

σ_{si} = tensão de tração na armadura, calculada no estádio 2

E_{si} = módulo de elasticidade do aço

ρ_{ri} = é a taxa de armadura passiva, ou ativa aderente, em relação à área da região de envolvimento (A_{cri})

> OBS.: *cada barra tem uma área de envolvimento que atinge extensão $7,5\emptyset_i$ do centro da barra.*

f_{ctm} = resistência média à tração

APLICAÇÃO NUMÉRICA

Na viga abaixo, armada com 6Ø20 mm aço CA50, qual é o valor limite de σ_{si} para $w_k = 0,2$ mm?

$\emptyset_i = 20\ mm$

$\eta_1 = 2,25$

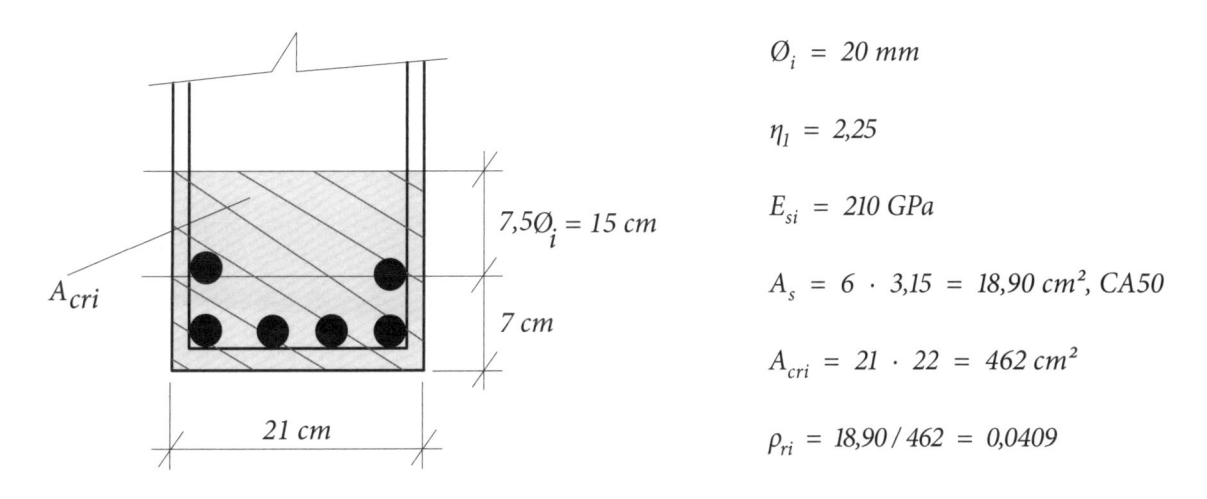

$E_{si} = 210\ GPa$

$A_s = 6 \cdot 3,15 = 18,90\ cm^2,\ CA50$

$A_{cri} = 21 \cdot 22 = 462\ cm^2$

$\rho_{ri} = 18,90/462 = 0,0409$

Figura 22: Seção transversal.

2ª FÓRMULA

$w_k = 20/(12,5 \cdot 2,25) \cdot (\sigma_{si}/210.000)\ [(4/0,0409) + 45]$

resulta: $w_k = 4,8355 \cdot 10^{-4}\ \sigma_{si}$ ou $\sigma_{si} \approx 2.068\ w_k$ $\begin{cases} \sigma_{si}\ em\ MPa \\ w_k\ em\ mm \end{cases}$

Se $w_k = 0,2\ mm \rightarrow \sigma_{si} = 413,6\ MPa$

RESPOSTA

A fissuração impede a utilização de tensões acima de 413,6 MPa, limitando o uso de aços acima do CA50.

1.4.2. O CONCRETO PROTENDIDO

Para resolver o problema da fissuração, surgiu o concreto protendido. Nele, a armadura é previamente tensionada, provocando uma compressão no concreto. O aparecimento de tensões passivas na região de envolvimento só acontecerá após a descompressão da seção. Eventuais acréscimos com funcionamento passivo da armadura protendida aumentarão a deformação do aço já tensionado.

A deformação final da armadura ativa ε_p será a soma de duas deformações: $\Delta\varepsilon_{pi}$ na protensão e $\Delta\varepsilon_p$ no funcionamento passivo (limitado pela fissuração das armaduras fora das bainhas, ou pela própria armadura ativa aderente).

$$\varepsilon_p = \Delta\varepsilon_{pi} + \Delta\varepsilon_p$$

A tensão final $\sigma_p = \sigma_p(\varepsilon_p)$, neste modelo de funcionamento, atingirá os valores desejados na utilização da peça protendida, justificando o bom uso dos aços especiais de alta resistência.

> **OBS.:** *os valores da deformação da protensão $\Delta\varepsilon_{pi}$, também chamada simplesmente de pré-alongamento, variam com o tempo. Veja o porquê:*
>
> *a) no instante da protensão, $t = t_0$, na seção considerada, o valor de $\Delta\varepsilon_{pi}$ depende da tensão de protensão σ_{pi}. No caso de aços CP190, $\Delta\varepsilon_{pi}$ pode atingir valores da ordem de 5‰ nas peças pós-tracionadas e 7‰ nas pré-tracionadas.*
>
> *b) ao longo da vida útil das peças protendidas, acontecem as perdas progressivas, reduzindo o valor do pré-alongamento. Na situação de perda máxima representada quando $t \to \infty$, $\Delta\varepsilon_{pi}$ sofrerá reduções importantes que devem, obrigatoriamente, ser consideradas nos dimensionamentos e verificações de projeto.*

Em relação ao acréscimo de deformação $\Delta\varepsilon_p$ da armadura ativa aderente, que é o mesmo do concreto em seu entorno, o seu valor está vinculado aos limites da fissuração do concreto, considerando toda a armadura existente (ativa e passiva).

Nos casos das armaduras ativas não aderentes (cordoalhas engraxadas), o acréscimo $\Delta\varepsilon_p$ deverá ser reduzido conforme recomendações da NBR 6118 [item 17.2.2].

A sequência das figuras a seguir ilustra a mobilização das altas tensões σ_p decorrentes das deformações $\Delta\varepsilon_{pi}$ (pré-alongamento) e $\Delta\varepsilon_p$ do funcionamento "passivo" da armadura protendida:

SITUAÇÃO 1

Viga concretada antes da protensão $\Delta\varepsilon_{pi} = 0$ e $\varepsilon_s = 0$.

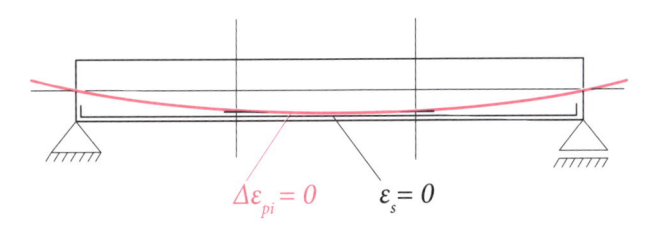

Figura 23: Viga antes de ser protendida.

SITUAÇÃO 2

Viga protendida $\Delta\varepsilon_{pi} > 0$ e $\varepsilon_s < 0$.

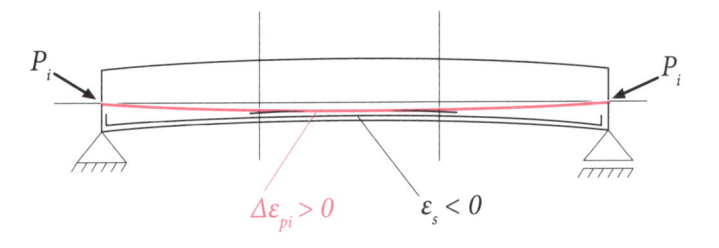

Figura 24: Viga protendida.

SITUAÇÃO 3

Viga parcialmente carregada com $2F_1$ levada à posição original $\Delta\varepsilon_{pi} > 0$ e $\varepsilon_s \cong 0$.

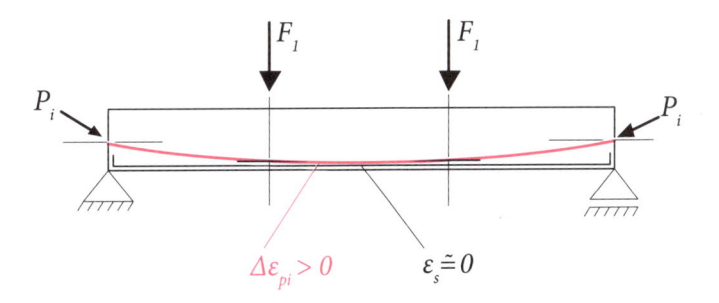

Figura 25: Viga parcialmente carregada.

SITUAÇÃO 4

Viga totalmente carregada com $2F_2$, em estado fissurado, com mobilização passiva das armaduras:

$\Delta\varepsilon_{pi} > 0$, $\Delta\varepsilon_p > 0$ e $\varepsilon_s > 0$;

$\varepsilon_p = \Delta\varepsilon_{pi} + \Delta\varepsilon_p$ = deformação final da armadura protendida.

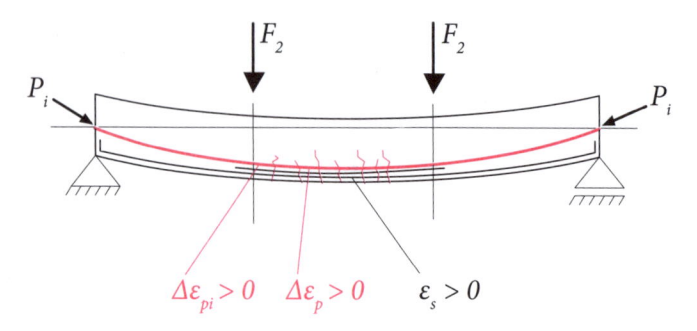

Figura 26: Viga totalmente carregada.

1.5. CONCEITOS DE CONCRETO PROTENDIDO

O elemento mais importante do concreto protendido é a força de protensão, que é resultado do pré-alongamento da armadura ativa. A protensão representa um sistema construtivo no qual, por meio de um processo mecânico, o aço é protendido (tensionado) dentro de limites, com o máximo aproveitamento da resistência do material, observando a segurança operacional do processo.

1.5.1. VALORES LIMITES DA TENSÃO (FORÇA) DE PROTENSÃO

A NBR 6118 [item 9.6.1.2.1] recomenda para a tensão σ_{pi} da armadura de protensão na saída do aparelho tensor (macaco) que não sejam ultrapassados os seguintes valores:

PRÉ-TRAÇÃO

$\sigma_{pi} = 0{,}77\ f_{ptk}$ e $0{,}90\ f_{pyk}$ (aços RN)

$\sigma_{pi} = 0{,}77\ f_{ptk}$ e $0{,}85\ f_{pyk}$ (aços RB)

PÓS-TRAÇÃO

$\sigma_{pi} = 0{,}74\ f_{ptk}$ e $0{,}87\ f_{pyk}$ (aços RN)

$\sigma_{pi} = 0{,}74\ f_{ptk}$ e $0{,}82\ f_{pyk}$ (aços RB)

- Para as cordoalhas engraxadas

$\sigma_{pi} = 0{,}80\ f_{ptk}$ e $0{,}88\ f_{pyk}$ (aços RB)

- Nos aços CP85/105, fornecidos em barras, os limites são $0{,}72\ f_{ptk}$ e $0{,}88\ f_{pyk}$ respectivamente.

APLICAÇÃO NUMÉRICA

Valor da força de protensão para uma cordoalha Ø = 15,2 mm de aço CP190RB, na pós-tração.

$f_{ptk} = 1.900$ MPa; $\sigma_{pi} = 0{,}74 \cdot 1.900 = 1.406$ MPa

$f_{pyk} = 1.710$ MPa; $\sigma_{pi} = 0{,}82 \cdot 1.710 = 1.402$ MPa (*adotado*)

$P_i = \sigma_{pi} \cdot A_p^{(o)} = 1.402 \cdot 10^3 \cdot 1{,}40 \cdot 10^{-4} = 198{,}8$ kN

1.5.2. REGRAS DA FORÇA DE PROTENSÃO

De acordo com a definição de elementos de concreto protendido, a protensão tem os seguintes objetivos: impedir ou reduzir a fissuração e os deslocamentos da estrutura em serviço e propiciar o melhor aproveitamento dos aços especiais no estado-limite último (ELU).

O atendimento aos objetivos citados acima determina que os efeitos da força de protensão nas seções de concreto combatam as tensões normais de tração provocadas pelas ações externas. A eliminação ou redução das regiões tracionadas causará, automaticamente, diminuições de fissuras e deslocamentos em serviço. Em situações de ELU, após a descompressão da seção, haverá o acréscimo de deformação da armadura ativa $\Delta\varepsilon_p$, permitindo melhor aproveitamento dos aços especiais.

Os estados-limites a serem atendidos nos elementos de concreto protendido serão definidos em capítulos posteriores, de acordo com as recomendações da NBR 6118.

> **OBS.:** *os estados-limites em serviço estão relacionados à resistência a tração/compressão do concreto e à fissuração representada pela máxima abertura das fissuras.*

As regras para verificações no ELU são as mesmas que se aplicam nas seções de concreto armado, com especial interesse nos domínios em que estão definidas as deformações de rupturas convencionais do aço e do concreto.

1.6. EFEITOS DA FORÇA DE PROTENSÃO

A protensão pode ser entendida como uma força normal externa que comprime as seções de concreto. Nas seções não fissuradas, os efeitos são equivalentes aos de uma flexão composta normal, na maioria das vezes com uma única excentricidade.

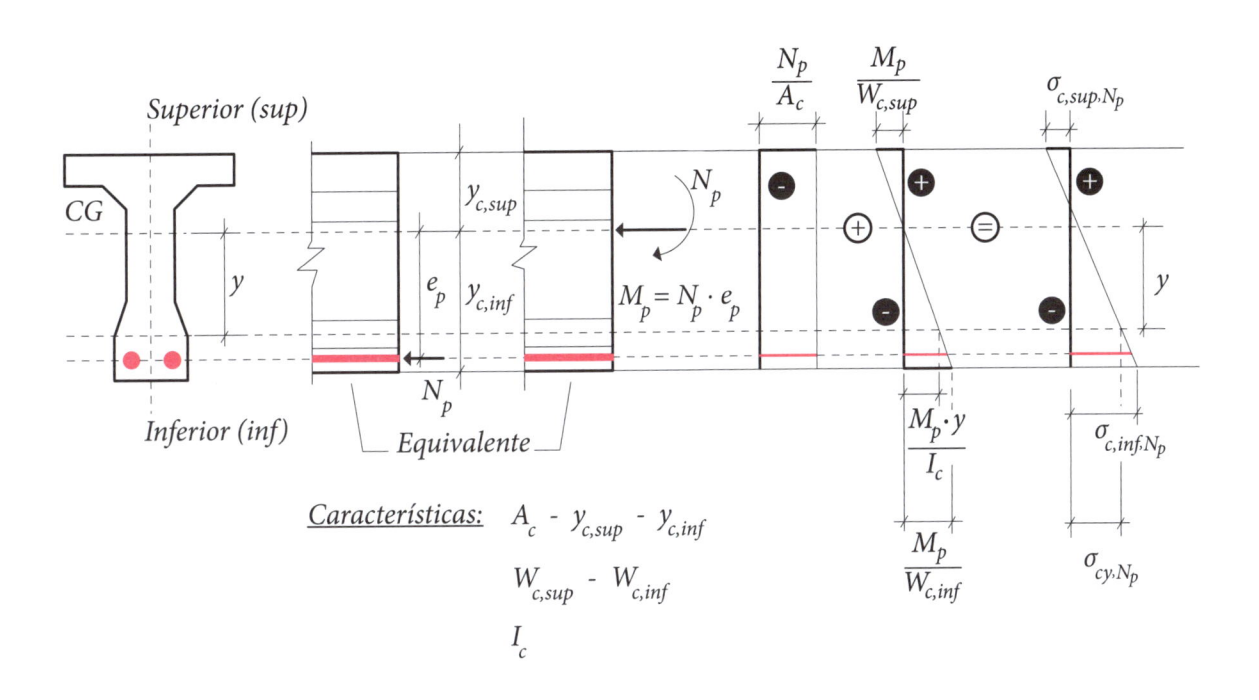

Figura 27: Seção transversal, esforços e diagramas de tensões.

1.6.1. TENSÕES NORMAIS DE PROTENSÃO

As tensões normais da protensão na fibra genérica y será:

$$\sigma_{cy,N_p} = \frac{N_p}{A_c} + \frac{N_p \cdot e_p \cdot y}{I_c}, \text{ observados os sinais de } N_p, e_p \text{ e } y;$$

e_p e y são positivos abaixo do CG e $N_p < 0$.

As tensões máximas ocorrem nas fibras extremas superior e inferior da seção transversal.

Na fibra superior: $\sigma_{c,sup,N_p} = \dfrac{N_p}{A_c} + \left(\dfrac{N_p \cdot e_p}{W_{c,sup}}\right)$

Na fibra inferior: $\sigma_{c,inf,N_p} = \dfrac{N_p}{A_c} + \left(\dfrac{N_p \cdot e_p}{W_{c,inf}}\right)$

Em função da posição de N_p, comandada pela excentricidade, podemos ter dois tipos de protensão:

Protensão centrada: $e_p = 0$

Com a força de protensão aplicada no CG da seção transversal, teremos uma situação de compressão uniforme $\sigma_{c,N_p} = \dfrac{N_p}{A_c}$, uniforme na seção.

Protensão excêntrica: $e_p \neq 0$

Com a força de protensão excêntrica e_p variando dentro da seção transversal, a situação será de flexão composta normal com tensões máximas (+ e –) nas fibras extremas superior e inferior.

> **OBS.:** *a escolha da posição da protensão deve ser conduzida, caso a caso, em função dos carregamentos de projeto.*

As **tensões-limites** a serem observadas pela protensão, isoladamente ou em conjunto com outras solicitações, serão definidas de acordo com os critérios especificados pela NBR 6118 para os três casos de protensão: **completa, limitada e parcial.**

Também é importante observar as limitações no ato da aplicação da força de protensão, da mesma forma especificadas na NBR 6118.

APLICAÇÃO NUMÉRICA

A viga abaixo estará submetida a uma ação permanente g = 15 kN/m e outra variável q = 12 kN/m.

Dimensione o valor da força de protensão, com cabo reto, considerando as seguintes condições:

1) Protensão **centrada** com e_p = 0;

2) Protensão **excêntrica** com e_p = 0,30 m (*constante*).

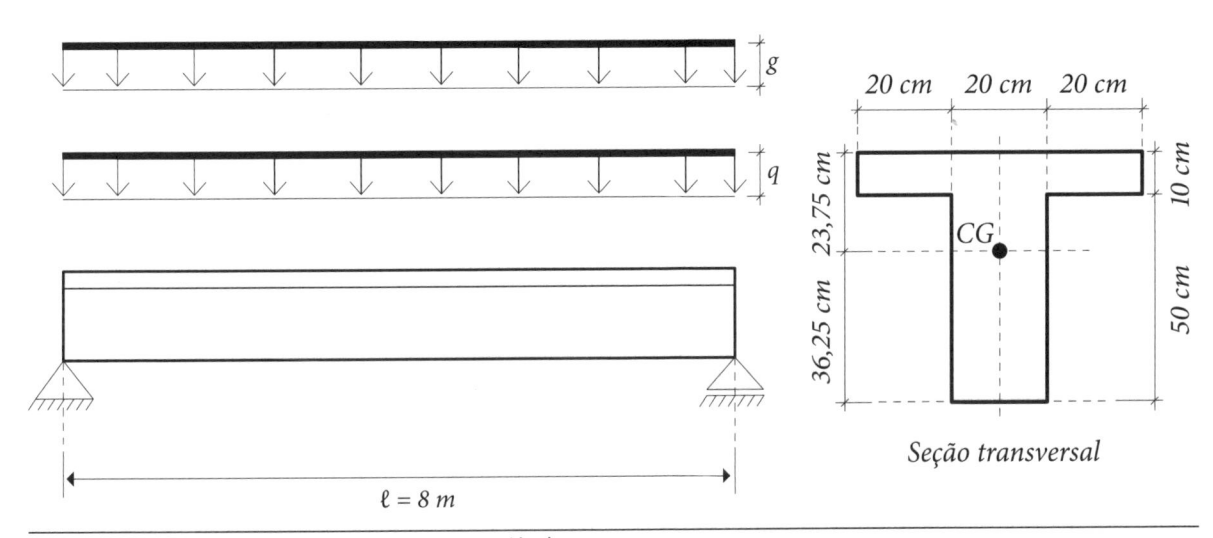

Figura 28: Viga submetida à ação permanente e variável.

Material: concreto f_{ck} = 40 MPa

Condições limites:

a) Não são permitidas tensões de tração

b) Compressão máxima no concreto: $0,6 \cdot f_{ck}$

Características geométricas da seção transversal:

$$A_c = 0,16 \text{ m}^2$$

$$I_c = 0,00551 \text{ m}^4$$

$$W_{c,sup} = 0,02319 \text{ m}^3$$

$$W_{c,inf} = 0,01520 \text{ m}^3$$

SOLUÇÃO

Esforços solicitantes:

$$M_{g,máx} = \frac{g \cdot \ell^2}{8} = 15 \cdot 8^2 / 8 = 120 \text{ kN·m}$$

$$M_{q,máx} = \frac{q \cdot \ell^2}{8} = 12 \cdot 8^2 / 8 = 96 \text{ kN·m}$$

Os momentos fletores máximos ocorrem na seção central (meio do vão).

1) Protensão centrada com $e_p = 0$

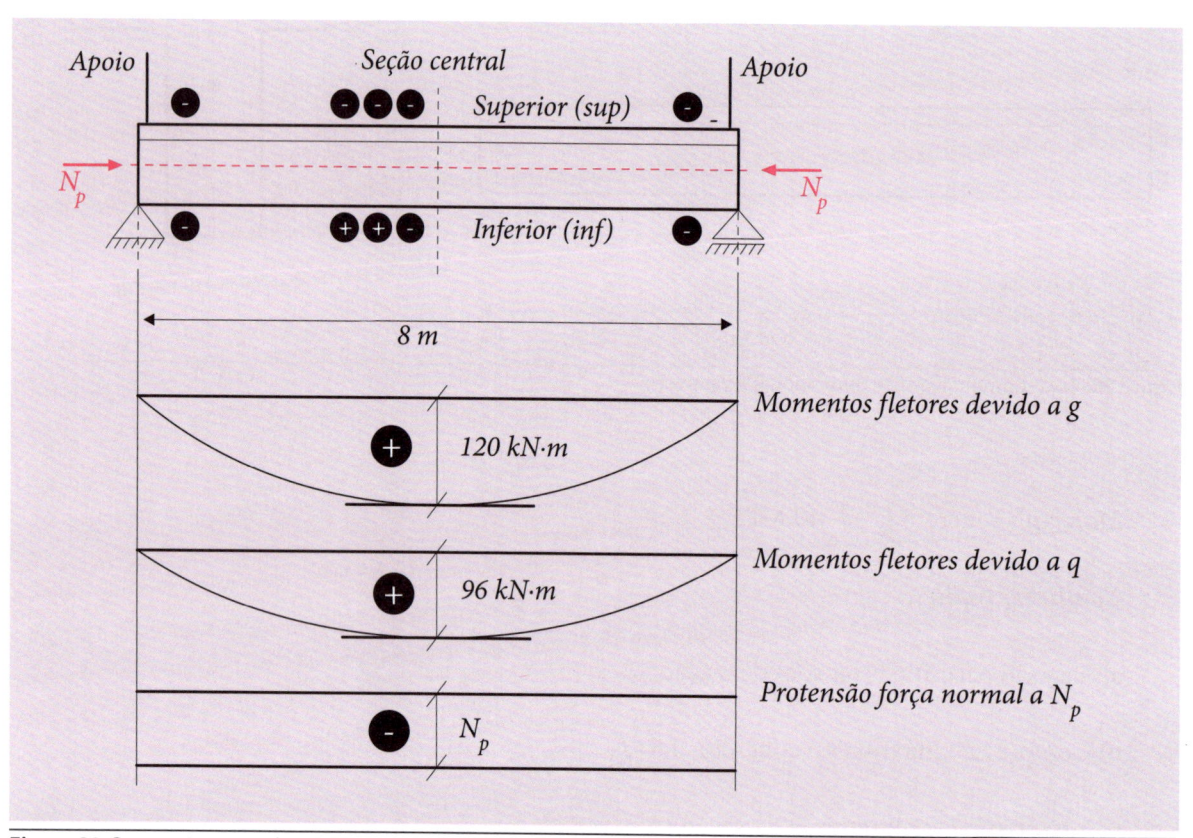

Figura 29: Protensão centrada – diagrama de esforços solicitantes.

Tensões normais na seção central

$$Devido\ a\ g: \begin{cases} \sigma_{c,inf} = \dfrac{+120}{0,01520} = +7.894,7\ kPa \\ \\ \sigma_{c,sup} = \dfrac{-120}{0,02319} = -5.174,64\ kPa \end{cases}$$

$$Devido\ a\ q: \begin{cases} \sigma_{c,inf} = +6.315,8\ kPa \\ \\ \sigma_{c,sup} = -4.139,72\ kPa \end{cases}$$

$$Devido\ a\ N_p: \quad \sigma_c = \dfrac{N_p}{0,16}, \text{ em toda a viga}$$

Dimensionamento/verificações

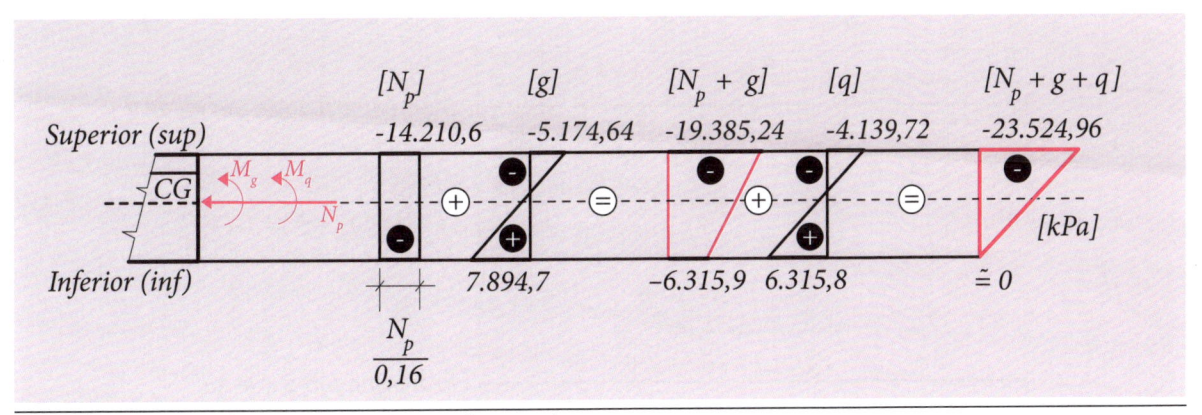

Figura 30: Diagramas de tensões normais na seção central.

Condição: tensão nula na fibra inferior:

$$\dfrac{N_p}{0,16} + 7.894,7 + 6.315,80 \leq 0 \quad \textit{Resulta: } N_p \leq -2.273,7\ kN$$

Verificação na fibra superior com $N_p = -2.273,7\ kN$

$-14.210,6 - 5.174,64 - 4.139,72 = -23.524,96\ kPa$

Condição $|\sigma_{c,min}| \leq |-0,6 \cdot 40000| = |-24.000|$

$|-23.524,96| < |-24.000|$ (OK!)

Seções dos apoios: nos apoios, só atua a protensão N_p. Os momentos fletores são nulos.

Nas seções dos apoios, atuará uma compressão uniforme de -14.210,6 kPa
| -14.210,6 | < | -24.000 | (OK!)

2) ***Protensão excêntrica*** com $e_p = 0,30$ m

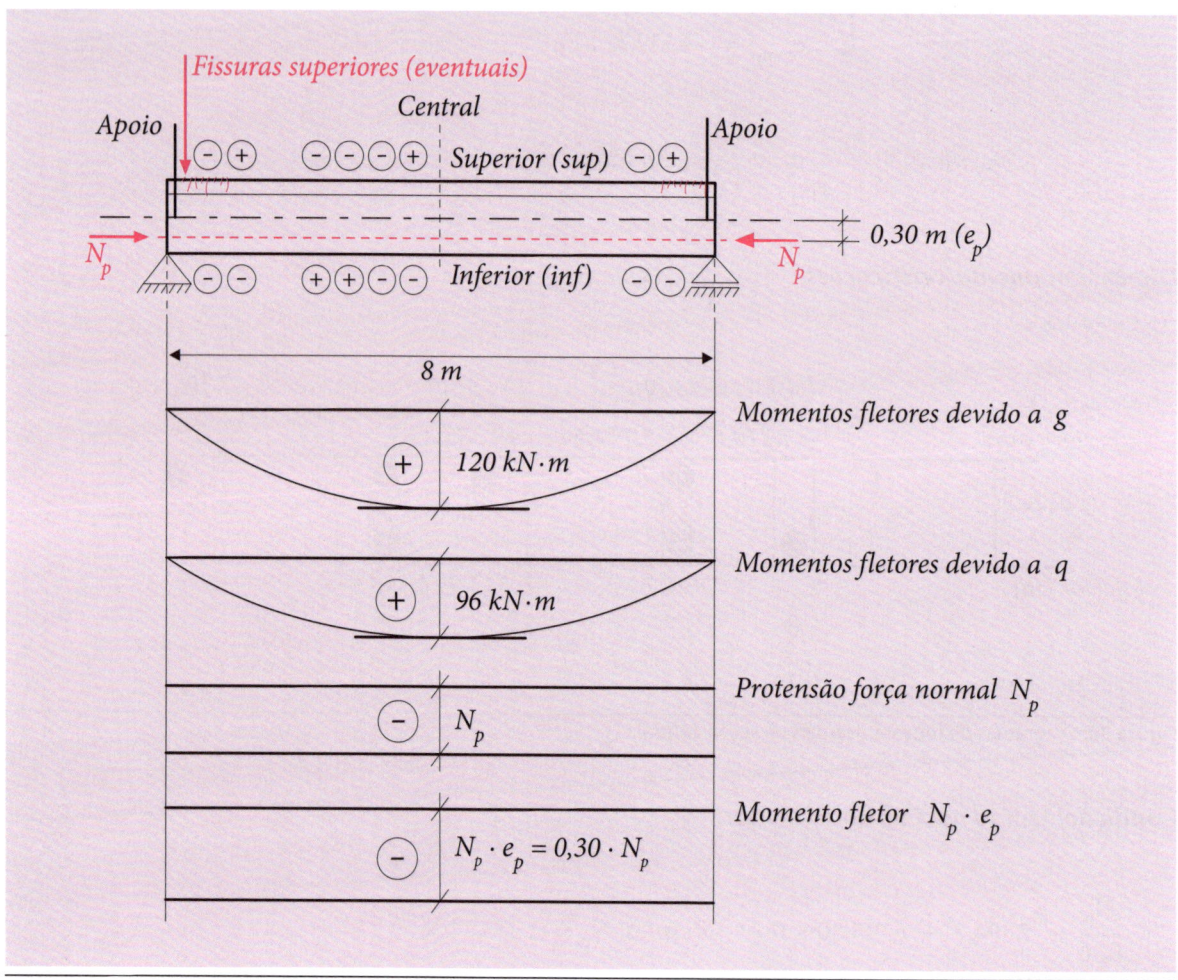

Figura 31: Protensão excêntrica – diagrama de esforços solicitantes.

Tensões normais

$$\text{Devido a g:} \begin{cases} \sigma_{c,inf} = +7.894{,}7 \text{ kPa} \\ \sigma_{c,sup} = -5.174{,}64 \text{ kPa} \end{cases}$$

$$\text{Devido a q:} \begin{cases} \sigma_{c,inf} = +6.315{,}8 \text{ kPa} \\ \sigma_{c,sup} = -4.139{,}72 \text{ kPa} \end{cases}$$

$$\text{Devido a } N_p: \begin{cases} \sigma_{c,inf,N_p} = \dfrac{N_p}{0{,}16} + \dfrac{(0{,}30 \cdot N_p)}{0{,}0152} \\ \sigma_{c,sup,N_p} = \dfrac{N_p}{0{,}16} - \dfrac{(0{,}30 \cdot N_p)}{0{,}02319} \end{cases} \quad \text{em toda a viga}$$

Dimensionamento/verificações

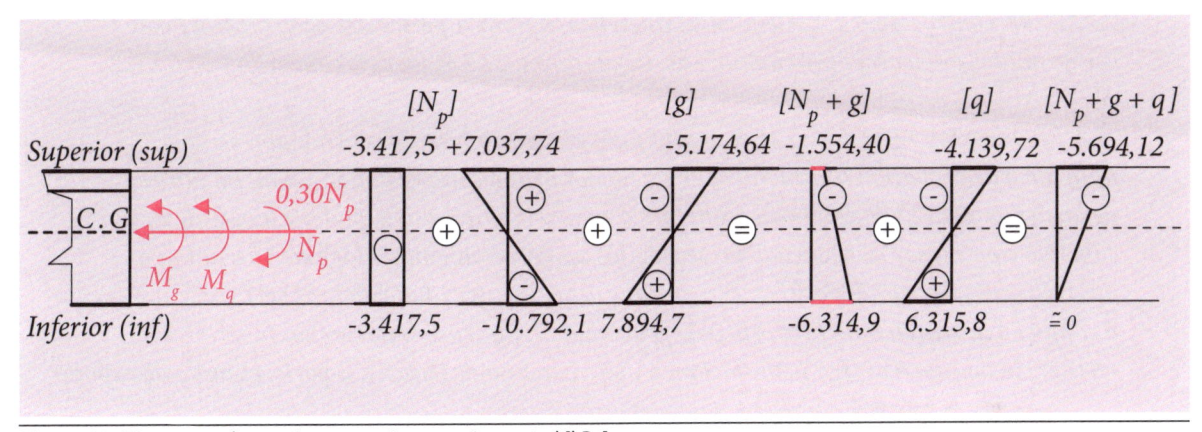

Figura 32: Diagramas de tensões normais na seção central [kPa].

Condição: tensão nula na fibra inferior:

$$\frac{N_p}{0{,}16} + \frac{(0{,}30 \cdot N_p)}{0{,}0152} + 7.894{,}7 + 6.315{,}8 \leq 0$$

Resulta: $N_p \leq -546{,}8$ kN

Verificação na fibra superior com $N_p = -546{,}8$ kN

$$\frac{-546{,}80}{0{,}16} + \frac{0{,}30 \cdot 546{,}80}{0{,}02319} - 5.174{,}64 - 4.139{,}72 =$$

$$= -3.417{,}50 + 7.037{,}74 - 5.194{,}8 - 4.139{,}72 = -5.694{,}12 \text{ kPa} \qquad |-5.694{,}12| < |-24.000| \text{ (OK!)}$$

Seções dos apoios: como nos apoios só atua a protensão, teremos

σ_{c,inf,N_p} = -3.417,5 − 10.792,1 = -14.209,6 kPa

| -14.209,6 | < | -24.000 | (OK!)

σ_{c,sup,N_p} = -3.417,5 + 7.037,74 = +3.620,24 kPa

| +3.629,24 | > | 0 | Não atende, pois poderá gerar fissuras superiores quando ultrapassar a resistência à tração do concreto.

> **OBS.:** *a aplicação numérica apresentada, que aborda casos simples de protensão com cabo reto (usado em pré-moldados na pré-tração), mostra duas situações importantes que merecem ser comentadas:*
>
> *1) A PROTENSÃO CENTRADA, embora atendendo aos requerimentos do projeto, não é uma solução totalmente recomendada. O valor da força de protensão calculada para a seção central é excessivamente alto, quando comparado ao da força determinada com a protensão excêntrica: 2.273,7 kN contra 546,8 kN. Além dessa diferença, a fibra superior da seção central ficou comprimida com tensões próximas do limite aceitável: 23.524,96 kPa contra 24.000,0 kPa.*
>
> *2) A PROTENSÃO EXCÊNTRICA, muito mais eficiente na seção central, apresentou uma força de protensão consideravelmente menor e uma compressão máxima na fibra superior de apenas 5.694,12 kPa. Além da economia com a armadura ativa, poderíamos utilizar um concreto com menor resistência. Nas seções dos apoios, com momentos externos nulos, o aparecimento de tensões positivas provocadas pela excentricidade da protensão não atenderam à condição de tração nula proposta pelo problema. Essas tensões de tração, superiores à resistência do concreto ($f_{ctk,f}$), propiciam o aparecimento de fissuras superiores junto aos apoios.*

CONCLUSÕES

Para regiões com momentos fletores, recomenda-se a protensão excêntrica: quanto maior for a excentricidade, menor será a força.

Nas seções com baixos ou sem momentos fletores, a força de protensão deve estar posicionada próxima ao baricentro ou pelo menos dentro do núcleo central de inércia.

A posição da força de protensão ao longo de todas as seções da estrutura (traçado geométrico do cabo resultante) deve guardar uma relação de compatibilidade com o grau da curva representativa do diagrama de momentos fletores das ações solicitantes. Na maioria dos casos, na pós-tração, o traçado é uma curva do 2º grau. Para a pré-tração, essa regra não pode ser aplicada, uma vez que, nas pistas, a maioria das protensões é efetuada com cabo reto (ou e_p = constante).

1.6.2. EXEMPLOS DE TRAÇADOS GEOMÉTRICOS

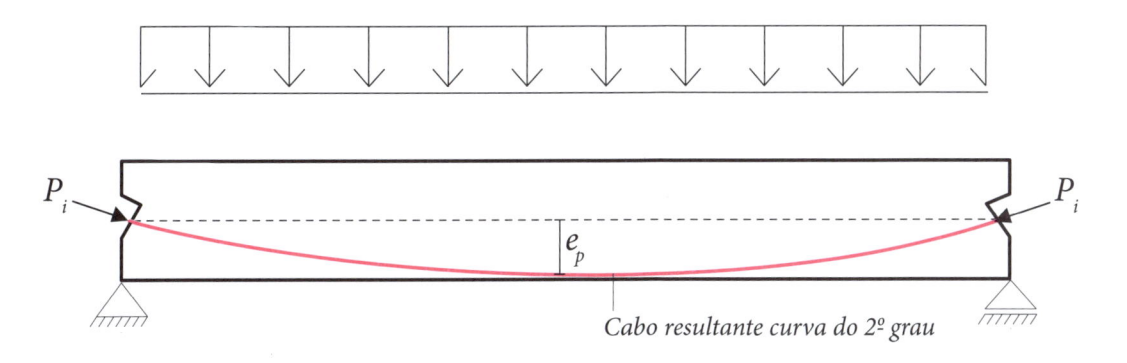

Figura 33: Viga biapoiada com pós-tração.

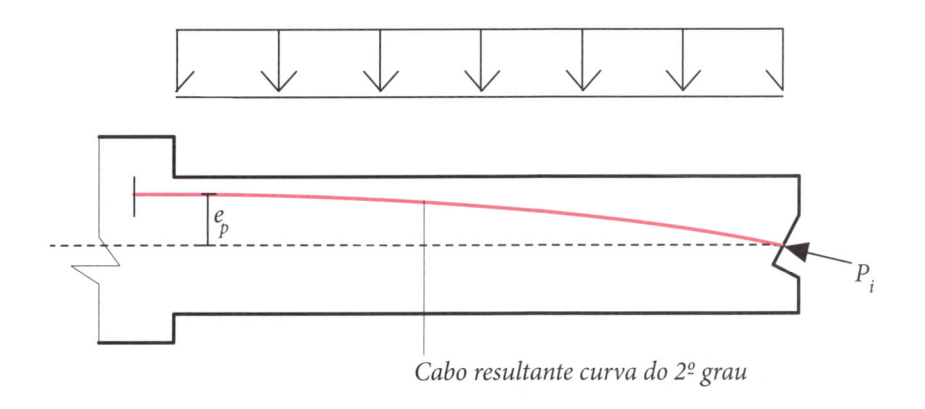

Figura 34: Viga em balanço com pós-tração.

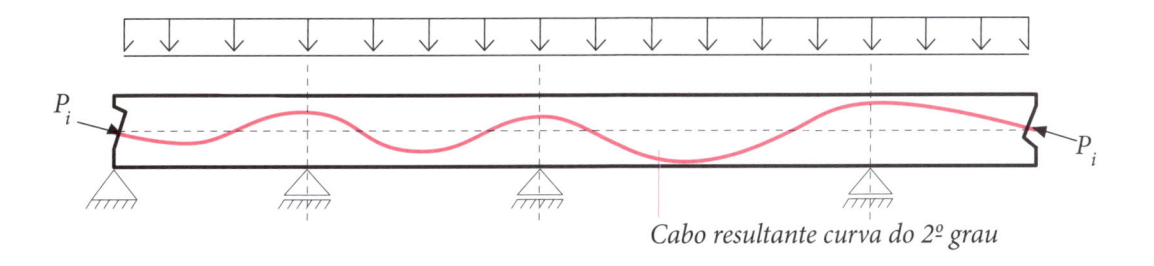

Figura 35: Viga contínua com pós-tração.

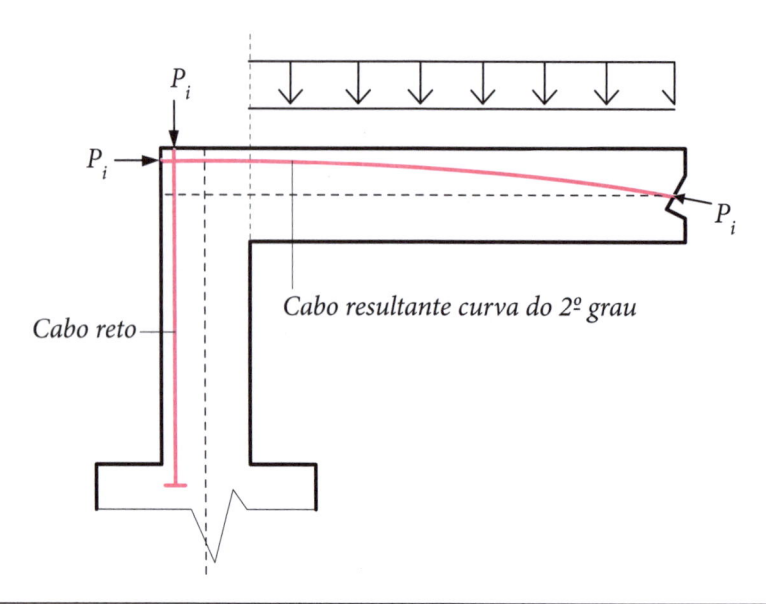

Figura 36: Pórtico em balanço com pós-tração.

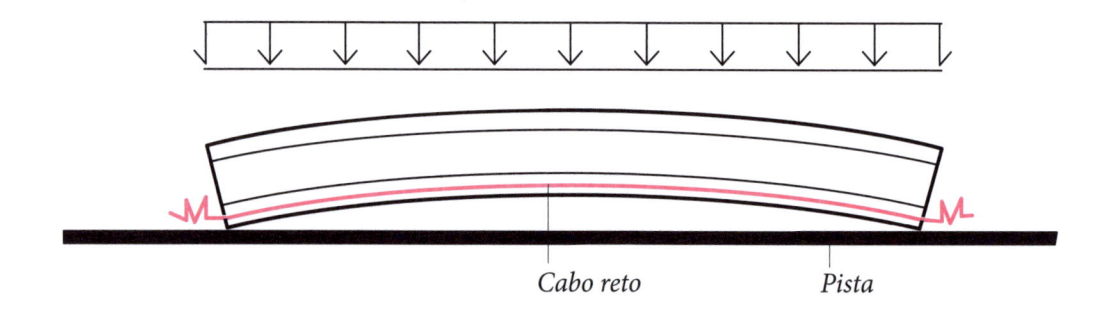

Figura 37: Viga biapoiada com pré-tração.

Capítulo 2

TIPOS DE PROTENSÃO

2.1. ESTUDO COMPARATIVO: CONCRETO PROTENDIDO × CONCRETO ARMADO

2.1.1. VANTAGENS

A protensão traz melhorias no desempenho (serviço) e na segurança das estruturas de concreto. A seguir, vamos destacar algumas vantagens de peças protendidas em relação às de concreto armado.

1. Durabilidade: a ausência ou redução da fissuração garante maior proteção das armaduras, inibindo o fenômeno da corrosão, que é um dos grandes responsáveis pela diminuição da vida útil das estruturas.

2. Deformabilidade: a protensão equilibra grande parcela do carregamento da estrutura, reduzindo os deslocamentos finais (flechas) e garantindo acabamentos de melhor qualidade. A figura a seguir ilustra a afirmação.

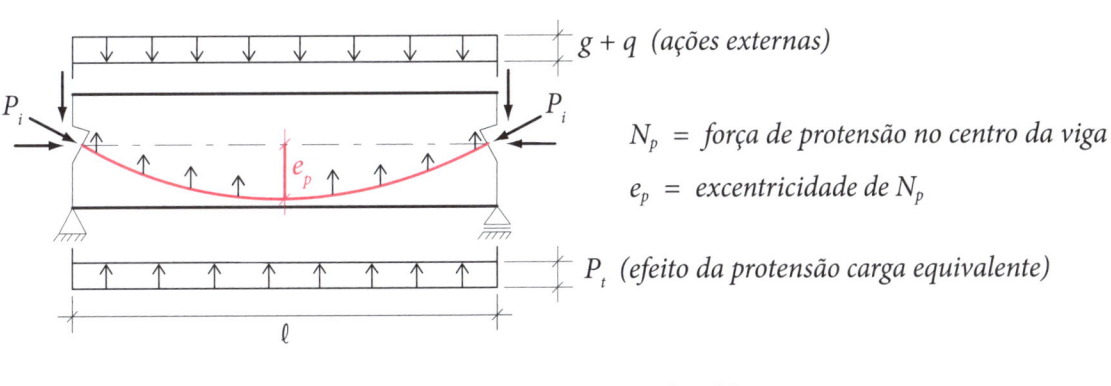

$g + q$ (ações externas)

N_p = força de protensão no centro da viga

e_p = excentricidade de N_p

P_t (efeito da protensão carga equivalente)

Efeito equivalente: $N_p \cdot e_p = \dfrac{P_t \cdot \ell^2}{8} \quad \rightarrow \quad P_t = \dfrac{8 \cdot N_p \cdot e_p}{\ell^2}$

Figura 38: Deformabilidade.

OBS.: P_t *equilibra parte de* $g + q$, *reduzindo as flechas.*

3. Materiais de Melhor Qualidade: no concreto protendido, como já foi demonstrado, é possível utilizar aços especiais sem que a peça seja condenada por fissuração excessiva. Trata-se de uma vantagem que participa da própria definição de elementos de concreto protendido. O melhor aproveitamento dos aços de alta resistência, no ELU, decorre do pré-alongamento da protensão, ou seja:

$\varepsilon_{pd} = \Delta\varepsilon_{pi} + \Delta\varepsilon_{pd}$, onde

$\Delta\varepsilon_{pi}$ = pré-alongamento da protensão, incluídas as perdas;

$\Delta\varepsilon_{pd}$ = acréscimo de deformação (seção descomprimida) no ELU, limitada a 10‰;

ε_{pd} = deformação final do aço no ELU;

$\sigma_{pd} = \sigma_{pd}(\varepsilon_{pd})$ será a tensão final.

Para compensar o equilíbrio estrutural, também melhora-se a qualidade do concreto.

4. Leveza e Esbeltez da Estrutura: a sistemática estrutural do concreto protendido (equilíbrio de cargas), associada à qualidade superior dos materiais, propicia seções mais esbeltas, vãos maiores e estruturas mais leves.

5. Menores Cisalhamentos: a protensão tem duas influências importantes na redução do cisalhamento das vigas:

a) Reduz o valor da força cortante:

$V_{reduzida} = V_{g+q} - \Sigma P_i sen\, \alpha_i$, sendo que:

$P_i\, sen\, \alpha_i$ representa a componente vertical das forças atuantes na seção transversal considerada.

b) Reduz a tensão principal de tração, propiciando menor quantidade de estribos:

$\sigma_{principais} = \dfrac{\sigma_p}{2} \pm \sqrt{\tau^2 + \left(\dfrac{\sigma_p}{2}\right)^2}$

Como $\sigma_p < 0$, a tensão principal de tração será menor.

OBS.: *a protensão também aumenta a tensão principal de compressão que deverá ser verificada.*

6. Prova de Carga: a protensão equilibra grande parte do carregamento aplicado à estrutura, podendo, portanto, ser encarada como uma prova de carga para a peça protendida.

7. Maior Resistência à Fadiga: a fadiga no aço diante de ações repetitivas (pontes ferroviárias, pontes rolantes, prensas) é mais grave nas peças armadas do que nas protendidas. Nas vigas armadas fissuradas, os efeitos das cargas repetidas se transformam em variação de tensão $\Delta\sigma_s$ no aço passivo. Já no concreto protendido, em que toda a seção trabalha, as eventuais variações de tensões $\Delta\sigma_p$ somente ocorrem após a descompressão da seção, reduzindo as consequências da fadiga no aço. O gradiente $\Delta\sigma_p$ é muito menor do que o gradiente $\Delta\sigma_s$.

A verificação da fadiga da armadura pode ser feita conforme o item 23.5.5 da NBR 6118.

2.1.2. DESVANTAGENS

Por outro lado, as desvantagens do concreto protendido em relação ao concreto armado devem ser encaradas com cuidados adicionais. As mais importantes são as seguintes:

1. Corrosão: nas peças protendidas em que a armadura ativa não está protegida por bainhas (caso das armaduras pré-aderentes), o efeito da corrosão pode ser danoso para a segurança da estrutura. Cuidados especiais com a fissuração e os cobrimentos devem ser adotados tanto no projeto como na construção.

> **OBS.:** *nas armaduras protendidas situadas no interior de bainhas, a proteção é dupla: a própria bainha (metálica ou plastificada), a calda de cimento nas peças injetadas ou a graxa especial das cordoalhas engraxadas.*

2. Protensão é Força Ativa: erros de projeto ou de construção podem resultar em ruínas das estruturas, quando a protensão estiver sendo aplicada no concreto. O item 17.2.4.2 da NBR 6118 recomenda a verificação do ELU no ato da protensão.

3. Maiores Exigências no Projeto: o projeto das estruturas protendidas, além de verificações e detalhamentos mais abrangentes, deve conter também os procedimentos executivos para a construção e o uso da estrutura.

4. Maiores Exigências na Construção: além dos materiais de melhor qualidade, as estruturas protendidas requerem equipamentos como macacos, aparelhos de controle de pressão, bombas injetoras e misturadoras. Também a mão de obra deve ser treinada para controlar e liberar a protensão, tendo como referência as especificações do projeto. O controle tecnológico do concreto e sua respectiva resistência são fundamentais para a aplicação da protensão na estrutura.

OBS.: *quando se estabelecem comparações entre os concretos armado e protendido, é importante lembrar do desenvolvimento tecnológico dos materiais/equipamentos e da cultura no projeto e construção das estruturas.*

O concreto armado surgiu na última década do século XIX e passou a ser amplamente usado como material de construção. O concreto protendido surgiu por volta de 1925, na França, com Freyssinet. Foi utilizado, na prática, ao longo e depois da Segunda Guerra Mundial e proclamado como "uma revolução na arte de construir". No concreto protendido, forças artificiais são introduzidas nas estruturas de maneira permanente, formando um equilíbrio com as cargas atuantes.

A evolução dos processos de cálculo com a introdução do método dos estados-limites, a descoberta de materiais que melhoraram o desempenho do concreto (aditivos, adições) e o aperfeiçoamento da fabricação do aço impulsionaram o sucesso das estruturas, tanto de concreto armado como, principalmente, as de concreto protendido.

Outro aspecto fundamental dessa comparação entre armado e protendido é cultural. Os engenheiros mais antigos alegavam dificuldades com os materiais e sistemas de protensão, ressaltando que as estruturas de concreto armado eram mais simples e econômicas.

O desenvolvimento dos processos de cálculo consolidados pela norma NBR 6118, somado à simplicidade e eficiência dos novos materiais para concreto protendido (cordoalhas engraxadas, ancoragens padronizadas e equipamentos para protensão de fácil manejo), mudaram essa mentalidade, provocando a popularização da protensão.

Atualmente, no Brasil, o concreto protendido está presente na maioria das estruturas, resultando em relações vantajosas de custo × benefício.

2.2. TIPOS DE PROTENSÃO: CLASSIFICAÇÃO

2.2.1. QUANTO AO PROCESSO CONSTRUTIVO

Em função do sistema construtivo e do modo como a força de protensão, durante a construção, é transferida para a seção de concreto, as peças protendidas classificam-se em:

2.2.1.1. PRÉ-TRAÇÃO

Peças de concreto com armadura ativa pré-tracionada (protensão com aderência inicial).

Conforme o item 3.1.7 da NBR 6118, trata-se de concreto protendido em que o pré-alongamento da armadura ativa é feito utilizando-se apoios independentes do elemento estrutural, antes do lançamento do concreto. Nesse caso, a ligação da armadura de protensão com os referidos apoios é desfeita após o endurecimento do concreto; a ancoragem no concreto realiza-se só por aderência.

Este processo construtivo é aplicado para a execução de pré-moldados (e pré-fabricados), conforme sequência ilustrada a seguir:

a) Protensão da armadura utilizando-se como apoios as cabeceiras da pista de protensão. Se o aço utilizado for o P190R, a tensão será σ_{pi} de $0,85 \cdot 1.710 = 1.453,5$ MPa.

O alongamento será $\varepsilon_i = \dfrac{1.453,5}{200.000} \cdot 1.000 = 7,26$ mm/m.

b) Concretagem sobre o aço (cordoalhas nuas), adensamento, acabamentos e cura.

c) Após o endurecimento do concreto, libera-se a protensão com transferência da força ao concreto por aderência, ao longo da peça. Assim, ocorre a mobilização do peso próprio (protensão P_0 + peso próprio g_1), em uma única etapa.

PRÉ-TRAÇÃO: SEQUÊNCIA CONSTRUTIVA

a) Protensão das cordoalhas na pista:

$$P_1 = A_{p1} \cdot \sigma_{pi}$$
$$P_2 = A_{p2} \cdot \sigma_{pi}$$

b) Concretagem, adensamento, acabamento e cura.

c) Transferência da protensão ao concreto, por aderência, com mobilização de g_1.

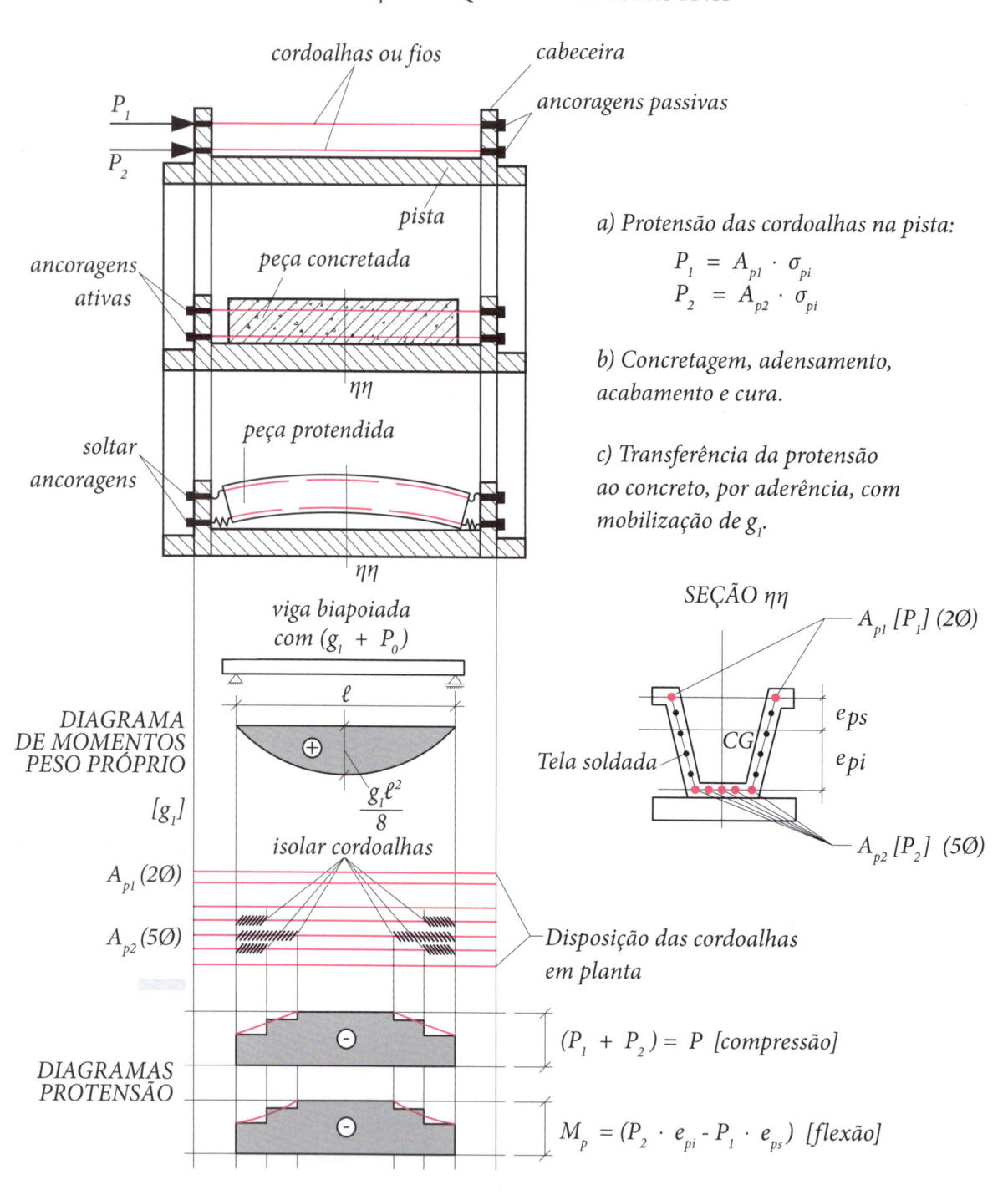

$(P_1 + P_2) = P$ [compressão]

$M_p = (P_2 \cdot e_{pi} - P_1 \cdot e_{ps})$ [flexão]

Figura 39: Pré-tração: sequência construtiva.

> **OBS.:** *Na protensão com aderência inicial, com aplicação em peças pré-moldadas (e pré-fabricadas), é importante considerar alguns detalhes tanto no projeto como na construção:*
>
> *1. A armadura protendida é reta com excentricidade constante (força normal e momento fletor constantes). Para evitar trações indesejáveis junto às extremidades das peças durante a transferência da protensão, é comum o uso de situações como a colocação de armadura passiva superior ou a utilização de cabos auxiliares, também na parte superior, ou ainda sistema de isolamento de parte das cordoalhas inferiores nas proximidades dos extremos da peça.*
>
> *2. As hipóteses de cálculo, função da agressividade ambiental, devem ser rigorosamente seguidas, uma vez que as cordoalhas não estão protegidas por bainhas, o que facilita a instalação da corrosão.*
>
> *3. Após a concretagem, é impossível alterar as forças de protensão.*
>
> *4. Nas peças produzidas em série, é comum a utilização de concreto seco (slump próximo a zero), concretagens especiais com extrusão, ciclos de 24 horas e curas planejadas para aumentar a velocidade de endurecimento do concreto antes da liberação da protensão.*
>
> *5. Por se tratar de peças pré-moldadas, o cálculo e o detalhamento devem prever todas as etapas do sistema construtivo: transporte/armazenamento das peças, montagem da estrutura e previsões de ligações com outros elementos da construção.*

2.2.1.2. PÓS-TRAÇÃO COM ADERÊNCIA POSTERIOR

Peças de concreto com armadura ativa pós-tracionada, com aderência posterior (protensão com aderência).

Conforme o item 3.1.8 da NBR 6118, trata-se de concreto protendido em que o pré-alongamento da armadura ativa é realizado após o endurecimento do concreto, sendo utilizadas como apoios partes do próprio elemento estrutural, criando posteriormente aderência com o concreto de modo permanente, através da injeção das bainhas.

A pós-tração com aderência, posteriormente desenvolvida com a injeção de calda de cimento preenchendo os espaços vazios no interior das bainhas, tem aplicação generalizada em estruturas protendidas de médio e grande portes, destacando-se obras viárias de infraestrutura como pontes e viadutos. São as tradicionais estruturas moldadas e protendidas no local da construção.

A transferência da força de protensão é feita através das ancoragens terminais (ativas e passivas), que ficam incorporadas na própria peça. As unidades de protensão (cabos) são constituídas por cordoalhas (ou fios) que estão isoladas do concreto por estarem no interior de bainhas metálicas.

Os sistemas de protensão atualmente em operação no Brasil fornecem materiais, equipamentos, mão de obra especializada e assessoria técnica. Atuam no mercado empresas como a *Rudloff, Freyssinet, Dywidag, Protende, Mac-protensão*, entre outras.

As etapas de construção das peças pós-tracionadas com injeção posterior podem ser resumidas assim:

a) Preparação da estrutura: formas, armadura passiva, colocação dos cabos (kit completo com armadura, bainhas, ancoragens e acessórios).

b) Concretagem da peça sem que haja o contato entre o concreto e a armadura a ser protendida, adensamento e cura. Após o endurecimento do concreto até atingir a resistência especificada no projeto, efetua-se a protensão. Nesse ato, ocorre a mobilização do peso próprio e deve ser feita a verificação correspondente.

c) Atendidas as exigências de projeto com relação aos valores da força de protensão e respectivos alongamentos das armaduras, começam as operações de injeção da calda de cimento, até preencher os vazios existentes dentro das bainhas. Em seguida, são efetuados os acabamentos finais, como os cortes das sobras de aço junto às ancoragens, preenchimento dos nichos e outros.

> **OBS.:** *além dos materiais empregados na construção das peças protendidas (aços, bainhas, ancoragens e acessórios), são necessários alguns equipamentos auxiliares, como:*
> - *Aparelhos tensores (macacos hidráulicos).*
> - *Bombas para produzir altas pressões hidráulicas que movimentam os macacos.*
> - *Conjuntos misturadores e de injeção da calda de cimento.*

PÓS-TRAÇÃO COM ADERÊNCIA POSTERIOR: SEQUÊNCIA CONSTRUTIVA

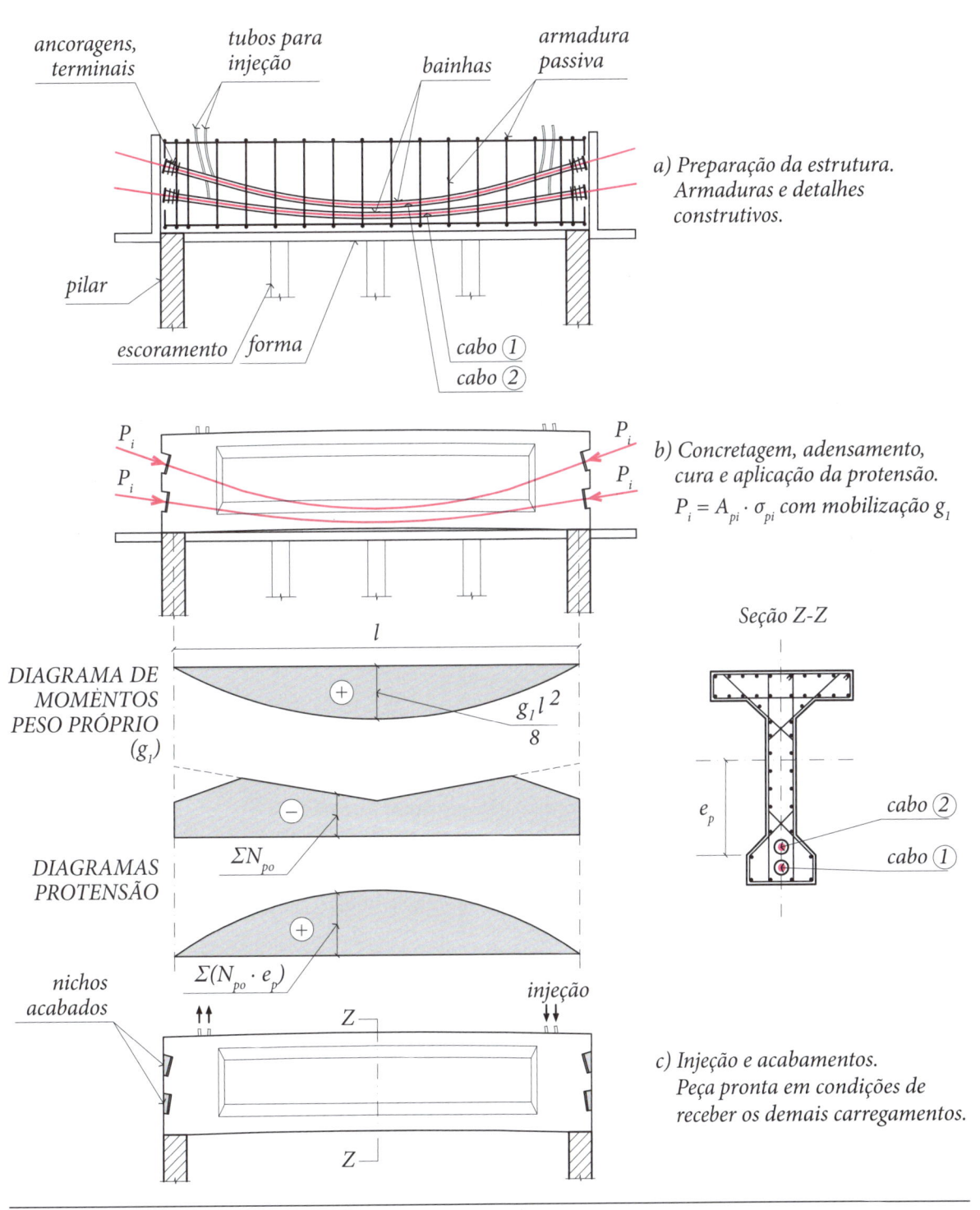

a) Preparação da estrutura. Armaduras e detalhes construtivos.

b) Concretagem, adensamento, cura e aplicação da protensão.
$P_i = A_{pi} \cdot \sigma_{pi}$ com mobilização g_1

c) Injeção e acabamentos. Peça pronta em condições de receber os demais carregamentos.

Figura 40: Pós-tração com aderência posterior: sequência construtiva.

OBS.: *O arranjo longitudinal dos cabos pode ter traçados retilíneos, curvilíneos ou poligonais, conforme as especificações do projeto. As ancoragens nas extremidades dos cabos podem ser ativa-ativa (protensão nas duas pontas) ou ativa-passiva (protensão em apenas uma das pontas). Em casos especiais, é possível ter ancoragens ativas situadas no interior dos cabos. Devem ser atendidos os raios mínimos de curvatura que dependem dos diâmetros dos fios, cordoalhas ou barras.*

Os cabos de protensão devem ter em suas extremidades segmentos retos que permitam o alinhamento de seus eixos com eixos dos respectivos dispositivos de ancoragem. As extremidades devem ser prolongadas, além das ancoragens ativas, com comprimento adequado à fixação dos aparelhos de protensão. Para os arranjos transversais, é necessário respeitar os cobrimentos, os espaços mínimos entre bainhas e a correta disposição das ancoragens, conforme recomendam a NBR 6118 e os fornecedores especializados. Aspectos importantes da pós-tração devem ser lembrados:

a) A protensão pode ser feita em etapas sucessivas, conforme os carregamentos aplicados, sempre respeitando os estados-limites relativos à execução e ao uso da estrutura. Na prática, na maioria dos casos, por ocasião da protensão, a verificação envolverá a consideração da própria protensão atuando em conjunto com o peso próprio (g_1) mobilizado.

b) Embora não seja comum, é possível reprotender os cabos antes da injeção da calda de cimento.

c) O controle da protensão é feito através da pressão aplicada nos aparelhos tensores e da medida dos alongamentos dos cabos, tendo como referências os parâmetros fornecidos pelo projetista da estrutura.

2.2.1.3. PÓS-TRAÇÃO SEM ADERÊNCIA POSTERIOR

Conforme o item 3.1.9 da NBR 6118, trata-se das peças com pós-tração protendidas onde não existe a aderência entre a armadura ativa e o concreto. A ligação entre a armadura e o concreto ocorre apenas nas ancoragens, exatamente nos pontos onde a força de protensão é transferida ao elemento estrutural.

Todos os procedimentos citados na pós-tração com aderência podem ser aqui aplicados, eliminando-se a injeção com calda de cimento.

Este tipo de protensão ganhou importância com o desenvolvimento da cordoalha engraxada que simplificou a construção com equipamentos e acessórios mais acessíveis.

Atualmente, a protensão com cabos de cordoalhas engraxadas está presente na maioria dos projetos de lajes "planas" ou "nervuradas" dos edifícios residenciais e comerciais. Também é grande a aplicação das cordoalhas engraxadas em pisos estruturais e pré-moldados com pós-tração executados nos canteiros de obra.

OBS.: *recomendamos a leitura das publicações que tratam de projetos e recomendações sobre o uso de cordoalhas engraxadas,* **Manual para a Boa Execução de Estruturas Protendidas. Usando Cordoalhas de Aço Engraxadas e Plastificadas** *do Eng. Eugenio Luiz Cauduro (ver bibliografia recomendada).*

As fotos mostradas a seguir ilustram algumas aplicações:

Figura 41: Viga pré-moldada protendida: pós-tração – ARMADURAS PREPARADAS. Obra: fábrica de pneus Continental – Automóveis e Caminhões. Projeto de Statura Engenharia e Projetos. Execução: Camargo Corrêa. Armaduras ativas com cordoalhas engraxadas.

Figura 42: Viga pré-moldada protendida: PEÇAS JÁ CONCRETADAS. Obra: fábrica de pneus Continental – Automóveis e Caminhões. Projeto de Statura Engenharia e Projetos. Execução: Camargo Corrêa. Peças já concretadas aguardando a protensão.

Figura 43: Viga pré-moldada protendida: pós-tração – PEÇAS PROTENDIDAS PRONTAS. Obra: fábrica de pneus Continental – Automóveis e Caminhões. Projeto de Statura Engenharia e Projetos. Execução: Camargo Corrêa. Peças já prontas aguardando a montagem.

Figura 44: Laje nervurada protendida: pós-tração – CONCRETAGEM DA ESTRUTURA. Obra: Instituto Presbiteriano Mackenzie. Projeto: Statura Engenharia e Projetos. Execução: Matec Engenharia. Utilização de cordoalhas engraxadas.

Figura 45: Laje maciça protendida: pós-tração – ARMADURA PREPARADA. Obra: Centro Administrativo Rio Negro. Projeto: Statura Engenharia e Projetos. Arquitetura: Ricardo Julião. Utilização de cordoalhas engraxadas.

Figura 46: Laje maciça protendida – DETALHE APOIO CORDOALHAS ENGRAXADAS. Obra: Centro Administrativo Rio Negro. Projeto de Statura Engenharia e Projetos. Arquitetura: Ricardo Julião.

2.2.1.4. PÓS-TRAÇÃO COM PROTENSÃO EXTERNA

Quando a armadura ativa estiver atuando fora da seção de concreto, a peça protendida estará sob efeito de uma protensão externa.

A protensão externa pode ser encarada como uma força aplicada, posicionada adequadamente com o auxílio de dispositivos especiais (desviadores).

As aplicações mais comuns deste tipo de protensão podem ser encontradas em pontes e viadutos e também como reforços de estruturas prontas.

Protensão Externa *(exemplo esquemático)*: ponte rodoviária de concreto armado reforçada com protensão externa.

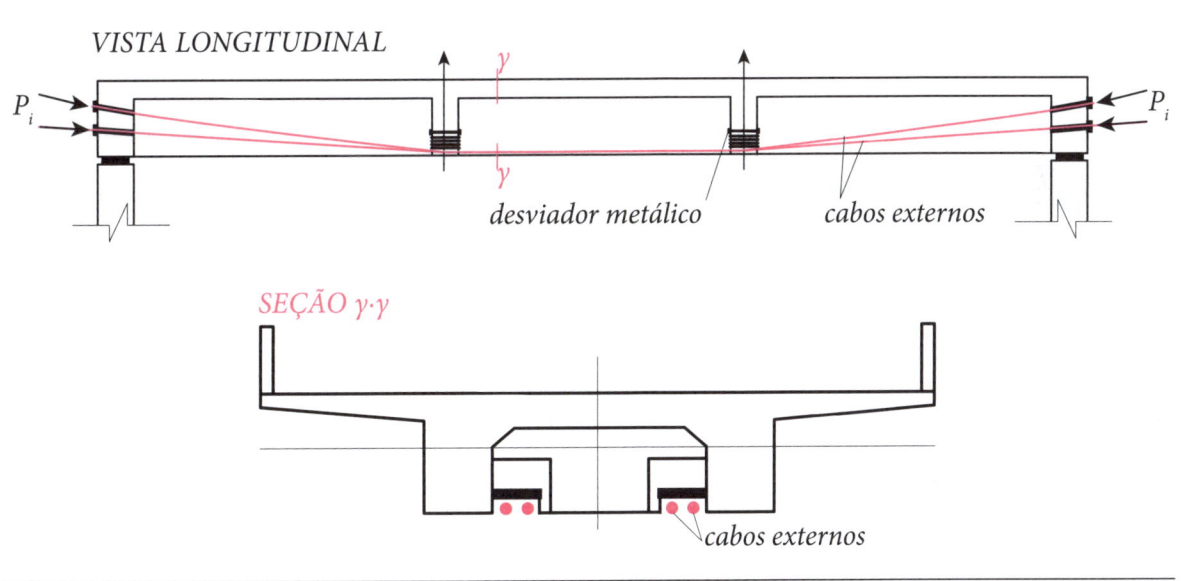

Figura 47: Exemplo de protensão externa.

OBS.: na protensão externa, as bainhas devem ser de material resistente às intempéries com garantia de proteção adequada para a armadura ativa.

2.2.2. QUANTO ÀS EXIGÊNCIAS RELATIVAS À FISSURAÇÃO E À PROTEÇÃO DAS ARMADURAS

As estruturas de concreto devem ser projetadas e construídas de modo que, sob determinadas condições ambientais e quando utilizadas conforme preconizado, conservem a segurança, estabilidade e aptidão em serviço durante o período correspondente à sua vida útil.

A durabilidade das estruturas depende dos mecanismos de envelhecimento e deterioração relativos ao concreto, à armadura e à estrutura propriamente dita (ver item 6.3 da NBR 6118).

A escolha do tipo de concreto estrutural a ser utilizado nas estruturas correntes depende da agressividade ambiental, que pode ser classificada de acordo com a Tabela 6 (Tabela 6.1 da NBR 6118) exposta a seguir.

TABELA 6 – CLASSES DE AGRESSIVIDADE AMBIENTAL (CAA)			
Classe de agressividade ambiental	Agressividade	Classificação geral do tipo de ambiente para efeito de projeto	Risco de deterioração da estrutura
I	Fraca	Rural	Insignificante
		Submersa	
II	Moderada	Urbana [a), b)]	Pequeno
III	Forte	Marinha [a)]	Grande
		Industrial [a), b)]	
IV	Muito forte	Industrial [a), c)]	Elevado
		Respingos de maré	

Fonte: NBR 6118:2007.

a) Pode-se admitir um microclima com uma classe de agressividade mais branda (uma classe acima) para ambientes internos secos (salas, dormitórios, banheiros, cozinhas e áreas de serviço de apartamentos residenciais e conjuntos comerciais ou ambientes com concreto revestido com argamassa e pintura).

b) Pode-se admitir uma classe de agressividade mais branda (uma classe acima) em: obras em regiões de clima seco, com umidade relativa do ar menor ou igual a 65%, partes da estrutura protegidas de chuva em ambientes predominantemente secos ou regiões onde chove raramente.

c) Ambientes quimicamente agressivos, tanques industriais, galvanoplastia, branqueamento em indústrias de celulose e papel, armazéns de fertilizantes, indústrias químicas.

FISSURAÇÃO, PROTEÇÃO DAS ARMADURAS – DURABILIDADE

O aparecimento ou não de fissuras nas seções de concreto pode ser relacionado a um estado-limite de Serviço, que deve ser atendido levando-se em conta o tipo de concreto estrutural escolhido e a classe de agressividade ambiental (CAA) na qual a estrutura será exposta.

As exigências de durabilidade relacionadas à fissuração e à proteção da armadura em função da agressividade ambiental estão resumidas na Tabela 7 (Tabela 13.4 da NBR 6118), reproduzida na sequência:

TABELA 7 – EXIGÊNCIAS DE DURABILIDADE RELACIONADAS À FISSURAÇÃO E À PROTEÇÃO DA ARMADURA, EM FUNÇÃO DAS CLASSES DE AGRESSIVIDADE AMBIENTAL

Tipo de concreto estrutural	Classe de agressividade ambiental (CAA) e tipo de protensão	Exigências relativas à fissuração	Combinação de ações em serviço a utilizar
Concreto simples	CAA I a CAA IV	Não há	—
Concreto armado	CAA I	ELS-W $w_k \leq 0{,}4$ mm	Combinação frequente
Concreto armado	CAA II e CAA III	ELS-W $w_k \leq 0{,}3$ mm	Combinação frequente
Concreto armado	CAA IV	ELS-W $w_k \leq 0{,}2$ mm	Combinação frequente
Concreto protendido Nível 1 (*protensão parcial*)	Pré-tração com CAA I ou pós-tração com CAA I e II	ELS-W $w_k \leq 0{,}2$ mm	Combinação frequente
Concreto protendido Nível 2 (*protensão limitada*)	Pré-tração com CAA II ou pós-tração com CAA III e IV	Verificar as duas condições abaixo	
		ELS-F	Combinação frequente
		ELS-D a)	Combinação quase permanente
Concreto protendido Nível 3 (*protensão completa*)	Pré-tração com CAA III e IV	Verificar as duas condições abaixo	
		ELS-F	Combinação rara
		ELS-D a)	Combinação frequente

Fonte: NBR 6118:2014.

a) A critério do projetista, o ELS-D pode ser substituído pelo ELS-DP com $a_p = 50$ mm, Figura 48.
NOTAS:
1) As definições de ELS-W, ELS-F e ELS-D encontram-se no item 2.3.2 (item 3.2 da NBR 6118).
2) Para as classes de agressividade ambiental CAA III e IV, exige-se que as cordoalhas não aderentes tenham proteção especial na região de suas ancoragens.
3) No projeto de lajes lisas e cogumelo protendidas, basta ser atendido o ELS-F para a combinação frequente das ações, em todas as classes de agressividade ambiental.

2.3. UMA BREVE EVOLUÇÃO DOS PROCESSOS DE CÁLCULO: O MÉTODO DOS ESTADOS-LIMITES

As primeiras estruturas construídas pelo homem foram orientadas pelo sentimento criativo e intuitivo. As construções encontradas na natureza foram a inspiração. Através do **Método Comparativo** e da experiência com sucessos, fracassos e novos materiais, o homem sempre objetivou o conforto, o bem-estar e a segurança, na luta pela sobrevivência contra as intempéries e contra o espírito predador e dominador do seu próprio semelhante. Os conhecimentos eram transmitidos entre gerações sucessivas, na própria construção, onde os mestres ensinavam o ofício aos aprendizes, caracterizando um sistema operativo.

A evolução das ciências propiciou aos "primeiros engenheiros" o cálculo de tensões, surgindo o **Método das Tensões Admissíveis**, em que a tensão atuante é comparada a uma tensão limite denominada "tensão admissível".

$\sigma, \tau_{atuante} < \overline{\sigma}, \overline{\tau}_{adm}$ é a condição de projeto.

Os valores das tensões admissíveis eram estabelecidos por consenso entre os calculistas, usando a experiência do uso repetido de sistemas e materiais estruturais.

O aparecimento dos laboratórios de ensaios de materiais foi um grande passo para a avaliação da segurança da estrutura. O resultado dos ensaios, em que se obtinha a resistência média do material ($f_{média}$) associado ao valor da tensão admissível praticado nos cálculos, permitiu avaliar a segurança global da estrutura.

$$\gamma_{global} = \frac{f_{média}}{\overline{\sigma}, \overline{\tau}_{adm}}$$

O número obtido é um coeficiente de segurança único englobando ações e materiais (resistências).

Por volta de 1960, as variáveis estruturais – ações (F) e resistências (f) – começaram a ser tratadas com procedimentos estatísticos e de forma separada. Um novo sistema de cálculo, denominado **Método dos estados-limites**, passou a ser utilizado nos projetos de estruturas em geral, usando uma linguagem probabilística para definir a segurança.

2.3.1. MÉTODO DOS ESTADOS-LIMITES

É o estabelecimento de regras e critérios para a segurança e o funcionamento das estruturas. Para cada estado-limite, existe uma condição de cálculo envolvendo as variáveis estruturais e permitindo um dimensionamento ou uma verificação de projeto.

Estados-limites últimos (ELU): estados-limites relacionados ao colapso ou a qualquer outra forma de ruína estrutural que determine a paralisação do uso da estrutura (interdição), conforme o item 10.3 da NBR 6118.

A segurança da estruturas deve sempre ser verificada em relação a todos os possíveis estados-limites últimos, como, por exemplo:

1) Perda de equilíbrio da estrutura, admitida como corpo rígido.

2) Esgotamento da capacidade resistente da estrutura, no seu todo ou em parte, devido às solicitações normais e tangenciais.

3) Esgotamento da capacidade resistente da estrutura no seu todo ou em parte, considerando os efeitos de segunda ordem.

4) Provocado por solicitações dinâmicas.

5) Provocado por colapso progressivo.

6) Provocado pela protensão no ato da transferência da força à seção de concreto.

7) Esgotamento da capacidade resistente da estrutura, no seu todo ou em parte, considerando exposição ao fogo.

8) Esgotamento da capacidade resistente da estrutura, no seu todo ou em parte, considerando ações sísmicas.

2.3.2. ESTADOS-LIMITES DE SERVIÇO (ELS)

Estados-limites de serviço (ELS): de acordo com o item 10.4 da NBR 6118, estados-limites de serviço são aqueles relacionados à durabilidade das estruturas, aparência, ao conforto do usuário e à sua boa utilização funcional, seja em relação aos usuários, às máquinas ou aos equipamentos utilizados.

A qualidade e o desempenho das estruturas se relacionam diretamente ao maior número possível de estados-limites de serviço considerados no projeto. Eventuais ocorrências de um ou mais estados-limites de serviço durante a utilização da estrutura podem representar restrições ao uso sem necessidade de interdições. O que está em discussão é o uso e não a segurança estrutural.

Nas verificações de concreto protendido, estão presentes os seguintes estados-limites de serviço:

a) ELS-D: estado-limite de descompressão, estado no qual em um ou mais pontos da seção transversal a tensão normal é nula, não havendo tração no restante da seção.

b) ELS-DP: estado-limite de descompressão parcial, estado no qual se garante a compressão na seção transversal, na região onde existem armaduras ativas. Essa região deve se estender até uma distância a_p da face mais próxima da cordoalha ou da bainha de protensão, conforme ilustra a Figura 48 (Figura 3.1 da NBR 6118).

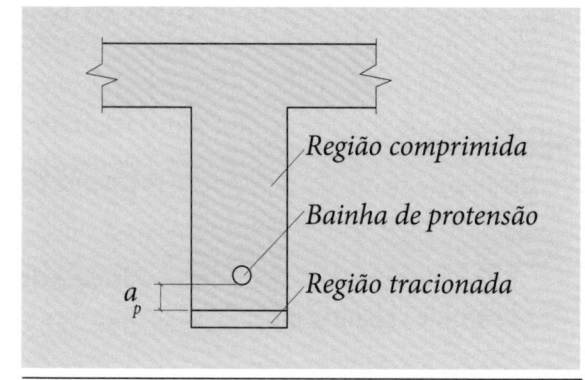

Figura 48: Estado-limite de descompressão parcial.

c) ELS-F: estado-limite de formação de fissuras, estado em que se inicia a formação de fissuras. Admite-se que esse estado-limite é atingido quando a tensão de tração máxima na seção transversal for igual a $f_{ctk,f}$.

d) ELS-W: estado-limite de abertura das fissuras, estado em que as fissuras se apresentam com aberturas iguais aos máximos especificados. No caso do concreto protendido nível 1 (protensão parcial), $w_k \leq 0{,}2$ mm para combinação frequente.

e) ELS-CE: estado-limite de compressão excessiva, estado em que as tensões de compressão atingem o limite convencional estabelecido. Usual no caso do concreto protendido, na ocasião da protensão e em utilização com todas as ações devidamente combinadas.

Outros estados-limites poderão ser verificados, como, por exemplo:

f) ELS-DEF: estado-limite de deformações excessivas, estado em que as deformações atingem os limites estabelecidos para utilização normal (item 13.3 da NBR 6118).

g) ELS-VE: estado em que as vibrações atingem os limites estabelecidos para a utilização normal da construção.

O gráfico a seguir mostra a segurança e o desempenho das estruturas diante dos possíveis estados-limites (ELS e ELU) e de situações de uso normal, ruína e colapso.

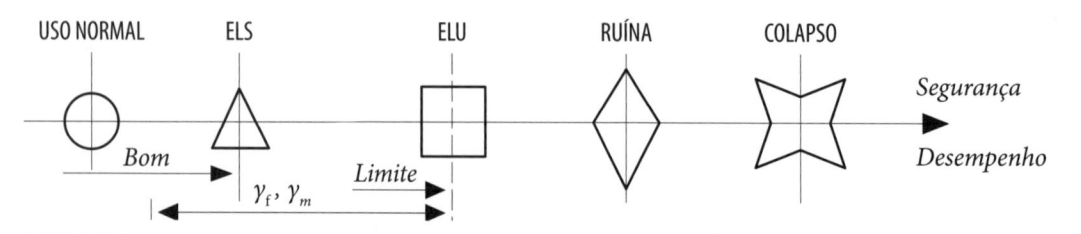

Figura 49: Segurança e desempenho das estruturas diante dos possíveis estados-limites.

As verificações no ELU consideram os fatores de segurança (γ_f e γ_m) que medem aproximadamente o afastamento da situação de uso normal da estrutura em relação ao ELU.

APLICAÇÃO TEÓRICA

A viga abaixo, protendida com pós-tração, está submetida às ações g_1 (peso próprio), g e q. Para os pontos indicados, identificar os possíveis estados-limites relativos ao ato da protensão ($\gamma_p P_0 + g_1$) e ao uso normal com todas as ações ($P_\infty + g_1 + g + q$).

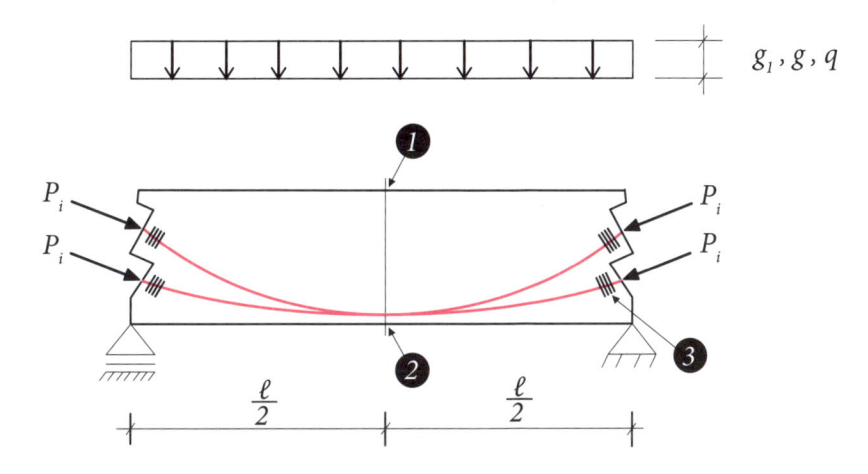

Figura 50: Viga protendida com pós-tração.

1) No ato da protensão (t = t_0, com $\gamma_p \cdot P_0 + g_1$)

   Ponto 2: ELU, com esmagamento do concreto

   Ponto 1: ELU, com ruptura à tração do concreto

   Ponto 3: ELU, com fendilhamento do concreto junto à ancoragem

2) Com uso Normal (t → ∞, com $P_\infty + g_1 + g + q$)

   Ponto 2: Estados-limites possíveis:

   - ELS-D; ELS-F; ELS-W

   - ELU, com γ_f e γ_m, de alongamento das armaduras

   Ponto 1: Estados-limites possíveis:

   - ELS-CE

   - ELU, com γ_f e γ_m, de encurtamento do concreto

Ponto 2: ELS-DEF, flecha *a* no centro do vão.

> OBS.: *para cada estado-limite, haverá uma equação matemática a ser verificada para um carregamento específico.*

2.4. AÇÕES* REPRESENTADAS POR "F"

Na análise estrutural, deve ser considerada a influência de todas as ações que possam produzir efeitos significativos, levando-se em conta os possíveis estados-limites últimos e de serviço.

2.4.1. CLASSIFICAÇÃO DAS AÇÕES

De acordo com a sua variabilidade no tempo (ao longo da vida útil da estrutura), as ações classificam-se da seguinte forma:

2.4.1.1. AÇÕES PERMANENTES (g, G)

Atuam com valores praticamente constantes durante toda a vida da construção.

Ações permanentes diretas: peso próprio da estrutura, elementos construtivos fixos, instalações permanentes, empuxos de terra e outros materiais granulosos quando forem admitidos não removíveis.

Ações permanentes indiretas: são constituídas pelas deformações impostas por retração e fluência do concreto, deslocamentos de apoio, imperfeições geométricas e protensão.

Além da ação da protensão propriamente dita, devem ser considerados os efeitos de sua ação indireta como, por exemplo, os esforços hiperestáticos decorrentes da protensão.

Os esforços solicitantes gerados pela ação da protensão podem ser considerados a partir da força de protensão, com sua excentricidade na seção transversal, ou por meio de um conjunto de cargas externas equivalentes (equilibrantes) ou, ainda, através da introdução de deformações impostas correspondente ao pré-alongamento das armaduras ativas.

2.4.1.2. AÇÕES VARIÁVEIS (q, Q)

Atuam nas estruturas com valores, apresentando grande variabilidade no tempo.

Ações variáveis diretas: são as cargas acidentais previstas para o uso da construção (verticais, móveis,

---

* Ver NBRs 8681 e 6120.

forças longitudinais de frenagem – aceleração, força centrífuga), ação do vento, ação da água e ações variáveis durante a construção (acidentais de execução) – [ver NBR 6123].

Ações variáveis indiretas: variações uniformes/não uniformes de temperatura e ações dinâmicas, quando a estrutura estiver sujeita a choques e vibrações.

2.4.1.3. AÇÕES EXCEPCIONAIS

São situações excepcionais de carregamento com valores definidos em cada caso particular e baixa probabilidade de ocorrência, como as explosões, por exemplo.

2.4.2. VALORES DAS AÇÕES

2.4.2.1. VALORES CARACTERÍSTICOS F_k

São estabelecidos em função da variabilidade de suas intensidades para um período de 50 anos.

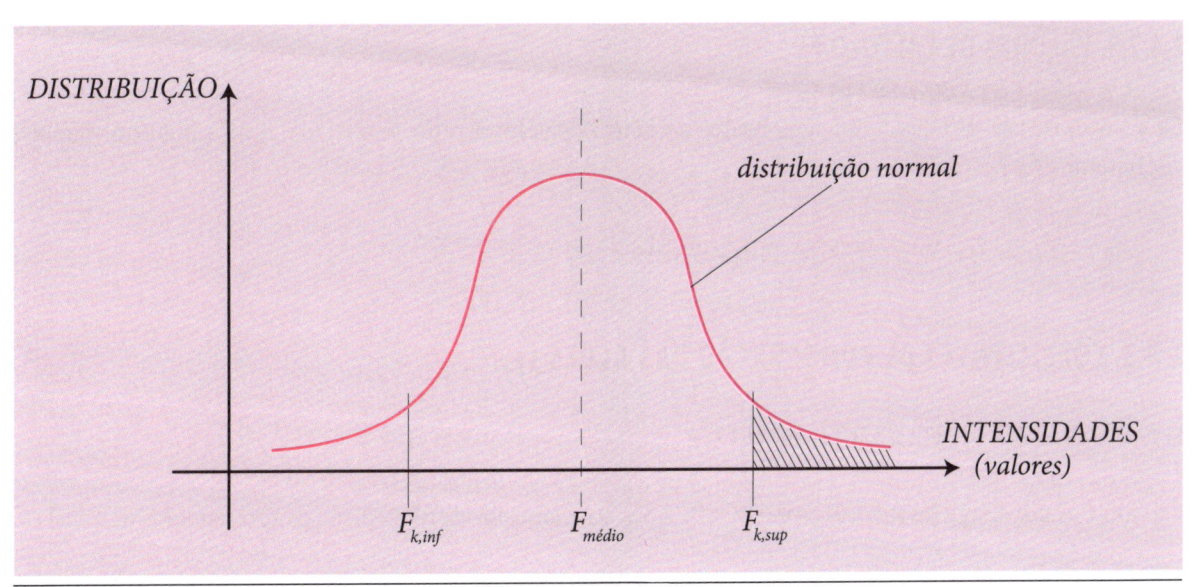

Figura 51: Valores característicos das ações.

Ações permanentes: se os efeitos forem desfavoráveis, adotar $F_{gk,sup}$ (quantil de 95%) e, em caso contrário (efeitos favoráveis), deve ser adotado $F_{gk,inf}$ (quantil de 5%).

Para as ações que tenham baixa variabilidade, adotar $F_{médio}$ como valor característico.

Ações variáveis: os valores característicos das ações variáveis $F_{gk,sup}$ são estabelecidos por consenso e correspondem aos quantis de 65% a 75%, ou seja, probabilidade de 35% a 25% de serem ultrapassados no sentido desfavorável.

2.4.2.2. VALORES REPRESENTATIVOS

Levando-se em conta o tempo de permanência nas estruturas, as ações são quantificadas por seus valores representativos, que podem ser:

a) Os valores característicos F_k.

b) Os valores convencionais excepcionais.

c) Os valores reduzidos, em função das combinações de ações, tais como:

- Verificações de estados-limites últimos, em que as ações variáveis secundárias participam com seus valores representativos reduzidos $\Psi_0 \cdot F_k$, justificados pela baixa probabilidade de ocorrência simultânea dos valores característicos de duas ou mais ações variáveis diferentes.

- Verificações de estados-limites de serviço, em que os valores reduzidos $\Psi_1 F_k$ e $\Psi_2 F_k$ representam o caráter "frequente" ou "quase permanente" das ações variáveis.

> **OBS.:** *embora seja intuitivo, é importante lembrar que fatores de redução – Ψ_0, Ψ_1, Ψ_2 – só se aplicam, com critérios pré-estabelecidos, às ações variáveis (Tabela 9).*

2.4.2.3. VALORES DE CÁLCULO F_d

Os valores de cálculo das ações são obtidos a partir dos valores representativos, multiplicando-se pelos coeficientes de ponderação γ_f, sendo:

$$\gamma_f = \gamma_{f_1} \cdot \gamma_{f_3} \text{ no ELU e } \gamma_f = \gamma_{f_2} \text{ no ELS.}$$

2.4.3. COEFICIENTES DE PONDERAÇÃO DAS AÇÕES (γ_f)

1) NO ESTADO-LIMITE ÚLTIMO (ELU)

Os valores-base de $\gamma_f = \gamma_{f_1} \cdot \gamma_{f_3}$, para verificações no estado-limite último, são os apresentados na Tabela 8.

TABELA 8 – COEFICIENTE $\gamma_f = \gamma_{f_1} \cdot \gamma_{f_3}$								
Combinações de ações	Permanentes (g)		Variáveis (q)		Protensão (p)		Recalques de apoio e retração	
	D	F	Q	T	D	F	D	F
Normais	1,4 a)	1,0	1,4	1,2	1,2	0,9	1,2	0
Especiais ou de construção	1,3	1,0	1,2	1,0	1,2	0,9	1,2	0
Excepcionais	1,2	1,0	1,0	0	1,2	0,9	0	0

Fonte: NBR 6118:2014.
ONDE: D é desfavorável, F é favorável, Q representa as cargas variáveis em geral e T é a temperatura.
a) Para as cargas permanentes de pequena variabilidade, como o peso próprio das estruturas, especialmente as pré-moldadas, esse coeficiente pode ser reduzido para 1,3.

2) NO ESTADO-LIMITE DE SERVIÇO (ELS)

Em geral, o coeficiente de ponderação das ações para estados-limites de serviço é dado pela expressão $\gamma_f = \gamma_{f2}$, cujos valores estão apresentados na Tabela 9 [Tabela 11.2. da NBR 6118].

TABELA 9 – VALORES DO COEFICIENTE γ_{f2}				
Ações		γ_{f2}		
		Ψ_0	Ψ_1 [a]	Ψ_2
Cargas acidentais de edifícios	Locais em que não há predominância de pesos de equipamentos que permanecem fixos por longos períodos de tempo, nem de elevadas concentrações de pessoas [b]	0,5	0,4	0,3
	Locais em que há predominância de pesos de equipamentos que permanecem fixos por longos períodos de tempo, ou de elevada concentração de pessoas [c]	0,7	0,6	0,4
	Biblioteca, arquivos, oficinas e garagens	0,8	0,7	0,6
Vento	Pressão dinâmica do vento nas estruturas em geral	0,6	0,3	0
Temperatura	Variações uniformes de temperatura em relação à média anual local	0,6	0,5	0,3

Fonte: NBR 6118:2014.
a) Para os valores de Ψ_1 relativos às pontes e principalmente aos problemas de fadiga, ver seção 23 da NBR 6118.
b) Edifícios residenciais.
c) Edifícios comerciais, de escritórios, estações e edifícios públicos.

2.4.4. COMBINAÇÕES DE AÇÕES

Um carregamento é definido pela combinação das ações que têm probabilidades não desprezíveis de atuarem simultaneamente sobre a estrutura, durante um período preestabelecido.

A combinação das ações deve considerar os efeitos mais desfavoráveis para a estrutura.

Para verificações em relação aos estados-limites últimos e aos estados-limites de serviço, devem ser usadas as combinações últimas e as combinações de serviço, respectivamente.

1) COMBINAÇÕES ÚLTIMAS

As combinações últimas podem ser classificadas em últimas normais, últimas especiais ou de construção e últimas excepcionais, conforme resumo na Tabela 10 (Tabela 11.3 da NBR 6118).

\multicolumn{3}{c}{**TABELA 10 – COMBINAÇÕES ÚLTIMAS**}		
Combinações últimas (ELU)	**Descrição**	**Cálculo das solicitações**
Normais	Esgotamento da capacidade resistente para elementos estruturais de concreto armado a)	$F_d = \gamma_g \cdot F_{gk} + \gamma_{\varepsilon g} \cdot F_{\varepsilon gk} + \gamma_q \cdot (F_{q1k} + \Sigma \Psi_{oj} \cdot F_{qjk})$ $+ \gamma_{\varepsilon q} \cdot \Psi_{o\varepsilon} \cdot F_{\varepsilon qk}$
Normais	Esgotamento da capacidade resistente para elementos estruturais de concreto protendido	Deve ser considerada, quando necessário, a força de protensão como carregamento externo com os valores $P_{kmáx}$ e P_{kmin} para a força desfavorável, conforme definido na seção 9
Normais	Perda do equilíbrio como corpo rígido	$S(F_{sd}) \geq S(F_{nd})$ $F_{sd} = \gamma_{gs} \cdot G_{sk} + R_d$ $F_{nd} = \gamma_{gn} \cdot G_{nk} + \gamma_q \cdot Q_{nk} - \gamma_{qs} \cdot Q_{s,min}$ em que: $Q_{nk} = Q_{1k} + \Sigma \Psi_{oj} \cdot Q_{jk}$
Especiais ou de construção b)		$F_d = \gamma_g \cdot F_{gk} + \gamma_{\varepsilon g} \cdot F_{\varepsilon gk} + \gamma_q \cdot (F_{q1k} + \Sigma \Psi_{oj} \cdot F_{qjk}) + \gamma_{\varepsilon q} \cdot \Psi_{o\varepsilon} \cdot F_{\varepsilon qk}$
Excepcionais b)		$F_d = \gamma_g \cdot F_{gk} + \gamma_{\varepsilon g} \cdot F_{\varepsilon gk} + F_{q1,exc} + \gamma_q \cdot \Sigma \Psi_{oj} \cdot F_{qjk} + \gamma_{\varepsilon q} \cdot \Psi_{o\varepsilon} \cdot F_{\varepsilon qk}$

Fonte: NBR 6118:2007.

ONDE:

F_d é o valor de cálculo das ações para combinação última;
F_{gk} representa as ações permanentes diretas;
$F_{\varepsilon k}$ representa as ações indiretas permanentes como a retração $F_{\varepsilon gk}$ e variáveis como a temperatura $F_{\varepsilon qk}$;
F_{qk} representa as ações variáveis diretas das quais F_{q1k} é escolhida principal;
$\gamma_g, \gamma_{\varepsilon g}, \gamma_q, \gamma_{\varepsilon q}$ ver Tabela 8 (Tabela 11.1 da NBR 6118);
$\Psi_{oj}, \Psi_{o\varepsilon}$ ver Tabela 9 (Tabela 11.2 da NBR 6118);
F_{sd} representa as ações estabilizantes;
F_{nd} representa as ações não estabilizantes;
G_{sk} é o valor característico da ação permanente estabilizante;
R_d é o esforço resistente considerado como estabilizante, quando houver;
G_{nk} é o valor característico da ação permanente instabilizante;
$Q_{nk} = Q_{1k} + \sum_{j=2}^{m} \Psi_{oj} Q_{jk}$;

Q_{nk} é o valor característico das ações variáveis instabilizantes;
Q_{1k} é o valor característico da ação variável instabilizante considerada como principal;
Ψ_{oj} e Q_{jk} são as demais ações variáveis instabilizantes, consideradas com seu valor reduzido;
$Q_{s,min}$ é o valor característico mínimo da ação variável estabilizante, que obrigatoriamente acompanha uma ação variável instabilizante.

a) No caso geral, devem ser consideradas inclusive combinações onde o efeito favorável das cargas permanentes seja reduzido pela consideração de $\gamma_g = 1,0$. No caso de estruturas usuais de edifícios, essas combinações que consideram γ_g reduzido (1,0) não precisam ser consideradas.

b) Quando F_{q1k} ou $F_{q1,exc}$ atuarem em tempo muito pequeno ou tiverem probabilidade de ocorrência muito baixa Ψ_{oj}, podem ser substituídos por Ψ_{2j}. Este pode ser o caso para ações sísmicas e situação de incêndio.

2) COMBINAÇÕES DE SERVIÇOS

São classificadas de acordo com sua permanência na estrutura. Assim:

a) Quase Permanentes (CQP): podem atuar durante grande parte do período de vida da estrutura, com consideração necessária para verificar o ELS-D na protensão limitada.

b) Frequentes [CF]: repetem-se muitas vezes durante o período de vida da estrutura, com consideração necessária para verificações do ELS-W na protensão parcial, ELS-F na protensão limitada e ELS-D na protensão completa.

c) Raras [CR]: Ocorrem algumas vezes durante o período de vida da estrutura, com consideração necessária para verificar o ELS-F na protensão completa.

A Tabela 11 resume as combinações de serviço.

TABELA 11 – COMBINAÇÕES DE SERVIÇO		
Combinações de Serviço (ELS)	Descrição	Cálculo das solicitações
Combinações quase permanentes de serviço (CQP)	Nas combinações quase permanentes de serviço, todas as ações variáveis são consideradas com seus valores quase permanentes $\Psi_2 \cdot F_{qk}$	$F_{d,ser} = \Sigma F_{gi,k} + \Sigma \Psi_{2j} \cdot F_{qj,k}$
Combinações frequentes de serviço (CF)	Nas combinações frequentes de serviço, a ação variável principal F_{q1} é tomada com seu valor frequente $\Psi_1 \cdot F_{q1,k}$, e todas as demais ações variáveis são tomadas com seus valores quase permanentes $\Psi_2 \cdot F_{qk}$	$F_{d,ser} = \Sigma F_{gi,k} + \Psi_1 \cdot F_{q1,k} + \Sigma \Psi_{2j} \cdot F_{qj,k}$
Combinações raras de serviço (CR)	Nas combinações raras de serviço, a ação variável principal F_{q1} é tomada com seu valor característico $F_{q1,k}$, e todas as demais ações são tomadas com seus valores frequentes $\Psi_1 \cdot F_{qk}$	$F_{d,ser} = \Sigma F_{gi,k} + F_{q1,k} + \Sigma \Psi_{1j} \cdot F_{qj,k}$

Fonte: NBR 6118:2014.

ONDE:
$F_{d,ser}$ é o valor de cálculo das ações para combinações de serviço;
$F_{q1,k}$ é o valor característico das ações variáveis principais diretas;
Ψ_1 é o fator de redução de combinação frequente para ELS;
Ψ_2 é o fator de redução de combinação quase permanente para ELS.

2.5. RESISTÊNCIAS

Para as resistências, representadas por f, ver item 12 da NBR 6118.

1) COEFICIENTE DE PONDERAÇÃO DAS RESISTÊNCIAS γ_m

$\gamma_m = \gamma_{m1} \cdot \gamma_{m2} \cdot \gamma_{m3}$, em que:

γ_{m1} considera a variabilidade da resistência dos materiais envolvidos.

γ_{m2} considera a diferença entre a resistência do material no corpo de prova e na estrutura.

γ_{m3} considera os desvios gerados na construção e as aproximações feitas em projeto do ponto de vista das resistências.

2) VALORES CARACTERÍSTICOS DAS RESISTÊNCIAS f_k

Os valores característicos das resistências são aqueles que têm uma determinada probabilidade de serem ultrapassados, no sentido desfavorável para a segurança.

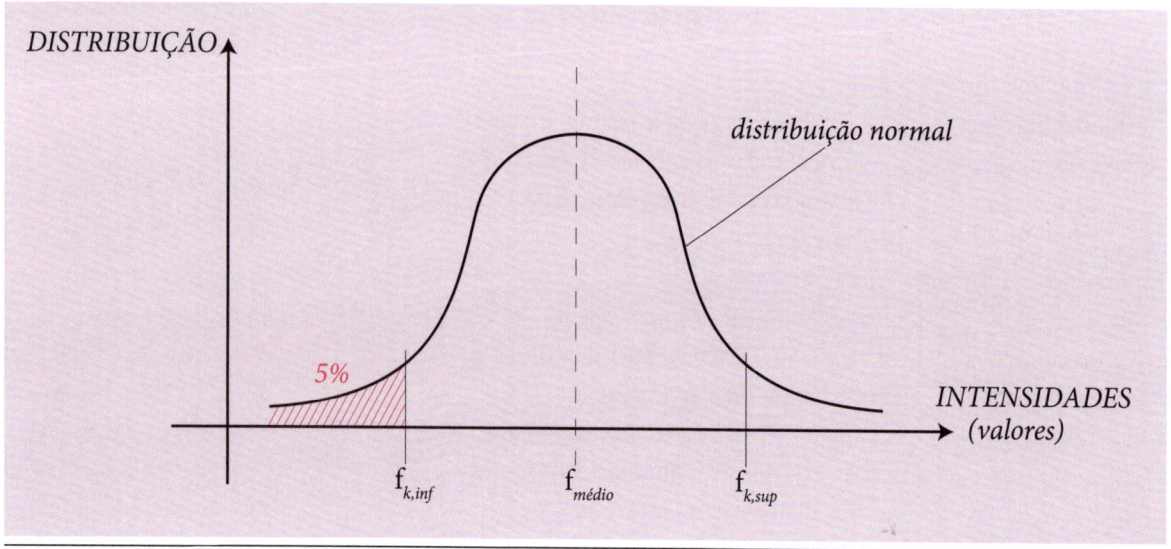

Figura 52: Valores característicos das resistências.

Em geral, é de interesse a resistência característica inferior, admitida como sendo o valor com apenas 5% de probabilidade de não ser atingido pelos elementos de um dado lote de material, ou seja, 95% dos elementos ultrapassam o valor de $f_{k,inf}$.

3) RESISTÊNCIA DE CÁLCULO: $f_d = f_k / \gamma_m$

a) Resistência de cálculo do concreto: f_{cd}

    i) Para verificações com $j \geq 28$ dias

$$f_{cd} = f_{ck} / \gamma_c$$

f_{cd} é a resistência característica a compressão do concreto aos 28 dias, adotada no projeto, que deverá ser confirmada na construção da estrutura.

ii) Para verificações com j < 28 dias

$$f_{ckj} \approx \beta_1 \cdot f_{ck} \text{ (ver capítulo anterior)}$$

$$f_{cd} = \beta_1 \cdot (f_{ck} / \gamma_c)$$

b) Resistência de cálculo do aço: f_{yd}, f_{pyd}, f_{ptd}

$$f_{yd} = f_{yk} / \gamma_s \qquad f_{pyd} = f_{pyk} / \gamma_s \qquad f_{ptd} = f_{ptk} / \gamma_s$$

4) COEFICIENTES DE PONDERAÇÃO DAS RESISTÊNCIAS

As resistências devem ser minoradas pelo coeficientes:

$$\gamma_m = \gamma_{m1} \cdot \gamma_{m2} \cdot \gamma_{m3}$$

a) Coeficientes de ponderação das resistências no estado-limite último (ELU)

TABELA 12 – VALORES DOS COEFICIENTES γ_c E γ_s		
Combinações	Concreto γ_c	Aço γ_s
Normais	1,4	1,15
Especiais ou de construção	1,2	1,15
Excepcionais	1,2	1,0

Fonte: NBR 6118:2014.

OBS.: *ver casos de acréscimos ou reduções de γ_m no item 12.4.1 da NBR 6118.*

b) Coeficientes de ponderação das resistências no estado-limite de serviço (ELS).

Para verificações no ELS, adotar $\gamma_m = 1,0$.

5) CONDIÇÕES ANALÍTICAS DE SEGURANÇA

Para todos os possíveis estados-limites e todos os carregamentos especificados, as resistências nunca devem ser menores do que as solicitações.

Condição: $R_d \geq S_d$

R_d = Esforço resistente de cálculo;

S_d = Esforço solicitante de cálculo.

> **OBS.:** *para verificações dos ELU de perdas de equilíbrio como corpo rígido:*
> R_d = *Valores de cálculo das ações estabilizantes.*
> S_d = *Valores de cálculo das ações desestabilizantes.*

2.6. SEGURANÇA DAS ESTRUTURAS CIVIS – CONSIDERAÇÕES

O controle da segurança das variáveis estruturais, conforme foi visto nos itens anteriores, é do tipo probabilístico (estatístico) envolvendo situações de risco. Na prática, para analisar a probabilidade de ruína de uma determinada estrutura, o engenheiro deve estudar exaustivamente seis aspectos relativos à construção:

1) O PROJETO de Engenharia da ESTRUTURA.

2) Os elementos sobre a EXECUÇÃO DA ESTRUTURA (conformidades e não conformidades).

3) O PROJETO de Engenharia das FUNDAÇÕES.

4) Os elementos sobre a EXECUÇÃO DAS FUNDAÇÕES (conformidades e não conformidades).

5) A qualidade e resistência dos MATERIAIS empregados nas FUNDAÇÕES e na ESTRUTURAS.

6) As informações sobre as condições de USO da construção, incluindo providências sobre a CONSERVAÇÃO dos elementos estruturais.

As variações estatísticas enfrentadas pelos engenheiros para estudar os seis tópicos acima são muito grandes e exigem dedicação e horas de trabalho. Se a estrutura e a construção não apresentarem **erros grosseiros**, principalmente relacionados aos seis itens citados acima, então a chance de ruína é praticamente zero.

Nos casos de construções que sofreram ruína, aconteceram sempre erros grosseiros que, somados, afetaram a segurança.

Para evitar os acidentes, é recomendável que a liderança do projeto e da construção seja confiada a profissionais experientes e competentes em cada etapa do processo. Os conflitos devem ser eliminados. O comprometimento com a segurança é prerrogativa básica para todos. Assim, os especialistas e consultores precisam ser independentes, sem vínculos diretos com os resultados financeiros da construção. As estruturas exigem manutenção e conservação ao longo de sua vida útil, com inspeções regulares. Os sinais e avisos devem ser avaliados para saber a relação com o comprometimento estrutural. Fissuras, rachaduras, flechas, ninhos de concreto, corrosão das armaduras e vibrações são ocorrências associadas a algum estado-limite que precisa ser analisado e enquadrado ou não como uma patologia para a estrutura.

Qualidade, competência, prazos justos e relações custos × benefícios adequados são as receitas para a segurança das estruturas civis.

2.7. APLICAÇÃO TEÓRICA DO MÉTODO DOS ESTADOS-LIMITES

A NBR 6118 recomenda que os elementos estruturais atendam a todos os possíveis **estados-limites** relativos à segurança e ao uso da estrutura. Dentre eles, destacamos o ELU, no ato da protensão, e os diversos ELS relativos à compressão excessiva e fissuração do concreto.

Sabendo-se que a peça pós-tracionada a seguir está em um ambiente de agressividade CAA IV, responder:

a) Que tipo de concreto protendido deve ser usado no projeto?

b) Quais as equações que representam o ELU no ato da protensão?

c) Quais as equações que traduzem os ELS associados à fissuração e à compressão excessiva do concreto?

VIGA COM TIRANTE

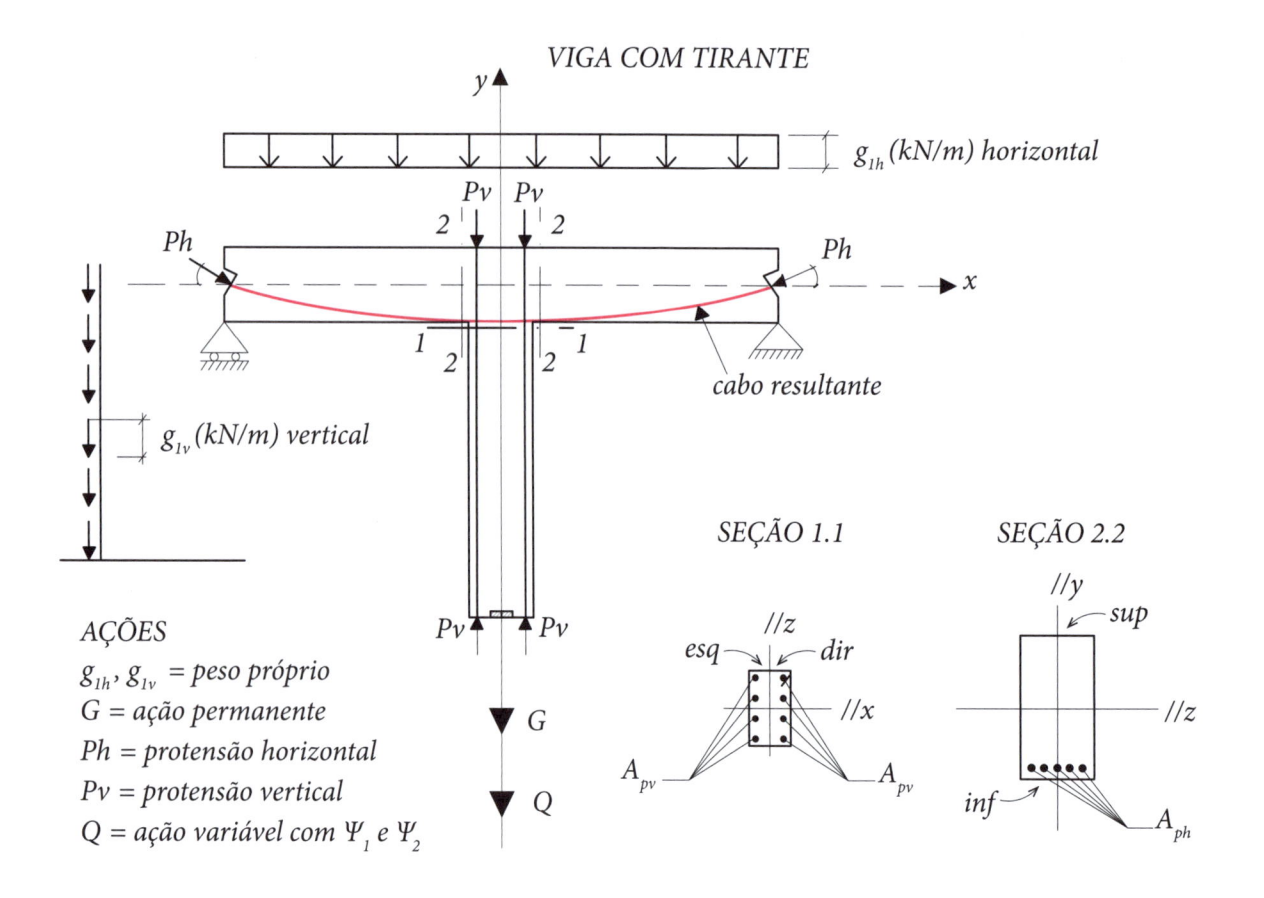

AÇÕES
g_{1h}, g_{1v} = peso próprio
G = ação permanente
Ph = protensão horizontal
Pv = protensão vertical
Q = ação variável com Ψ_1 e Ψ_2

Figura 53: Viga com tirante.

DADOS COMPLEMENTARES

a) g_1 (peso próprio) e G são ações permanentes:

Q (com Ψ_0, Ψ_1, Ψ_2) é ação variável

N_{p0} = força de protensão para t = t_0, no ato da protensão

$N_{p\infty}$ = força de protensão para t = t_∞, em utilização

b) ELS (estados-limites de serviço), com, $N_{p\infty}$, g_1, G, Q:

ELS-D: $\sigma_{máx} \leq 0$

ELS-F: $\sigma_{máx} \leq k \cdot f_{ctk}$ k = 1,5   (na flexo-tração)

ELS-W: $w_k \leq 0,2$ mm

ELS-CE: $\sigma_{máx} \leq |\, 0,6\, f_{ck}\, |$

c) Estado-limite último (ELU) no ato da protensão com g_1 e N_{p0} em $t = t_0$:

$$\sigma_{c,máx,comp} \leq |\ 0{,}7 \cdot f_{ck,t_0}\ |\ ,\ \gamma_p = 1{,}10\ e\ \gamma_f = 1{,}0$$

$$\sigma_{c,máx,tração} \leq 1{,}2 \cdot f_{ctm,t_0}\ ,\ \gamma_p = 1{,}10\ e\ \gamma_f = 1{,}0 \qquad \text{(na flexo-tração)}$$

$$\sigma_{c,máx,tração} \leq f_{ctm,t_0}\ ,\ \gamma_p = 1{,}10\ e\ \gamma_f = 1{,}0 \qquad \text{(na tração uniforme)}$$

d) Expressões matemáticas das combinações:

- Combinações **quase permanentes**

$$F_{d,ser} = \sum_{i=1}^{m} F_{gi,k} + \sum_{j=1}^{n} \Psi_{2j} \cdot F_{qj,k}$$

- Combinações **frequentes**

$$F_{d,ser} = \sum_{i=1}^{m} F_{gi,k} + \Psi_1 \cdot F_{q1,k} + \sum_{j=2}^{n} \Psi_{2j} \cdot F_{qj,k}$$

- Combinações **raras**

$$F_{d,ser} = \sum_{i=1}^{m} F_{gi,k} + F_{q1,k} + \sum_{j=2}^{n} \Psi_{1j} \cdot F_{qj,k}$$

SOLUÇÃO

a) Tipo de concreto protendido: conforme Tabela 5, o concreto estrutural a ser utilizado em ambiente CAA IV: pós-tração é o concreto protendido nível 2 (protensão limitada).

b) Equações que representam o ELU no ato protensão com 1,10 N_{p_0}, g_{1v} e g_{1h}:

- **Seção 1.1 – Tirante** (*protensão centrada*)

$$\sigma_{c,esq,1{,}10} \cdot N_{p0v} + g_{1v} = \sigma_{c,dir,1{,}10} \cdot N_{p0v} + g_{1v} \leq |\ 0{,}7 \cdot f_{ck,t_0}\ |$$

- **Seção 2.2 – Viga** (*protensão excêntrica*)

$$\sigma_{c,inf,1{,}10} \cdot N_{p0h} + g_{1h} + g_{1v} \leq |\ 0{,}7 \cdot f_{ck,t_0}\ |$$

$$\sigma_{c,sup,1{,}10} \cdot N_{p0h} + g_{1h} + g_{1v} \leq 1{,}2 \cdot f_{ctm,t_0}$$

c) Equações que representam os ELS associados à fissuração e à compressão excessiva do concreto:

Protensão Limitada: ELS-F, *com* CF (Ψ_1 e Ψ_2)

                                  ELS-D, *com* CQP (Ψ_2)

• **Seção 1.1 – Tirante** (*protensão centrada*)

CF: $\sigma_{c,esq=dir}, N_{p_\infty v} + g_{lv} + G + \Psi_1 \cdot Q \leq f_{ctk}$ (tração uniforme)

CQP: $\sigma_{c,esq=dir}, N_{p_\infty v} + g_{lv} + G + \Psi_2 \cdot Q \leq 0$

• **Seção 2.2 – Viga** (*protensão excêntrica*)

CF: $\sigma_{c,inf}, N_{p\infty h} + g_{1h} + g_{1v} + G + \Psi_1 \cdot Q \leq 1{,}5 \cdot f_{ctk}$

$\sigma_{c,sup}, N_{p\infty h} + g_{1h} + g_{1v} + G + \Psi_1 \cdot Q \leq |\, 0{,}6 \cdot f_{ck}\,|$

CQP: $\sigma_{c,inf}, N_{p\infty h} + g_{1h} + g_{1v} + G + \Psi_2 \cdot Q \leq 0$

$\sigma_{c,sup}, N_{p\infty h} + g_{1h} + g_{1v} + G + \Psi_2 \cdot Q \leq |\, 0{,}6 \cdot f_{ck}\,|$

OBS.: *as verificações dos estados-limites relacionados nesta aplicação teórica permitem o seguinte:*

1) *Confirmar se as protensões, para $t = t_0$, podem ser realizadas em etapas únicas com as resistências do concreto na idade t_0.*

2) *Escolher, em condições de serviço, qual é a protensão que atende, simultaneamente, aos estados--limites ELS-F, com CF, e ELS-D, com CQP.*

É importante lembrar que, além das verificações acima, é obrigatório confirmar o ELU, com todas as ações, para $t = t_\infty$.

Capítulo 3

MÉTODO DOS ESTADOS-LIMITES: DIMENSIONAMENTO E VERIFICAÇÕES DE SEÇÕES TRANSVERSAIS

3.1. INTRODUÇÃO

A Norma NBR 6118 define elementos de concreto protendido como sendo aqueles nos quais parte das armaduras é previamente alongada por equipamentos especiais de protensão, com a finalidade de, em condições de serviço, impedir ou limitar a fissuração e os deslocamentos da estrutura e propiciar o melhor aproveitamento de aços de alta resistência no estado-limite último (ELU).

O engenheiro projetista, à luz da definição acima, deve, portanto, determinar as armaduras ativas (A_p) e passivas (A_s) que, trabalhando em conjunto com o concreto, permitam atender aos estados-limites requeridos no projeto.

No cálculo de seções transversais de concreto protendido, com armaduras passivas e ativas, será utilizado o procedimento ilustrado no gráfico a seguir.

> **OBS.:** *para o dimensionamento de peças protendidas, também pode ser usado o método das cargas equilibrantes, que consiste em, a partir de um traçado de cabos, determinar qual a força de protensão necessária para equilibrar uma determinada parcela de carregamento externo atuante.*
>
> *Na sequência, devem ser feitas as verificações para os estados-limites requeridos no projeto (ELS e ELU).*

O fluxograma a seguir apresenta os procedimentos para dimensionamento e verificação de seções transversais de concreto protendido.

```
                    ┌─────────────────────────┐     ⎡ • Geometria
                    │  DADOS E REQUERIMENTOS  │─────⎢ • CAA
                    │       DE PROJETO        │     ⎢ • Materiais
                    └─────────────────────────┘     ⎣ • Solicitações [$N_{Sd}$, $M_{Sd}$]
```

- Escolha do tipo de concreto estrutural conforme CAA:
  Nível 1 - Parcial
  Nível 2 - Limitada
  Nível 3 - Completa

⎡ Fixação do pré-alongamento
⎣ para $t = t_\infty$

ELU - Cálculo de A_p e A_s ⎤ Esforços resistentes
⎦ [N_{Sd}, M_{Sd}]

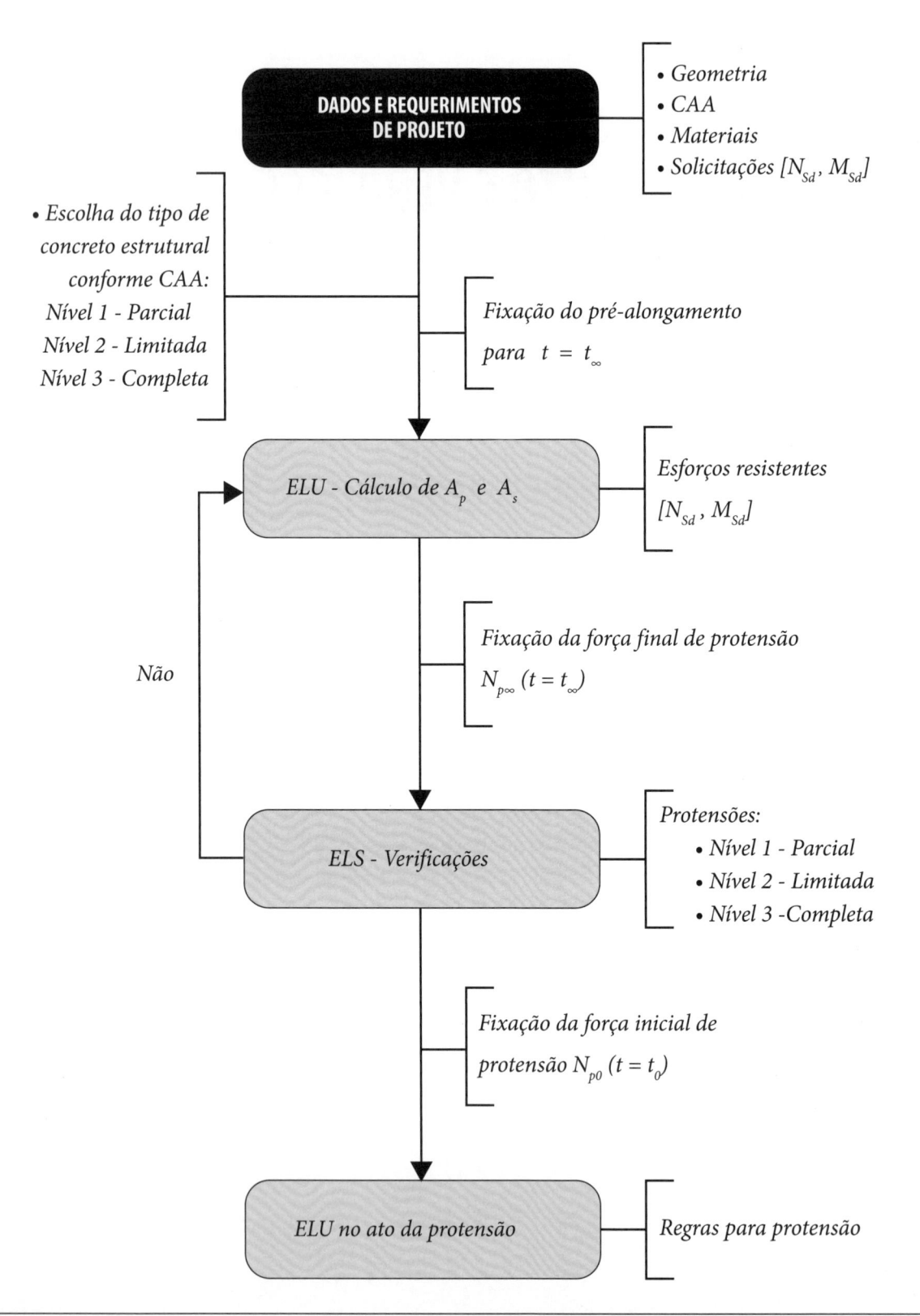

Não

⎡ Fixação da força final de protensão
⎣ $N_{p\infty}$ ($t = t_\infty$)

ELS - Verificações ⎤ Protensões:
⎦ • Nível 1 - Parcial
   • Nível 2 - Limitada
   • Nível 3 - Completa

⎡ Fixação da força inicial de
⎣ protensão N_{p0} ($t = t_0$)

ELU no ato da protensão ⎤ Regras para protensão

Figura 54: Fluxograma dos procedimentos para dimensionamento e verificação de seções transversais de concreto protendido.

3.2. ELEMENTOS SUJEITOS A SOLICITAÇÕES NORMAIS – ESTADO-LIMITE ÚLTIMO (ELU) – HIPÓTESES BÁSICAS

O dimensionamento das armaduras deve conduzir a um conjunto de esforços resistentes (N_{Rd}, M_{Rd}), que constituam envoltória dos esforços solicitantes (N_{Sd}, M_{Sd}).

Na análise dos esforços resistentes de uma seção transversal, devem ser consideradas as seguintes hipóteses básicas:

a) As seções transversais continuam planas após deformação (proporcionalidade de deformações das fibras).

b) A deformação das armaduras passivas aderentes e o acréscimo de deformação das armaduras ativas aderentes devem ser os mesmos do concreto em seu entorno.

c) Para armaduras ativas não aderentes (cordoalhas engraxadas), os valores do acréscimo das tensões estão apresentados a seguir, e ainda devem ser divididos pelos devidos coeficientes de ponderação:

- Para elementos com relação vão/altura útil ≤ 35

$$\Delta\sigma_p = 70 + f_{ck} / 100\rho_p, \text{ em MPa} \leq 420 \text{ MPa}$$

- Para elementos com relação vão/altura útil > 35

$$\Delta\sigma_p = 70 + f_{ck} / 300\rho_p, \text{ em MPa} \leq 210 \text{ MPa}$$

Em que: $\Delta\sigma_p$ e f_{ck} são dados em MPa

ρ_p = taxa geométrica da armadura ativa = $\dfrac{A_p}{b_c \cdot d_p}$

b_c = largura da mesa de compressão

d_p = altura útil referida à armadura ativa

> **OBS.:** *nas armaduras ativas não aderentes, a contribuição do acréscimo de tensão devido ao acréscimo de deformação é menor do que os obtidos na armadura ativa aderente.*

d) As tensões normais de tração no concreto devem ser desprezadas no ELU.

e) O diagrama parábola-retângulo de tensões no concreto, com tensão de pico igual a $\alpha_c \cdot f_{cd}$, pode ser substituído pelo diagrama retangular de altura $y = \lambda \cdot x$ (em que x é a profundidade da linha neutra) com a seguinte tensão:

$\sigma_{cd} = \alpha_c \cdot f_{cd}$, no caso da largura da seção medida paralelamente à linha neutra, não diminuir a partir desta para a borda comprimida.

$\sigma_{cd} = 0,9 \cdot \alpha_c \cdot f_{cd}$, caso contrário.

Sendo α_c definido como:

- Para concretos classes C20 até C50: $\alpha_c = 0,85$
- Para concretos classes C50 até C90: $\alpha_c = 0,85 \cdot [1,0 - \frac{(f_{ck} - 50)}{200}]$

Sendo λ igual a:

- Para concretos classes C20 até C50: $\lambda = 0,8$
- Para concretos classes C50 até C90: $\lambda = 0,8 - \frac{(f_{ck} - 50)}{400}$

f) A tensão nas armaduras deve ser obtida a partir dos diagramas *tensão* x *deformação*, com valores de cálculo, conforme definidos neste capítulo mais adiante.

g) O estado-limite último (ELU) é caracterizado quando a distribuição das deformações na seção transversal pertencer a um dos domínios definidos na Figura 55 (a deformada passa pelos polos de deformação A, B ou C). A, B e C são polos de deformação convencionais do ELU.

OBS.: *na deformação da armadura ativa, deve ser somada a deformação do seu pré-alongamento. Esses pré-alongamentos precisam ser calculados com base nas tensões iniciais de protensão, com valores de cálculo da força de protensão ($P_d = \gamma_p \cdot P_k$) e com a consideração das perdas na idade t em exame.*

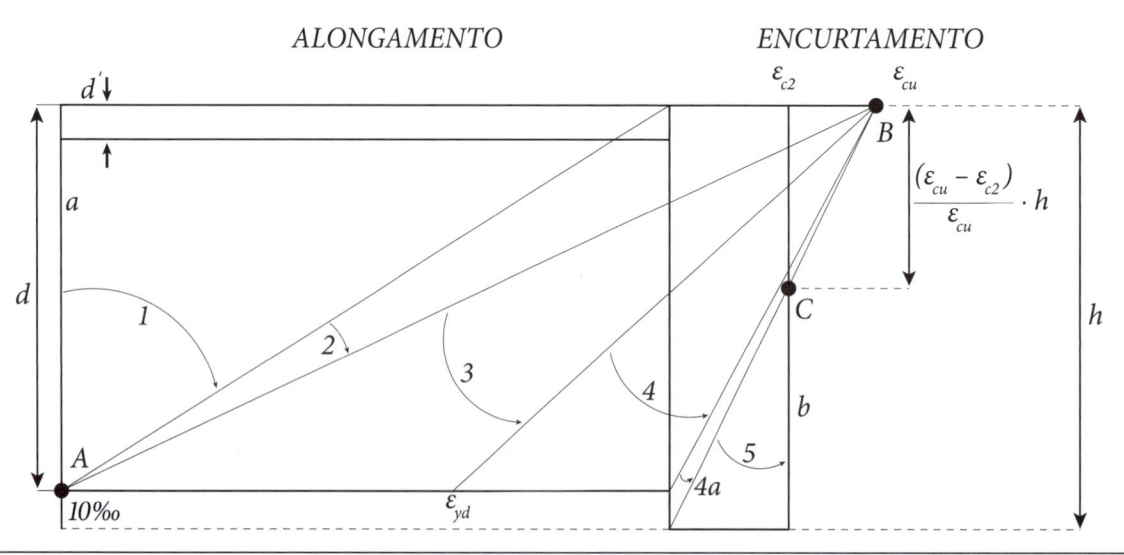

Figura 55: Domínios de estado-limite último de uma seção transversal.

RUPTURA CONVENCIONAL POR DEFORMAÇÃO PLÁSTICA EXCESSIVA:

- **Reta a:** tração uniforme.
- **Domínio 1:** tração não uniforme, sem compressão.
- **Domínio 2:** tração simples ou composta sem ruptura à compressão do concreto ($\varepsilon_c < \varepsilon_{cu}$ e com o máximo alongamento permitido).

RUPTURA CONVENCIONAL POR ENCURTAMENTO LIMITE DO CONCRETO:

- **Domínio 3:** flexão simples (seção subarmada) ou composta com ruptura à compressão do concreto e com escoamento do aço ($\varepsilon_s \geq \varepsilon_{yd}$).
- **Domínio 4:** flexão simples (seção superarmada) ou composta com ruptura à compressão do concreto e aço tracionado sem escoamento ($\varepsilon_s < \varepsilon_{yd}$).
- **Domínio 4a:** flexão composta com armaduras comprimidas.
- **Domínio 5:** compressão não uniforme, sem tração.
- **Reta b:** compressão uniforme.

> **OBS.:** *na verificação do ELU das seções protendidas, devem ser considerados, além do efeito de outras ações, apenas os esforços solicitantes hiperestáticos de protensão. Os isostáticos de protensão não devem ser considerados, pois a protensão pode ser considerada como uma solicitação interna.*

3.3. SEÇÃO TRANSVERSAL, ESTADO-LIMITE ÚLTIMO (ELU), ARRANJO DAS VARIÁVEIS ESTRUTURAIS – EQUILÍBRIO

A figura a seguir ilustra o arranjo das variáveis estruturais, tendo como referência os domínios de estado-limite último para seções submetidas a solicitações normais.

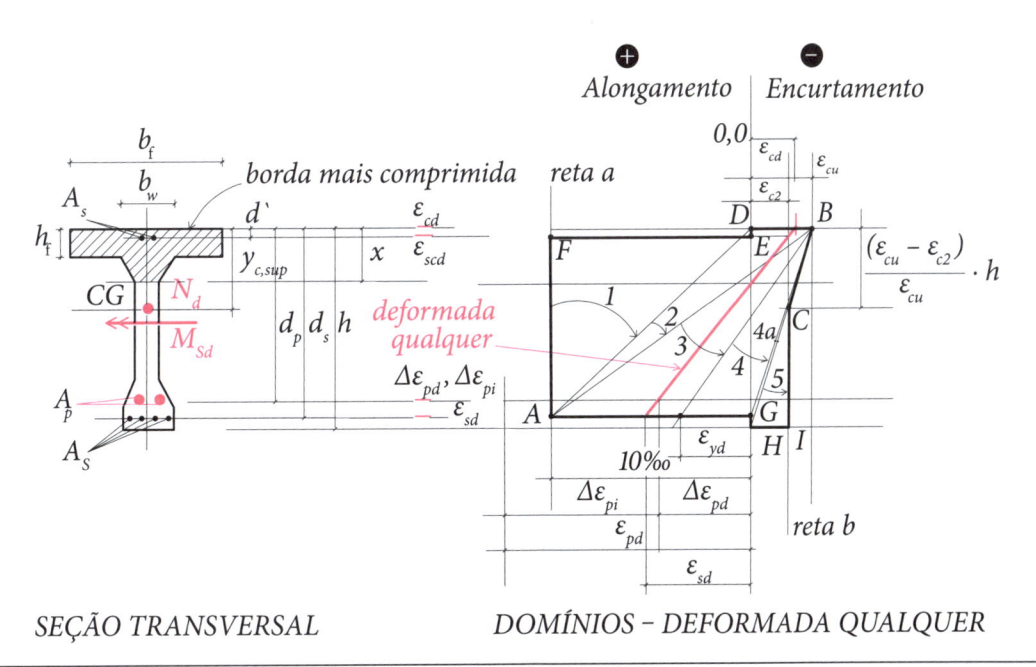

Figura 56: Seção transversal, uma deformada qualquer e arranjo das deformações.

Na figura anterior são mostrados uma seção transversal, uma deformada qualquer e o arranjo das deformações, onde:

AGHICBDEF = o polígono limite dos domínios

M_{Sd}, N_d: Solicitações de cálculo – combinações últimas conforme Tabela 10

h, b_f, h_f, b_w: Definem a geometria da seção transversal

x = Posição da LN (linha neutra) em relação à borda mais comprimida

ε_{cd}: Deformação máxima do concreto -$\varepsilon_{cu} \leq \varepsilon_{cd} \leq 0$ (*só interessa a compressão*)

ε_{scd}: Deformação da armadura superior (A'_s)

$\Delta\varepsilon_{pi}$: Pré-alongamento da armadura ativa (A_p), incluídas as perdas de protensão

$\Delta\varepsilon_{pd}$: Deformação da armadura ativa (A_p) durante a deformação da seção (medida após a descompressão da seção): $\Delta\varepsilon_{pd} \leq 10‰$

ε_{pd}: Deformação total da armadura ativa (A_p)

$$\varepsilon_{pd} = \Delta\varepsilon_{pi} + \Delta\varepsilon_{pd}$$

> **OBS.:** *considerando-se que o pré-alongamento atinja valores da ordem de 5‰ a 6‰, então a deformação ε_{pd} pode atingir números superiores a 10‰. É a deformação ε_{pd} que justifica a definição de elementos de concreto protendido (item 3.1.4 da NBR 6118): "propiciar o melhor aproveitamento de aços de alta resistência no estado-limite último (ELU)".*

ε_{sd}: Deformação da armadura passiva: $\varepsilon_{sd} \leq 10‰$

Na figura a seguir está identificado o equilíbrio existente na seção transversal para uma deformada qualquer.

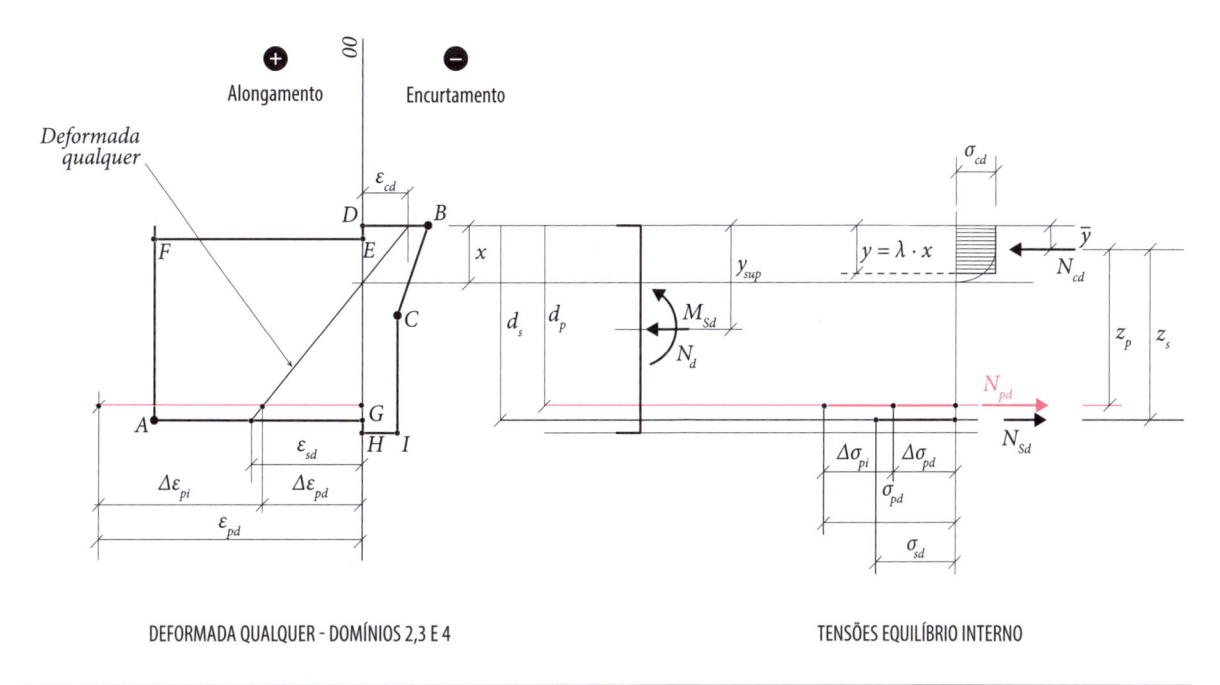

Figura 57: Equilíbrio da seção transversal para uma deformada qualquer.

Na figura anterior, vemos uma Seção Transversal com N_d e M_{Sd}, uma deformada qualquer e o arranjo do equilíbrio interno, onde:

N_{cd} = Força de compressão no centro de gravidade da área comprimida A_{cc}

σ_{cd} = Tensão uniforme do concreto com diagrama retangular de altura: $y = \lambda \cdot x$

$N_{cd} = \int_{A_{cc}} \sigma_{cd} dA$, com $\sigma_{cd} = \sigma_{cd}(\varepsilon_{cd})$

N_{Pd} = Força de tração na armadura ativa (A_p)

$\Delta\sigma_{pi}, \Delta\sigma_{pd}$ = Parcelas das tensões na armadura ativa correspondentes às deformações $\Delta\varepsilon_{pi}$ e $\Delta\varepsilon_{pd}$, respectivamente

$N_{Pd} = A_p \cdot \sigma_{pd}$, com $\sigma_{pd} = \sigma_{pd}(\varepsilon_{pd})$

N_{Sd} = Força de tração na armadura passiva (A_s)

σ_{sd} = Tensão na armadura passiva

$N_{Sd} = A_s \cdot \sigma_{sd}$, com $\sigma_{sd} = \sigma_{sd}(\varepsilon_{sd})$

$\bar{y}$ = Posição do centro de gravidade da área comprimida em relação à borda mais comprimida

z_p = braço de alavanca de N_{Pd} em relação à N_{cd}

z_s = braço de alavanca de N_{Sd} em relação à N_{cd}

EQUILÍBRIO NA SEÇÃO TRANSVERSAL

Σ Forças $= 0 \rightarrow N_{Pd} + N_{Sd} = N_{cd} + N_d$

Σ Momentos $= 0$, em relação ao CG de A_{cc}

$$N_{Pd} \cdot z_p + N_{Sd} \cdot z_s - N_d \cdot (y_{c,sup} - \bar{y}) = M_{Sd}$$

OBS.: *nas peças submetidas à flexão simples (vigas – maioria das peças protendidas), a força normal $N_d = 0$.*

3.4. PRÉ-ALONGAMENTO DA ARMADURA ATIVA

O pré-alongamento (ou deformação) da armadura ativa, representado por $\Delta\varepsilon_{pi}$, está diretamente relacionado ao valor da força de protensão, que, por sua vez, sofre o efeito das perdas imediatas (no instante da protensão) e das perdas progressivas (que acontecem ao longo da vida útil da peça protendida). Para verificações no ELU, deverão ser considerados os valores finais da força de protensão, descontadas todas as perdas, imediatas e progressivas.

No cálculo do pré-alongamento, deve ser utilizada a hipótese do estado de neutralização da seção protendida, representado pela tensão normal nula na seção de concreto na posição correspondente ao centro de gravidade da armadura ativa, conforme mostra a figura a seguir.

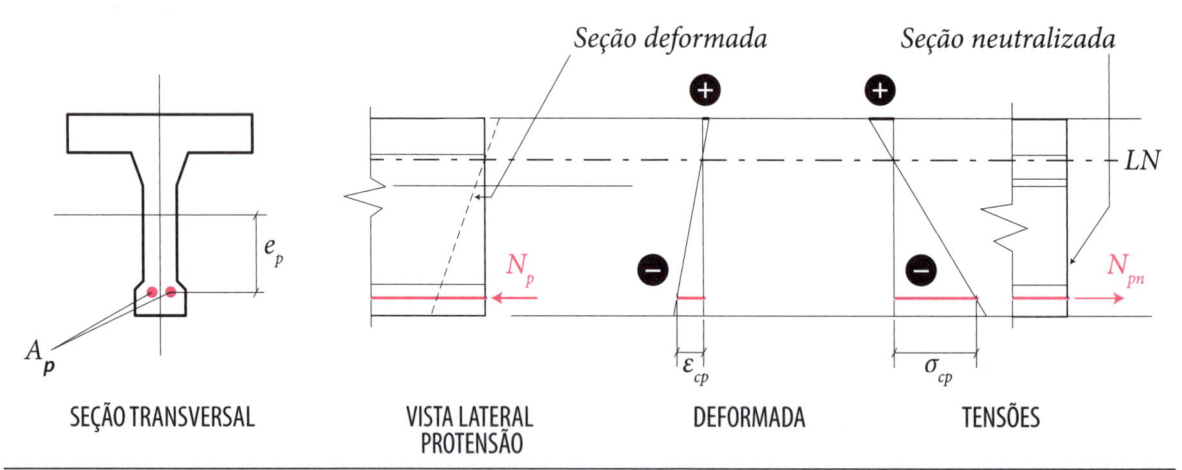

Figura 58: Efeito da protensão/obtenção da neutralização.

$N_{pn} = $ Força externa que anula a tensão no CG de A_p

$N_{pn} = N_p + \Delta N_p$, em que $N_p = $ força de protensão
$\Delta N_p = $ parcela de N_{pn} que **"recupera"** a deformação ε_{cp}

$$\varepsilon_{cp} = \frac{|\sigma_{cp}|}{E_c} = \frac{\Delta N_p}{A_p \cdot E_p}$$

Resulta: $\Delta N_p = \dfrac{E_p}{E_c} \cdot A_p \cdot |\sigma_{cp}|$

$\alpha_p = \dfrac{E_p}{E_c} \rightarrow \Delta N_p = \alpha_p \cdot A_p \cdot |\sigma_{cp}|$

$N_{pn} = N_p + \alpha_p \cdot A_p \cdot |\sigma_{cp}|$

$N_{pnd} = \gamma_p \cdot N_p + [\alpha_p \cdot A_p \cdot |\sigma_{cp}|] \cdot \gamma_p$

$\Delta\varepsilon_{pi} = \dfrac{N_{pnd}}{E_p \cdot A_p}$ (*valor da deformação de pré-alongamento*)

$\gamma_p \cdot N_p$ = Força de protensão de cálculo, a tempo ∞

A_p = área da armadura ativa

σ_{cp} = Tensão no concreto produzida pela protensão, na posição do CG de A_p

$\sigma_{cp} = \dfrac{\gamma_p \cdot N_p}{A_c} + \dfrac{\gamma_p \cdot N_p \cdot e_p^2}{I_c}$

APLICAÇÃO NUMÉRICA

Calcular a deformação de pré-alongamento para a seção abaixo, sabendo que:

A_c = 0,16 m²

I_c = 0,0055 m⁴

e_p = 0,30 m

A_p = 4Ø15,2 mm (5,60 cm²)

N_p = 620 kN γ_p = 0,9

f_{ck} = 40 MPa E_p = 200 GPa

α_E = 1,0 (granito) α_i = 0,90

σ_{cp} = Tensão produzida pela protensão no CG de A_p

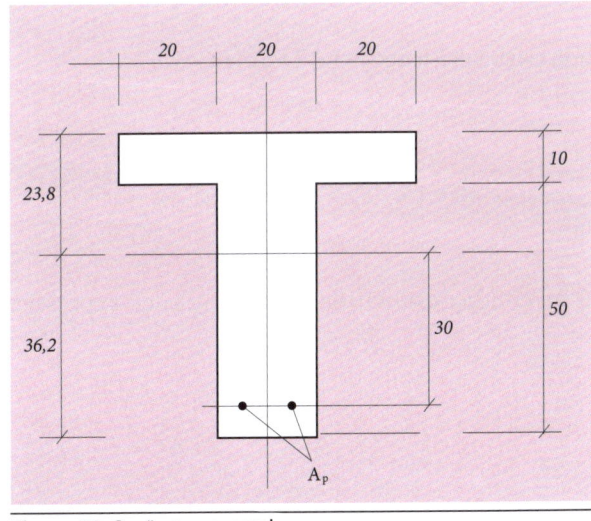

Figura 59: Seção transversal.

$\sigma_{cp} = \dfrac{-0,9 \cdot 620 \cdot 10^{-3}}{0,16} - \dfrac{-0,9 \cdot 620 \cdot 10^{-3} \cdot (0,30)^2}{0,0055} = -12{,}618 \text{ MPa} = -12.618 \text{ kPa}$

$N_{pnd} = 0{,}9 \cdot 620 + [6{,}2744 \cdot 5{,}6 \cdot 10^{-4} \cdot |12{,}618|] \cdot 0{,}9 = 558 + 39{,}90 = 597{,}90 \text{ kN}$

$$E_{cs} = 0{,}90 \cdot 1{,}0 \cdot 5.600 \cdot \sqrt{40} = 31.876 \text{ MPa}$$

$$E_p = 200.000 \text{ MPa}$$

$$\alpha_p = \frac{E_p}{E_c} = 6{,}2744$$

OBS.: *a deformação de pré-alongamento é um número que varia entre 5‰ e 7‰, conforme as perdas de protensão da estrutura em análise.*

$$\Delta\varepsilon_{pi} = \frac{N_{pnd}}{E_p \cdot A_p}$$

$$\Delta\varepsilon_{pi} = \frac{597{,}90 \cdot 10^{-3} \text{ MN} \cdot 1.000}{200.000 \text{ MPa} \cdot 5{,}40 \cdot 10^{-4} \text{ m}^2} = 5{,}34‰$$

3.5. VERIFICAÇÕES DE VIGAS PROTENDIDAS NO ESTADO-LIMITE ÚLTIMO (ELU) – DOMÍNIO 3

A maioria das vigas protendidas é dimensionada no Domínio 3, com seção subarmada, ruptura à compressão do concreto e escoamento do aço.

As verificações, também no Domínio 3, são muito importantes quando se pretende avaliar a capacidade de resistência de peças já dimensionadas, das quais já são conhecidos os materiais, a geometria da seção, as armaduras ativa/passiva e a deformação de pré-alongamento.

O roteiro a seguir mostra a sequência de cálculo válida para verificações no Domínio 3:

Conhecidos: Materiais, geometria, A_p, A_s e $\Delta\varepsilon_{pi}$

Calcular a capacidade resistente de cálculo M_{Rd}.

Diante de uma solicitação de cálculo M_{Sd}, verificar as condições analíticas de segurança expressas pela equação:

$$M_{Rd} \geq M_{Sd}$$

No **Domínio 3**: $\varepsilon_{cd} = \varepsilon_{cu}‰$

$$\varepsilon_{yd} \leq \varepsilon_{sd} \leq 10‰$$

$$\varepsilon_{pd} > \varepsilon_{pyd} \text{ com } \varepsilon_{pd} = \Delta\varepsilon_{pi} + \Delta\varepsilon_{pd} \text{ com } \Delta\varepsilon_{pd} \leq 10‰$$

A figura a seguir mostra o arranjo das deformações e do equilíbrio de uma seção no Domínio 3.

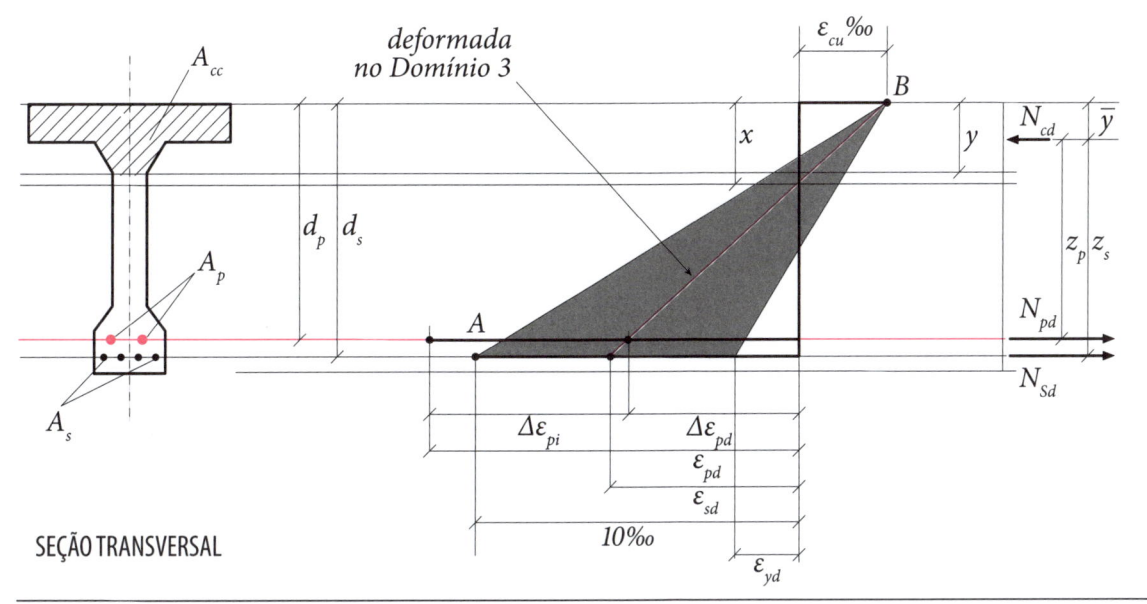

Figura 60: Deformada no domínio 3, arranjo do equilíbrio.

3.5.1. ROTEIRO DE CÁLCULO/ VERIFICAÇÕES NO DOMÍNIO 3

1) Tensões nos aços:

$$\sigma_{pd} = f_{pyk} / \gamma_s$$

$$\sigma_{sd} = f_{yk} / \gamma_s$$

2) Forças de tração:

$$N_{Pd} = A_p \cdot \sigma_{pd}$$

$$N_{Sd} = A_s \cdot \sigma_{sd}$$

$$N_{td} = N_{Pd} + N_{Sd}$$

3) Tensão no concreto:

$$\sigma_{cd} = \alpha_c \cdot f_{cd} = \alpha_c \cdot \frac{f_{ck}}{\gamma_c}$$

- Para concretos classes C20 até C50: $\alpha_c = 0{,}85$

- Para concretos classes C50 até C90: $\alpha_c = 0{,}85 \cdot [1 - \frac{(f_{ck} - 50)}{200}]$

Caso a largura da seção, medida paralelamente à linha neutra, diminuir a partir desta para a borda comprimida:

$$\sigma_{cd} = 0{,}9 \cdot \alpha_c \cdot f_{cd}$$

4) Equilíbrio:

Tração = Compressão
$N_{td} = N_{cd}$

5) Área comprimida - posição da linha neutra:

$A_{cc} \cdot \sigma_{cd} = N_{cd} \to A_{cc} = N_{cd} / \sigma_{cd}$

A_{cc} = área comprimida

$A_{cc} = A_{cc}(y) \to$ calcula-se $y \to x = \dfrac{y}{\lambda}$

- Para concretos classes C20 até C50: $\lambda = 0,8$
- Para concretos classes C50 até C90: $\lambda = 0,8 - \dfrac{(f_{ck} - 50)}{400}$

6) Deformada - confirmação do Domínio 3:

Compatibilidade triângulos DBK e JGK:

$\Delta\varepsilon_{pd} = \dfrac{d_p - x}{x} \cdot \varepsilon_{cu}‰$

$\varepsilon_{sd} = \dfrac{d_s - x}{x} \cdot \varepsilon_{cu}‰$

$\varepsilon_{pd} = \Delta\varepsilon_{pi} + \Delta\varepsilon_{pd}$

Com os aços CP e CA, confirmar as tensões σ_{pd} e σ_{sd}.

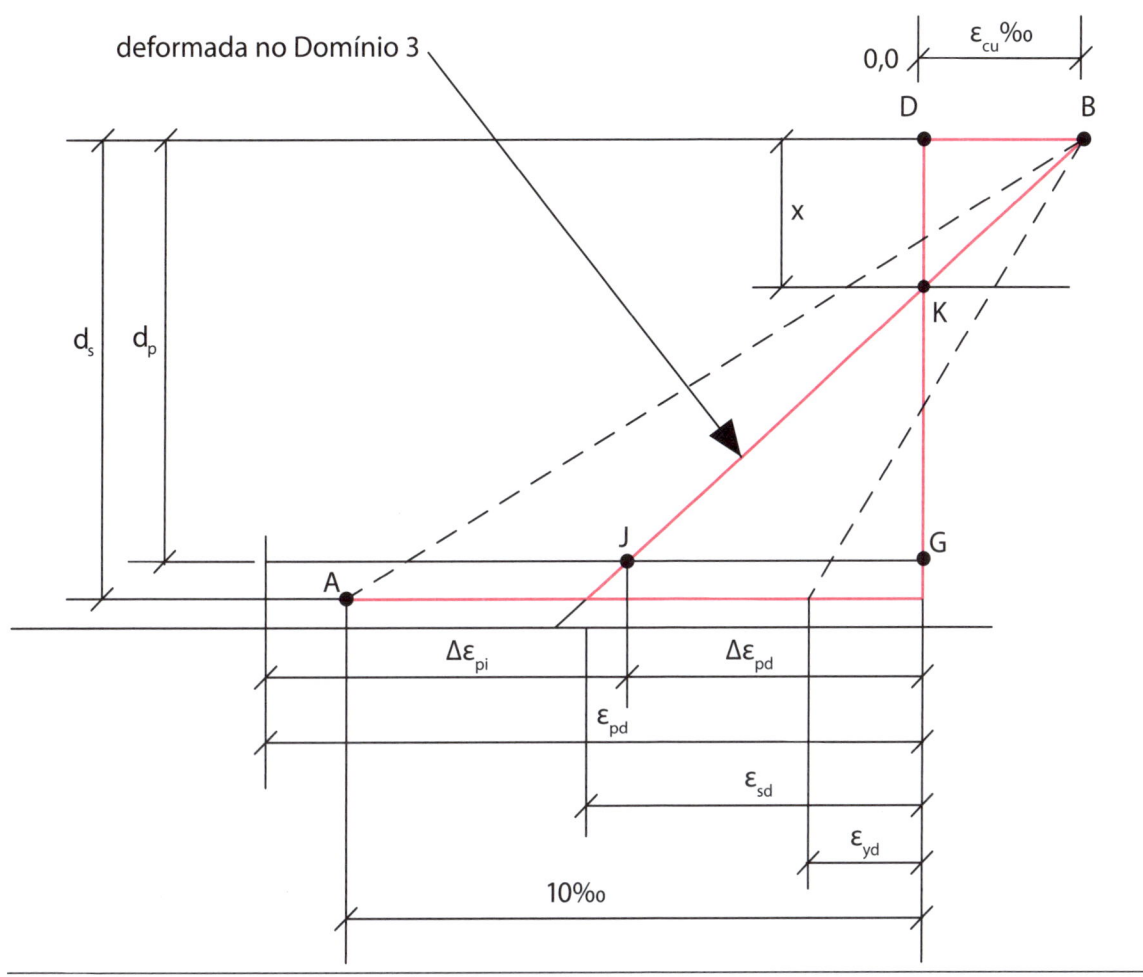

Figura 61: Figura representativa de uma deformada no Domínio 3.

7) Braços de Alavanca z_p e z_s:

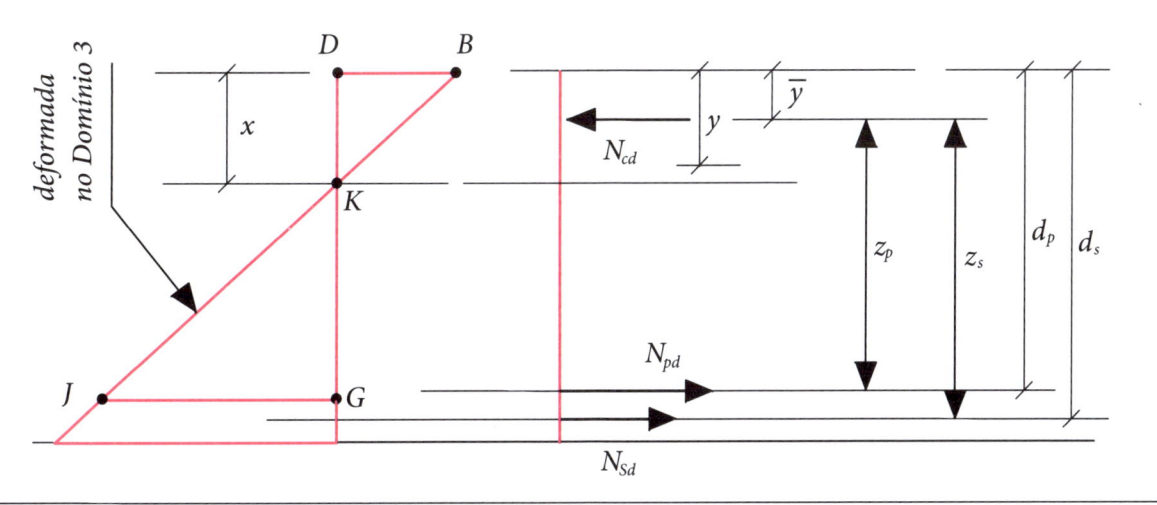

Figura 62: Braços de Alavanca.

$\bar{y}$ = posição do CG da área comprimida de altura y em que σ_{cd} é constante:

$z_p = d_p - \bar{y}$

$z_s = d_s - \bar{y}$

8) Cálculo do momento de cálculo M_{Rd}, que representa a capacidade resistente da seção:

$M_{Rd} = N_{Pd} \cdot z_p + N_{Sd} \cdot z_s$

9) Verificação analítica da segurança:

M_{Sd} = solicitação de cálculo

Condição: $M_{Rd} \geq M_{Sd}$

APLICAÇÃO NUMÉRICA

Verificar a condição analítica de segurança, no ***Domínio 3***, para a seção abaixo esquematizada, sabendo-se que nela vão atuar as seguintes solicitações:

$M_{g1,k} = 320 \text{ kN} \cdot \text{m}$

$M_{g2,k} = 180 \text{ kN} \cdot \text{m}$

$M_{q1,k} = 220 \text{ kN} \cdot \text{m} \,(\Psi_0 = 0{,}7)$

$M_{q2,k} = 120 \text{ kN} \cdot \text{m} \,(\Psi_0 = 0{,}8)$

$\gamma_g = \gamma_q = 1{,}4$

Os materiais apresentam as seguintes características:

Concreto:

$f_{ck} = 30 \text{ MPa} \qquad \gamma_c = 1{,}4$

Aço CA50:

$f_{yk} = 500 \text{ MPa}$

$E_s = 210 \text{ GPa}$

$\gamma_s = 1{,}15$

Aço CP190:

f_{pyk} = 1.710 MPa

E_p = 200 GPa

γ_s = 1,15

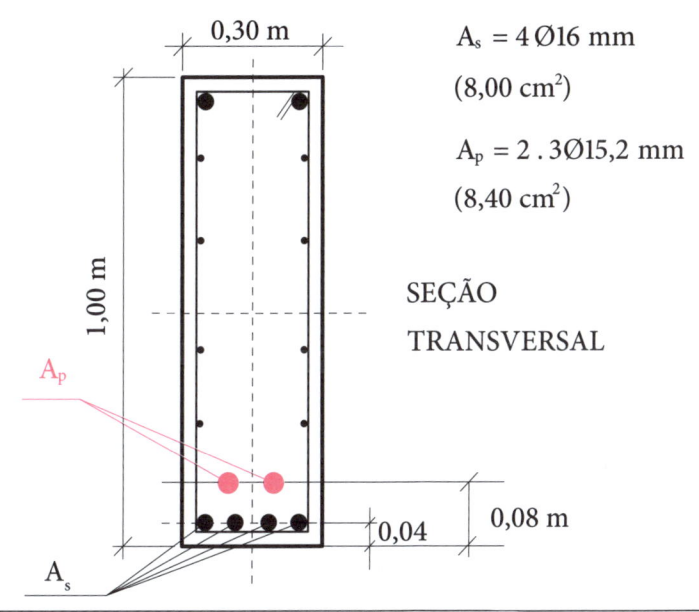

$\Delta\varepsilon_{pi}$ = 5,50‰

Figura 63: Seção Transversal.

Cálculo de M_{Rd}, no Domínio 3, conforme roteiro:

1) Tensões nos aços:

σ_{sd} = 500 / 1,15 = 435 MPa

σ_{pd} = 1.710 / 1,15 = 1.487 MPa

2) Forças de Tração:

$N_{Sd} = A_s \cdot \sigma_{sd}$ = 8,00 · 10^{-4} · 435 = 0,348 MN

$N_{Pd} = A_p \cdot \sigma_{pd}$ = 8,40 · 10^{-4} · 1.487 = 1,249 MN

$N_{td} = N_{Sd} + N_{pd}$ = 1,597 MN

3) Tensão no concreto: $\sigma_{cd} = 0{,}85 \cdot \dfrac{30}{1{,}4} = 18{,}214$ MPa

4) Equilíbrio: $N_{cd} = N_{td} = 1{,}597$ MN

5) Área comprimida - posição da linha neutra:

$A_{cc} = N_{cd} / \sigma_{cd} = 1{,}597 / 18{,}214 = 0{,}0877$ m²

$A_{cc} = 0{,}30 \cdot y = 0{,}0877 \rightarrow y = 0{,}292$ m

$x = y / 0{,}8 = 0{,}292 / 0{,}8 = 0{,}365$ m

6) Deformada - confirmação do Domínio 3:

$d_s = 1{,}00 - 0{,}04 = 0{,}96$ m

$d_p = 1{,}00 - 0{,}08 = 0{,}92$ m

$\Delta\varepsilon_{pd} = \dfrac{d_p - x}{x} \cdot 3{,}5 = \dfrac{0{,}92 - 0{,}365}{0{,}365} \cdot 3{,}5 = 5{,}32‰$

$\varepsilon_{pd} = \Delta\varepsilon_{pi} + \Delta\varepsilon_{pd} = 5{,}50 + 5{,}32 = 10{,}82‰$

$\varepsilon_{pyd} = \dfrac{1.487 \cdot 10^3}{200 \cdot 10^3} = 7{,}43‰$

$\Delta\varepsilon_{pd} = 5{,}32‰ < 10‰$ (OK!)

$\varepsilon_{pd} = 10{,}82 > 7{,}43$ (OK!), em escoamento, confirmada σ_{pd}

$\varepsilon_{sd} = \dfrac{d_s - x}{x} \cdot 3{,}5 = \dfrac{0{,}96 - 0{,}365}{0{,}365} \cdot 3{,}5 = 5{,}70‰$

$\varepsilon_{syd} = \dfrac{435 \cdot 10^3}{210 \cdot 10^3} = 2{,}07‰$

$\varepsilon_{sd} = 5{,}70‰; 2{,}07 < \varepsilon_{sd} < 10‰$, (OK!), em escoamento, confirmada σ_{sd}

7) Braços de Alavanca:

$$\bar{y} = y/2 = 0,292/2 = 0,146 \text{ m}$$

$$z_s = 0,96 - 0,146 = 0,814 \text{ m}$$

$$z_p = 0,92 - 0,146 = 0,774 \text{ m}$$

8) Momento de Cálculo M_{Rd}:

$$M_{Rd} = N_{Sd} \cdot z_s + N_{Pd} \cdot z_p$$

$$M_{Rd} = 0,348 \cdot 0,814 + 1,249 \cdot 0,774 = 1,250 \text{ MN} \cdot \text{m} = 1.250 \text{ kN} \cdot \text{m}$$

9) Verificação da segurança:

$$M_{Sd} = \Sigma \gamma_g \cdot M_{gk} + \gamma_q \cdot (M_{q1,k} + \Sigma \Psi_{oj} \cdot M_{qj,k})$$

$$M_{Sd} = 1,4 \cdot (320 + 180) + 1,4 \cdot (220 + 0,8 \cdot 120)$$

$$M_{Sd} = 1.142 \text{ kN} \cdot \text{m} = 1,142 \text{ MN} \cdot \text{m}$$

Condição: $M_{Rd} = 1,250 \text{ MN} \cdot \text{m} > M_{Sd} = 1,142 \text{ MN} \cdot \text{m}$

Satisfaz a condição de segurança no ELU.

APLICAÇÃO NUMÉRICA

Verificar a condição analítica de segurança, no **Domínio 3**, para a seção a seguir esquematizada, sabendo-se que nela vão atuar as seguintes solicitações:

$$M_{g1,k} = 400 \text{ kN} \cdot \text{m}$$

$$M_{g2,k} = 300 \text{ kN} \cdot \text{m}$$

$$M_{q1,k} = 250 \text{ kN} \cdot \text{m} \ (\Psi_0 = 0,7)$$

$$M_{q2,k} = 150 \text{ kN} \cdot \text{m} \ (\Psi_0 = 0,8)$$

$$\gamma_g = \gamma_q = 1,4$$

Os materiais apresentam as seguintes características:

Concreto:

$f_{ck} = 60$ MPa $\gamma_c = 1,4$

Aço CA50:

$f_{yk} = 500$ MPa

$E_s = 210$ GPa

$\gamma_s = 1,15$

Aço CP210:

$f_{pyk} = 1.890$ MPa

$E_p = 200$ GPa

$\gamma_s = 1,15$

$\Delta\varepsilon_{pi} = 5,70‰$

$A_s = 4\,\varnothing 16$ mm
(8,00 cm²)

$A_p = 2 \cdot 3\varnothing 15,2$ mm
(8,40 cm²)

SEÇÃO TRANSVERSAL

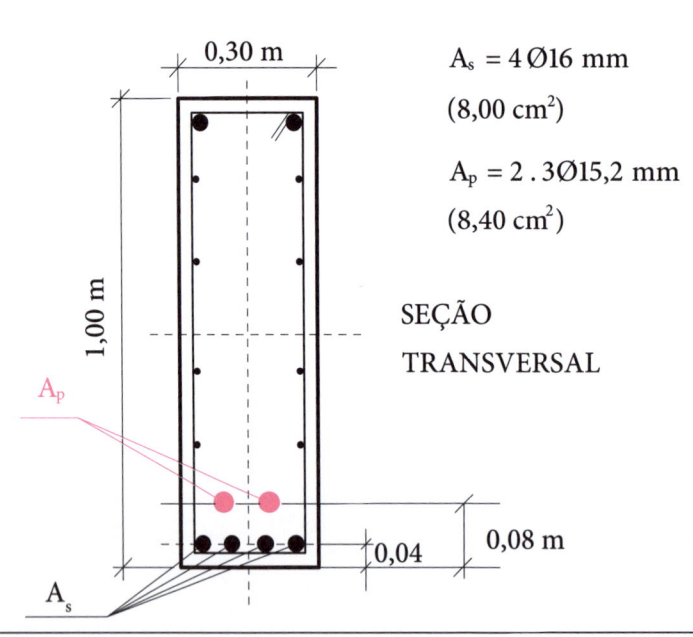

Figura 64: Seção Transversal.

Cálculo de M_{Rd}, no Domínio 3, conforme roteiro:

1) Tensões nos aços:

$\sigma_{sd} = 500 / 1{,}15 = 435 \text{ MPa}$

$\sigma_{pd} = 1.890 / 1{,}15 = 1.643 \text{ MPa}$

2) Forças de Tração:

$N_{Sd} = A_s \cdot \sigma_{sd} = 8{,}00 \cdot 10^{-4} \cdot 435 = 0{,}348 \text{ MN}$

$N_{Pd} = A_p \cdot \sigma_{pd} = 8{,}40 \cdot 10^{-4} \cdot 1.643 = 1{,}380 \text{ MN}$

$N_{td} = N_{Sd} + N_{Pd} = 0{,}348 + 1{,}380 = 1{,}728 \text{ MN}$

3) Tensão no concreto:

$\sigma_{cd} = \alpha_c \cdot f_{ck} / \gamma_c$

$\alpha_c = 0{,}85 \cdot [1 - \dfrac{(f_{ck} - 50)}{200}]$

$\alpha_c = 0{,}85 \cdot [1 - \dfrac{(60 - 50)}{200}] = 0{,}85 \cdot 0{,}95 = 0{,}8075$

$\sigma_{cd} = 0{,}8075 \cdot 60 / 1{,}4 = 34{,}61 \text{ MPa}$

4) Equilíbrio: $N_{cd} = N_{td} = 1{,}728 \text{ MN}$

5) Área comprimida - posição da linha neutra:

$A_{cc} = N_{cd} / \sigma_{cd} = 1{,}728 / 34{,}61 = 0{,}050 \text{ m}^2$

$A_{cc} = 0{,}30 \cdot y = 0{,}050 \rightarrow y = 0{,}167 \text{ m}$

$x = y / \lambda$

$\lambda = 0{,}8 - \dfrac{(f_{ck} - 50)}{400} = 0{,}8 - \dfrac{(60 - 50)}{400} = 0{,}775$

$x = \dfrac{0{,}167}{0{,}775} = 0{,}215 \text{ m}$

6) Deformada - confirmação do Domínio 3:

$$d_s = 1{,}00 - 0{,}04 = 0{,}96 \text{ m}$$

$$d_p = 1{,}00 - 0{,}08 = 0{,}92 \text{ m}$$

$$\varepsilon_{cu} = 2{,}6\text{‰} + 35\text{‰} \cdot \left[\frac{(90 - f_{ck})}{100}\right]^4 = 2{,}6\text{‰} + 35\text{‰} \cdot \left[\frac{(90 - 60)}{100}\right]^4 = 2{,}88\text{‰}$$

$$\Delta\varepsilon_{pd} = \frac{d_p - x}{x} \cdot \varepsilon_{cu} = \frac{0{,}92 - 0{,}215}{0{,}215} \cdot 2{,}88 = 9{,}44\text{‰}$$

$$\varepsilon_{pd} = \Delta\varepsilon_{pi} + \Delta\varepsilon_{pd} = 5{,}70 + 9{,}44 = 15{,}14\text{‰}$$

$$\varepsilon_{pyd} = \frac{1.643 \cdot 10^3}{200 \cdot 10^3} = 8{,}21\text{‰}$$

$$\Delta\varepsilon_{pd} = 9{,}44\text{‰} < 10\text{‰} \quad (OK!)$$

$$\varepsilon_{pd} = 15{,}14\text{‰} > 8{,}21\text{‰} \quad (OK!), \text{ em escoamento, confirmada } \sigma_{pd}$$

$$\varepsilon_{sd} = \frac{d_S - x}{x} \cdot \varepsilon_{cu} = \frac{0{,}96 - 0{,}215}{0{,}215} \cdot 2{,}88 = 9{,}98\text{‰}$$

$$\varepsilon_{syd} = \frac{435 \cdot 10^3}{210 \cdot 10^3} = 2{,}07\text{‰}$$

$$\varepsilon_{sd} = 9{,}98\text{‰}$$

$$2{,}07\text{‰} < \varepsilon_{sd} < 10\text{‰}, \quad (OK!), \text{ em escoamento, confirmada } \sigma_{sd}$$

7) Braços de Alavanca:

$$\bar{y} = y/2 = 0{,}167/2 = 0{,}0835 \text{ m}$$

$$z_s = 0{,}96 - 0{,}0835 = 0{,}8765 \text{ m}$$

$$z_p = 0{,}92 - 0{,}0835 = 0{,}8365 \text{ m}$$

8) Momento de Cálculo M_{Rd}:

$$M_{Rd} = N_{Sd} \cdot z_s + N_{Pd} \cdot z_p$$

$$M_{Rd} = 0{,}348 \cdot 0{,}8765 + 1{,}380 \cdot 0{,}8365 = 1{,}459 \text{ MN} \cdot \text{m} = 1.459 \text{ kN} \cdot \text{m}$$

9) Verificação da segurança:

$$M_{Sd} = \Sigma\gamma_g \cdot M_{gk} + \gamma_q \cdot (M_{ql,k} + \Sigma\Psi_{oj} \cdot M_{qj,k})$$

$$M_{Sd} = 1{,}4 \cdot (400 + 300) + 1{,}4 \cdot (250 + 0{,}8 \cdot 150)$$

$$M_{Sd} = 1.498 \text{ kN} \cdot \text{m} = 1{,}498 \text{ MN} \cdot \text{m}$$

Condição de segurança: $M_{Rd} \geq M_{Sd}$

Condição encontrada: $M_{Rd} = 1{,}459 \text{ MN} \cdot \text{m} < M_{Sd} = 1{,}498 \text{ MN} \cdot \text{m}$

Conclusão: não satisfaz a condição de segurança no ELU.

3.6. VIGAS PROTENDIDAS: DIMENSIONAMENTO DE SEÇÕES RETANGULARES, NO ESTADO-LIMITE ÚLTIMO (ELU) – DOMÍNIOS 2, 3 E 4 – COM APLICAÇÃO DO PROCESSO PRÁTICO K6 PARA CONCRETOS CLASSES C25 A C40

O processo prático K6 é tradicionalmente utilizado para dimensionamento de seções retangulares das vigas, no estado-limite último, sob solicitações normais. Os procedimentos são válidos para seções armadas com **armadura ativa**, **armadura passiva** ou **ambas**, distribuídas na proporção adequada ao nível de protensão escolhido.

A escolha da seção retangular facilita a dedução das fórmulas do equilíbrio, propiciando tabelas de fácil confecção ou programas simplificados. Além disso, na prática das estruturas de concreto, a maioria das seções é de geometria retangular. As outras seções, exceção feita às circulares, podem ser compostas com aproximações aceitáveis por meio da composição de retângulos adequadamente posicionados.

A formulação adotará a hipótese de uma seção apenas com **armadura ativa**. Após o equilíbrio e com a deformada devidamente posicionada, torna-se fácil o cálculo das deformações dos materiais, incluindo as das **armaduras passivas**. As deformações permitem a obtenção das tensões e, com elas, o equilíbrio final da seção com a proporção de **armaduras ativa/passiva** escolhida pelo projetista. Serão escolhidos os seguintes materiais:

- *Concretos*: Classes C25, C30, C35 e C40.

- *Armaduras ativas*: Aços CP175, CP190, CP210.

- *Armaduras passivas*: Aço CA50.

3.6.1. SEÇÕES RETANGULARES – FORMULAÇÃO GERAL ($A_s = 0$; $A_p \neq 0$) – DOMÍNIOS 2, 3 E 4

A figura a seguir apresenta uma Seção Retangular de arranjo geral **Domínios 2, 3 e 4** – equilíbrio interno.

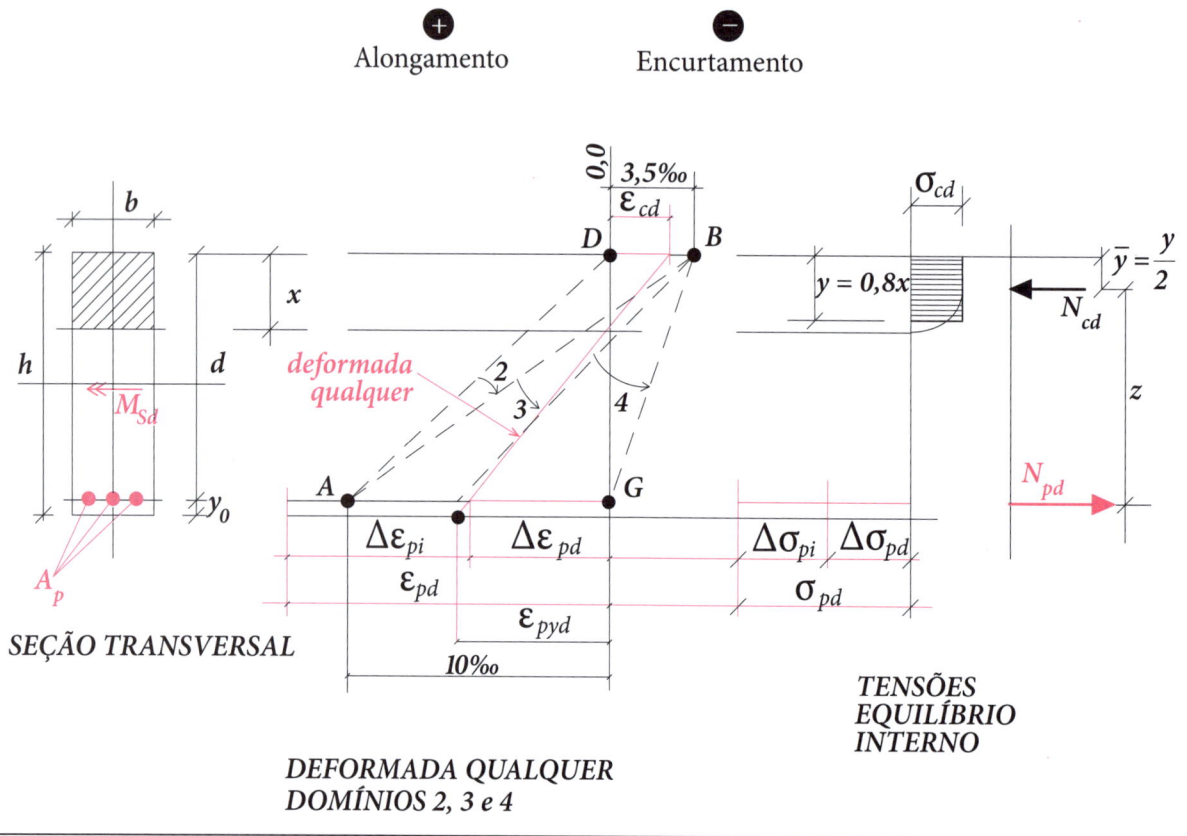

Figura 65: Seção retangular, arranjo geral domínios 2, 3 e 4 – equilíbrio interno.

Na figura anterior, é apresentado o arranjo geral para uma deformada qualquer, dentro dos Domínios 2, 3 e 4, em que podem ser visualizadas todas as variáveis estruturais que participam da formulação geral do equilíbrio, em uma seção retangular armada apenas com armadura ativa.

Descrição das variáveis estruturais:

M_{Sd} = Momento solicitante de cálculo (Combinações Últimas Normais – ELU)

x = posição da linha neutra em relação à borda comprimida

d = altura útil, relativa ao CG de A_p

y_o = posição do CG de A_p (a NBR 6118 [item 17.2.4.1] recomenda: $y_o < 0{,}10h$)

$y = 0{,}8x$ = altura do diagrama de compressão do concreto com σ_{cd} = constante

$\bar{y} = \dfrac{y}{2}$ = posição do CG de N_{cd} em relação à borda comprimida

$\beta_x = \dfrac{x}{d}$ = variável que define a posição da linha neutra

$$0 \leq x \leq d$$
$$0 \leq \beta_x \leq 1$$

$x = \beta_x \cdot d \rightarrow y = 0{,}8 \cdot \beta_x \cdot d$

z = braço de alavanca relativo ao binário $N_{cd} \cdot N_{Pd}$

$\beta_z = \dfrac{z}{d}$ = variável que define a variação de z

$z = d - (y/2) \rightarrow z = d - \dfrac{0{,}8 \cdot \beta_x \cdot d}{2}$; $\quad 0{,}6 \cdot d \leq z \leq d$

$\beta_z = 1 - \dfrac{0{,}8 \cdot \beta_x}{2}$; $\quad 0{,}6 \leq \beta_z \leq 1$

ε_{cd} = deformação máxima do concreto na borda comprimida $-3{,}5‰ \leq \varepsilon_{cd} \leq 0$

σ_{cd} = tensão no concreto, constante na altura y

$0 \leq \sigma_{cd} \leq 0{,}85 \cdot f_{cd}$ (ver diagrama $\sigma_{cd} \times \varepsilon_{cd}$ do concreto)

$\Delta\varepsilon_{pi}$ = deformação de pré-alongamento do aço ativo

$\Delta\varepsilon_{pd}$ = deformação da armadura ativa, em conjunto com o concreto $0 \leq \Delta\varepsilon_{pd} \leq 10‰$

ε_{pd} = deformação total da armadura ativa

$\varepsilon_{pd} = \Delta\varepsilon_{pi} + \Delta\varepsilon_{pd}$

$\sigma_{pd} = \sigma_{pd}(\varepsilon_{pd})$ = tensão no aço da armadura ativa

Equações de equilíbrio na seção transversal:

$$\left.\begin{array}{l} N_{Pd} = A_p \cdot \sigma_{pd} \\ N_{cd} = b \cdot y \cdot \sigma_{cd} \end{array}\right\} \rightarrow \Sigma F_H = 0 \qquad N_{Pd} = N_{cd} \qquad (1)$$

ΣM, rel CG de A_p $\qquad \rightarrow \qquad N_{cd} \cdot z = M_{Sd} \qquad (2)$

ΣM, rel CG de $N_{cd} \rightarrow \qquad N_{Pd} \cdot z = M_{Sd} \qquad (3)$

De (2) vem: $b \cdot y \cdot \sigma_{cd} \cdot z = M_{Sd}$

$$b \cdot 0{,}8 \cdot \beta_x \cdot d \cdot \sigma_{cd} \cdot \left(d - \frac{0{,}8 \cdot \beta_x \cdot d}{2}\right) = M_{Sd}$$

$$b \cdot d^2 \cdot 0{,}8 \cdot \beta_x \cdot \left(1 - \frac{0{,}8 \cdot \beta_x}{2}\right) \cdot \sigma_{cd} = M_{Sd}$$

ou

$$\frac{b \cdot d^2}{M_{Sd}} = K6 = \frac{1}{\sigma_{cd} \cdot 0{,}8 \cdot \beta_x \cdot \left(1 - \dfrac{0{,}8 \cdot \beta_x}{2}\right)} \quad (4)$$

A expressão (4), denominada K6, pode ser programada ou tabelada, representando relações de equilíbrio entre resistências do concreto (σ_{cd}), posições da LN (β_x) nos Domínios 2, 3 e 4, com geometria da seção (bd²) e Momento Solicitante (M_{Sd}). σ_{cd} representa a resistência do concreto, em que:

$$-3{,}5\text{‰} \leq \varepsilon_{cd} \leq -2{,}0\text{‰} \rightarrow \sigma_{cd} = 0{,}85 \cdot \frac{f_{ck}}{\gamma_c}$$

$$-2{,}0\text{‰} < \varepsilon_{cd} \leq 0 \rightarrow \sigma_{cd} = 0{,}85 \cdot \frac{f_{ck}}{\gamma_c} \cdot \left[1 - \left(1 - \frac{\varepsilon_{cd}}{2{,}0\text{‰}}\right)^2\right]$$

Serão escolhidos concretos classes C25, C30, C35 e C40.

β_x, variando entre 0 e 1 com passo de 0,02, determina a posição da linha neutra x (deformada).

Através das equações de compatibilidade entre as deformações, podem ser relacionados os valores $\Delta\varepsilon_{pd}$ e ε_{cd}:

ou
$$\Delta\varepsilon_{pd} = \frac{d - x}{x} \cdot \varepsilon_{cd}$$

$$\varepsilon_{cd} = \frac{x}{d - x} \cdot \Delta\varepsilon_{pd}$$

No **Domínio 2**, $\Delta\varepsilon_{pd} = 10\text{‰}$ e ε_{cd}, conforme β_x, estará entre 0 e 3,5‰;

Nos **Domínios 3 e 4**, ε_{cd} estará fixado em 3,5‰, enquanto $\Delta\varepsilon_{pd}$ variará entre 10‰ e 0.

A partir de $\Delta\varepsilon_{pd}$, calcula-se $\varepsilon_{pd} = \Delta\varepsilon_{pi} + \Delta\varepsilon_{pd}$.

Nos diagramas $\sigma_{pd} \times \varepsilon_{pd}$ dos aços CP175, CP190 e CP210, determina-se o valor de σ_{pd}.

De **(3)** vem:

$$\left.\begin{array}{c} N_{Pd} \cdot z = M_{Sd} \\ A_p \cdot \sigma_{pd} \cdot \beta_z \cdot d = M_{Sd} \end{array}\right\} \rightarrow A_p = \frac{M_{Sd}}{\beta_z \cdot d \cdot \sigma_{pd}}$$

3.6.2. DIAGRAMAS TENSÃO X DEFORMAÇÃO DOS MATERIAIS

3.6.2.1. CONCRETOS CLASSES C20 ATÉ C50

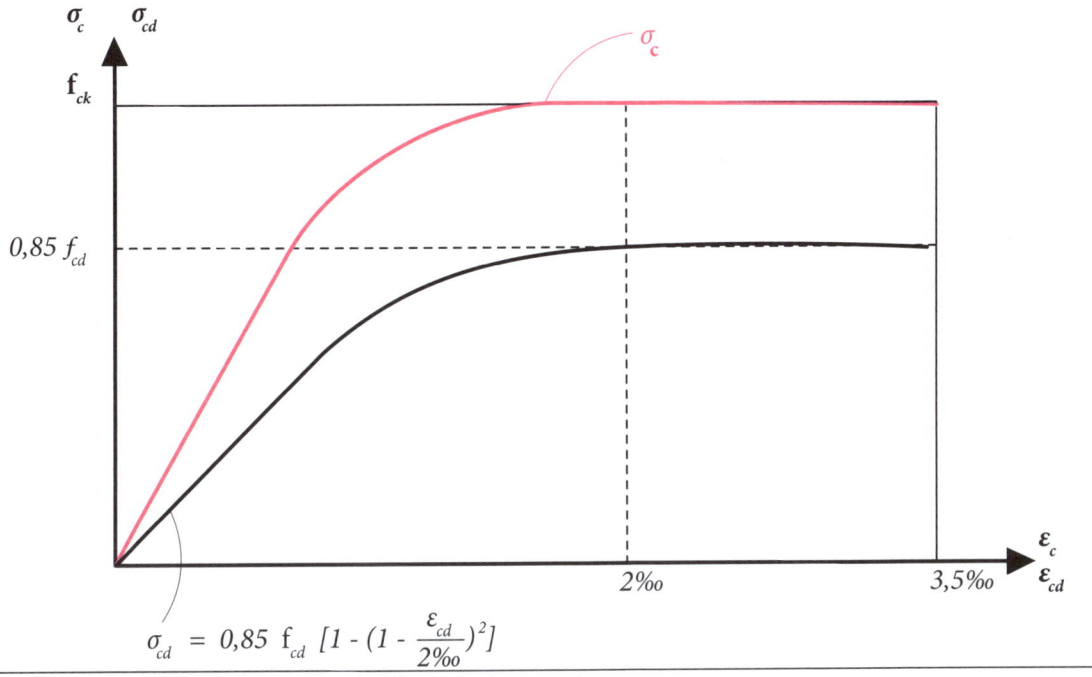

$$\sigma_{cd} = 0{,}85\ f_{cd}\left[1 - \left(1 - \frac{\varepsilon_{cd}}{2‰}\right)^2\right]$$

Figura 66: Diagrama tensão-deformação idealizado do concreto.

3.6.2.2. AÇOS CP

para $\varepsilon_{pd} \leq \varepsilon_{pyd}$
$\sigma_{pd} = E_p \cdot \varepsilon_{pd}$

$E_p = 200\ GPa$
$\varepsilon_{uk} \approx 40‰$

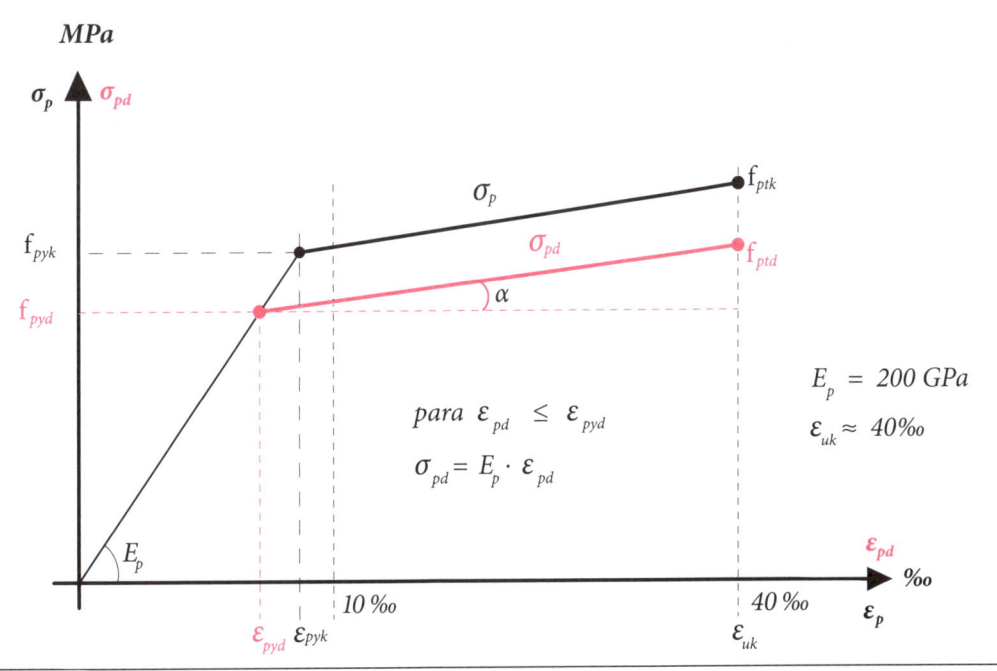

Figura 67: Diagrama tensão-deformação para aços de armaduras ativas.

MÉTODO DOS ESTADOS-LIMITES

TABELA 13 – CATEGORIAS DE AÇO: (f_{pyk}, f_{pyd}, f_{ptk}, f_{ptd}, ε_{pyk}, ε_{pyd})						
Aço – categoria	MPa				‰	
	f_{pyk}	f_{pyd}	f_{ptk}	f_{ptd}	ε_{pyk}	ε_{pyd}
CP175	1.580	1.373	1.750	1.521	7,90	6,865
CP190	1.710	1.486	1.900	1.652	8,55	7,430
CP210	1.890	1.643	2.100	1.826	9,45	8,215

Aço CP175:

para $6,865‰ < \varepsilon_{pd} \leq 40‰$ tg α = 148 / 33,135

$\sigma_{pd} = 1.373 + 4,4666 \cdot (\varepsilon_{pd} - 6,865)‰$

Aço CP190:

para $7,43‰ < \varepsilon_{pd} \leq 40‰$ tg α = 166 / 32,570

$\sigma_{pd} = 1.486 + 5,0967 \cdot (\varepsilon_{pd} - 7,43)‰$

Aço CP210:

para $8,215‰ < \varepsilon_{pd} \leq 40‰$ tg α = 183 / 31,875

$\sigma_{pd} = 1.643 + 5,7412 \cdot (\varepsilon_{pd} - 8,215)‰$

3.6.2.3. AÇO CA50

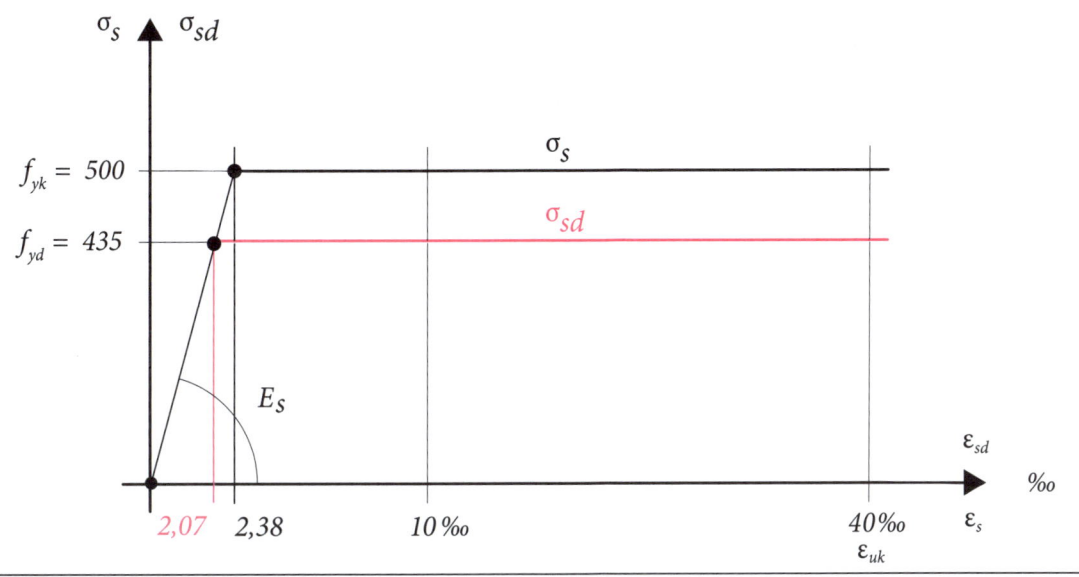

Figura 68: Diagrama tensão-deformação para aço das armaduras passivas.

$\varepsilon_{pyk} = 2{,}38‰$ $\qquad\qquad \varepsilon_{pyd} = 2{,}07‰$

para $\quad \varepsilon_{sd} \leq 2{,}07‰ \qquad\qquad \sigma_{sd} = E_s \cdot \varepsilon_{sd}$

para $\quad 2{,}07‰ < \varepsilon_{sd} \leq 10‰ \qquad \sigma_{sd} = 435 \text{ MPa}$

3.6.3. A TABELA COM VALORES DE K6

A tabela de K6, para os diversos concretos e aços escolhidos, nos Domínios 2, 3 e 4, adotará para β_x uma variação com passo 0,02. Na prática, com essa tabela, será possível dimensionar seções retangulares (ou compostas com combinação de retângulos) com armaduras passivas e ativas, combinadas nas proporções escolhidas pelo projetista.

Para cada valor de K6 existirá uma deformada correspondente e uma relação direta com as tensões nos aços das armaduras ativas e passivas.

TABELA 14 – TABELA DE K6

Tabela de Dimensionamento de Vigas com Seções Retangulares armadas com Armadura Ativa (A_p) e Armadura Passiva (A_s)

$\beta_x = x/d$	$\beta_z = z/d$	$K6 = bd^2/M_{Sd}$					ε_{pd} $\Delta\varepsilon_{pd}$ ε_{sd}	σ_{pd} (MPa)			σ_{sd} (MPa)
		K_6 = Para concreto com f_{ck} (MPa) =				ε_{cd} (‰)		CP175	CP190	CP210	
β_x	β_z	25	30	35	40		32,5	1.487	1.614	1.782	CA50
							30	1.476	1.601	1.768	
							27,5	1.465	1.588	1.754	
							25	1.454	1.575	1.739	
							22,5	1.443	1.563	1.725	
							20	1.432	1.550	1.711	
							17,5	1.420	1.537	1.696	
							15	1.409	1.525	1.682	
							12,5	1.398	1.512	1.668	
0,02	0,993	21,441	17,867	15,315	13,401	0,204					
0,04	0,986	5,601	4,668	4,001	3,501	0,417					
0,06	0,979	2,623	2,185	1,873	1,639	0,638					
0,08	0,972	1,562	1,302	1,116	0,976	0,870					
0,10	0,965	1,069	0,891	0,764	0,668	1,111					
0,12	0,957	0,802	0,668	0,573	0,501	1,364	10	1.387	1.499	1.653	
0,14	0,949	0,645	0,538	0,461	0,403	1,628					
0,16	0,940	0,551	0,459	0,394	0,344	1,905					
0,18	0,931	0,493	0,411	0,352	0,308	2,195					
0,20	0,922	0,448	0,373	0,320	0,280	2,500					
0,22	0,912	0,410	0,342	0,293	0,257	2,821					
0,24	0,902	0,380	0,316	0,271	0,237	3,158					
0,26	0,892	0,354	0,295	0,253	0,221		9,962	1.387	1.499	1.653	
0,28	0,884	0,331	0,276	0,237	0,207		9,000	1.383	1.494	1.648	
0,30	0,875	0,312	0,260	0,223	0,195		8,167	1.379	1.490	1.633	
0,32	0,867	0,295	0,246	0,211	0,184		7,438	1.376	1.486	1.496	435
0,34	0,859	0,280	0,234	0,200	0,175		6,794	1.358,8			
0,36	0,850	0,267	0,223	0,191	0,167		6,222	1.244,4			
0,38	0,842	0,256	0,213	0,183	0,160		5,711	1.142,2			
0,40	0,834	0,245	0,204	0,175	0,153		5,250	1.050			
0,42	0,825	0,236	0,196	0,168	0,147		4,833	966,6			
0,44	0,817	0,227	0,189	0,162	0,142		4,455	891			
0,46	0,809	0,219	0,183	0,157	0,137		4,109	821,8			
0,48	0,800	0,212	0,177	0,152	0,133		3,792	758,4			
0,50	0,792	0,206	0,172	0,147	0,129		3,500	700			
0,52	0,784	0,200	0,167	0,143	0,125		3,231	646,2			
0,54	0,775	0,195	0,162	0,139	0,122		2,981	596,2			
0,56	0,767	0,190	0,158	0,135	0,118		2,750	550			
0,58	0,759	0,185	0,154	0,132	0,116		2,534	506,8			
0,60	0,750	0,181	0,150	0,129	0,113		2,333	466,6			
0,62	0,742	0,177	0,147	0,126	0,110	3,500	2,145	429			
0,64	0,734	0,173	0,144	0,124	0,108		1,969	393,8			413,5
0,66	0,725	0,170	0,141	0,121	0,106		1,803	360,6			378,6
0,68	0,717	0,166	0,139	0,119	0,104		1,647	329,4			345,9
0,70	0,709	0,163	0,136	0,117	0,102		1,500	300			315,0
0,72	0,701	0,161	0,134	0,115	0,100		1,361	272,2			285,8
0,74	0,692	0,158	0,132	0,113	0,099		1,230	246			258,3
0,76	0,684	0,156	0,130	0,111	0,097		1,105	221			232,1
0,78	0,676	0,153	0,128	0,110	0,096		0,987	197,4			207,3
0,80	0,667	0,151	0,126	0,108	0,095		0,875	175			183,8
0,82	0,659	0,149	0,125	0,107	0,093		0,768	153,6			161,3
0,84	0,651	0,148	0,123	0,105	0,092		0,667	133,4			140,1
0,86	0,642	0,146	0,122	0,104	0,091		0,570	114			119,7
0,88	0,634	0,144	0,120	0,103	0,090		0,477	95,4			100,2
0,90	0,626	0,143	0,119	0,102	0,089		0,389	77,8			81,7
0,92	0,617	0,142	0,118	0,101	0,089		0,304	60,8			63,8
0,94	0,609	0,140	0,117	0,100	0,088		0,223	44,6			49,8
0,96	0,601	0,139	0,116	0,099	0,087		0,146	29,2			30,7
0,98	0,592	0,138	0,115	0,099	0,086		0,071	14,2			14,9
1	0,584	0,137	0,114	0,098	0,086		0	0			0,0
Unidades		Hipótese $A_p \neq 0$; $A_s = 0$					Hipótese $A_p \neq 0$; $A_s \neq 0$				
MN, m		$T_{pd} = \dfrac{M_{Sd}}{\beta_z \cdot d}$; $A_p = \left(\dfrac{M_{Sd} \cdot 10^4}{\beta_z \cdot d \cdot \sigma_{pd}}\right)$ cm²					$A_{pf} \cdot \sigma_{pd} + A_s \cdot \sigma_{sd} = T_{pd}$				

TABELA DE K6: ROTEIRO PARA DIMENSIONAMENTO – VIGAS

Objetivo: dimensionamento de seções retangulares (*ou compostas de retângulos*), nos **Domínios 2, 3 ou 4** – ELU.

Determinar A_p e A_s:

Conhecidos: geometria da seção, materiais a serem empregados, M_{Sd} e $\Delta\varepsilon_{pi}$.

Hipótese 1: $A_p \neq 0$; $A_s = 0$ (*somente armadura ativa*)

Unidades: MN, m

Com M_{Sd}, b e $d_p \rightarrow K6 = \dfrac{b \cdot d_p^2}{M_{Sd}}$

$\rightarrow$ Tabela de K6, para o f_{ck} escolhido: 25, 30, 35 ou 40 MPa

Obtém-se: $\beta_x = \dfrac{x}{d_p}$ com $0 \leq \beta_x \leq 1,0$

$\beta_z = \dfrac{z_p}{d_p}$ com $1 \leq \beta_z \leq 0,60$

$\varepsilon_{cd} = \ldots \permil$ com $-3,5\permil \leq \varepsilon_{cd} \leq 0$

$\Delta\varepsilon_{pd} = \ldots \permil$ com $0 \leq \Delta\varepsilon_{pd} \leq 10\permil$

Calcula-se: $\varepsilon_{pd} = \Delta\varepsilon_{pi} + \Delta\varepsilon_{pd}$

$\rightarrow$ Tabela de K6, para o aço CP escolhido: σ_{pd} [MPa]

Armadura $A_p = \dfrac{M_{Sd} \cdot 10^4}{\beta_z \cdot d_p \cdot \sigma_{pd}}$ em cm² com $A_s = 0$

Calcula-se: $N_{td} = \dfrac{M_{Sd}}{\beta_z \cdot d_p}$ ou $N_{td} = A_p \cdot \sigma_{pd}$

OBS.: *com ε_{cd}, pode-se calcular σ_{cd}.*

$x = \beta_x \cdot d_p \quad y = 0,8 \cdot x \quad \rightarrow \quad A_{cc}$

$N_{cd} = A_{cc} \cdot \sigma_{cd} = N_{td}$

Hipótese 2: $A_p \neq 0$ e $A_s \neq 0$ (*armaduras ativa e passiva*)

Da hipótese 1 já são conhecidos: x, y, N_{td}, ε_{cd}, N_{cd}, σ_{pd} e $\Delta\varepsilon_{pd}$. Para introduzir a armadura passiva, será necessário determinar ε_{sd}. Na deformada conhecida, aplica-se a equação de compatibilidade:

$$\varepsilon_{sd} = \frac{d_s - x}{d_p - x} \cdot \Delta\varepsilon_{pd}$$

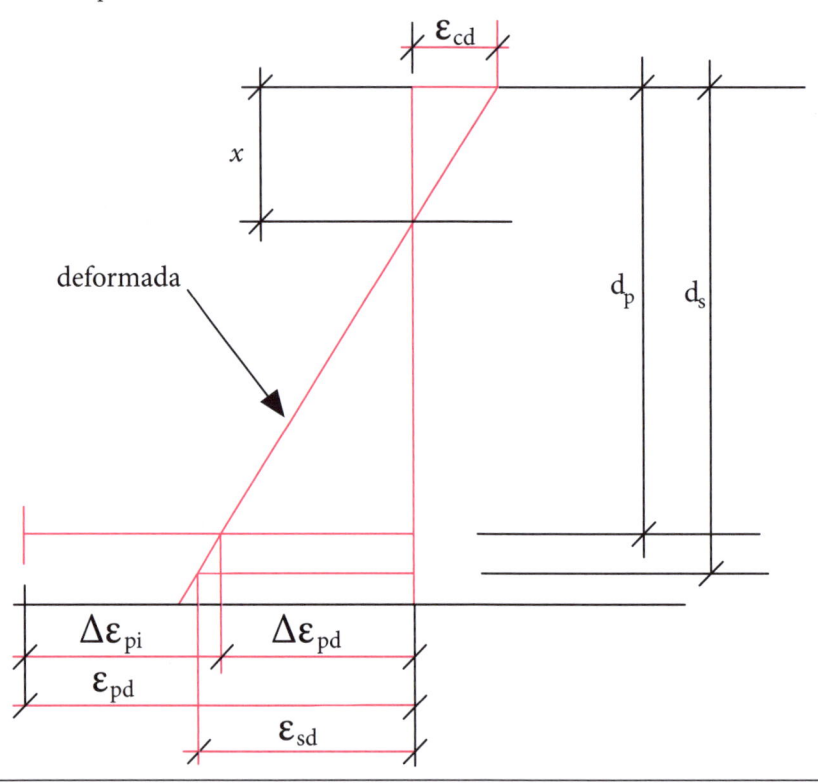

Figura 69: Deformada.

→ Tabela de K6, para o aço CA50: σ_{sd} [MPa]

Equação Final: $A_{pf} \cdot \sigma_{pd} + A_s \cdot \sigma_{sd} = N_{td}$

OBS.: *a escolha da proporção das armaduras A_{pf} e A_s pode ser feita na equação final, usando os limites com seções totalmente protendidas ($A_s = 0$) ou totalmente passivas ($A_{pf} = 0$).*

A proporção adequada será aquela que atender ao concreto estrutural escolhido, conforme Tabela 7:

Nível 1: Protensão Parcial.

Nível 2: Protensão Limitada.

Nível 3: Protensão Completa.

APLICAÇÃO NUMÉRICA

Dimensionar a seção retangular a seguir esquematizada, dentro das hipóteses do ELU, utilizando a tabela de K6 (Tabela 14).

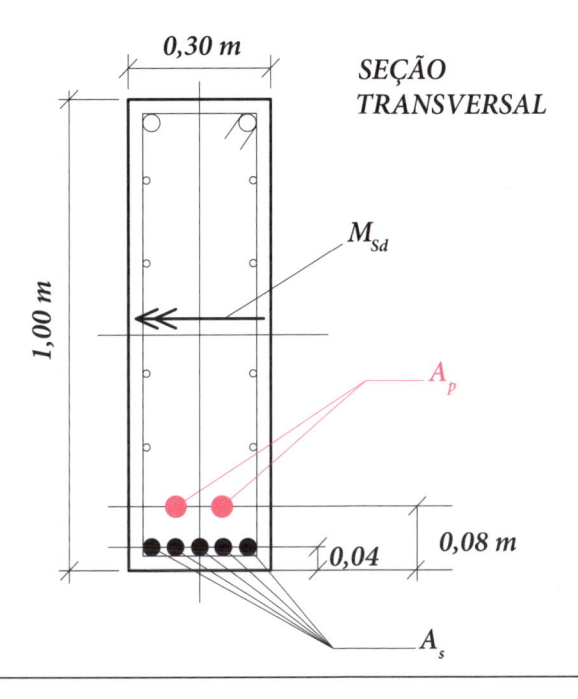

Figura 70: Seção transversal.

Solicitações: $M_{g1,k} = 350 \text{ kN} \cdot \text{m}$

$M_{g2,k} = 227 \text{ kN} \cdot \text{m}$

$M_{q1,k} = 220 \text{ kN} \cdot \text{m} \; (\Psi_0 = 0{,}7)$

$M_{q2,k} = 120 \text{ kN} \cdot \text{m} \; (\Psi_0 = 0{,}8)$

$\gamma_g = \gamma_q = 1{,}4$

Materiais: $f_{ck} = 30 \text{ MPa}$

Aços: CP190 e CA50

$\Delta\varepsilon_{pi} = 5{,}50‰$

MÉTODO DOS ESTADOS-LIMITES

1) Momento solicitante de cálculo M_{Sd}

$$M_{Sd} = 1,4 \cdot (350 + 227) + 1,4 \cdot (220 + 0,8 \cdot 120)$$

$$M_{Sd} \approx 1.250 \text{ kN} \cdot \text{m} = 1,250 \text{ MN} \cdot \text{m}$$

2) **Hipótese 1:** $A_p \neq 0$; $A_s = 0$ (*somente armadura ativa*)

$$b = 0,30 \text{ m}$$

$$d_p = 1,00 - 0,08 = 0,92 \text{ m}$$

$$K6 = \frac{0,30 \cdot 0,92^2}{1,250} = 0,203$$

→ Tabela de K6: $f_{ck} = 30$ MPa

$$\beta_x = 0,40$$

$$\beta_z = 0,834$$

$$\varepsilon_{cd} = 3,5‰$$

$$\Delta\varepsilon_{pd} = 5,25‰ < 10‰$$

$$\varepsilon_{pd} = 5,25 + 5,50‰ = 10,75‰$$

Tabela com: $\varepsilon_{pd} = 10,75‰$ $\xrightarrow{\text{Aço CP190}}$ $\sigma_{pd} = 1.502$ MPa

$$\text{Armadura } A_p = \frac{M_{Sd} \cdot 10^4}{\beta_z \cdot d_p \cdot \sigma_{pd}} = \frac{1,25 \cdot 10^4}{0,834 \cdot 0,92 \cdot 1502} = 10,85 \text{ cm}^2$$

$$N_{td} = A_p \cdot \sigma_{pd} = 10,85 \cdot 10^{-4} \cdot 1.502 = 1,629 \text{ MN}$$

ou

$$N_{td} = M_{Sd} / (\beta_z \cdot d_p) = 1,25 / (0,834 \cdot 0,92) = 1,629 \text{ MN}$$

3) **Hipótese 2:** $A_p \neq 0$; $A_s \neq 0$ (*armaduras ativa e passiva*)

Deformação na armadura passiva com $d_s = 1,00 - 0,04 = 0,96$

$$\varepsilon_{sd} = \frac{d_s - x}{d_p - x} \cdot \Delta\varepsilon_{pd} = \frac{0,96 - 0,368}{0,92 - 0,368} \cdot 5,25 = 5,63\text{‰} < 10\text{‰}$$

$$x = \beta_x \cdot d_p = 0,4 \cdot 0,92 = 0,368$$

Tabela com: $\varepsilon_{sd} = 5,63\text{‰} \xrightarrow{\text{Aço CA50}} \sigma_{sd} = 435 \text{ MPa}$

Equação final:

$$A_{pf} \cdot \sigma_{pd} + A_s \cdot \sigma_{sd} = N_{td}$$

$$A_{pf} \cdot 1502 \cdot 10^{-4} + A_s \cdot 435 \cdot 10^{-4} = 1,629$$

ou

$$1502 \cdot A_{pf} + 435 \cdot A_s = 16.290$$

A_{pf} e A_s em cm²

OBS.: *a escolha da proporção de armaduras ativa e passiva precisa ser orientada de modo que sejam atendidos os requisitos do tipo de concreto estrutural adotado no projeto. As exigências relativas à fissuração do concreto deverão ser verificadas.*

TABELA 15 – DIVERSAS PROPORÇÕES ENTRE A_{pf} E A_s		
A_{pf}	A_s	Observações
0	37,4 cm² – 8ø25	Concreto armado
10,85 cm² – 8ø15,2	0	Só armadura ativa
8,40 cm² – 6ø15,2	8,44 cm² – 5ø16	Sugestão 1 (ativa e passiva)
5,60 cm² – 4ø15,2	18,11 cm² – 6ø20	Sugestão 2 (ativa e passiva)

APLICAÇÃO NUMÉRICA

Dimensionar a seção abaixo esquematizada, com as hipóteses do ELU sob solicitações normais, utilizando-se a tabela de K6 (Tabela 14).

Dados Complementares:

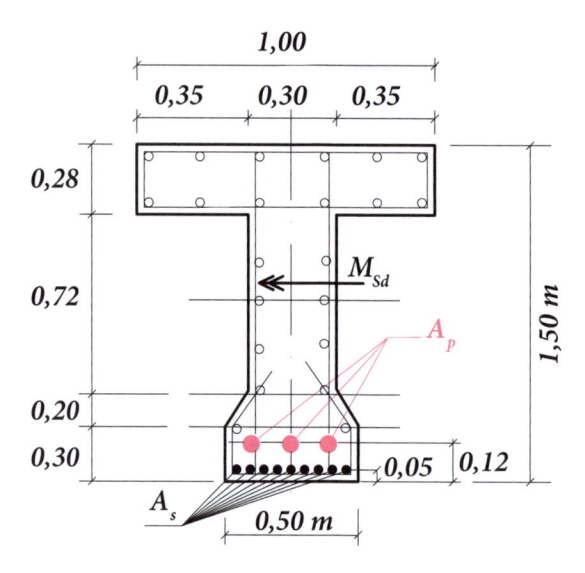

SEÇÃO TRANSVERSAL

Figura 71: Seção transversal.

Materiais: f_{ck} = 40 MPa

Aços CP210 e CA50

$\Delta\varepsilon_{pi}$ = 5,6‰

Solicitações: ΣM_{gi} = 5.000 kN·m

$M_{q1,k}$ = 1.800 kN·m

$M_{q2,k}$ = 800 kN·m (Ψ_0 = 0,7)

1) Momento solicitante de cálculo M_{Sd}

M_{Sd} = 1,4 · 5.000 + 1,4 · (1.800 + 0,7 · 800) = 10.304 kN·m = 10,304 MN·m

2) **Hipótese 1:** $A_p \neq 0$; $A_s = 0$ (*somente armadura ativa*)

   a) Posição da LN

   LN no Flange → b = 1,00 e y ≤ 0,28 m

$d_p = 1{,}50 - 0{,}12 = 1{,}38 \text{ m}$

$K6 = \dfrac{1{,}00 \cdot 1{,}38^2}{10{,}304} = 0{,}185 \rightarrow$ Tabela de K6 $\quad \bigg| \begin{array}{l} \beta_x = 0{,}32 \\ \varepsilon_{cd} = 3{,}5‰ \end{array}$

$x = \beta_x \cdot d_p = 0{,}32 \cdot 1{,}38 = 0{,}4416 \text{ m}$

$y = 0{,}8 \cdot 0{,}4416 = 0{,}353 \text{ m} > 0{,}28 \text{ m}$ (Não atende!)

A LN está na alma da seção.

b) *Dimensionamento com* $y > 0{,}28$ m, com $\varepsilon_{cd} = 3{,}5‰$

$M_{Sd} = M_{Sd,f} + M_{Sd,a}$ (*Flange + Alma*)

$\sigma_{cd} = 0{,}85 \cdot f_{cd} = 0{,}85 \cdot (40/1{,}4) = 24{,}286 \text{ MPa}$

$N_{cd,f} = 2 \cdot (0{,}35 \cdot 0{,}28) \cdot 24{,}286 = 4{,}760 \text{ MN}$

$M_{Sd,f} = N_{cd,f} \cdot [1{,}38 - (0{,}28/2)] = 4{,}760 \cdot 1{,}24$

$M_{Sd,f} = 5{,}9024 \text{ MN.m}$

$M_{Sd,a} = M_{Sd} - M_{Sd,f} = 10{,}304 - 5{,}9024 = 4{,}4016 \text{ MN} \cdot \text{m}$

Para a alma com $b = 0{,}30$ e $d_p = 1{,}38$ m

$K6 = \dfrac{0{,}30 \cdot 1{,}38^2}{4{,}4016} = 0{,}130 \rightarrow$ Tabela de K6 ($f_{ck} = 40$) $\quad \bigg| \begin{array}{l} \beta_x \approx 0{,}50 \\ \beta_z \approx 0{,}792 \\ \varepsilon_{cd} = 3{,}5‰ \\ \Delta\varepsilon_{pd} = 3{,}5‰ \end{array}$

Confirmada a tensão do concreto $\sigma_{c,d}$

$$\varepsilon_{pd} = 3{,}5 + 5{,}6 = 9{,}10‰$$

Tabela com: $\varepsilon_{pd} = 9{,}10‰$ (CP210)

$$\sigma_{pd} \approx 1.648 \text{ MPa}$$

Valor de $A_p = A_{p,flange} + A_{p,alma}$

$A_{p,flange} = N_{cd,f}/\sigma_{pd} = (4{,}760/1{,}648) \cdot 10^4 = 28{,}88 \text{ cm}^2$

$$A_{p,alma} = \frac{M_{Sd,a} \cdot 10^4}{\beta_z \cdot d_p \cdot \sigma_{pd}} = \frac{4{,}4016 \cdot 10^4}{0{,}792 \cdot 1{,}38 \cdot 1.648} = 24{,}43 \text{ cm}^2$$

$A_p = 28{,}88 + 24{,}43 = 53{,}31 \text{ cm}^2 \rightarrow 38\emptyset15{,}2 \text{ mm}$

$N_{td} = A_p \, \sigma_{pd} = 53{,}31 \cdot 10^{-4} \cdot 1.648 = 8{,}7855 \text{ MN}$

$N_{cd} = N_{cd,f} + N_{cd,a} = 4{,}760 + 0{,}30 \cdot y \cdot \sigma_{cd}$

$x = \beta_x \cdot d_p = 0{,}50 \cdot 1{,}38 = 0{,}69 \text{ m}$

$y = 0{,}8 \cdot 0{,}69 = 0{,}552 \text{ m}$

$N_{cd} = 4{,}760 + 0{,}30 \cdot 0{,}552 \cdot 24{,}286 = 8{,}7818 \text{ MN}$

$N_{td} \approx N_{cd}$ (*confirmado o equilíbrio*)

3) Hipótese 2: $A_p \neq 0; A_s \neq 0$ (*armaduras ativa e passiva*)

Deformação na armadura passiva com $d_s = 1{,}50 - 0{,}05 = 1{,}45 \text{ m}$

$$\varepsilon_{sd} = \frac{d_s - x}{d_p - x} \cdot \Delta\varepsilon_{pd} = \frac{1{,}45 - 0{,}69}{1{,}38 - 0{,}69} \times 3{,}5 = 3{,}855\text{‰} < 10\text{‰}$$

Tabela com: $\varepsilon_{sd} = 3{,}855\text{‰} \rightarrow \sigma_{sd} = 435 \text{ MPa}$

Equação final:

$A_{pf} \cdot \sigma_{pd} + A_s \cdot \sigma_{sd} = N_{td}$

$A_{pf} \cdot 1.648 \cdot 10^{-4} + A_s \cdot 435 \cdot 10^{-4} = 8{,}7855$

ou

$1.648 \, A_{pf} + 435 \, A_s = 87{,}855$

com A_{pf} e A_s em cm²

> **OBS.:** *conforme comentários anteriores, a escolha da proporção adequada para A_{pf} e A_s depende dos estados-limites de fissuração que devem, obrigatoriamente, ser verificados.*

TABELA 16 – SUGESTÕES DE PROPORÇÕES PARA A_{pf} e A_s		
A_{pf}	A_s	Observações
0	202 cm² – 16Ø25 + 16Ø32 mm	Concreto armado
53,31 cm² – 3 · 13Ø15,2 mm	0	Só armadura ativa
42 cm² – 3 · 10Ø15,2	42,8 cm² – 9Ø25 mm	Sugestão

COMENTÁRIOS IMPORTANTES:

1) *A escolha da proporção das armaduras depende também do espaço físico disponível para o arranjo. Se a opção adotada fosse a do concreto armado, o arranjo das barras exigiria pelo menos seis camadas, com dificuldades construtivas e na pior situação para a fissuração.*

2) *A relação $\sigma_{pd} / \sigma_{sd} = 1.648 / 435 \approx 3,79$ indica que para cada cm² de aço CP são necessários 3,79 cm² de aço CA. Trata-se de um parâmetro útil para o detalhamento.*

3) *A escolha mais adequada é a solução mista, balanceando as armaduras de acordo com os critérios de fissuração, arranjos, dificuldades construtivas e custos (material e mão de obra).*

4) *Não esquecer que as armaduras ativas precisam ser ancoradas com necessidade de nichos e dimensões mínimas entre ancoragens, muitas vezes não disponíveis no projeto.*

5) *Na prática, quando as peças são altas (> 1,20 m), as deformações $\Delta\varepsilon_{pd}$ e ε_{sd} podem ser igualadas com simplificação dos cálculos. Quando as alturas são pequenas (h < 30 cm), que é o caso das lajes, as deformações $\Delta\varepsilon_{pd}$ e ε_{sd} são muito diferentes, principalmente sobre os pilares com armaduras cruzadas. Nesses casos, é recomendável uma análise rigorosa.*

A figura a seguir ilustra a preocupação:

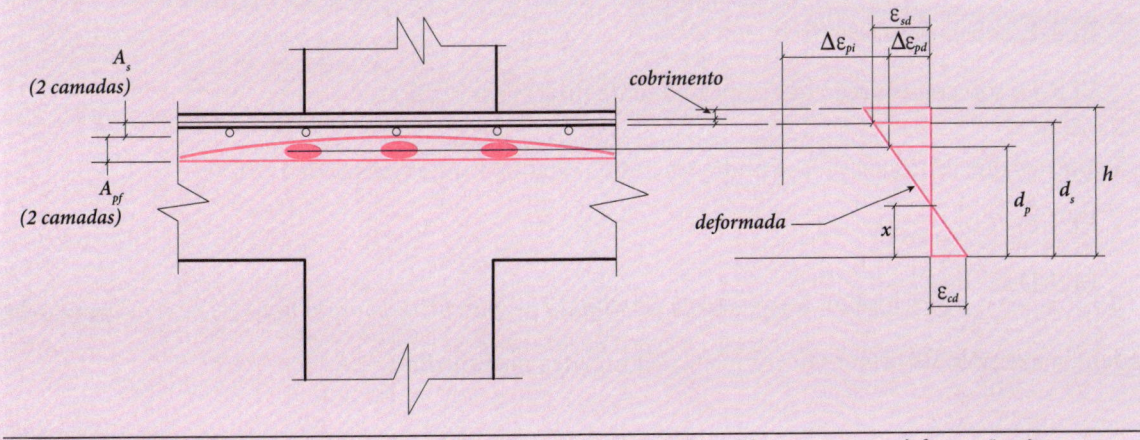

Figura 72: Deformada de uma laje com armaduras cruzadas – destaque para a diferença entre as deformações $\Delta\varepsilon_{pd}$ e ε_{sd}.

3.7. ESTADOS-LIMITES DE SERVIÇO – VERIFICAÇÕES

A Tabela 7 recomenda o tipo de concreto estrutural de acordo com as exigências de durabilidade relacionadas à fissuração e à proteção da armadura, em função das classes de agressividade ambiental (CAA).

Concreto Armado: as aberturas máximas características w_k das fissuras podem atingir valores entre 0,2 mm a 0,4 mm, calculadas sob combinações frequentes de ações. Os valores das aberturas estimadas das fissuras podem ser calculados conforme o item 17.3.3.2 da NBR 6118.

3.7.1. CONCRETO PROTENDIDO NÍVEL 3: PROTENSÃO COMPLETA

Aplicado na **Pré-tração** com CAA III e IV, o concreto protendido *Nível 3* deve ser verificado para os seguintes estados-limites de serviço (ELS)/combinações:

ELS-F, sob combinação rara de serviço (CR);

ELS-D, sob combinação frequente de serviço (CF).

As equações que representam as condições destes estados-limites de serviço (ELS):

ELS-F: $\quad \sigma_{c,máx,CR} \leq f_{ctk,f}$

ELS-D: $\quad \sigma_{c,máx,CF} \leq 0$

podem ser escritas no *Estádio 1* (regime elástico linear), pois a seção de concreto não está fissurada, podendo apresentar tensões de tração dentro dos limites de resistência do concreto. Os efeitos da protensão serão calculados com a força de protensão final, descontadas todas as perdas.

3.7.2. CONCRETO PROTENDIDO NÍVEL 2: PROTENSÃO LIMITADA

Aplicado na **Pré-tração** com CAA II ou na **Pós-tração** com CAA III e IV, o concreto protendido *Nível 2* deve ser verificado para os seguintes estados-limites de serviço (ELS)/combinações:

ELS-F, sob combinação frequente de serviço (CF);

ELS-D, sob combinação quase-permanente de serviço (CQP).

As equações que representam as condições destes estados-limites de serviço (ELS):

ELS-F: $\quad \sigma_{c,máx,CF} \leq f_{ctk,f}$

ELS-D: $\quad \sigma_{c,máx,CQP} \leq 0$

podem, a exemplo da protensão completa, ser escritas no *Estádio 1*.

3.7.3. CONCRETO PROTENDIDO NÍVEL 1: PROTENSÃO PARCIAL

Aplicado na **Pré-tração** com CAA I ou na **Pós-tração** com CAA I e II, o concreto protendido *Nível 1* deve ser verificado para o seguinte estado-limite de serviço (ELS)/combinação:

ELS-W, $w_k \leq 0{,}2$ mm, sob combinação frequente de serviço (CF).

A equação que representa a condição deste estado-limite de serviço (ELS):

ELS-W: $w_{k,\text{máx},CF} \leq 0{,}2$ mm

diferentemente dos casos anteriores, considera a seção fissurada, devendo atender às regras de cálculo e projeto estabelecidas no item 17.3.3.2 da NBR 6118, descritas na sequência na forma de um **Roteiro**.

3.7.3.1. ROTEIRO PARA O CÁLCULO DE ABERTURA ESTIMADA DAS FISSURAS (w_k) EM SEÇÕES COM PROTENSÃO PARCIAL

No dimensionamento/verificação de seções transversais com **Armaduras Ativas** (A_{pf}) e **Armaduras Passivas** (A_s), dentro das hipóteses dos estados-limites últimos (ELU), com aplicação do processo prático K6, a equação de equilíbrio,

$$A_{pf} \cdot \sigma_{pd} + A_s \cdot \sigma_{sd} = N_{td}$$

possibilita escolher diversas proporções para A_{pf} e A_s, que garantem o ELU e que podem, ao mesmo tempo, ser testadas para verificar o atendimento dos possíveis estados-limites de serviço relativos ao tipo de concreto estrutural adotado no projeto. Para tanto, será proposto um roteiro prático, passo a passo, para verificar os casos de seções protendidas com protensão parcial.

1º PASSO

Escolha do par A_{pf} e A_s, definindo as bitolas dos aços e o respectivo arranjo dentro da seção transversal. Para calcular a força de protensão, utilizar a tensão provocada pelo pré-alongamento do cabo (hipótese da neutralização).

$$N_{p\infty} = A_{pf} \cdot \Delta\varepsilon_{pi} \cdot E_p$$

2º PASSO

Verificar se, para o par A_{pf} e A_s, sob combinação frequente de ações (CF), a seção de fato ultrapassou o ELS-F, atingindo o *Estádio 2* com o aparecimento de fissuras.

CONDIÇÕES/ VERIFICAÇÕES

Se $\sigma_{c,máx,CF} \leq f_{ctk,f}$, com $f_{ctk,f} = 1{,}428 \cdot 0{,}7 \cdot f_{ct,m}$:

→ Não haverá fissuras, a seção estará no *Estádio 1*.

Nestas condições, deverá ser escolhido um novo para A_{pf} e A_s com redução da protensão e aumento da *Armadura Passiva*.

Se $\sigma_{c,máx\,CF} > f_{ctk,f}$:

→ Seção fissurada, no *Estádio 2*. Seguir para o próximo passo.

3º PASSO

Cálculo do acréscimo de tensão das **Armaduras Ativas Aderentes** (excluindo-se os cabos protendidos que estejam dentro das bainhas) e **Armadura Passiva,** que controlam a fissuração do elemento estrutural, no *Estádio 2*.

O cálculo é feito considerando um diagrama linear para o concreto comprimido e desprezando a resistência à tração do concreto, conforme figura a seguir:

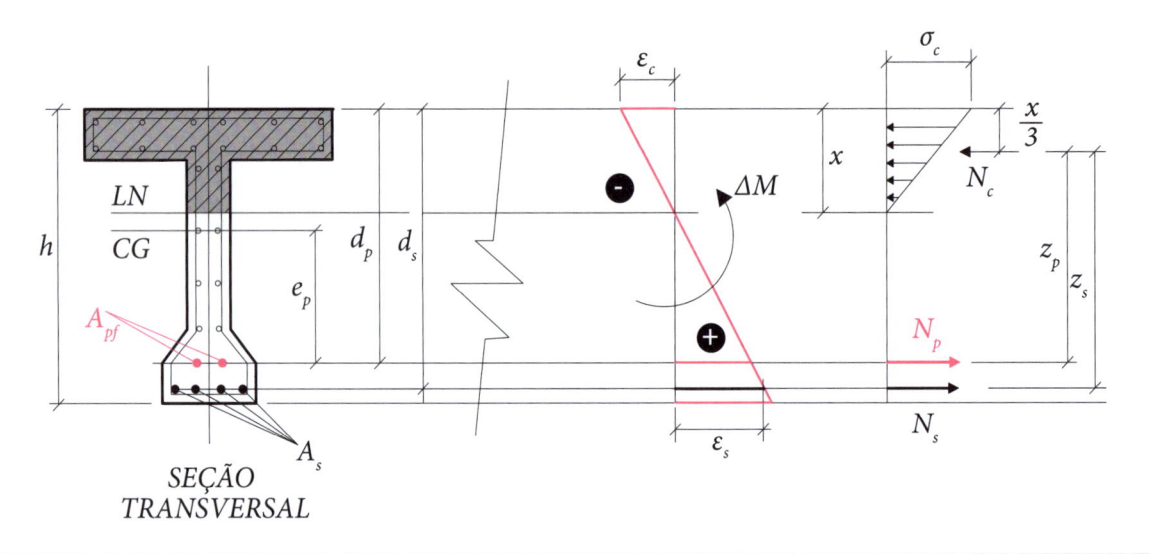

Figura 73: Equilíbrio da seção no Estádio 2.

EQUAÇÕES DE COMPATIBILIDADE

$$\frac{\varepsilon_c}{x} = \frac{\varepsilon_s}{d_s - x} \rightarrow \varepsilon_c = \frac{x}{d_s - x} \cdot \varepsilon_s$$

EQUAÇÕES CONSTITUTIVAS

$\sigma_c = E_c \cdot \varepsilon_c$

$\sigma_c = E_c \cdot \dfrac{x}{d_s - x} \cdot \varepsilon_s$

$\sigma_s = E_s \cdot \varepsilon_s \rightarrow \varepsilon_s = \dfrac{\sigma_s}{E_s}$

$\alpha_e = \dfrac{E_s}{E_c} = 15 \rightarrow$ NBR 6118 (item 17.3.3.2)

Resulta: $\sigma_c = E_c \cdot \dfrac{x}{d_s - x} \cdot \dfrac{\sigma_s}{E_s} \rightarrow \sigma_c = \dfrac{1}{\alpha_e} \cdot \dfrac{x}{d_s - x} \cdot \sigma_s$

EQUAÇÕES DE EQUILÍBRIO

Forças resultantes:

$N_c = A_{cc} \cdot \dfrac{\sigma_c}{2} = A_{cc} \cdot \dfrac{1}{\alpha_e} \cdot \dfrac{x}{d_s - x} \cdot \sigma_s$, com $A_{cc} = A_{cc}(x)$

$N_p = N_{p\infty} = A_{pf} \cdot \Delta\varepsilon_{pi} \cdot E_p$ (*força correspondente ao pré-alongamento*)

$N_s = A_s \cdot \sigma_s$

Equilíbrio dos esforços:

a) $N_c = N_p + N_s$ (*Forças*)

$A_{cc} \cdot \dfrac{1}{\alpha_e} \cdot \dfrac{x}{d_s - x} \cdot \sigma_s = A_{pf} \cdot \Delta\varepsilon_{pi} \cdot E_p + A_s \cdot \sigma_s$

Resulta: $\sigma_s = (A_{pf} \cdot \Delta\varepsilon_{pi} \cdot E_p) / (A_{cc} \cdot \dfrac{1}{\alpha_e} \cdot \dfrac{x}{d_s - x} - A_s)$ *(I)*

b) $N_s \cdot z_s + N_p \cdot z_p = \Delta M$ (*Momentos*)

ΔM = Acréscimo de momento entre o estado-limite de descompressão e o carregamento considerado (combinação frequente):

$\Delta M \approx M_{CF} - N_{P_\infty} \cdot e_p$

$A_s \cdot \sigma_s \cdot (d_s - \dfrac{x}{3}) + A_{pf} \cdot \Delta\varepsilon_{pi} \cdot E_p \cdot (d_p - \dfrac{x}{3}) = \Delta M$

Resulta: $\sigma_s = \dfrac{1}{A_s \cdot (d_s - \dfrac{x}{3})} \cdot [\Delta M - A_{pf} \cdot \Delta\varepsilon_{pi} \cdot E_p \cdot (d_p - \dfrac{x}{3})]$ *(II)*

As duas equações permitem calcular de forma **interativa** o valor da tensão σ_s para cada posição da linha neutra (x). A resposta é aquela que dá a posição de equilíbrio, ou seja, o par σ_s, x que atende simultaneamente às duas equações (I e II). A partir de σ_s, calcula-se o valor provável de w_k, conforme segue.

4º PASSO

Para cada elemento ou grupo de elementos das **Armaduras Passiva** e **Ativa Aderente** (excluídos os cabos protendidos que estejam dentro das bainhas) que controlam a fissuração do elemento estrutural, deve ser considerada uma área A_{cr} do concreto de envolvimento, constituída por um retângulo cujos lados não distem mais de 7,5Ø do eixo da barra da armadura. A figura a seguir ilustra a definição da área A_{cr}.

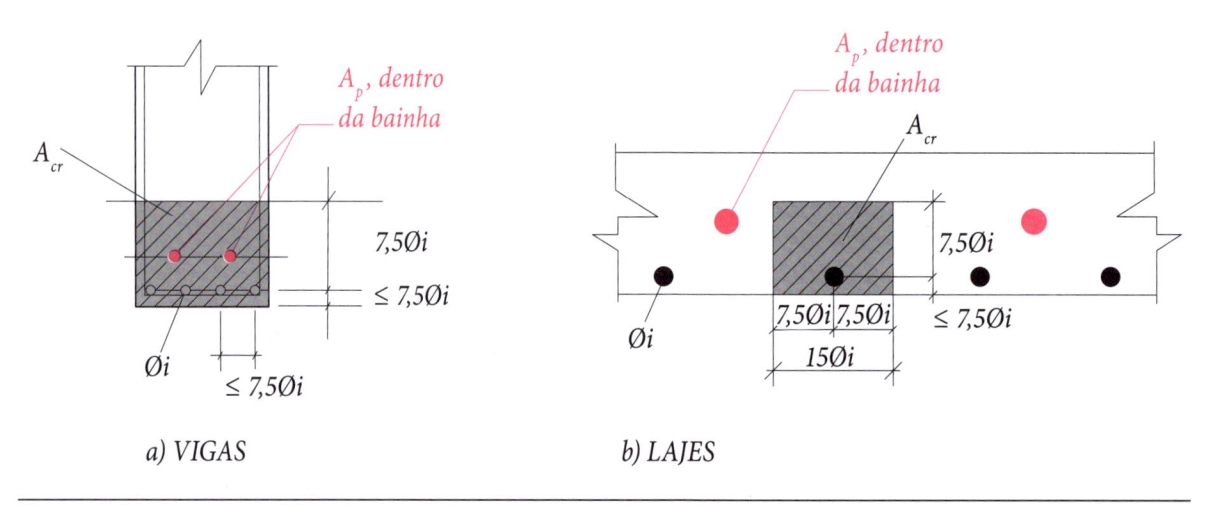

Figura 74: Concreto de envolvimento da armadura que controla a fissuração.

5º PASSO

Cálculo do valor característico (provável) da abertura de fissura, w_k, determinado para cada parte da região de envolvimento, que é o menor entre os obtidos pelas expressões que se seguem:

$$w_k = [\emptyset_i / (12{,}5 \cdot \eta_1)] \cdot (\sigma_{si} / E_{si}) \cdot (3 \cdot \sigma_{si}) / f_{ct,m}$$

$$w_k = (\emptyset_i / 12{,}5 \cdot \eta_1) \cdot (\sigma_{si} / E_{si}) \cdot [(4 / \rho_{ri}) + 45]$$

Em que:

- Para concretos classes C20 até C50:

$$f_{ctm} = 0{,}3 \cdot f_{ck}^{2/3}$$

- Para concretos classes C55 até C90:

$$f_{ctm} = 2,12 \cdot \ell n \, (1 + 0,11 \cdot f_{ck})$$

$\sigma_{si}, \emptyset_i, E_{si}, \rho_{ri}$ = definidos para cada área de envolvimento em exame

A_{cr} = área da região de envolvimento protegida pela barra $\emptyset i$

E_{si} = módulo de Elasticidade do aço

$\emptyset_i$ = diâmetro da barra que protege a região de envolvimento considerada

ρ_{ri} = taxa de **Armadura Passiva ou Ativa Aderente** (que não esteja dentro da bainha) em relação à área da região de envolvimento A_{cr}

σ_{si} = tensão de tração no centro de gravidade da armadura considerada, calculada no *Estádio 2*

Nos elementos estruturais com protensão, σ_{si} é o acréscimo de tensão, no centro de gravidade da armadura entre o estado-limite de descompressão (ELS-D) e o carregamento considerado (CF). Deve ser calculado no *Estádio 2*, considerando toda a **Armadura Ativa**, inclusive aquela dentro de bainhas.

> **OBS.:** *o ELS-D pode ser substituído pela situação da seção neutralizada definida no item 4.*

η_1 = coeficiente de conformação superficial da armadura considerada:

η_1 = 2,25 (CA50), alta aderência;

$\eta_1 = \eta_{p1}$ = 1,2 para cordoalhas de 3 e 7 fios, a ser utilizado na **Pré-tração** (sem bainhas).

APLICAÇÃO NUMÉRICA

A seção retangular abaixo esquematizada foi dimensionada no ELU, com A_{pf} e A_s resultando na seguinte equação de equilíbrio:

$$1.502 \cdot A_{pf} + 435 \cdot A_s = 16.290 \; (A_{pf} \text{ e } A_s \text{ em cm}^2)$$

Verificar os estados-limites de serviço relativos à fissuração ou não do concreto, considerando três situações:

a) Seção Armada somente com A_s.

b) Seção Armada somente com A_{pf}.

c) Seção com A_{pf} e A_s, fissurada com Protensão Parcial.

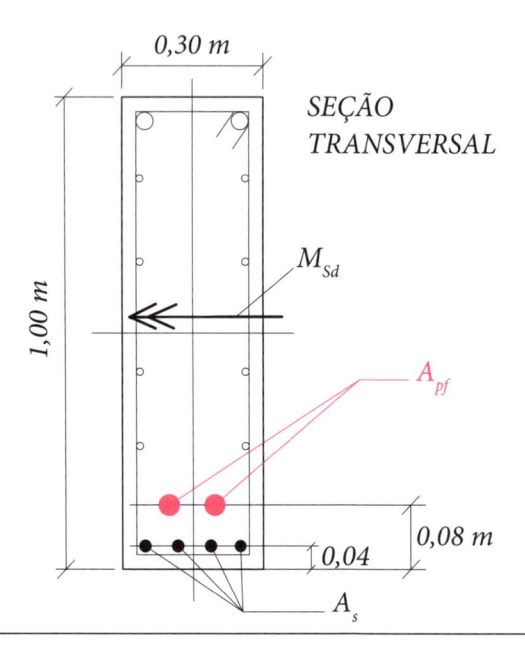

Figura 75: Seção transversal.

Dados complementares: Concreto C30

Aços CP190 e CA50 $\Delta\varepsilon_{pi} = 5{,}50‰$

Solicitações: $M_{g1,k} = 350\ kN \cdot m$

$M_{g2,k} = 227\ kN \cdot m$

$M_{q1,k} = 220\ kN \cdot m\ (\psi_1 = 0{,}6;\ \psi_2 = 0{,}4)$

$M_{q2,k} = 120\ kN \cdot m\ (\psi_1 = 0{,}7;\ \psi_2 = 0{,}6)$

1) Momento fletor da Combinação Frequente de Serviço (CF):

$$M_{CF} = \Sigma F_{gi,k} + \Psi_1 \cdot F_{q1,k} + \psi_2 \cdot F_{q2,k}$$

$$M_{CF} = (350 + 227) + 0{,}6 \cdot 220 + 0{,}6 \cdot 120 = 781\ kN \cdot m = 0{,}781\ MN \cdot m$$

2) Verificações dos estados-limites de serviço relativos à fissuração do concreto:

a) SEÇÃO ARMADA SOMENTE COM A_s (CA):

$435 \cdot A_s = 16.290 \rightarrow A_s = 37{,}4\ cm^2$ (adotado 8Ø25 mm)

$A_s = 40\ cm^2$

- Verificação do ELS-F para CF: $\sigma_{c,máx,CF} \leq f_{ctk,f}$

$\sigma_{c,máx,CF} = (0{,}781 / W_{C,inf}) = 0{,}781 / 0{,}05 = 15{,}62$ MPa

$f_{ctk,f} = 1{,}428 \cdot 0{,}7 \cdot 0{,}3 \cdot 30^{2/3} = 2{,}895$ MPa

Conclusão: 15,62 > 2,895 → concreto fissurado

- Arranjo da armadura na seção: A_{cr}

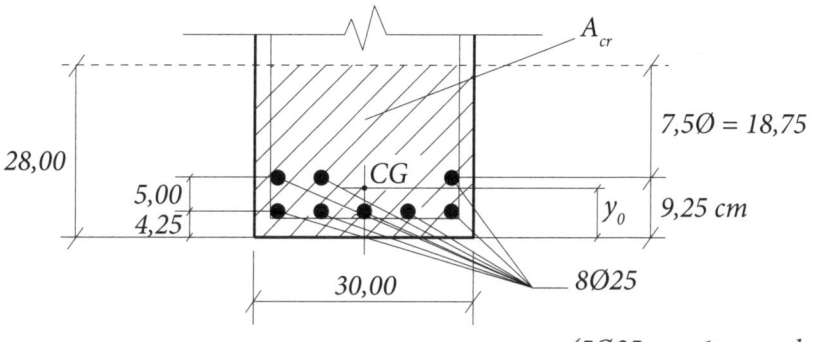

Figura 76: Arranjo da armadura na seção A_{cr}.

$y_0 = (5 \cdot 4{,}25 + 3 \cdot 9{,}25) / 8 = 6{,}125$ cm

$A_{cr} = 30 \cdot 28{,}0 = 840$ cm²

$A_s = 40$ cm²

- Cálculo do acréscimo de tensão σ_s no **Estádio 2**

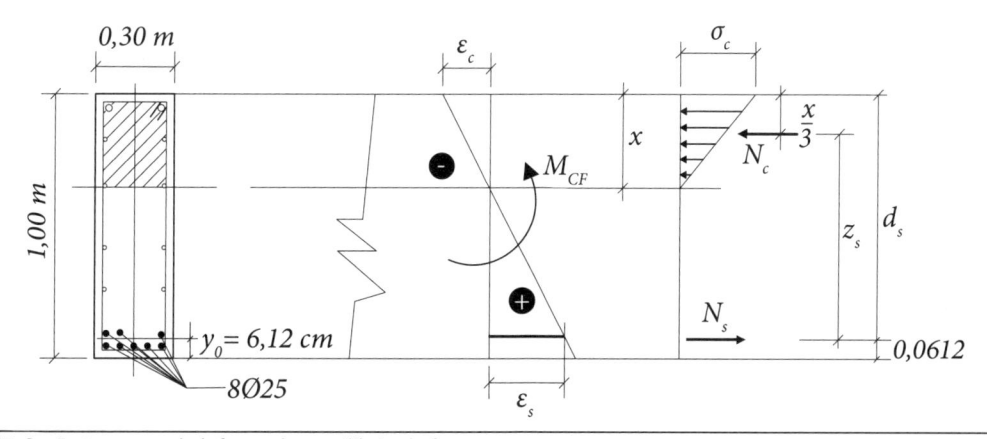

Figura 77: Seção transversal, deformada, equilíbrio de forças.

Equação de Compatibilidade: $\quad \varepsilon_s = \dfrac{(d_s - x)}{x} \cdot \varepsilon_c$

Equação Constitutiva: $\quad \sigma_s = E_s \cdot \dfrac{(d_s - x)}{x} \cdot \varepsilon_c$

Equações de Equilíbrio:

Forças resultantes: $\quad N_c = 0{,}30 \cdot x \cdot \dfrac{\sigma_c}{2}$

$\sigma_c = E_c \cdot \varepsilon_c \;\rightarrow\; N_c = 0{,}30 \cdot x \cdot \dfrac{(E_c \cdot \varepsilon_c)}{2} = 0{,}15 \cdot x \cdot E_c \cdot \varepsilon_c$

$N_s = A_s \cdot \sigma_s \;\rightarrow\; N_s = 40 \cdot 10^{-4} \cdot \sigma_s = 40 \cdot 10^{-4} \, E_s \cdot \varepsilon_s$

$= 40 \cdot 10^{-4} \cdot E_s \cdot \dfrac{(d_s - x)}{x} \cdot \varepsilon_c$

Equilíbrio dos esforços:

Forças: $\quad N_c = N_s \rightarrow 0{,}15 \cdot x \cdot E_c \cdot \varepsilon_c = 40 \cdot 10^{-4} \cdot E_s \cdot \dfrac{(d_s - x)}{x} \cdot \varepsilon_c$

Resulta: $\; 0{,}15 \cdot x^2 = 40 \cdot 10^{-4} \cdot \dfrac{E_s}{E_c} \cdot (d_s - x) \qquad d_s = 0{,}9388 \text{ m}$

$E_s / E_c = 15$

Equação final: $x^2 + 0{,}4 \cdot x - 0{,}3755 = 0$

Resolvendo a equação: $\quad \left| \begin{array}{l} x_1 \approx 0{,}44 \text{ m} \\ x_2 \approx -0{,}84 \text{ m} \end{array} \right.$

Momentos: $\quad N_s \cdot z_s = M_{CF}$

$A_s \cdot \sigma_s \cdot z_s = M_{CF} \;\rightarrow\; \sigma_s = M_{CF} / (A_s \cdot z_s)$

$\sigma_s = 0{,}781 / [40 \cdot 10^{-4} \cdot (0{,}9388 - 0{,}44/3)] = 246{,}49 \text{ MPa}$

VALOR CARACTERÍSTICO PROVÁVEL DE w_k

Fórmula 1:

$$w_k = \frac{\emptyset_i}{12,5 \cdot \eta_1} \cdot \frac{\sigma_{si}}{E_{si}} \cdot \frac{3 \cdot \sigma_{si}}{f_{ctm}}$$

$\emptyset_i = 25$ mm

$\eta_1 = 2,25$

$E_{si} = 210.000$ MPa

$f_{ctm} = 0,30 \; f_{ck}^{2/3} = 0,30 \cdot 30^{2/3} = 2,896$ MPa

$$w_k = \frac{25}{12,5 \cdot 2,25} \cdot \frac{246,5}{210.000} \cdot \frac{3 \cdot 246,5}{2,896} \approx 0,27 \text{ mm}$$

Fórmula 2:

$$w_k = \frac{\emptyset_i}{12,5 \cdot \eta_1} \cdot \frac{\sigma_{si}}{E_{si}} \cdot \left(\frac{4}{\rho_{ri}} + 45\right)$$

$$\rho_{ri} = \frac{A_s}{A_{cr}} = \frac{40}{840} = 0,0476$$

$$w_k = \frac{25}{12,5 \cdot 2,25} \cdot \frac{246,5}{210.000} \cdot \left(\frac{4}{0,0476} + 45\right) = 0,13 \text{ mm}$$

Resposta: $w_k = 0,13$ mm: comparar com ELS-W ($w_k \leq 0,2$ mm)

b) SEÇÃO ARMADA SOMENTE COM A_{pf}

$1.502 \cdot A_{pf} = 16.290 \rightarrow A_{pf} = 10,85 \text{ cm}^2$ (8Ø15,2 mm)

Verificação do ELS-F para CF: $\sigma_{c,máx,CF} \leq f_{ctk,f}$

$N_{P\infty} = 8 \cdot 1,40 \cdot 10^{-4} \cdot 200.000 \cdot 5,50 = 1.232$ kN

$f_{ctk,f} = 2,896$ MPa $= 2.896$ kPa

$$\sigma_{c,máx,CF} = \left[\frac{-1.232}{0,30} - \left(1.232 \cdot \frac{0,50 - 0,08}{0,05}\right) + \frac{0,781 \cdot 10^3}{0,05}\right]$$

$\sigma_{c,máx,CF} = [-4.106,67 - 10.348,80 + 15.620] = 1.164,53$ kPa

Conclusão: $1.164,53 < 2.896$ **(Não fissura!)**

c) SEÇÃO COM A_{pf} E A_s, FISSURADA COM PROTENSÃO PARCIAL

$$1.502 \cdot A_{pf} + 435 \cdot A_s = 16.290$$

Com $A_{pf} = 5,60 \text{ cm}^2$ (4Ø15,2) → $A_s = 18,11 \text{ cm}^2$ (6Ø20 mm)

Será utilizado o roteiro proposto:

1º PASSO

Escolha de A_{pf}, A_s e cálculo de $N_{p\infty}$

$A_{pf} = 5,60 \text{ cm}^2$ (4Ø15,2 mm)

$A_s = 18,90 \text{ cm}^2$ (6Ø20 mm)

$N_{p\infty} = 4 \cdot 1,40 \cdot 10^{-4} \cdot 200.000 \cdot 5,50 = 616 \text{ kN} = 0,616 \text{ MN}$

2º PASSO

Verificação do ELS-F para CF: $\sigma_{c,máx,CF} \leq f_{ctk,f}$

$f_{ctk,f} = 2,896 \text{ MPa} = 2.896 \text{ kPa}$

$$\sigma_{c,máx,CF} = \frac{-616}{0,30} - 616 \cdot \frac{(0,50 - 0,08)}{0,05} + \frac{0,781 \cdot 10^3}{0,05} = 8.392 \text{ kPa}$$

Conclusão: 8.392 > 2.895 **(Concreto Fissurado!)**

3º PASSO

Cálculo do acréscimo de tensão σ_s no *Estádio 2*:

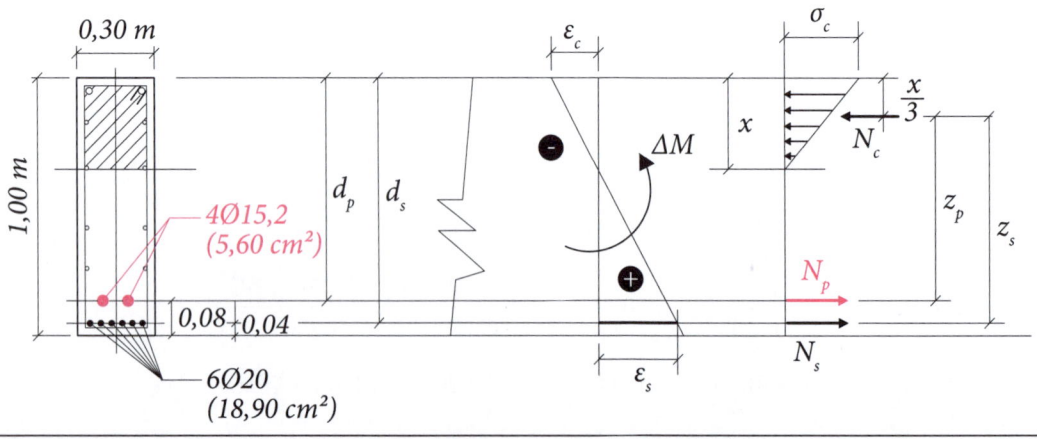

Figura 78: Seção transversal, deformada, equilíbrio de forças.

Equação de compatibilidade: $\quad \varepsilon_s = \dfrac{d_s - x}{x} \cdot \varepsilon_c \quad$ ou $\quad \varepsilon_c = \dfrac{x}{d_s - x} \cdot \varepsilon_s$

Equações constitutivas: $\quad \begin{aligned} \sigma_c &= E_c \cdot \varepsilon_c \\ \sigma_s &= E_s \cdot \dfrac{d_s - x}{x} \cdot \varepsilon_c \end{aligned}$

Equações de equilíbrio:

Forças resultantes:

$$N_c = 0{,}30 \cdot x \cdot \dfrac{\sigma_c}{2}$$

$$N_c = 0{,}30 \cdot x \cdot \dfrac{E_c \cdot \varepsilon_c}{2} = 0{,}15 \cdot x \cdot E_c \cdot \dfrac{x}{d_s - x} \cdot \varepsilon_s$$

$$N_c = 0{,}15 \cdot x \cdot \dfrac{E_c}{E_s} \cdot \dfrac{x}{d_s - x} \cdot \sigma_s$$

$$N_c = 0{,}15 \cdot x \cdot \dfrac{1}{15} \cdot \dfrac{x}{d_s - x} \cdot \sigma_s = 0{,}01 \cdot \dfrac{x^2}{d_s - x} \cdot \sigma_s$$

$$N_p = A_{pf} \cdot \Delta\varepsilon_{pi} \cdot E_p = 5{,}60 \cdot 10^{-4} \cdot 5{,}50 \cdot 200.000 = 616\,\text{kN} = 0{,}616\,\text{MN}$$

$$N_s = A_s \cdot \sigma_s = 18{,}90 \cdot 10^{-4} \cdot \sigma_s$$

Equilíbrio dos esforços:

Forças: $N_c = N_p + N_s$

$$0{,}01 \cdot \dfrac{x^2}{d_s - x} \cdot \sigma_s = 0{,}616 + 18{,}90 \cdot 10^{-4} \cdot \sigma_s$$

ou

$$\left[0{,}01 \cdot \dfrac{x^2}{d_s - x} - 18{,}90 \cdot 10^{-4}\right] \cdot \sigma_s = 0{,}616$$

ou

$$\sigma_s = \dfrac{0{,}616}{0{,}01 \cdot \dfrac{x^2}{d_s - x} - 18{,}90 \cdot 10^{-4}} \qquad (I)$$

Momentos:

$$\Delta M = M_{CF} - N_p \cdot e_p = 0{,}781 - 0{,}616 \cdot (0{,}50 - 0{,}08)$$

$$\Delta M = 0{,}52228 \text{ MN} \cdot \text{m}$$

$$N_s \cdot z_s + N_p \cdot z_p = \Delta M$$

$$\sigma_s \cdot [A_s \cdot (d_s - \frac{x}{3})] + [0{,}616 \cdot (d_p - \frac{x}{3})] = \Delta M$$

Resulta:

$$\sigma_s = [(\Delta M / (A_s \cdot (d_s - \frac{x}{3})))] - [0{,}616 \cdot (d_p - \frac{x}{3}) / (A_s \cdot (d_s - \frac{x}{3}))] \quad \textbf{(II)}$$

Com $d_s = 0{,}96$ e $d_p = 0{,}92$

Resolvendo as equações (I) e (II), resulta:

$x = 0{,}63 \text{ m}$ $\qquad\qquad\qquad \sigma_s = 60 \text{ MPa}$

$\varepsilon_s = 2{,}857 \cdot 10^{-4}$ $\qquad\qquad \varepsilon_c = 5{,}454 \cdot 10^{-4}$

4º PASSO

Arranjo da armadura na seção: A_{cr}

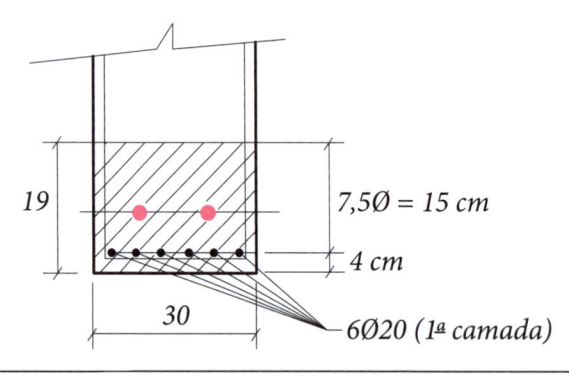

Figura 79: Diagrama de arranjo de armadura.

$A_{cr} = 19 \cdot 30 = 570 \text{ cm}^2$

$A_s = 18{,}90 \text{ cm}^2$

5º PASSO

Valor característico provável de w_k:

Fórmula 1: $w_k = \dfrac{\varnothing_i}{12,5 \cdot \eta_1} \cdot \dfrac{\sigma_{si}}{E_{si}} \cdot \dfrac{3 \cdot \sigma_{si}}{f_{ctm}}$

$\varnothing_i = 20$ mm

$\eta_1 = 2,25$

$E_{si} = 210.000$ MPa

$\sigma_{si} = 60$ MPa

$f_{ctm} = 2,896$ MPa

$w_k = \dfrac{20}{12,5 \cdot 2,25} \cdot \dfrac{60}{210.000} \cdot \dfrac{3 \cdot 60}{2,896} = 0,013$ mm

Fórmula 2: $w_k = \dfrac{\varnothing_i}{12,5 \cdot \eta_1} \cdot \dfrac{\sigma_{si}}{E_{si}} \cdot \left(\dfrac{4}{\rho_{ri}} + 45 \right)$

$\rho_{ri} = \dfrac{A_s}{A_{cr}} = \dfrac{18,90}{570} = 0,0331$

$w_k = \dfrac{20}{12,5 \cdot 2,25} \cdot \dfrac{60}{210.000} \cdot \left(\dfrac{4}{0,0331} + 45 \right) = 0,034$ mm

Resposta: $w_k = 0,013$ mm $< 0,2$ mm

Está verificado o ELS-W: $w_k = 0,2$ mm.

OBS.: *esta aplicação numérica mostrou que as três situações verificadas, sempre atendendo ao ELU, apresentam comportamentos diferentes quanto à fissuração do concreto:*

a) Seção de concreto armado → $w_k = 0,13$ mm

b) Seção armada só com armadura ativa → Não ocorrem fissuras

c) Seção com protensão parcial → $w_k = 0,013$ mm

Em quaisquer dos casos, não haverá problemas de durabilidade associados à fissuração do concreto.

3.8. ESTADO-LIMITE ÚLTIMO (ELU) NO ATO DA PROTENSÃO

O efeito da protensão é da mesma ordem de grandeza das solicitações externas. Na maioria dos casos, no ato da aplicação da protensão, essas solicitações externas ainda não estão presentes, o que torna obrigatória a verificação da segurança da peça, tendo como carregamento a protensão e as ações por ela mobilizadas, comparecendo o concreto com a respectiva resistência na idade considerada. Esta verificação indicará em que condições a protensão precisa ser aplicada (uma ou mais etapas) e quais as providências complementares decorrentes das tensões geradas por ela.

A verificação do estado-limite último (ELU) no ato da protensão pode ser feita de duas formas: com as hipóteses básicas do ELU ou de maneira simplificada do **Estádio 1** (NBR 6118 – item 17.2.4.3).

3.8.1. VERIFICAÇÃO COM AS HIPÓTESES BÁSICAS

Além das hipóteses já apresentadas anteriormente, devem ainda ser respeitadas as seguintes hipóteses complementares:

1) Considera-se como resistência característica do concreto aquela correspondente à idade fictícia j (em dias), no ato da protensão, sendo que a resistência de f_{ckj} deve ser claramente especificada no projeto.

2) Para essa verificação, admitem-se os seguintes valores para os coeficientes de ponderação, com as cargas que efetivamente atuarem nessa ocasião:

$\gamma_c = 1,2$ $\quad\quad$ $\gamma_p = 1,0$ (na pré-tração)

$\gamma_s = 1,15$ $\quad\quad$ $\gamma_p = 1,1$ (na pós-tração)

$\gamma_f = 1,0$ (para as Ações Desfavoráveis)

$\gamma_f = 0,9$ (para as Ações Favoráveis)

3.8.2. VERIFICAÇÃO SIMPLIFICADA

Admite-se que a segurança em relação ao estado-limite último (ELU) no ato da protensão seja verificada no **Estádio 1** (concreto não fissurado e comportamento elástico linear dos materiais), desde que as seguintes condições sejam satisfeitas:

a) A *Tensão Máxima de Compressão* na seção de concreto, obtida através das solicitações ponderadas de $\gamma_p = 1,1$ e $\gamma_f = 1,0$, não deve ultrapassar 70% da resistência característica f_{ckj} prevista para a idade de aplicação da protensão.

b) A *Tensão Máxima de Tração* no concreto não deve ultrapassar 1,2 vez a resistência à tração f_{ctm} correspondente ao valor f_{ckj} especificado.

f_{ctm} = resistência à tração direta média

$f_{ctm} = 0,3 \cdot f_{ckj}^{2/3}$

$f_{ckj} = \beta_1 \cdot f_{ck}$, em que $\beta_1 = e^{[s \cdot (1 - (28/t)^{1/2})]}$

s = 0,38 ou 0,25 ou 0,20, conforme o tipo de cimento do concreto.

EXEMPLO

Qual o valor da resistência máxima à tração do concreto f_{ctm} que poderá ser utilizada em uma verificação simplificada de ELU no ato da protensão, sabendo-se que:

- f_{ck} = 30 MPa (Cimento CPIII);

- a protensão será aplicada com a idade j = 7 dias;

- $f_{ckj=7} = \beta_1 \cdot f_{ck}$, em que $\beta_1 = e^{[0,38 \cdot (1 - (28/7)^{1/2})]} = 0,684$.

    Resulta: $f_{ck7} = 0,684 \cdot 30 = 20,52$ MPa

    $f_{ctm} = 0,3 \cdot 20,52^{2/3} = 2,248$ MPa

    $\sigma_{ct,máx} = 1,2 \cdot 2,248 = 2,697$ MPa

OBS.: *se a protensão fosse executada aos 28 dias, teríamos:*

$\sigma_{ct,máx} = 1,2 \cdot 0,3 \cdot (30,00)^{2/3} = 3,475\ MPa$

c) Quando, nas seções transversais, existem tensões de tração, deve haver armadura de tração calculada no **Estádio 2**. Para efeitos de cálculo, nessa fase da construção, a força nessa armadura pode ser considerada igual à resultante das tensões de tração no concreto no **Estádio 1**. Essa força mencionada não deve provocar, na armadura correspondente, acréscimos de tensão superiores a 150 MPa no caso de fios ou barras lisas e a 250 MPa em barras nervuradas.

OBS.: *na verificação do ELU no ato da protensão, seja com as hipóteses básicas ou de modo simplificado, o que se pretende é a resposta da seguinte pergunta: a seção apresenta segurança diante da protensão (total ou em etapas) e das ações mobilizadas, em uma data j em geral menor do que 28 dias?*

APLICAÇÃO NUMÉRICA

Verificar o ELU no ato da protensão, para a seção a seguir esquematizada, sabendo-se que:

$A_p = 3 \cdot 10\varnothing15,2$ mm, CP210

$N_{p0}^{(0)} = 185$ kN/cordoalha

$f_{ck} = 40$ MPa (CPII)

A protensão será executada aos 14 dias de idade do concreto mobilizando um momento fletor:

$M_{gl} = 907$ kN $\cdot$ m (Peso próprio)

SEÇÃO TRANSVERSAL

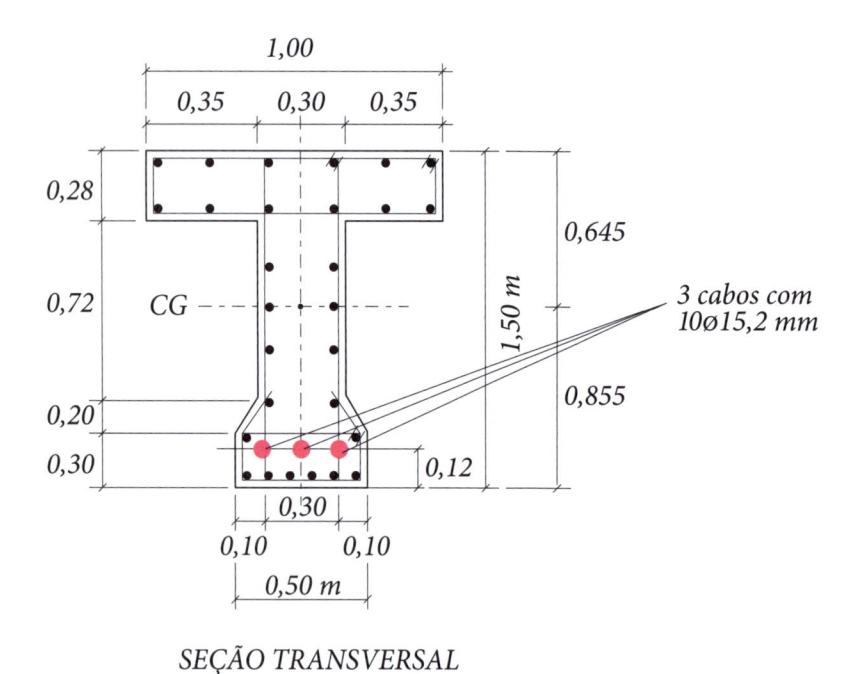

Figura 80: Seção transversal.

$A_c = 0,726$ m²

$I_c = 0,17568$ m⁴

$W_{c,sup} = 0,27237$ m³

$W_{c,inf} = 0,2055$ m³

Verificação Simplificada no Estádio 1:

Condições:

$$\sigma_{c,\text{máx},n} \cdot N_{p0}^{(0)} \cdot 1{,}10 + g_1 \leq 1{,}2 \cdot 0{,}3\, f_{ck}{}^{2/3}{}_{,14} \qquad \text{(Fibra Superior)}$$

$$\sigma_{c,\text{min},n} \cdot N_{p0}^{(0)} \cdot 1{,}10 + g_1 \leq |0{,}7 \cdot f_{ck,14}| \qquad \text{(Fibra Inferior)}$$

n = número máximo de cordoalhas (múltiplo de 10) a serem protendidas aos 14 dias, com as condições indicadas.

• Efeitos da *Protensão de uma Cordoalha*, com $\gamma_p = 1{,}10$:

$$e_p = (0{,}855 - 0{,}12) = 0{,}735 \text{ m}$$

$$\sigma_{c,\text{sup},1,10} \cdot N_{p0}^{(0)} = \frac{1{,}10 \cdot (-185)}{0{,}726} - \frac{1{,}10 \cdot (-185) \cdot 0{,}735}{0{,}27237} = +268{,}85 \text{ kPa}$$

$$\sigma_{c,\text{inf},1,10} \cdot N_{p0}^{(0)} = \frac{1{,}10 \cdot (-185)}{0{,}726} + \frac{1{,}10 \cdot (-185) \cdot 0{,}735}{0{,}2055} = -1.008{,}15 \text{ kPa}$$

• Efeitos do *Momento Mobilizado* $M_{g_1} = 907$ kN·m:

$$\sigma_{c,\text{sup},M_{g_1}} = -907 / 0{,}27237 = -3.330{,}03 \text{ kPa}$$

$$\sigma_{c,\text{inf},M_{g_1}} = 907 / 0{,}2055 = +4.413{,}62 \text{ kPa}$$

• *Resistência do Concreto* aos j = 14 dias:

$$f_{ck,14} = \beta_1 \cdot f_{ck}, \text{ em que } \beta_1 = e^{\{0{,}25 \cdot [1 - (28/14)^{1/2}]\}} = 0{,}90$$

$$f_{ck,14} = 0{,}90 \cdot 40 = 36 \text{ MPa} = 36.000 \text{ kPa}$$

$f_{ct,m}$ = resistência à tração direta média

$$f_{ct,m} = 0{,}30 \cdot f_{ck}{}^{2/3}{}_{,14} = 0{,}30 \cdot 36^{2/3} = 3{,}27 \text{ MPa} = 3.270 \text{ kPa}$$

• Cálculo do *Número Máximo de Cordoalhas* n:

Na fibra superior: n · (+268,85) − 3.330,03 ≤ 1,2 · 3.270

Resulta: n ≤ 26,98 ≅ 26 cordoalhas

Na fibra inferior: n · (-1.008,15) + 4.413,62 ≥ 0,7 · (-36.000)

Resulta: n ≤ 29

Resposta: para atender às duas condições, simultaneamente, adotaremos 2 × 10 = 20 cordoalhas.

OBS.: *o saldo das cordoalhas 30 − 20 = 10 deverá ser protendido em outras condições de resistência ou carregamento.*

SITUAÇÃO FINAL NO ATO DA PROTENSÃO
CÁLCULO DA ARMADURA PARA A ZONA TRACIONADA COM n = 20

Na fibra superior: 20 · (+268,85) − 3.330,03 = +2.046,97 kPa

Na fibra inferior: 20 · (-1.008,15) + 4.413,62 = -15.749,38 kPa

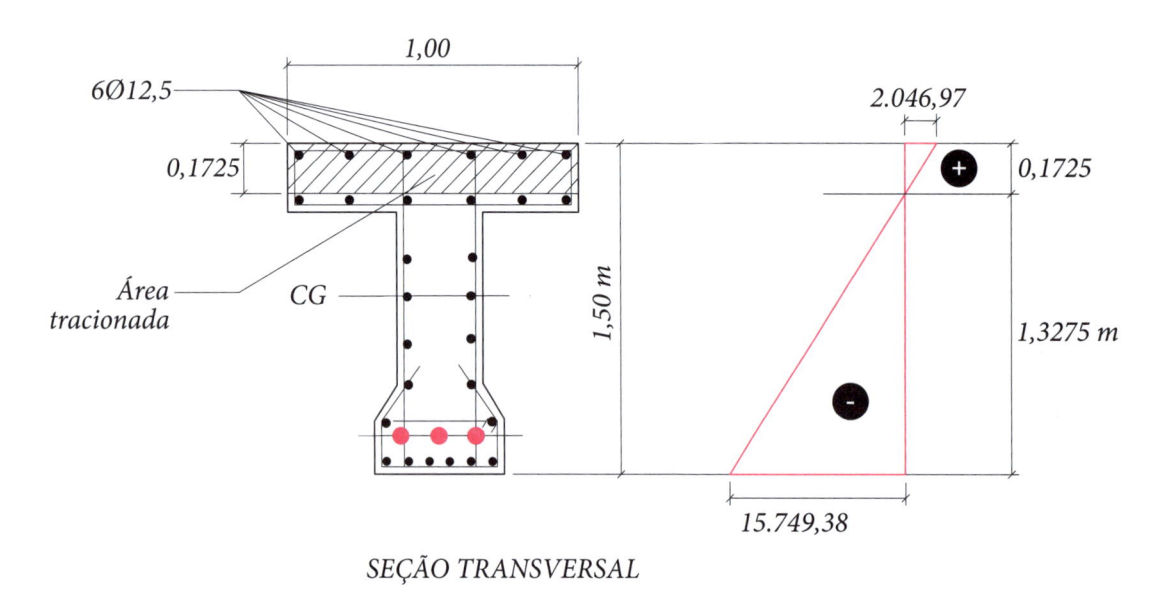

Figura 81: Diagrama de tensões.

Força resultante das *Tensões de Tração* F_T:

$$F_T = 0{,}1725 \cdot 1{,}00 \cdot (2.046{,}97 / 2) = 176{,}55 \text{ kN} = 0{,}17655 \text{ MN}$$

$$A_{ST} = F_T / 250 = (0{,}17655 \cdot 10^4) / 250 = 7{,}06 \text{ cm}^2 \text{ CA50,}$$

ou

6Ø12,5 (*distribuída na área tracionada*).

Capítulo 4

PERDAS DA FORÇA DE PROTENSÃO

4.1. INTRODUÇÃO

A força de protensão é o elemento fundamental das peças de concreto protendido. Ela deve garantir o estado de protensão das seções de concreto durante a vida útil da estrutura. Tal força, aplicada através da armadura ativa, depende de componentes físicos como o aparelho tensor, as bainhas, com sua geometria, e as ancoragens terminais. Depende também do comportamento intrínseco dos materiais aço e concreto, submetidos a um regime de tensões permanentes decorrentes da própria protensão e das ações atuantes na estrutura. O projeto deve prever as perdas da força de protensão em relação ao valor inicial ($P_i = A_p \cdot \sigma_{pi}$) aplicado pelo aparelho tensor, ocorridas *antes* da transferência da protensão ao concreto (perdas iniciais na pré-tração), *durante* essa transferência (perdas imediatas) e *depois*, ao longo do tempo, durante a vida útil da estrutura (perdas progressivas).

- Perdas Iniciais na Pré-tração, ANTES.

- Perdas Imediatas na Pré e Pós-tração, DURANTE, no tempo t = t_0.

- Perdas Progressivas na Pré e Pós-tração, DEPOIS, entre t_0 e t (em geral t → ∞).

4.2. PERDAS INICIAIS DA FORÇA DE PROTENSÃO

Consideram-se iniciais as perdas ocorridas na pré-tração antes da liberação do dispositivo de tração (cabeceiras das pistas de pré-moldados). Elas são decorrentes de:

a) Atrito nos pontos de desvio da armadura poligonal, cuja avaliação deve ser feita experimentalmente, em função do tipo de aparelho de desvio empregado.

OBS.: *para armaduras sem desvios, com protensão constante, caso comum dos pré-moldados com armaduras aderentes, essa perda não existe.*

b) Escorregamento da armadura na ancoragem, cuja determinação deve ser experimental ou devem ser adotados os valores indicados pelo fabricante dos dispositivos de ancoragem.

c) Relaxação inicial da armadura, em função do tempo decorrido entre o alongamento da armadura (protensão) e a liberação do dispositivo de tração.

d) Retração inicial do concreto, considerado o tempo decorrido entre a concretagem do elemento estrutural e a liberação do dispositivo de tração.

A avaliação das perdas iniciais deve considerar os efeitos provocados pela temperatura, quando o concreto for curado termicamente.

> **OBS.:** *as empresas que lidam com a fabricação de pré-moldados (ou pré-fabricados) podem, em função da experiência adquirida nas repetições dos ciclos diários das operações, compensar as perdas iniciais com acréscimos controlados da força inicial de protensão.*

4.3. PERDAS IMEDIATAS DA FORÇA DE PROTENSÃO

São as perdas que acontecem durante a transferência da força de protensão para as seções de concreto no instante $t = t_0$.

4.3.1. PERDAS IMEDIATAS: CASO DA PRÉ-TRAÇÃO

Na transferência da protensão para o concreto, por aderência a força aplicada sofre perda imediata devido ao encurtamento imediato do concreto.

A variação da força de protensão, em razão desse encurtamento, deve ser calculada em regime elástico, considerando a deformação da seção homogeneizada. O módulo de elasticidade do concreto a considerar é o correspondente à data de protensão, corrigido, se houver cura térmica.

EXEMPLO ILUSTRATIVO

Determinação da perda imediata decorrente do encurtamento do concreto da viga pré-moldada com pré-tração.

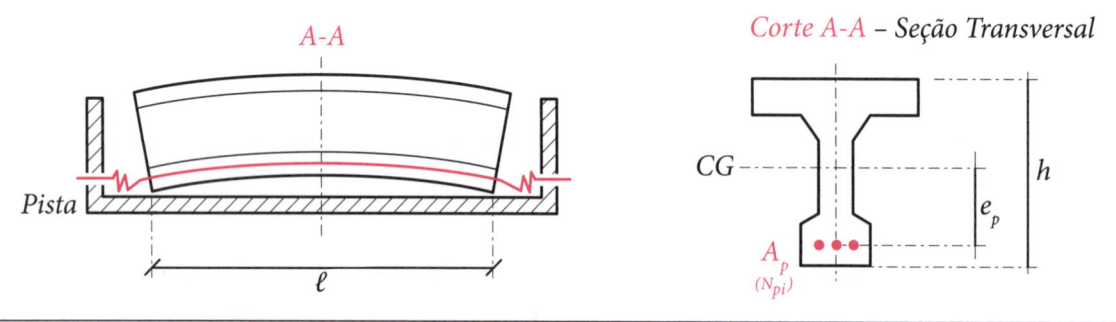

Figura 82: Viga pré-moldada com pré-tração.

g_1 = peso próprio

I'_c = inércia da seção, homogeneizada

E_c = módulo de elasticidade do concreto [experimental]

A'_c = área da seção, homogeneizada

E_p = módulo do aço

e_p = excentricidade, seção homogeneizada

Encurtamento do concreto, na posição de A_p, na seção central ($x = \ell/2$), no instante $t = t_0$:

$$\Delta\varepsilon_c = \frac{1}{E_c} \cdot \left[\frac{N_{pi}}{A'_c} + \frac{N_{pi} \cdot e_p^2}{I'_c} + g_1 \cdot \frac{\ell^2}{8} \cdot \frac{e_p}{I'_c} \right]$$

Perda de protensão na seção central:

$$\Delta\varepsilon_c = \Delta\varepsilon_p = \frac{\Delta\sigma_p}{E_p} \text{ (compatibilidade)}$$

Resulta: $\Delta\sigma_p = \dfrac{E_p}{E_c} \cdot \left[\dfrac{N_{pi}}{A'_c} + \dfrac{N_{pi} \cdot e_p^2}{I'_c} + (g_1 \cdot \dfrac{\ell^2}{8}) \cdot \dfrac{e_p}{I'_c} \right]$

$\Delta P_0 = \Delta\sigma_p \cdot A_p$ [perda da força]

OBS.: *nas seções extremas, não existirá a influência do peso próprio mobilizado pela protensão.*

4.3.2. PERDAS IMEDIATAS: CASO DA PÓS-TRAÇÃO

Para os sistemas usuais de protensão com pós-tração, as perdas imediatas durante a transferência da força, no instante $t = t_0$, são as seguintes:

1) Perdas devido ao atrito entre as armaduras e a bainha ou o concreto durante o alongamento do aço.

2) Perdas devido à acomodação da ancoragem (dispositivos de ancoragem com deslizamento da armadura (recuo do cabo)).

3) Encurtamento imediato do concreto em elementos estruturais com protensões sucessivas de cabos.

4.3.2.1. PERDAS POR ATRITO

Nos elementos estruturais com pós-tração, os cabos utilizados possuem, na sua maioria, traçados curvos ou poligonais. Durante a operação de protensão, ao se deslocarem no interior das bainhas (ou do concreto), sofrem PERDAS POR ATRITO, nos pontos de contato, reduzindo a força de protensão. Conforme a NBR 6118 (item 9.6.3.3.2.2), a PERDA POR ATRITO pode ser determinada pela expressão:

$$\Delta P(x) = P_i \cdot [1 - e^{-(\mu \cdot \Sigma\alpha + k \cdot x)}]$$

em que:

P_i é a força aplicada pelo aparelho tensor na posição $x = 0$ (ancoragem ativa).

x é a abscissa do ponto onde se calcula ΔP, medida a partir da ancoragem, em metros.

$\Sigma\alpha$ é a soma dos ângulos de desvio entre a ancoragem e o ponto de abscissa x, em radianos.

μ é o coeficiente de atrito entre cabo e bainha. Na falta de dados experimentais, pode ser estimado como segue (valores em 1 / radianos):

$\mu = 0{,}50$ - Entre cabo e concreto (sem bainha).

$\mu = 0{,}30$ - Entre barras ou fios com mossas ou saliências e bainha metálica.

$\mu = 0{,}20$ - Entre fios lisos ou cordoalhas e bainha metálica.

$\mu = 0{,}10$ - Entre fios lisos ou cordoalhas e bainha metálica lubrificada.

$\mu = 0{,}05$ - Entre cordoalha e bainha de polipropileno lubrificada (engraxada).

k é o coeficiente de perda por metro provocada por curvaturas não intencionais do cabo. Na falta de dados experimentais, pode ser adotado o valor 0,01 μ (1/m). k representa as perdas parasitas, que são problemas construtivos representados pela falta de linearidade, flechas entre pontos de suspensão e desvios, tanto nos trechos retos como nos curvos.

Desenvolvendo a expressão acima, obteremos o seguinte:

$$\Delta P(x) = \Delta P_0(x) = P_i - P_i \cdot e^{-(\mu \cdot \Sigma\alpha + k \cdot x)}$$

$$P_i - \Delta P_0(x) = P_0(x) = P_i \cdot e^{-(\mu \cdot \Sigma\alpha + k \cdot x)}$$

$P_0(x)$ é a força final na abscissa x, descontadas as perdas por atrito determinadas a partir da ancoragem.

EXEMPLO

$$P_0(x) = P_i \cdot e^{-(\mu\Sigma\alpha + kx)}$$

$x = 0 \rightarrow \Sigma\alpha = 0$
$\rightarrow P_0(x = 0) = P_i$

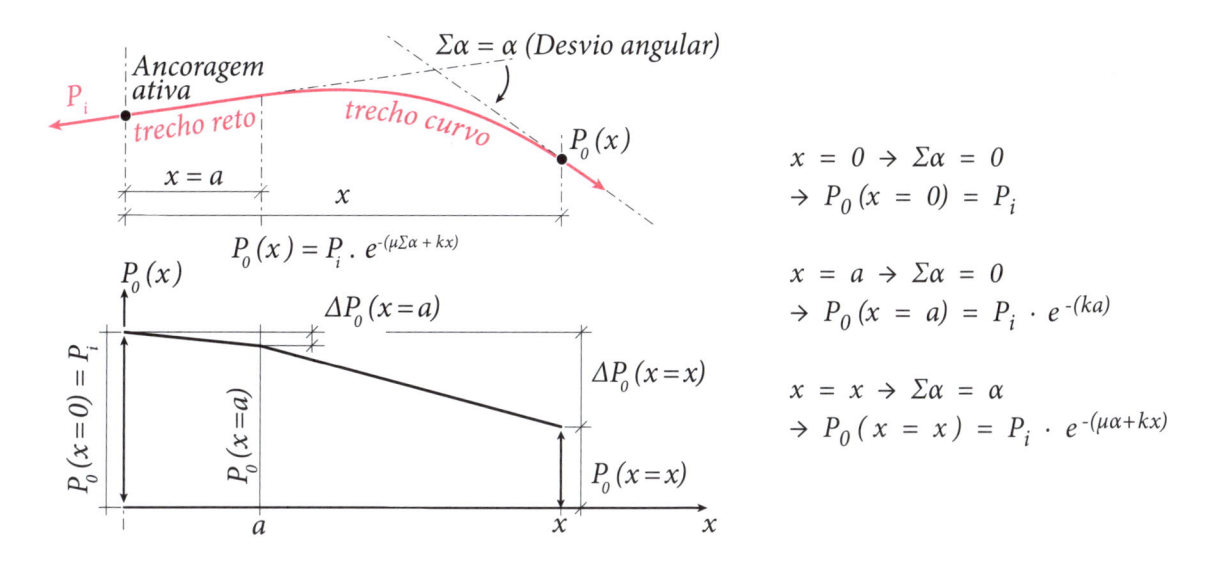

$x = a \rightarrow \Sigma\alpha = 0$
$\rightarrow P_0(x = a) = P_i \cdot e^{-(ka)}$

$x = x \rightarrow \Sigma\alpha = \alpha$
$\rightarrow P_0(x = x) = P_i \cdot e^{-(\mu\alpha + kx)}$

Figura 83: Traçado geométrico e diagrama de forças de um cabo genérico.

OBS.:

1) *O diagrama de $P_0(x)$ pode ser considerado como trechos de reta, conforme a geometria do traçado do cabo.*

2) *Na maioria dos casos (vigas e lajes), x pode ser tomado como a abscissa do ponto do cabo em projeção horizontal. Havendo necessidade de maior precisão, podemos utilizar a expressão a seguir que permite determinar o comprimento desenvolvido do cabo.*

ℓ_d = comprimento desenvolvido

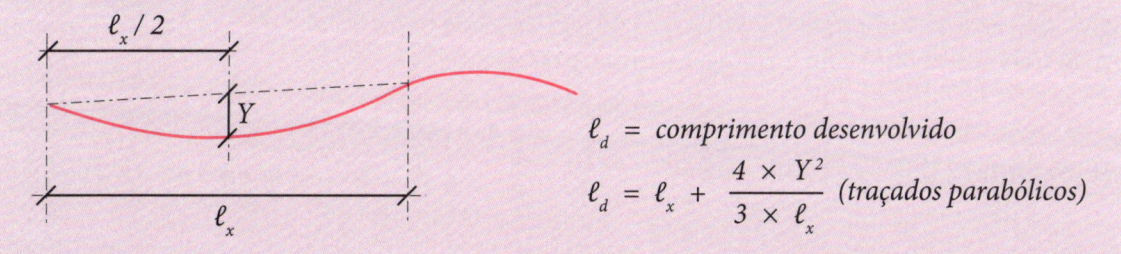

$\ell_d = \ell_x + \dfrac{4 \times Y^2}{3 \times \ell_x}$ (traçados parabólicos)

Figura 84: Traçado geométrico genérico.

3) *Quando $(\mu \cdot \Sigma\alpha + k \cdot x) \leq 0{,}20$, a expressão de $P_0(x)$ pode ser simplificada para:*
$P_0(x) = P_i \cdot [1 - (\mu \cdot \Sigma\alpha + k \cdot x)]$.

EXEMPLOS

Perdas por atrito em cabos usuais utilizados em vigas e lajes isostáticas biapoiadas.

a) Cabo parabólico simétrico com duas ancoragens ativas:

$$\Delta P_0 (x = \ell/2) = P_i \cdot [1 - e^{-(\mu \cdot \alpha + k \cdot \ell/2)}]$$

$$P_0 (x = \ell/2) = P_i \cdot e^{-(\mu \cdot \alpha + k \cdot \ell/2)}$$

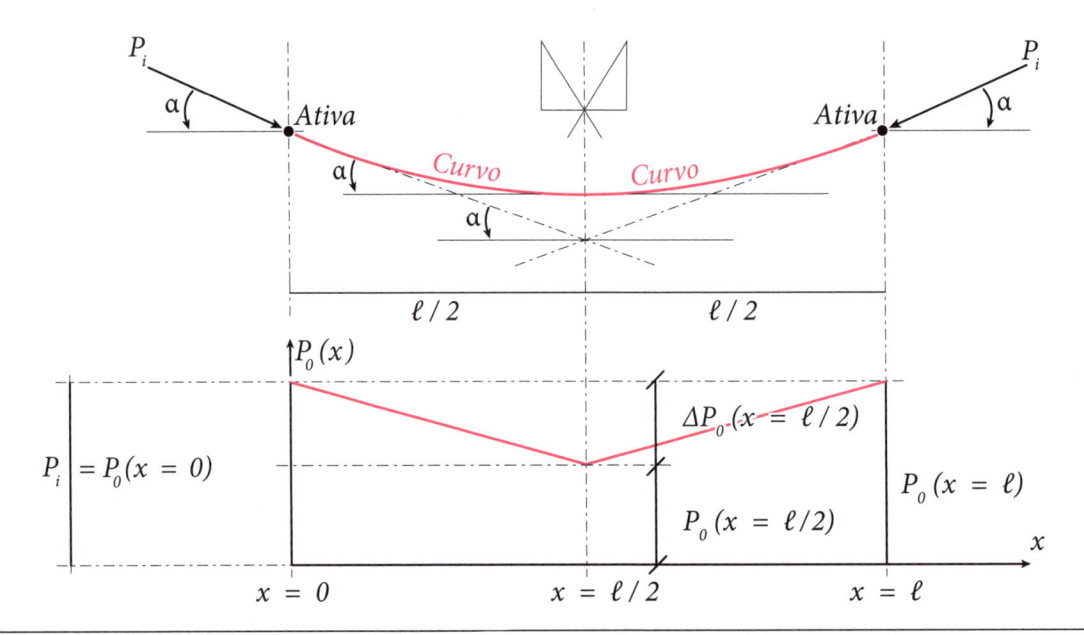

Figura 85: Diagrama de um cabo parabólico simétrico com duas ancoragens ativas.

b) Cabo parabólico com ancoragens ativa e passiva:

$$\Delta P_0 (x = \ell/2) = P_i \cdot [1 - e^{-(\mu \cdot \alpha + k \cdot \ell/2)}]$$

$$P_0 (x = \ell/2) = P_i \cdot e^{-(\mu \cdot \alpha + k \cdot \ell/2)}$$

$$\Delta P_0 (x = \ell) = P_i \cdot [1 - e^{-(\mu \cdot 2 \cdot \alpha + k \cdot \ell)}]$$

$$P_0 (x = \ell) = P_i \cdot e^{-(\mu \cdot 2 \cdot \alpha + k \cdot \ell)}$$

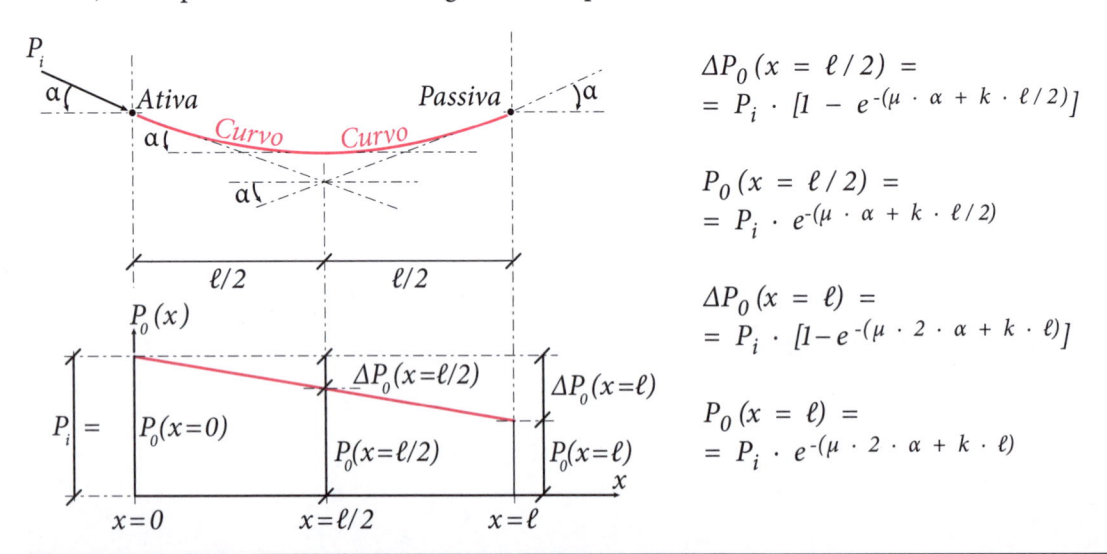

Figura 86: Diagrama de um cabo parabólico com ancoragens ativa e passiva.

c) Cabo parabólico–reto–parabólico com duas ancoragens ativas:

$\Delta P_0 (x = a) = P_i \cdot [1 - e^{-(\mu \cdot \alpha + k \cdot a)}]$

$P_0 (x = a) = P_i \cdot e^{-(\mu \cdot \alpha + k \cdot a)}$

$\Delta P_0 (x = \ell/2) = P_i \cdot [1 - e^{-(\mu \cdot \alpha + k \cdot \ell/2)}]$

$P_0 (x = \ell/2) = P_i \cdot e^{-(\mu \cdot \alpha + k \cdot \ell/2)}$

$\Delta P_0 (x = a) = \Delta P_0 (x = \ell - a)$

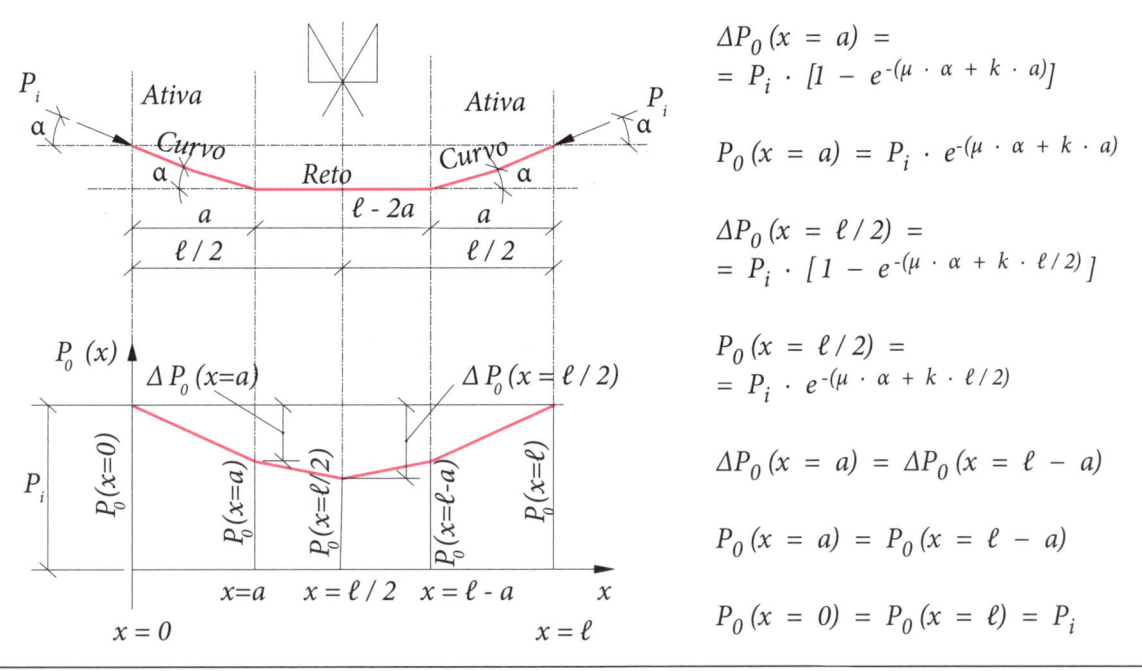

$P_0 (x = a) = P_0 (x = \ell - a)$

$P_0 (x = 0) = P_0 (x = \ell) = P_i$

Figura 87: Diagrama de um cabo parabólico-reto-parabólico com duas ancoragens ativas.

APLICAÇÃO NUMÉRICA

Para a viga contínua abaixo esquematizada, dada a força de protensão P_0 (x = 12 m) da seção A, a 12 m do apoio extremo esquerdo, descontadas as perdas por atrito, determinar:

a) Qual é a força de protensão P_i aplicada na extremidade do cabo na posição x = 0?

b) Qual o diagrama de P_0 (x) para 0 ≤ x ≤ 60 m?

Dados complementares: $\mu = 0{,}20$; $k = 0{,}01 \cdot \mu$.

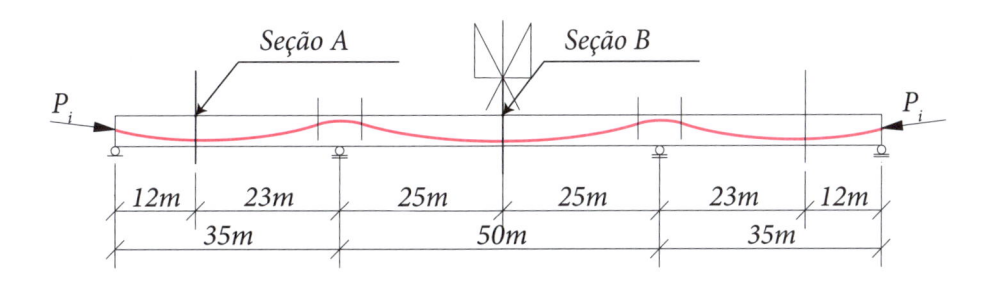

Figura 88: Traçado longitudinal do cabo pós-tracionado.

Detalhamento do traçado (*sem escala vertical*):

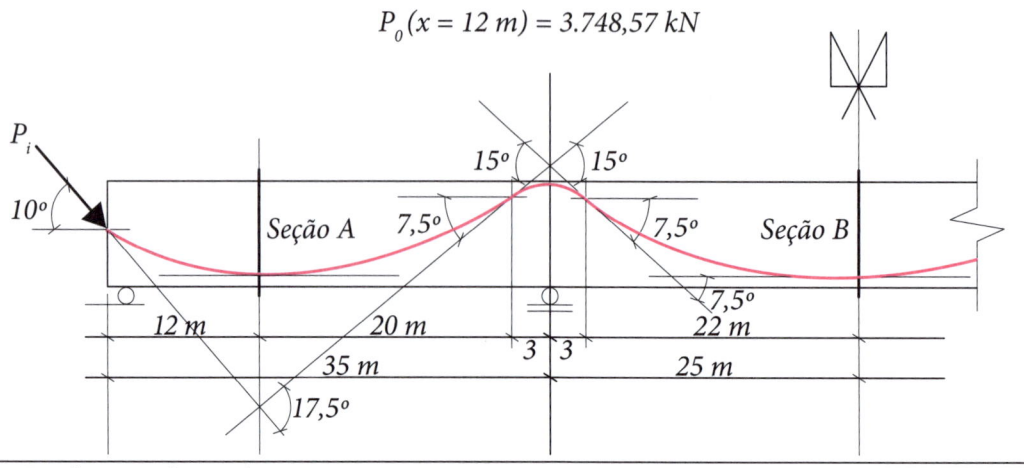

$$P_0(x = 12\ m) = 3.748{,}57\ kN$$

Figura 89: Detalhamento do traçado.

1) Determinação do valor de P_i:

$P_0\ (x = 12) = 3.748{,}57\ kN$ (seção A)

para $x = 12\ m \rightarrow \Sigma\alpha = 10° = 10 \cdot 3{,}1416\ /\ 180° = 0{,}1745\ rad$

$P_0\ (x = 12) = P_i \cdot e^{-(\mu \cdot \Sigma\alpha + k \cdot x)}$

$3.748{,}57 = P_i \cdot e^{-(0{,}20 \cdot 0{,}1745 + 0{,}01 \cdot 0{,}20 \cdot 12)}$

$3.748{,}57 = P_i \cdot e^{-0{,}0589} \rightarrow P_i \approx 3.976\ kN$

2) Valores de $P_0\ (x)$ no intervalo $0 \leq x \leq 60\ m$:

$x = 12\ m \rightarrow \Sigma\alpha = 10° = 0{,}1745\ rad$

$P_0\ (x = 12) = 3.976 \cdot e^{-(0{,}20 \cdot 0{,}1745 + 0{,}01 \cdot 0{,}20 \cdot 12)}$

$P_0\ (x = 12) = 3.748{,}57\ kN$ (seção A)

$x = 32\ m \rightarrow \Sigma\alpha = 10 + 7{,}5 = 17{,}5° = 0{,}3054\ rad$

$P_0\ (x = 32) = 3.976 \cdot e^{-(0{,}20 \cdot 0{,}3054 + 0{,}01 \cdot 0{,}20 \cdot 32)}$

$P_0\ (x = 32) = 3.508{,}53\ kN$

$x = 35\ m \rightarrow \Sigma\alpha = 17{,}5 + 7{,}5 = 25° = 0{,}4363\ rad$

$P_0 (x = 35) = 3.976 \cdot e^{-(0,20 \cdot 0,4363 + 0,01 \cdot 0,20 \cdot 35)}$

$P_0 (x = 35) = 3.397,42$ kN

$x = 38$ m $\rightarrow \Sigma\alpha = 25 + 7,5 = 32,5° = 0,5672$ rad

$P_0 (x = 38) = 3.976 \cdot e^{-(0,20 \cdot 0,5672 + 0,01 \cdot 0,20 \cdot 38)}$

$P_0 (x = 38) = 3.289,83$ kN

$x = 60$ m $\rightarrow \Sigma\alpha = 32,5 + 7,5 = 40° = 0,6981$ rad

$P_0 (x = 60) = 3.976 \cdot e^{-(0,20 \cdot 0,6981 + 0,01 \cdot 0,20 \cdot 60)}$

$P_0 (x = 60) = 3.066,87$ kN

$\Delta P_0 (x = 32) = 3.976 - 3.508,53 = 467,47$ kN

$\Delta P_0 (x = 35) = 3.976 - 3.397,42 = 578,58$ kN

$\Delta P_0 (x = 38) = 3.976 - 3.289,83 = 686,17$ kN

$\Delta P_0 (x = 60) = 3.976 - 3.066,87 = 909,13$ kN

$\Delta P_0 (x = 12) = 3.976 - 3.748,57 = 227,43$ kN

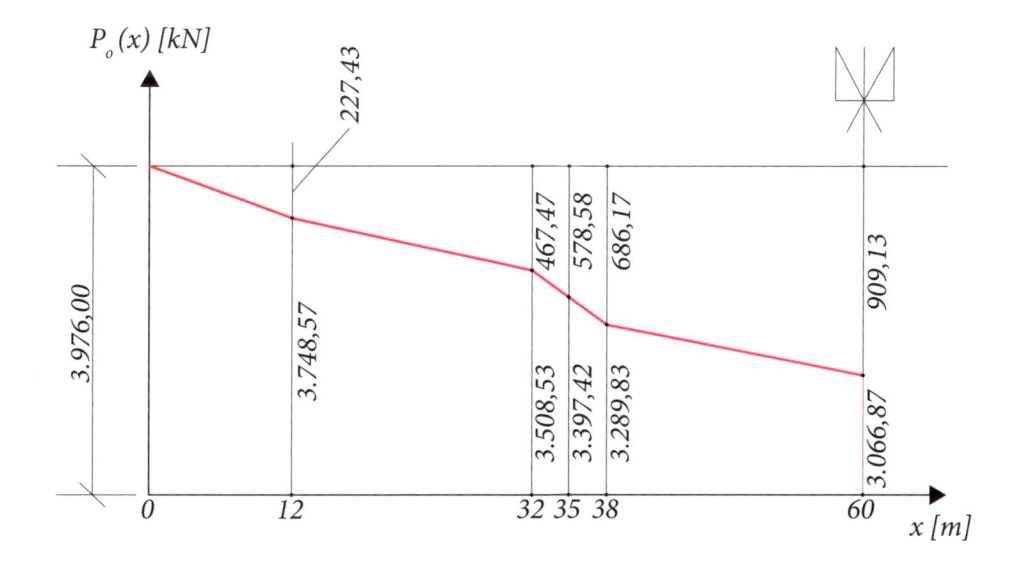

Figura 90: Diagrama de forças $P_0 (x)$, com $0 \leq x \leq 60$ m, após perdas por atrito.

4.3.2.1.1. ALONGAMENTO TÉORICO DOS CABOS

a) Caso da PRÉ-TRAÇÃO:

Os fios ou cordoalhas são ancorados rigidamente em uma das cabeceiras da pista de protensão e tencionados por aparelhos tensores especiais (grandes alongamentos) situados na outra cabeceira. A medida do alongamento pode ser feita diretamente durante a operação de protensão.

EXEMPLO

Determinar o alongamento teórico para o aço CP190RB na pré-tração.

$$\sigma_{pi} = 0{,}77 \cdot f_{ptk} \text{ ou } 0{,}85 \cdot f_{pyk}$$

$$f_{ptk} = 1.900 \text{ MPa} \rightarrow \sigma_{Pi} = 0{,}77 \cdot 1.900 = 1.463 \text{ MPa}$$

$$f_{pyk} = 1.710 \text{ MPa} \rightarrow \sigma_{Pi} = 0{,}85 \cdot 1.710 = 1.453 \text{ MPa}$$

$$\text{com } \sigma_{pi} = 1.453 \text{ MPa} \rightarrow \Delta\varepsilon_i = 1.453 \cdot \frac{1.000}{200.000 \cdot 1} = 7{,}26 \text{ mm/m}$$

b) Caso da PÓS-TRAÇÃO:

Para controlar a força de protensão durante a construção, devem ser medidos o alongamento do cabo e a pressão no manômetro do aparelho tensor (macaco). Tabelas especiais de controle servem para relacionar as medidas do alongamento que acompanham o movimento do pistão do macaco e as pressões correspondentes.

O alongamento medido, denominado "alongamento real", deve ser comparado com o "alongamento teórico" estimado pelo projetista, cujo valor está indicado no projeto da estrutura.

Essa comparação possibilita estabelecer critérios para avaliar a qualidade/precisão do projeto e também a aceitação ou não da protensão que está sendo executada.

O alongamento teórico é determinado a partir do diagrama de P_0 (x) [força de protensão, descontadas as perdas por atrito], levando em conta o comprimento alongável do cabo e sua rigidez $E_p \cdot A_p$. Todas as imprecisões decorrentes da geometria do cabo [desvios angulares, ondulações], coeficientes de atritos [µ], posicionamento das ancoragens precisam ser cuidadosamente avaliados para que se tenha um comprimento teórico representativo da realidade física do projeto.

As regras para avaliação das diferenças entre os alongamentos teóricos e reais, bem como das providências a serem adotadas nos casos de não aceitação, devem ser discutidas pelos profissionais envolvidos no projeto e na construção da estrutura protendida. As diferenças aceitáveis são da ordem de ±5% a ±10%.

Irregularidades maiores no alongamento real, para mais ou para menos, podem decorrer das seguintes causas possíveis:

1) Descalibragem dos manômetros.

2) Diferenças nos valores assumidos de µ e Σα.

3) Escorregamento das ancoragens.

4) Diferenças na seção da armadura ou módulo de elasticidade.

5) Vazamentos de concreto no interior da bainha.

A determinação do alongamento teórico é feita, em regime elástico, conforme explicação a seguir:

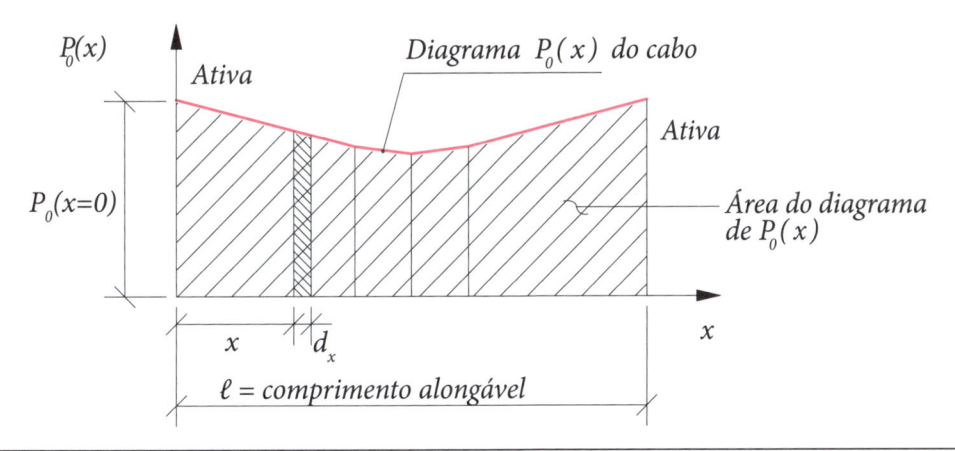

Figura 91: Diagrama genérico de forças para cálculo de alongamento teórico.

$$\Delta \ell = [1 / (E_p \cdot A_p)] \cdot \int_0^\ell P_0(x) \, d_x = [1 / (E_p \cdot A_p)] \cdot (\text{área do diagrama de } P_0(x))$$

$\Delta \ell$ = valor do alongamento teórico;

$E_p \cdot A_p$ = rigidez do cabo de protensão.

APLICAÇÃO NUMÉRICA

Um reservatório cilíndrico com seção transversal, conforme mostra a figura a seguir, é protendido por meio de cabos com seis cordoalhas de 12,7 mm, aço CP190RB, acompanhando a curvatura da parede. Determinar o diagrama da força de protensão $P_0(x)$, descontadas as perdas por atrito, ao longo do cabo típico desenvolvido linearmente. Calcular, em seguida, o alongamento teórico, considerando uma folga de 20 cm nas extremidades do cabo.

Dados complementares: $\mu = 0{,}20$ $\qquad k = 0{,}01\ \mu$

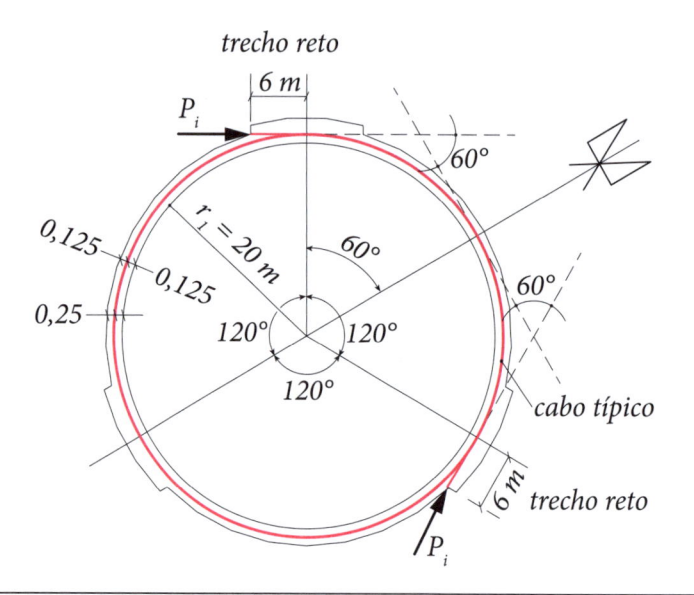

$$f_{ptk} = 1.900\ \text{MPa} \qquad A_p = 1{,}014\ \text{cm}^2/\text{cordoalha}$$

$$f_{pyk} = 1.710\ \text{MPa} \qquad E_p = 200\ \text{GPa}$$

Figura 92: Seção transversal de um reservatório cilíndrico (planta).

1) Determinação da força P_i:

$$\sigma_{pi} = 0{,}74 \cdot f_{ptk} = 0{,}74 \cdot 1.900 = 1.406\ \text{MPa}$$

$$\sigma_{pi} = 0{,}82 \cdot f_{pyk} = 0{,}82 \cdot 1.710 = 1.402\ \text{MPa (adotar)}$$

$$P_i = 6 \cdot 1{,}014 \cdot 10^{-4} \cdot 1.402 \cdot 10^3 = 852{,}98\ \text{kN}$$

2) Valores de $P_0\ (x)$:

Trecho reto: $x = 6$ m; $\Sigma\alpha = 0°$

$$P_0\ (x = 6) = 852{,}98 \cdot e^{-(0{,}2\ \cdot\ 0\ +\ 0{,}01\ \cdot\ 0{,}2\ \cdot\ 6)}$$

$$P_0\ (x = 6) = 842{,}80\ \text{kN}$$

Trecho curvo: $x = 3{,}1416 \cdot 40{,}25 \cdot 60 / 360 + 6 = 27{,}07$ m

$\Sigma\alpha = 60° = (60° / 180°) \cdot 3{,}1416 = 1{,}0472$ rad

$$P_0 (x = 27{,}07) = 852{,}98 \cdot e^{-(0{,}20 \cdot 1{,}0472 + 0{,}01 \cdot 0{,}20 \cdot 27{,}07)}$$

$$P_0 (x = 27{,}07) = 655{,}34 \text{ kN}$$

$$\Delta P_0 (x = 6) = 852{,}98 - 842{,}80 = 10{,}18 \text{ kN}$$

$$\Delta P_0 (x = 27{,}07) = 852{,}98 - 655{,}34 = 197{,}64 \text{ kN}$$

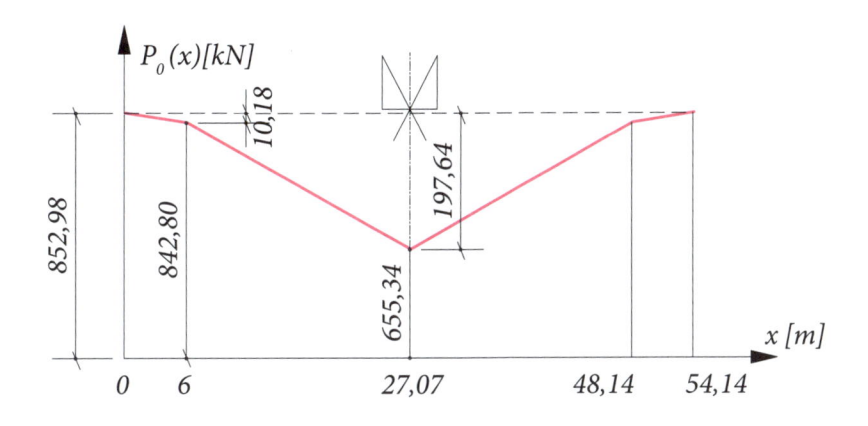

Figura 93: Diagrama de forças $P_0(x) \cdot x$, após perdas por atrito.

3) Alongamento teórico:

$$\Delta \ell = 1 / (E_p \cdot A_p) \cdot [\text{área do diagrama de } P_0(x)]$$

$$E_p \cdot A_p = 200 \cdot 10^6 \text{ kPa} \cdot 6 \cdot 1{,}014 \cdot 10^{-4} \text{ m}^2 = 1.216{,}8 \cdot 10^2 \text{ kN}$$

Comprimento alongável do cabo $= 54{,}14 + 2 \cdot 0{,}20 = 54{,}54$ m

Área $= 2 \cdot [(847{,}89 \cdot 6{,}20) + (749{,}07 \cdot 21{,}07)] = 42.079{,}65$ kN $\cdot$ m

$$\Delta \ell = 42.079{,}65 / (1.216{,}8 \cdot 10^2) = 0{,}3458 \text{ m}$$

$$\Delta \ell = 345{,}8 \text{ mm}$$

$$\Delta \ell / \ell = 345{,}8 / 54{,}54 = 6{,}34 \text{ mm/m}$$

4.3.2.1.2. PERDAS POR ATRITO: PROCESSO SIMPLIFICADO

Nos casos de cabos com traçados parabólicos, usados em vigas e lajes protendidas, a variação angular entre dois pontos pode ser calculada de modo simplificado, conforme apresentado a seguir:

n = número de trechos

ℓ_i = comprimento de cada trecho (projeção)

Δy_i = variação das ordenadas

O desvio angular para os n trechos será:

$$\Sigma \alpha = \sum_{i=1}^{n} (2 \cdot \Delta y_i) / \ell_i \quad \text{(em radianos)}$$

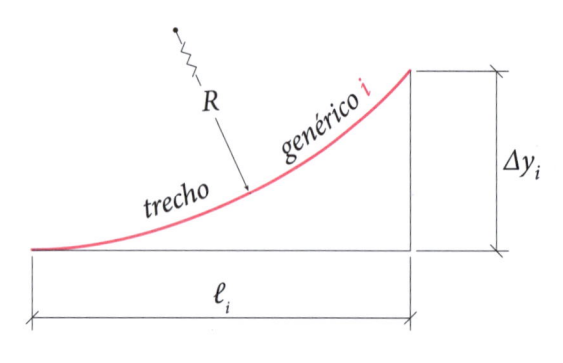

Figura 94: Diagrama de trecho curvo genérico de um cabo.

OBS.: *a aplicação do processo simplificado agiliza os cálculos dentro de uma precisão aceitável e está compatível com o modo de apresentação dos projetos, nos quais a geometria dos cabos é apresentada em forma de ordenadas.*

APLICAÇÃO NUMÉRICA

Para a viga isostática a seguir indicada, determinar as perdas por atrito e o alongamento teórico do cabo C4, utilizando o processo geral e o processo aproximado de determinação dos desvios angulares.

Dados complementares:

E_p = 200 GPa

μ = 0,20

Aço CP190RB
$\begin{cases} k = 0,01 \cdot \mu \\ f_{ptk} = 1.900 \text{ MPa} \\ f_{pyk} = 1.710 \text{ MPa} \end{cases}$

A_p = 12Ø12,7 mm com $A_p^{(0)}$ = 1,014 cm² / cordoalha

Considerar sobra de 30 cm na ancoragem A.

ELEVAÇÃO DO CABO C4

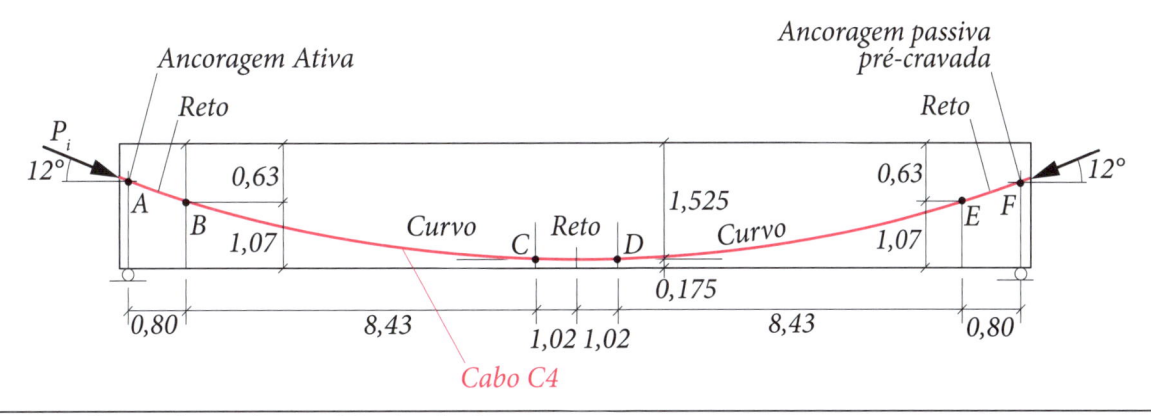

Figura 95: Elevação do traçado geométrico do cabo C4.

1) Determinação da força P_i:

$$\sigma_{pi} = 0{,}74 \cdot f_{ptk} = 0{,}74 \cdot 1.900 = 1.406 \text{ MPa}$$

$$\sigma_{pi} = 0{,}82 \cdot f_{pyk} = 0{,}82 \cdot 1.710 = 1.402 \text{ MPa (adotado)}$$

$$P_i = 12 \cdot 1{,}014 \cdot 10^{-4} \cdot 1.402 \cdot 10^{3} = 1.705{,}95 \text{ kN}$$

2) Perdas por atrito - valores de $P_0(x)$:

a) Processo geral:

Trecho AB reto:

$$\Sigma\alpha = 0$$

$$P_0(x = 0{,}80) = 1.705{,}95 \cdot e^{-(0{,}20 \cdot 0 + 0{,}01 \cdot 0{,}20 \cdot 0{,}80)}$$

$$P_0(x = 0{,}80) = 1.703{,}22 \text{ kN}$$

Trecho ABC:

$$\Sigma\alpha = 12° \cdot 3{,}1416 / 180° = 0{,}20944 \text{ rad}$$

$$P_0(x = 9{,}23) = 1.705{,}95 \cdot e^{-(0{,}20 \cdot 0{,}20944 + 0{,}01 \cdot 0{,}20 \cdot 9{,}23)}$$

$$P_0(x = 9{,}23) = 1.606{,}04 \text{ kN}$$

Trecho ABCD:

$$\Sigma\alpha = 12° \cdot 3{,}1416 / 180° = 0{,}20944 \text{ rad}$$

$$P_0(x = 11{,}27) = 1.705{,}95 \cdot e^{-(0{,}20 \cdot 0{,}20944 + 0{,}01 \cdot 0{,}20 \cdot 11{,}27)}$$

$$P_0(x = 11{,}27) = 1.599{,}50 \text{ kN}$$

Trecho ABCDE:

$$\Sigma\alpha = 24° \cdot 3{,}1416 / 180° = 0{,}41888 \text{ rad}$$

$$P_0(x = 19{,}70) = 1.705{,}95 \cdot e^{-(0{,}20 \cdot 0{,}41888 + 0{,}01 \cdot 0{,}20 \cdot 19{,}70)}$$

$$P_0(x = 19{,}70) = 1.508{,}24 \text{ kN}$$

Trecho ABCDEF:

$$\Sigma\alpha = 0{,}41888 \text{ rad}$$

$$P_0(x = 20{,}50) = 1.705{,}95 \cdot e^{-(0{,}20 \cdot 0{,}41888 + 0{,}01 \cdot 0{,}20 \cdot 20{,}50)}$$

$$P_0(x = 20{,}50) = 1.505{,}83 \text{ kN}$$

b) Processo simplificado:

Trecho AB reto: $\Sigma\alpha = 0 \rightarrow P_0 = (x = 0{,}80) = 1.703{,}22$

Trecho ABC:

$$\Sigma\alpha = 2 \cdot (1{,}07 - 0{,}175) / 8{,}43 = 0{,}21234 \text{ rad}$$

$$P_0(x = 9{,}23) = 1.705{,}95 \cdot e^{-(0{,}20 \cdot 0{,}21234 + 0{,}01 \cdot 0{,}20 \cdot 9{,}23)}$$

$$P_0(x = 9{,}23) = 1.605{,}11 \text{ kN}$$

Trecho ABCD:

$$\Sigma\alpha = 0{,}21234 \text{ rad}$$

$$P_0(x = 11{,}27) = 1.705{,}95 \cdot e^{-(0{,}20 \cdot 0{,}21234 + 0{,}01 \cdot 0{,}20 \cdot 11{,}27)}$$

$$P_0(x = 11{,}27) = 1.598{,}58 \text{ kN}$$

Trecho ABCDE:

$$\Sigma\alpha = 2 \cdot 0{,}21234 = 0{,}42468 \text{ rad}$$

$$P_0(x = 19{,}70) = 1.705{,}95 \cdot e^{-(0{,}20 \cdot 0{,}42468 + 0{,}01 \cdot 0{,}20 \cdot 19{,}70)}$$

$$P_0(x = 19{,}70) = 1.506{,}50 \text{ kN}$$

Trecho ABCDEF:

$$\Sigma\alpha = 0{,}42468 \text{ rad}$$

$$P_0(x = 20{,}50) = 1.705{,}95 \cdot e^{-(0{,}20 \cdot 0{,}42468 + 0{,}01 \cdot 0{,}20 \cdot 20{,}50)}$$

$$P_0(x = 20{,}50) = 1.504{,}08 \text{ kN}$$

c) Diagramas $P_0(x)$ - processo geral e simplificado:

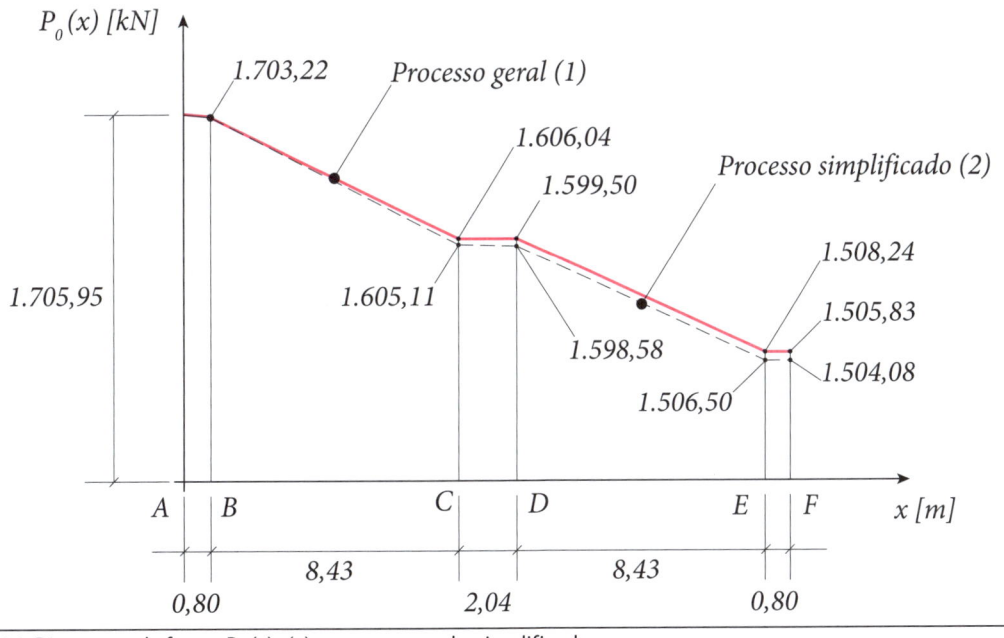

Figura 96: Diagramas de forças $P_0(x)$. (x): processo geral e simplificado.

d) Alongamento teórico do cabo:

$$\Delta\ell = [1/(E_p \cdot A_p)] \cdot [\text{área diagrama } P_0(x)] \; ; \; (P_0(x) \text{ em kN; x em m})$$

$$E_p \cdot A_p = 200 \cdot 10^6 \cdot 12 \cdot 1{,}014 \cdot 10^{-4} = 243.360 \text{ kN}$$

$$\Delta\ell = [(1/243.360)] \cdot (P_0(x)_{\text{média}} \cdot \ell_i) \cdot 10^3 \text{ mm (por trecho)}$$

TABELA 17 - TRECHOS					
	AB	BC	CD	DE	EF
$P_0(x)_{\text{média 1}}$	1.704,585	1.654,63	1.602,77	1.553,87	1.507,035
$P_0(x)_{\text{média 2}}$	1.704,585	1.654,165	1.601,845	1.552,54	1.505,29
L_i (m)	0,80 + 0,30	8,43	2,04	8,43	0,80
$\Delta\ell_{i,1}$	7,70	57,31	13,43	53,83	4,95
$\Delta\ell_{i,2}$	7,70	57,30	13,43	53,78	4,95

$\Sigma\Delta\ell_{i,1} = 137{,}22$ mm [6,597 mm/m]

$\Sigma\Delta\ell_{i,2} = 137{,}16$ mm [6,594 mm/m]

OBS.: *a utilização do processo simplificado em vigas produz resultados praticamente iguais aos do processo geral.*

APLICAÇÃO NUMÉRICA

Para o cabo de laje maciça abaixo esquematizado, determinar as perdas por atrito e o alongamento teórico, utilizando o processo aproximado de determinação dos desvios angulares.

Dados complementares:

$E_p = 200$ GPa

$A_p = 3\varnothing 15{,}2$ mm, com $A_p^{(0)} = 1{,}40$ cm²/cordoalha

$\mu = 0{,}05$ (cordoalhas engraxadas)

$k = 0{,}01 \cdot \mu$

Aço CP210RB

$f_{ptk} = 2.100$ MPa

$f_{pyk} = 1.890$ MPa

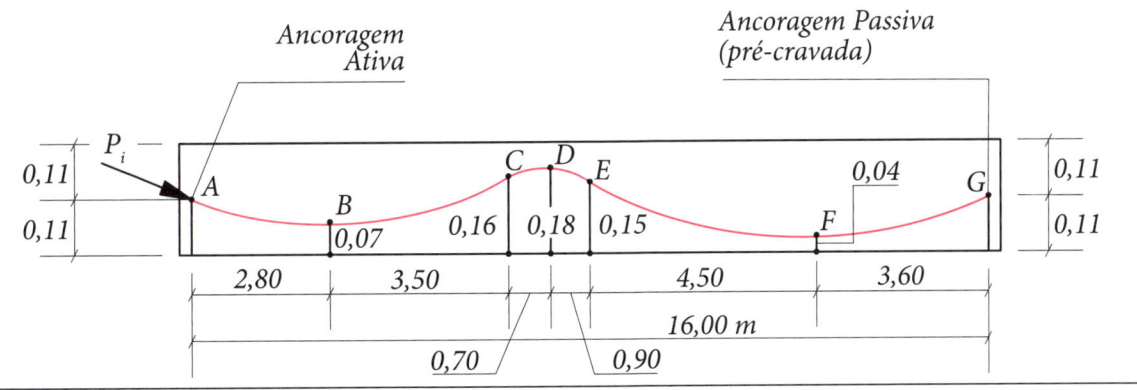

Figura 97: Elevação do traçado geométrico do cabo.

1) Determinação da força P_i:

$$\sigma_{pi} = 0{,}80 \cdot f_{ptk} = 0{,}80 \cdot 2.100 = 1.680 \text{ MPa}$$

$$\sigma_{pi} = 0{,}88 \cdot f_{pyk} = 0{,}88 \cdot 1.890 = 1.663{,}2 \text{ MPa (adotado)}$$

$$P_i = 3 \cdot 1{,}40 \cdot 10^{-4} \cdot 1.663{,}2 \cdot 10^3 \approx 698 \text{ kN}$$

2) Perdas por atrito – valores de P_0 (x):

Trecho AB: $\Sigma\alpha = 2 \cdot [(0{,}11 - 0{,}07) / 2{,}80] = 0{,}02857$ rad

$$P_0 (x = 2{,}80) = 698 \cdot e^{-(0{,}05 \cdot 0{,}02857 + 0{,}01 \cdot 0{,}05 \cdot 2{,}80)}$$

$$P_0 (x = 2{,}80) = 696{,}03 \text{ kN}$$

Trecho ABC: $\Sigma\alpha = 0{,}02857 + 2 \cdot [(0{,}16 - 0{,}07) / 3{,}50] = 0{,}080$ rad

$$P_0 (x = 6{,}30) = 698 \cdot e^{-(0{,}05 \cdot 0{,}80 + 0{,}01 \cdot 0{,}05 \cdot 6{,}30)}$$

$$P_0 (x = 6{,}30) = 693{,}03 \text{ kN}$$

Trecho ABCD: $\Sigma\alpha = 0{,}080 + 2 \cdot [(0{,}18 - 0{,}16) / 0{,}70] = 0{,}13714$ rad

$$P_0 (x = 7{,}0) = 698 \cdot e^{-(0{,}05 \cdot 0{,}13714 + 0{,}01 \cdot 0{,}05 \cdot 7{,}0)}$$

$$P_0 (x = 7{,}0) = 690{,}81 \text{ kN}$$

Trecho ABCDE: $\Sigma\alpha = 0{,}13714 + 2 \cdot [(0{,}18 - 0{,}15) / 0{,}90] = 0{,}20381$ rad

$$P_0 (x = 7{,}90) = 698 \cdot e^{-(0{,}05 \cdot 0{,}20381 + 0{,}01 \cdot 0{,}05 \cdot 7{,}90)}$$

$$P_0 (x = 7{,}90) = 688{,}20 \text{ kN}$$

Trecho ABCDEF: $\Sigma\alpha = 0{,}20381 + 2 \cdot [(0{,}15 - 0{,}04)/4{,}5] = 0{,}25270$ rad

$P_0(x = 12{,}40) = 698 \cdot e^{-(0{,}05 \cdot 0{,}25270 + 0{,}01 \cdot 0{,}05 \cdot 12{,}40)}$

$P_0(x = 12{,}40) = 684{,}98$ kN

Trecho ABCDEFG: $\Sigma\alpha = 0{,}25270 + 2 \cdot [(0{,}11 - 0{,}04)/3{,}60] = 0{,}29159$ rad

$P_0(x = 16{,}00) = 698 \cdot e^{-(0{,}05 \cdot 0{,}29159 + 0{,}01 \cdot 0{,}05 \cdot 16{,}00)}$

$P_0(x = 16{,}00) = 682{,}42$ kN

OBS.: *entre os pontos A e G, a perda porcentual é de: [(698,00 − 682,42)/698] · 100 = 2,23%, muito menor que as correspondentes, quando se usam bainhas metálicas.*

3) Diagrama $P_0(x)$:

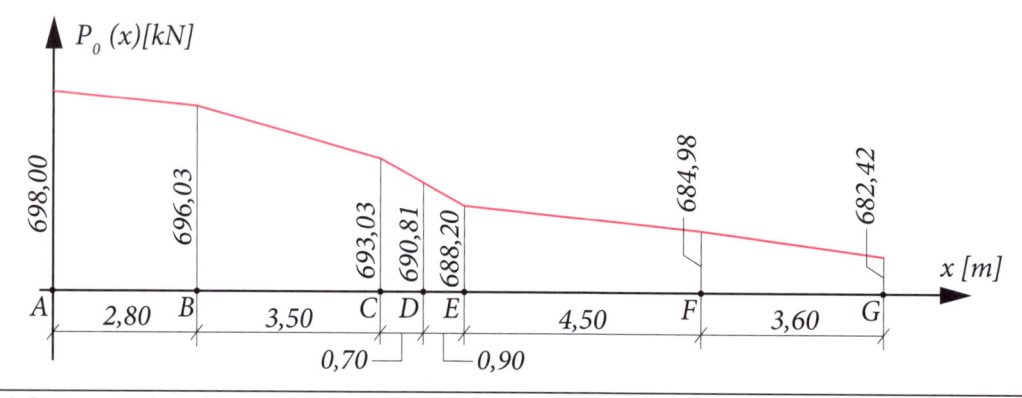

Figura 98: Diagrama $P_0(x) \cdot x$.

4) Alongamento teórico do cabo ($P_0(x)$ em *kN* e x em m):

$E_p \cdot A_p = 200 \cdot 10^6 \cdot 3 \cdot 1{,}40 \cdot 10^{-4} = 84.000$ kN

Área do diagrama: $P_0(x) = \Sigma P_0(x)_{i,\text{média}} \cdot \ell_i$

$= [\,697{,}01 \cdot 2{,}80 + 694{,}53 \cdot 3{,}50 + 691{,}92 \cdot 0{,}70 + 689{,}51 \cdot 0{,}90 + 686{,}59 \cdot 4{,}50 + 683{,}70 \cdot 3{,}60\,]$
$= 11.038{,}37$ kNm

$\Delta\ell = (1/84.000) \cdot 11.038{,}37 \cdot 10^3 = 131{,}41$ mm ou 8,21 mm/m

OBS.: 1) *No caso de cordoalhas engraxadas, não se usa "folga" no comprimento junto à ancoragem ativa.*

2) *Considerando a força média como a obtida entre os pontos A e G, o alongamento teórico seria $\Delta\ell = 131{,}47$ mm $\approx 131{,}41$ mm.*

4.3.2.2. PERDAS POR ACOMODAÇÃO DA ANCORAGEM

Na pós-tração, a força de protensão produzida pelo aparelho tensor é transferida à seção de concreto através das *ancoragens*, que podem ser *Ativas* (extremidade usada para tencionar o cabo) e *Passivas* (nelas não se coloca o macaco). Quando a armadura protendida é constituída por barras maciças, a *ancoragem* é feita por um sistema de roscas, porcas e placas. No Brasil, a *Dywidag* disponibiliza ancoragens (barras com roscas/porcas e placas metálicas) nos diâmetros 15 mm, 19 mm e 32 mm (aços ST85/105 e GEWI50/55). A fotografia a seguir ilustra o exposto.

Figura 99: Sistema DYWIDAG – ancoragem com rosca, porca e placa metálica. Barra Ø32 mm – Ø32 mm, duplofiletado.

Após a protensão, a porca é apertada sobre a placa metálica. Retirado o macaco, toda a força é transmitida pelo sistema sem que ocorram acomodações.

Nos casos de fios e cordoalhas, a ancoragem é feita por meio de cunhas de aço, cuja eficiência deve ser comprovada através de ensaios.

O conjunto denominado *ancoragem* é constituído por:

a) Cunhas (Clavetes): peças de metal tronco-cônicas com dentes que "mordem" o aço de protensão. Podem ser bipartidas ou tripartidas.

b) Porta-cunhas: peças de metal externamente cilíndricas, com um furo tronco-cônico que aloja as cunhas. O porta-cunhas transfere a força da cordoalha (ou fio) para a placa de apoio.

c) Placa de apoio: placas de metal que recebem as forças do conjunto cunhas/porta-cunhas e as transferem, de forma distribuída, para a seção de concreto.

O desenho da ancoragem por cunhas depende da quantidade de cordoalhas (ou fios) que constituem o cabo, podendo variar de uma (monocordoalha) até 30 cordoalhas (cabos de grande potência).

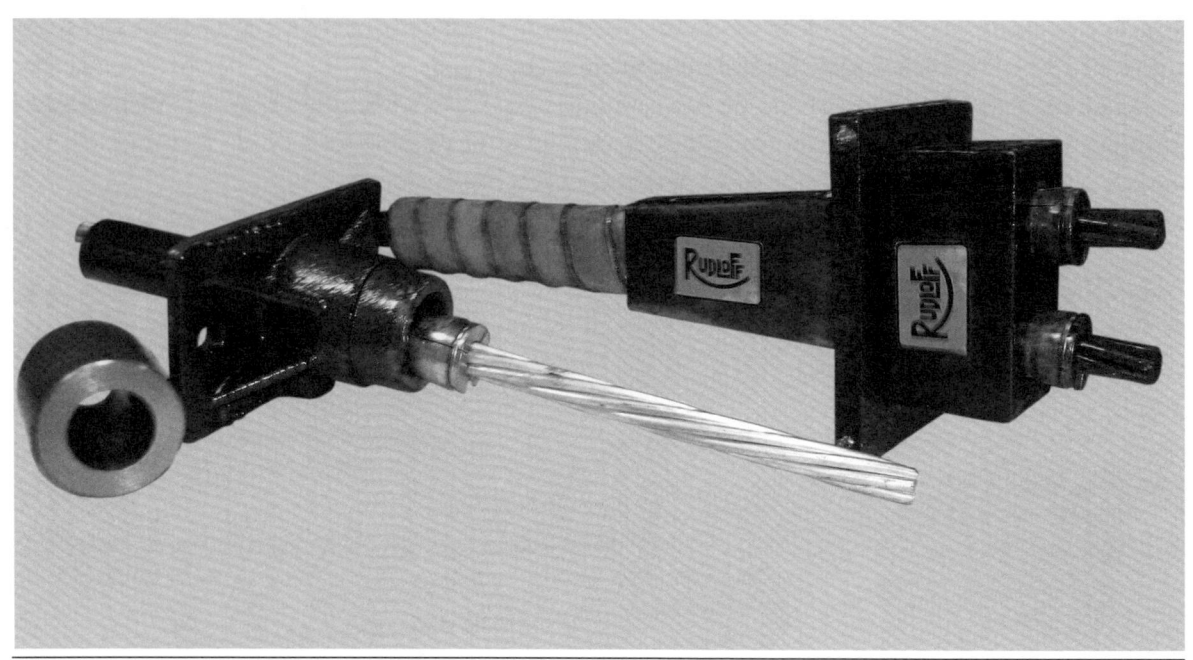

Figura 100: Ancoragem por cunhas, porta-cunhas e placas de apoio (monocordoalha e cabo com duas cordoalhas da RUDLOFF).

O funcionamento das ancoragens por meio de cunhas exige uma mobilização mecânica simultânea do conjunto, provocando sempre pequenos deslocamentos da cordoalha (ou fio). Esses deslocamentos são denominados *Acomodação da Ancoragem* (representados por Δw) e provocam perdas de protensão.

A acomodação da Ancoragem representa um afrouxamento da protensão. O valor de Δw é determinado experimentalmente para cada sistema e fornecido em catálogos técnicos (variam aproximadamente de 2 mm a 6 mm).

Ao se transferir a força de protensão para a ancoragem, a extremidade do cabo sofre um deslocamento Δw, voltando para dentro da bainha. Essa movimentação gera forças de atrito, as mesmas que surgiram no estiramento, só que contrárias, ao longo de um certo trecho do cabo (w) definido pela extremidade (ancoragem) e por um ponto de equilíbrio (ou de bloqueio), a partir do qual deixa de existir a perda de protensão.

Na determinação do ponto de equilíbrio (w) e das perdas correspondentes, considera-se uma condição de compatibilidade geométrica: o encurtamento do cabo (perda de alongamento) é equivalente ao deslocamento (acomodação) ocorrido Δw.

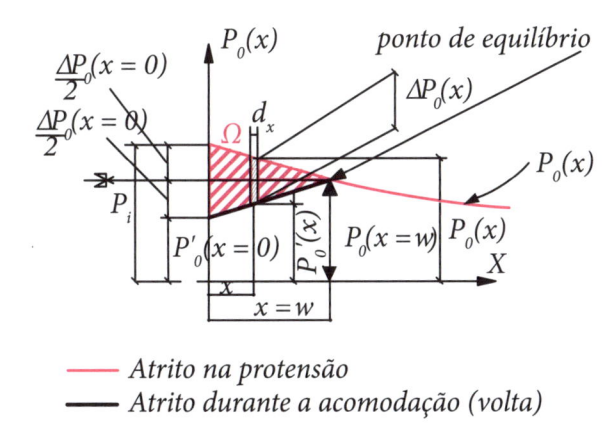

Ω = área do diagrama das forças perdidas

$\Omega = \int_0^w \Delta P_0(x)\, d_x$ ou seja $\Omega = \Omega(w)$

$E_p \cdot A_p$ = rigidez axial do cabo (tração)

Compatibilidade geométrica:
$\Omega / (E_p \cdot A_p) = \Delta w$

$\Omega = \Delta w \cdot E_p \cdot A_p$

— Atrito na protensão
— Atrito durante a acomodação (volta)

Figura 101: Diagrama de forças $P_0(x) \cdot x$ após perdas por atrito e acomodação da ancoragem.

A equação acima permite determinar o valor de w, que é a abscissa do ponto de equilíbrio.

OBS.: *é importante observar que o diagrama de $P_0(x)$, obtido durante a protensão, é simétrico de $P_0'(x)$ que representa a atuação do atrito no cabo durante a acomodação Δw (volta).*

Conhecido o valor de w, podem ser determinados os valores de $P_0(x = w)$,
$\Delta P_0(x = 0)$ e
$P_0(x = 0)$.

OBS.: *as perdas por acomodação da ancoragem são particularmente importantes em cabos curtos e também em cabos retos com baixos coeficientes de atrito. Cabe ao projetista da estrutura analisar os efeitos da acomodação, especificando, quando possível, valores aceitáveis para Δw. Em casos extremos, com cabos retos e curtos, é necessário especificar ancoragens com rosca e porca onde a acomodação pode ser considerada nula.*

APLICAÇÃO TÉORICA

Para o cabo abaixo indicado, simétrico-parabólico nas extremidades e reto na parte central, com atrito não desprezível e ancoragens ativas nas extremidades, determinar as possíveis perdas para uma acomodação Δw.

Dados: σ_{pi}, A_p, E_p.

ELEVAÇÃO DO CABO

HIPÓTESE 1
$w \leq a$

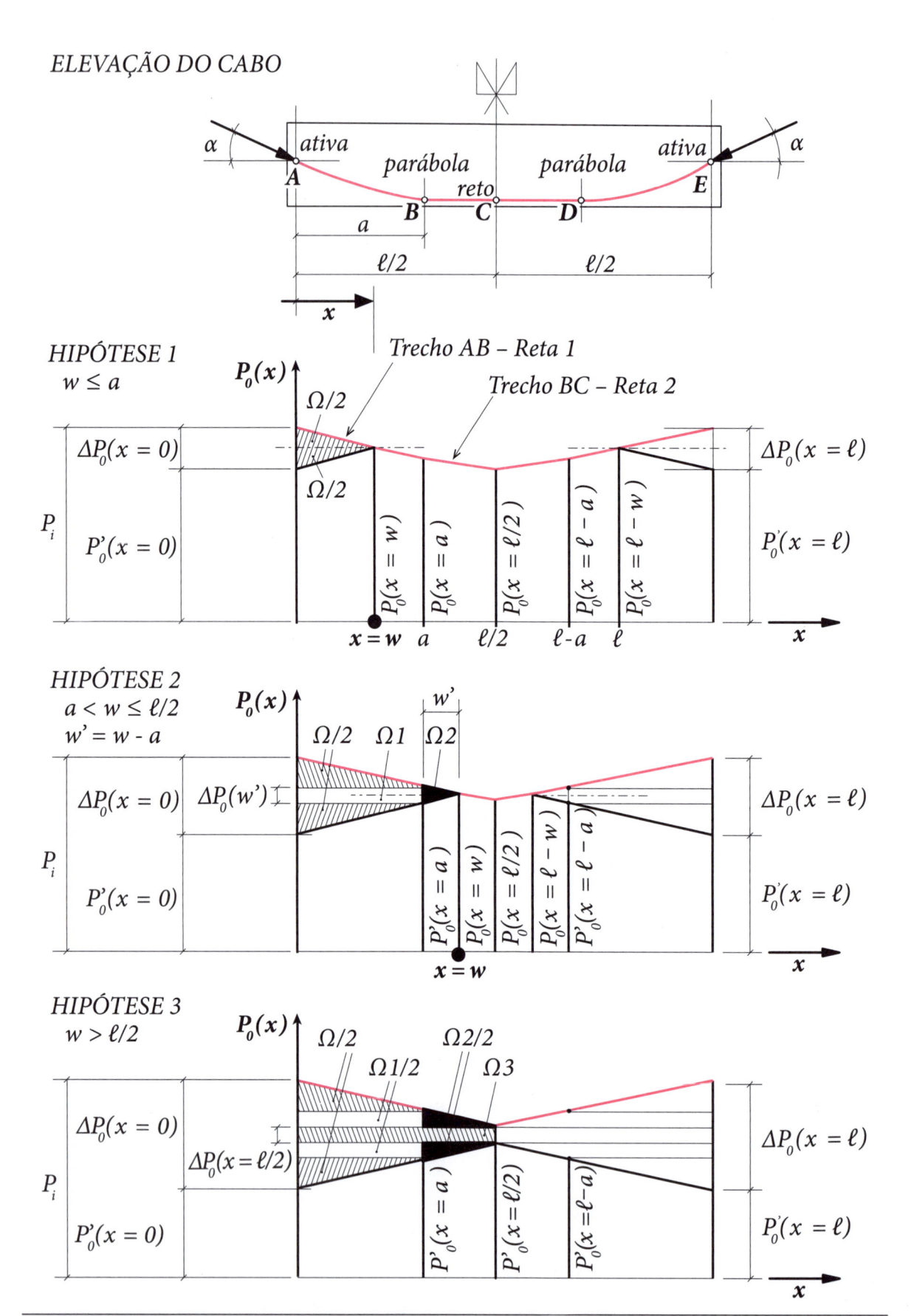

HIPÓTESE 2
$a < w \leq \ell/2$
$w' = w - a$

HIPÓTESE 3
$w > \ell/2$

Figura 102: Acomodação da ancoragem: hipóteses para w.

1) Determinação da força P_i:

$$P_i = \sigma_{pi} \cdot A_p$$

2) Perdas por atrito – valores de $P_0(x)$:

Trecho AB: $\Sigma\alpha = \alpha$

$$P_0(x = a) = P_i \cdot e^{-[\mu \cdot \alpha + ka]}$$

Trecho ABC: $\Sigma\alpha = \alpha + 0 = \alpha$

$$P_0(x = \ell/2) = P_i \cdot e^{-[\mu \cdot \alpha + k \cdot \ell/2]}$$

3) Perdas por acomodação da ancoragem:

a) *Hipótese 1:* Acomodação absorvida no trecho parabólico AB [$w \leq a$]

$\Delta_{p1} = [P_i - P_0(x = a)]/a$: coeficiente angular da reta 1

$$\Omega = 2 \cdot \Delta_{p1} \cdot w \cdot (w/2) = \Delta_{p1} \cdot w^2$$

$$\Omega = \Delta w \cdot E_p \cdot A_p \rightarrow \Delta_{p1} \cdot w^2 = \Delta w \cdot E_p \cdot A_p$$

Resulta: $w = \sqrt{\dfrac{(\Delta w \cdot E_p \cdot A_p)}{\Delta_{p1}}}$

$$P_0(x = w) = P_i - \Delta_{p1} \cdot w$$

$$\Delta P_0(x = 0) = 2 \cdot \Delta_{p1} \cdot w$$

$$P'_0(x = 0) = P_i - 2 \cdot \Delta_{p1} \cdot w$$

b) *Hipótese 2:* Acomodação atinge o trecho reto BC [$a \leq w \leq \ell/2$]

w' = nova abscissa $w' = w - a$

$$0 \leq w' \leq (\ell/2 - a)$$

$$\Delta_{p2} = [P_0(x = a) - P_0(x = \ell/2)]/(\ell/2 - a)$$

$$\Omega + \Omega_1 + \Omega_2 = \Delta w \cdot E_p \cdot A_p \text{ (compatibilidade)} \tag{I}$$

$$\Omega = 2 \cdot \Delta_{p1} \cdot a \cdot (a/2) = \Delta_{p1} \cdot a^2$$

$$\Delta P_0 (w') = 2 \cdot \Delta_{p2} \cdot w'$$

$$\Omega_1 = \Delta P_0 (w') \cdot a = 2 \cdot \Delta_{p2} \cdot a \cdot w'$$

$$\Omega_2 = \Delta P_0 (w') \cdot w'/2 = 2 \cdot \Delta_{p2} \cdot w' \cdot w'/2 = \Delta_{p2} \cdot (w')^2$$

Substituindo-se em I, resulta:
$$\Delta_{p2} \cdot (w')^2 + 2 \cdot \Delta_{p2} \cdot a \cdot w' + \Delta_{p1} \cdot a^2 = \Delta w \cdot E_p \cdot A_p$$

ou

$$\Delta_{p2} \cdot (w')^2 + 2 \cdot \Delta_{p2} \cdot a \cdot w' + (\Delta_{p1} \cdot a^2 - \Delta w \cdot E_p \cdot A_p) = 0 \quad \text{(II)}$$

Equação do 2º grau que permite calcular o valor de w' desde que w' $\leq ((\ell/2) - a)$.

w = a + w' define o ponto atingido pela acomodação.

$$P_0 (x = w) = P_0 (x = a) - \Delta_{p2} \cdot w'$$

$$P'_0 (x = a) = P_0 (x = a) - 2 \cdot \Delta_{p2} \cdot w'$$

$$\Delta P_0 (x = 0) = \Delta P_0 (w') + 2 \cdot \Delta_{p1} \cdot a = 2 \cdot (\Delta_{p2} \cdot w' + \Delta_{p1} \cdot a)$$

$$P'_0 (x = 0) = P_i - 2 \cdot (\Delta_{p2} \cdot w' + \Delta_{p1} \cdot a)$$

c) *Hipótese 3*: Acomodação atinge o centro do vão (ponto C), ocorrendo interação entre as perdas provenientes das duas acomodações em A e E. Ocorre uma perda brusca em C

OBS.: *a solução da equação do 2º grau (II) fornecerá um valor w' > $((\ell/2) - a)$.*

$$\Omega + \Omega_1 + \Omega_2 + \Omega_3 = \Delta w \cdot E_p \cdot A_p \text{ (compatibilidade)} \quad \text{(III)}$$

$$\Omega = \Delta_{p1} \cdot a^2$$

$$\Omega_1 = 2 \cdot a \cdot \Delta_{p2} \cdot (\ell/2 - a)$$

$$\Omega_2 = 2 \cdot \Delta_{p2} \cdot [(\ell/2) - a] \cdot [((\ell/2) - a)/2] = \Delta_{p2} \cdot [(\ell/2) - a]^2$$

$$\Omega_3 = \Delta P_0 (x = \ell/2) \cdot \ell/2$$

Substituindo-se em **III**, *resulta*:

$$\Delta P_0 (x = \ell/2) = 1/(\ell/2) \cdot \{\Delta w \cdot E_p \, A_p - [\Delta_{p1} \cdot a^2 + 2 \cdot a \cdot \Delta_{p2} \cdot (\ell/2 - a) + \Delta_{p2} \cdot (\ell/2 - a)^2]\}$$

$$P'_0 (x = \ell/2) = P_0 (x = \ell/2) - \Delta P_0 (x = \ell/2)$$

$$P'_0 (x = a) = P_0 (x = a) - [\Delta P_0 (x = \ell/2) + 2 \cdot \Delta_{p2} \cdot (\ell/2 - a)]$$

$$P'_0 (x = 0) = P_i - [\Delta P_0 (x = \ell/2) + 2 \cdot \Delta_{p1} \cdot a + 2 \cdot \Delta_{p2} \cdot (\ell/2 - a)]$$

OBS.: *o procedimento análogo poderia ser adotado para o caso de Ancoragens Ativa-Passiva, conforme esclarece a figura a seguir.*

Hipóteses:

❶ $w \leq a$
❷ $a < w \leq (\ell - a)$
❸ $(\ell - a) < w \leq \ell$
❹ $w > \ell$

Ancoragens:

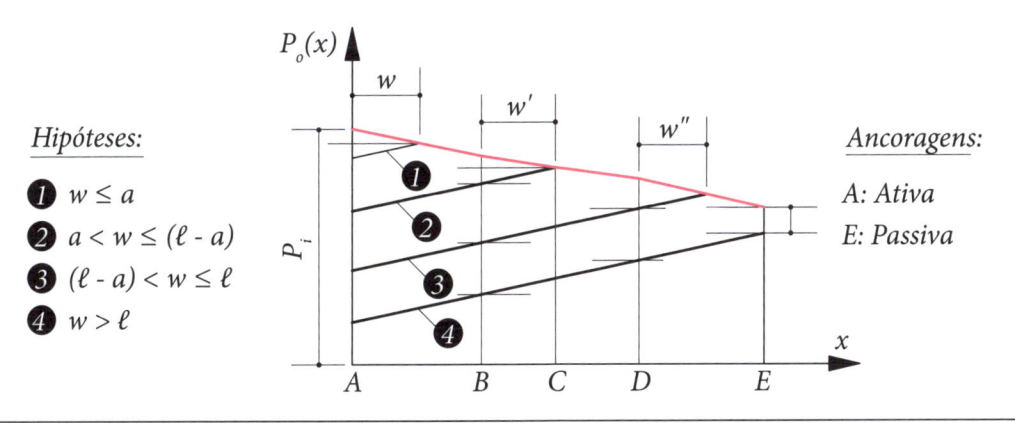

A: Ativa
E: Passiva

Figura 103: Acomodação da ancoragem: hipóteses para w.

APLICAÇÃO NÚMERICA

O cabo de seis cordoalhas Ø15,2 mm, abaixo detalhado, apresenta ancoragens ATIVA do lado A e PASSIVA do lado D. Sabendo-se que o aço utilizado é o CP190RB, determinar as perdas por atrito e por acomodação da ancoragem ATIVA.

Dados complementares:

$E_p = 200$ GPa

$A_p^{(0)} = 1{,}40 \text{ cm}^2/\text{cordoalha}$

$\mu = 0{,}20 \quad k = 0{,}01 \cdot \mu$

CP190RB

$f_{ptk} = 1.900 \text{ MPa}$

$f_{fyk} = 1.710 \text{ MPa}$

Acomodações: $\begin{cases} \text{Sistema 1: } \Delta w = 2{,}0 \text{ mm} \\ \text{Sistema 2: } \Delta w = 3{,}5 \text{ mm} \end{cases}$

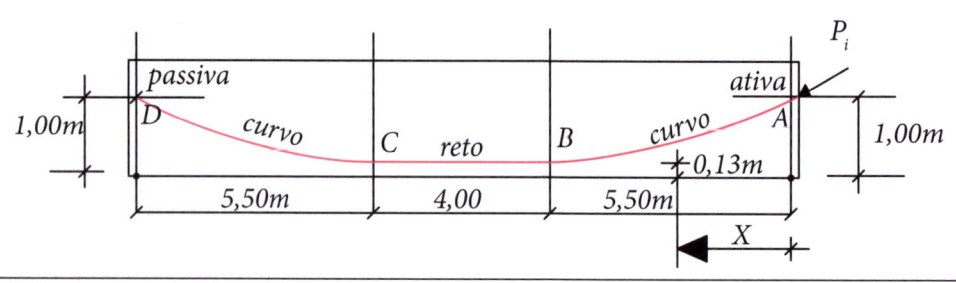

Figura 104: Elevação do traçado geométrico do cabo.

1) Determinação da força P_i:

$\sigma_{pi} = 0{,}74 \cdot f_{ptk} = 0{,}74 \cdot 1.900 = 1.406 \text{ MPa}$

$\sigma_{pi} = 0{,}82 \cdot f_{ptk} = 0{,}82 \cdot 1.710 = 1.402 \text{ MPa (adotado)}$

$P_i = 6 \cdot 1{,}40 \cdot 10^{-4} \cdot 1.402 \cdot 10^3 = 1.177{,}68 \text{ kN/cabo}$

2) Perdas por atrito – valores de $P_0(x)$:

Trecho AB: $\Sigma\alpha = 2 \cdot (1{,}00 - 0{,}13) / 5{,}50 = 0{,}3164 \text{ rad}$

$P_0(x = 5{,}50) = 1.177{,}68 \cdot e^{-(0{,}20 \cdot 0{,}3164 + 0{,}01 \cdot 0{,}20 \cdot 5{,}50)}$

$P_0(x = 5{,}50) = 1.093{,}37 \text{ kN}$

Trecho ABC: $\Sigma\alpha = 0{,}3164 + 0 = 0{,}3164 \text{ rad}$

$P_0(x = 9{,}50) = 1.177{,}68 \cdot e^{-(0{,}20 \cdot 0{,}3164 + 0{,}01 \cdot 0{,}20 \cdot 9{,}50)}$

$P_0(x = 9{,}50) = 1.084{,}66 \text{ kN}$

Trecho ABCD: Σα = 0,3164 + 0 + 0,3164 = 0,6328 rad

P_0 (x = 15,00) = 1.177,68 · $e^{-(0,20 \cdot 0,6328 + 0,01 \cdot 0,20 \cdot 15,00)}$

P_0 (x = 15,00) = 1.007,01 kN

3) Diagrama P_0 (x), P'_0 (x):

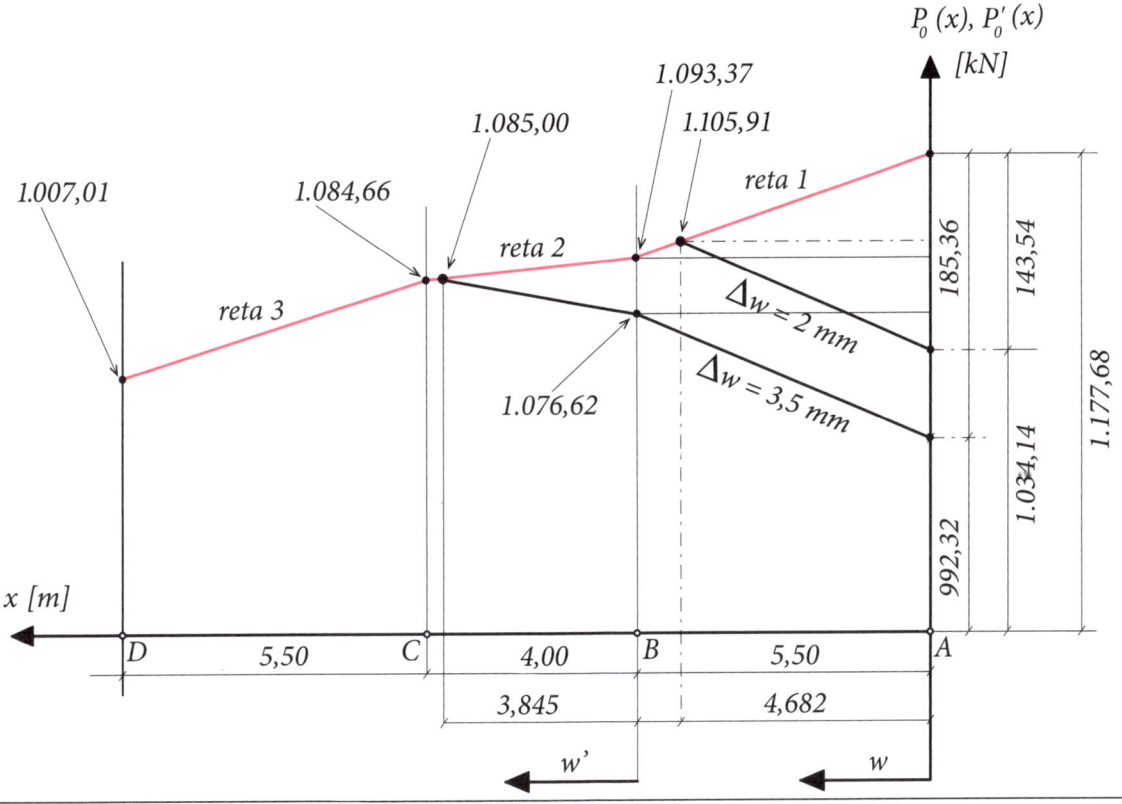

Figura 105: Diagrama P_0 (x), P'_0 (x).

4) Perdas por acomodação da ancoragem:

a) *Com* Δw = 2 mm

Hipótese 1: w ≤ 5,50 m

Δ_{p1} = (1.177,68 − 1.093,37) / 5,50 = 15,329 kN/m (*reta 1*)

$$w = \sqrt{\frac{\Delta w \cdot E_p \cdot A_p}{\Delta_{p1}}}$$

$$= \sqrt{\frac{2 \cdot 10^{-3} \cdot 200 \cdot 10^6 \cdot 6 \cdot 1,40 \cdot 10^{-4}}{15,329}} = 4,682 \text{ m}$$

w = 4,682 m < 5,50 m   (HIPÓTESE 1 ATENDIDA!)

$$P_0 (x = w) = 1.177,68 - 4,682 \cdot 15,329 = 1.105,91 \text{ kN}$$

$$\Delta P_0 (x = 0) = 2 \cdot 15,329 \cdot 4,682 = 143,54 \text{ kN}$$

$$P'_0 (x = 0) = 1.177,68 - 143,54 = 1.034,14 \text{ kN}$$

b) *Com* $\Delta w = 3,5$ mm

Hipótese 1: $w \leq 5,50$ m

$$w = \sqrt{\frac{3,5 \cdot 10^{-3} \cdot 200 \cdot 10^6 \cdot 6 \cdot 1,40 \cdot 10^{-4}}{15,329}} = 6,193 > 5,50 \text{ m}$$

(A HIPÓTESE 1 NÃO FOI ATENDIDA!)

Hipótese 2: $5,50$ m $< w \leq 9,50$ m

$$w' = \leq 4,00 \text{ m}$$

$$w' = w - 5,50$$

$$\Delta_{p2} = \frac{1.093,37 - 1.084,66}{4,00} = 2,1775 \text{ kN/m} \quad (reta\ 2)$$

Equação do 2º grau em w':

$$\Delta_{p2} \cdot (w')^2 + 2 \cdot \Delta_{p2} \cdot a \cdot w' + [\Delta_{p1} \cdot a^2 - \Delta w \cdot E_p \cdot A_p] = 0$$

$2,1775 \cdot (w')^2 + 2 \cdot 2,1775 \cdot 5,50 \cdot w' +$
$[15,329 \cdot 5,50^2 - 3,5 \cdot 10^{-3} \cdot 200 \cdot 10^6 \cdot 6 \cdot 1,40 \cdot 10^{-4}] = 0$

Resulta: $2,1775 \cdot (w')^2 + 23,9525 \cdot w' - 124,29775 = 0$

Resulta: $w'_1 = 3,845$ m $< 4,00$

$\qquad w'_2 = -14,845$ m (*não serve*)

$w' = 3,845$ m $< 4,00$ (HIPÓTESE 2 ATENDIDA!)

$$P_0 (x = w) = 1.093,37 - 2,1775 \cdot 3,845 = 1.085,00 \text{ kN}$$

$$P'_0 (x = 5,50) = 1.093,37 - 2 \cdot 2,1775 \cdot 3,845 = 1.076,62 \text{ kN}$$

$$\Delta P_0 (x = 0) = 185,36 \text{ kN}$$

$$P'_0 (x = 0) = 992,32 \text{ kN}$$

4.3.2.3. PERDAS POR ENCURTAMENTO IMEDIATO DO CONCRETO

Nas estruturas com pós-tração, quando os cabos são protendidos, os macacos se apoiam diretamente sobre o concreto e, assim, o encurtamento imediato se realiza antes da ancoragem do cabo, sem perdas de protensão. Dessa forma, nas protensões envolvendo todos os cabos que são ancorados ao mesmo tempo, em uma única operação, não existem perdas por encurtamento imediato a considerar.

Diferentemente, nos elementos estruturais com pós-tração, a protensão sucessiva de cada um dos *n* cabos (diversas etapas) provoca deformação imediata do concreto e, consequentemente, afrouxamento dos cabos anteriormente protendidos e ancorados. O último cabo tem perda por encurtamento imediato nula.

Conforme a NBR 6118 [item 9.6.3.3.2.1], pode ser considerada uma perda média de protensão, para todos os cabos, calculada pela expressão:

$$\Delta\sigma_P = \frac{(n-1)}{2 \cdot n} \cdot \alpha_P \cdot (\sigma_{cp} + \sigma_{cg}), \text{ onde:}$$

n = número de cabos protendidos sucessivamente um a um

$\alpha = E_p/E_{ci}(t)$: relação entre os módulos de deformação do aço e do concreto na idade da protensão

$E_p = 200$ GPa

E_{ci} = módulo de elasticidade do concreto para idade de referência de 28 dias

- Para concretos de classes C20 até C50:

$$E_{ci} = \alpha_E \cdot 5.600 \cdot \sqrt{f_{ck}} \text{ , em MPa}$$

- Para concretos de classes C55 até C90:

$$E_{ci} = 21,5 \cdot 10^3 \cdot \alpha_E \cdot \left(\frac{f_{ck}}{10} + 1,25\right)^{1/3} \text{ , em MPa}$$

O módulo de elasticidade, para idades entre 7 e 28 dias, pode ser avaliado pelas expressões a seguir:

- Para concretos de classes C20 até C45:

$$E_{ci}(t) = [f_{ckj} / f_{ck}]^{0,5} \cdot E_{ci}, \text{ em MPa}$$

- Para concretos de classes C50 até C90:

$$E_{ci}(t) = [f_{ckj} / f_{ck}]^{0,3} \cdot E_{ci}, \text{ em MPa}$$

onde:

$E_{ci}(t)$ é a estimativa do módulo de elasticidade do concreto em uma idade entre 7 e 28 dias;

f_{ckj} é a resistência característica à compressão do concreto na idade em que se pretende estimar o módulo de elasticidade (MPa).

σ_{cp} = tensão no concreto, ao nível do CG de A_P, devido à protensão simultânea dos n cabos

σ_{cg} = tensão no concreto ao nível do CG de Δ_P, devido à ação das cargas permanentes mobilizadas pela protensão

APLICAÇÃO NUMÉRICA

A estrutura abaixo esquematizada representa uma viga protendida com 10 cabos de 7Ø12,7 mm (*pós-tração*).

Determinar a perda média de protensão devido ao encurtamento imediato do concreto ($\Delta\sigma_p$), conforme recomendações da NBR 6118. Esboçar o diagrama final da força de protensão $P''_0(x)$, após todas as perdas imediatas, para o cabo 2.

Dados complementares:

a) Os cabos serão protendidos sequencialmente dois a dois, em duas etapas: 6 cabos aos 14 dias e 4 cabos aos 28 dias.

b) As características geométricas da seção são: $A_c = 2{,}678$ m²; $y_{c,inf} = 1{,}454$ m; $I_c = 2{,}000$ m⁴.

c) $E_p = 200$ GPa; $A_p^{(0)} = 1{,}014$ cm²/cordoalha.

d) Concreto com cimento CPII: $f_{ck} = 30$ MPa; $\alpha_E = 1{,}0$ (granito).

e) Na protensão foi mobilizado um momento fletor $M_g = 5.000$ kN · m.

f) Na seção em análise, atuam as seguintes forças de protensão, descontadas as perdas por atrito e acomodação das ancoragens:

Cabo 1: $P_0(x) = -924$ kN;

Cabo 2: $P_0(x) = -945$ kN;

Cabo 3: $P_0(x) = -934$ kN;

Cabo 4: $P_0(x) = -892$ kN;

Cabo 5: $P_0(x) = -913$ kN;

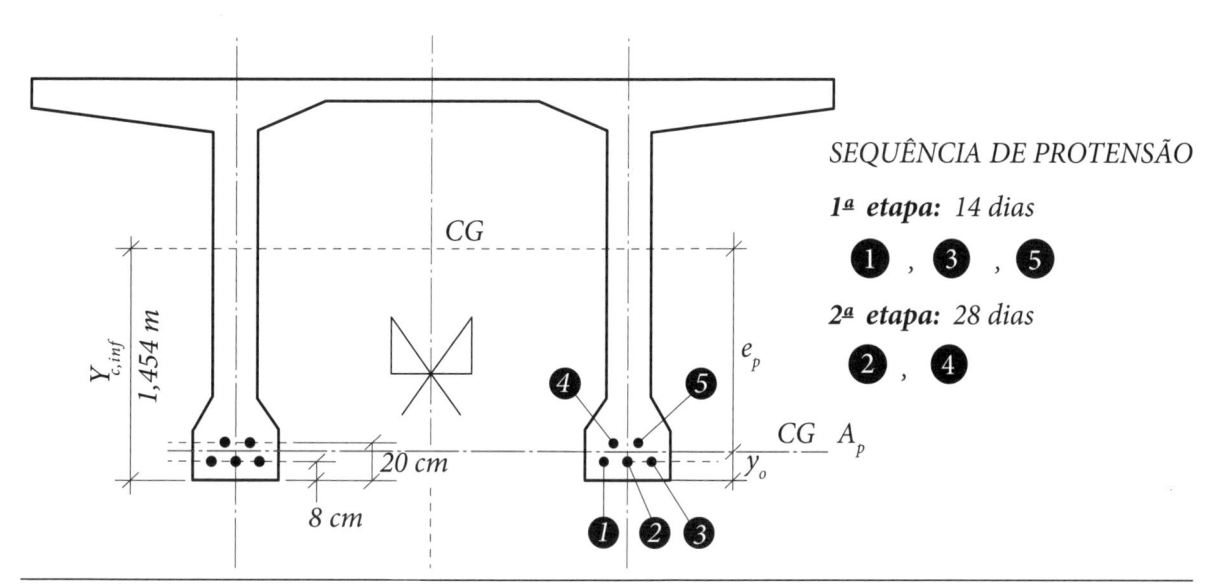

Figura 106: Seção transversal.

SEQUÊNCIA DE PROTENSÃO

1ª etapa: 14 dias
❶ , ❸ , ❺

2ª etapa: 28 dias
❷ , ❹

1) Módulo de elasticidade do concreto:

Aos 28 dias (2ª ETAPA): $E_{ci} = 1{,}0 \cdot 5.600 \cdot \sqrt{30} = 30.672$ MPa

Aos 14 dias (1ª ETAPA):

$f_{ck,14} = \beta_1 \cdot f_{ck}$

$\beta_1 = e^{\{0{,}25 \cdot [1-(28/14)^{1/2}]\}} = 0{,}9016$

$f_{ck,14} = 0{,}9016 \cdot 30 = 27{,}048$ MPa

$E_{ci}(14) = \left[\dfrac{f_{ck}(14)}{f_{ck}}\right]^{0{,}5} \cdot E_{ci} = \left[\dfrac{27{,}048}{30{,}000}\right]^{0{,}5} \cdot 30.672$

$E_{ci}(14) = 29.124$ MPa

Será considerado um módulo proporcional ao número de cabos protendidos nas **2 etapas:**

$E_{ci} = (6 \cdot 29.124 + 4 \cdot 30.672) / (6 + 4) = 29.743{,}2$ MPa

$\alpha_p = E_p / E_{ci} = 200.000 / 29.743{,}2 = 6{,}724$

2) Tensões produzidas pela protensão de todos os cabos no CG de A_p:

$e_{p1} = e_{p2} = e_{p3} = 1{,}454 - 0{,}08 = 1{,}374$ m

$e_{p4} = e_{p5} = 1{,}454 - 0{,}20 = 1{,}254$ m

$y_0 = (3 \cdot 8 + 2 \cdot 20) / (3 + 2) = 12{,}8 \text{ cm} = 0{,}128 \text{ m}$

$e_p = 1{,}454 - 0{,}128 = 1{,}326 \text{ m}$

$\sigma_{cp} = \Sigma N_{P0i} / A_c + (\Sigma (N_{P0} \cdot e_{pi}) / I_c) \cdot e_p$

$\Sigma N_{P0i} = 2 \cdot [-924 - 945 - 934 - 892 - 913] = -9.216 \text{ kN}$

$\Sigma (N_{P0i} \cdot e_{pi}) = 2 \cdot [(-924 - 945 - 934) \cdot 1{,}374 + (-892 - 913) \cdot 1{,}254]$

$\Sigma (N_{P0i} \cdot e_{pi}) = -12.229{,}58 \text{ kN} \cdot \text{m}$

$\sigma_{cp} = \dfrac{-9.216}{2{,}678} + ((\dfrac{(-12.229{,}58)}{2{,}000}) \cdot 1{,}326) = -11.549{,}59 \text{ kPa}$

3) **Tensão mobilizada pela protensão no CG de A_p:**

$\sigma_{cg} = \dfrac{M_g \cdot e_p}{I_c} = + \dfrac{5.000}{2{,}000} \cdot 1{,}326 = +3.315{,}00 \text{ kPa}$

4) **Perda média de protensão por encurtamento imediato do concreto:**

$\overline{n} = 5$ cabos de cada lado (seção simétrica)

$\Delta \sigma_p = \dfrac{n-1}{2 \cdot n} \cdot \alpha_p \cdot (\sigma_{cp} + \sigma_{cg})$

$\Delta \sigma_p = \dfrac{5-1}{2 \cdot 5} \cdot 6{,}724 \cdot (-11.549{,}59 + 3.315{,}00)$

$\Delta \sigma_p = -22.147{,}75 \text{ kPa}$

5) **Perda da força de protensão para o cabo 2:**

$P_{0,2} = -[945 - 7 \cdot 1{,}014 \cdot 10^{-4} \cdot (22.147{,}75)]$

$P_{0,2} = -[945 - 15{,}72] = -929{,}28 \text{ kN}$

> **OBS.:** *a perda por encurtamento imediato do concreto geralmente é pequena, quando comparada a outras perdas.*
>
> *No caso do cabo 2, representa 1,66% do valor da força, descontadas as perdas por atrito.*

6) **Esboço do diagrama da força final $P_0''(x)$, após todas as perdas imediatas:**

Para efeito de diagrama, vamos admitir que o cabo 2 tem um traçado curvo-reto-curvo simétrico.

CABO 2 - DIAGRAMAS

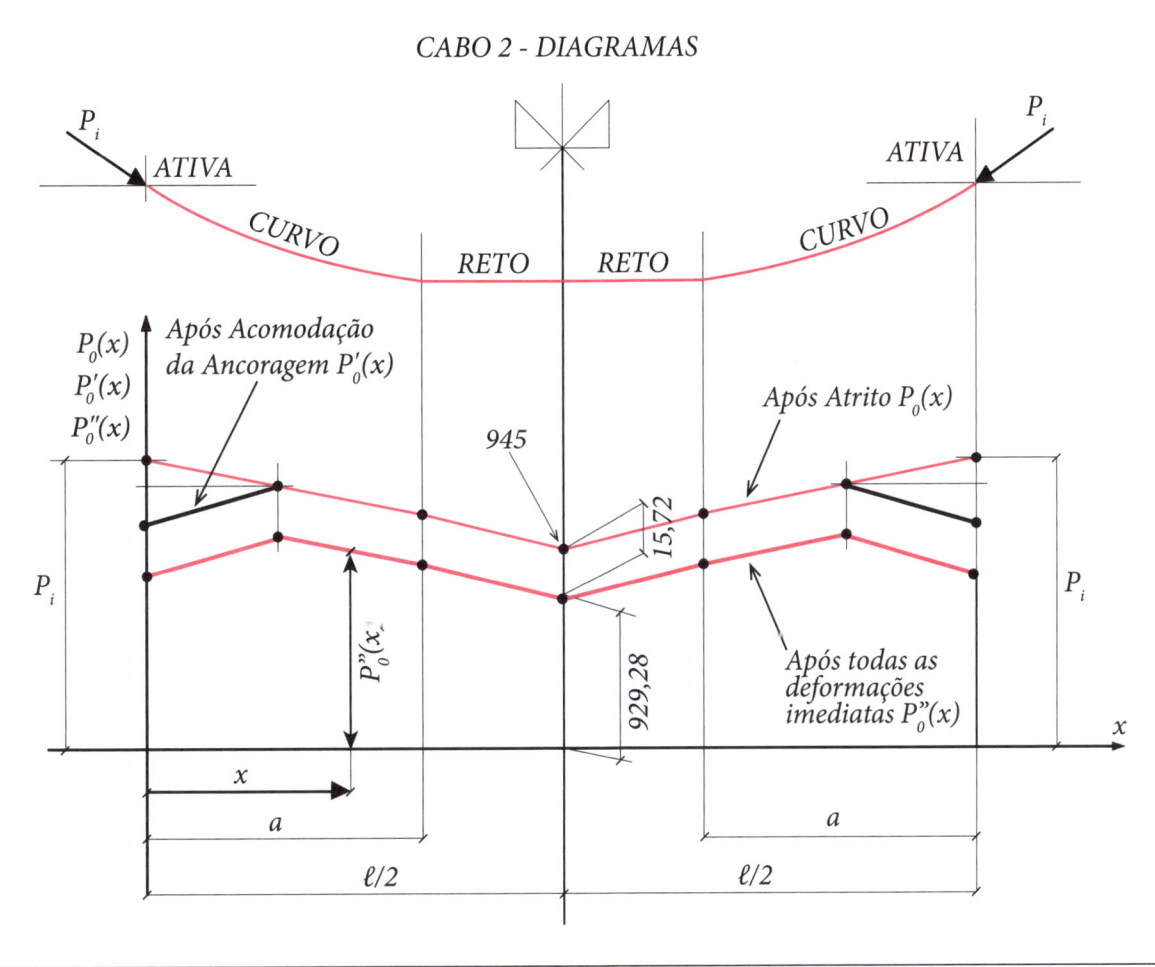

Figura 107: Cabo 2 – diagrama de forças após perdas imediatas.

> **OBS.:**
>
> *1) A perda da força de protensão devido ao encurtamento do concreto, válida para todos os cabos e calculada na seção $x = \ell/2$, pode ser estendida, de forma aproximada, para todo o cabo. Um cálculo mais rigoroso exigiria a aplicação da fórmula geral para outras seções importantes, como, por exemplo, $x = 0; x = w; x = a$ e $x = \ell/2$.*
>
> *2) O gráfico da força $P_0''(x)$ representa a protensão, descontadas todas as perdas imediatas no instante $t = t_0$ (transferência da força ao concreto). As perdas progressivas no intervalo $[(t_0, t)]$ devem ser calculadas a partir do diagrama de $P_0''(x)$.*

4.4. PERDAS PROGRESSIVAS DA FORÇA DE PROTENSÃO

4.4.1 CONSIDERAÇÕES GERAIS

Nas estruturas protendidas, a força de protensão precisa ser controlada em duas situações importantes: a primeira, na execução da estrutura, quando os efeitos da protensão podem danificar as seções de concreto, muitas vezes ainda jovem e sem a atuação de todos os carregamentos previstos no projeto; a segunda preocupação está associada à diminuição da força de protensão ao longo do tempo, durante o período de vida útil da estrutura. O projetista precisa calcular o valor dessa diminuição para confirmar, com a força que sobrou, se os diversos estados-limites ainda estão sendo atendidos. A redução da força com o tempo está vinculada ao comportamento do concreto como material estrutural, que sofre retração na secagem e fluência quando tensionado permanentemente. O estudo da retração e da fluência do concreto envolve conhecimentos teóricos, tecnológicos e experimentais. O grande número de variáveis de controle que envolvem a confecção e o comportamento do concreto dificulta a objetividade dos trabalhos de investigação dos engenheiros e laboratórios envolvidos. Os resultados das pesquisas realizadas fornecem elementos apenas aproximados para as estimativas das deformações por retração e fluência, face a todos os fatores que as influenciam. O material aço também sofre reduções de força quando submetido a deformações elevadas durante um tempo longo. Essa diminuição é chamada de relaxação e depende diretamente da qualidade do material aço. Foi justamente o aço, com qualidade não adequada, o maior responsável pelos insucessos das primeiras experiências com peças de concreto protendido. Atualmente, com o grande desenvolvimento tecnológico das siderúrgicas, estão sendo produzidos aços especiais com elevadas resistências e baixa relaxações.

Com os conhecimentos e materiais disponibilizados, cabe ao engenheiro projetista especificar procedimentos e produzir projetos nos quais os concretos e os aços tenham performances otimizadas para minimizar as perdas, principalmente as progressivas, garantindo estruturas econômicas e eficientes.

4.4.2. PERDAS PROGRESSIVAS ASSOCIADAS AO COMPORTAMENTO DO CONCRETO

4.4.2.1. OS PARÂMETROS AUXILIARES DE CÁLCULO

O grande número de variáveis de controle do concreto como material estrutural exigiu, por parte dos pesquisadores, algumas padronizações, incluindo definições de parâmetros, para que os resultados experimentais (fórmulas empíricas, ábacos e tabelas) pudessem ser aplicados para quaisquer tipos de concreto e de seções transversais.

a) ESPESSURA FICTÍCIA DA PEÇA h_{fic}

Define-se como espessura fictícia (h_{fic}) o seguinte valor:

$$h_{fic} = \gamma \cdot \frac{(2 \cdot A_c)}{\mu_{ar}}, \text{ em que:}$$

γ = coeficiente dependente da umidade relativa do ambiente (U%) - (*ver Tabela 18*);

$\gamma = 1 + e^{(-7,8 + 0,10 \cdot U)}$, para U ≤ 90%;

A_c = área de concreto da seção transversal;

μ_{ar} = parte do perímetro externo da seção transversal da peça em contato com a atmosfera.

OBS.: *[(2 · A_c) / μ_{ar}] pode ser entendido como uma espessura média. Se a seção transversal for uma parede de espessura h, com duas faces em contato com a atmosfera, então a espessura média é a própria espessura h.*

TABELA 18 – VALORES NUMÉRICOS USUAIS PARA A DETERMINAÇÃO DA FLUÊNCIA E DA RETRAÇÃO

Ambiente	Umidade U%	Fluência φ_{1c} a), c)			Retração $10^4 \cdot \varepsilon_{1s}$ b), c)			γ d)
		Abatimento de acordo com a ABNT NBR NM 67 (cm)						
		0 - 4	5 - 9	10 - 15	0 - 4	5 - 9	10 - 15	
Na água	—	0,6	0,8	1,0	+1,0	+1,0	+1,0	30,0
Em ambiente muito úmido imediatamente acima da água	90	1,0	1,3	1,6	-1,9	-2,5	-3,1	5,0
Ao ar livre, em geral	70	1,5	2,0	2,5	-3,8	-5,0	-6,2	1,5
Em ambiente seco	40	2,3	3,0	3,8	-4,7	-6,3	-7,9	1,0

a) φ_{1c} = 4,45 − 0,035U para abatimento no intervalo de 5 cm a 9 cm e U ≤ 90%.
b) $10^4 \cdot \varepsilon_{1s}$ = -8,09 + (U / 15) − (U^2 / 2.284) − (U^3 / 133.765) + (U^4 / 7.608.150) para abatimentos de 5 cm a 9 cm e 40% ≤ U ≤ 90%.
c) Os valores de φ_{1c} e ε_{1s} para U ≤ 90% e abatimento entre 0 cm e 4 cm são 25% menores e para abatimentos entre 10 cm e 15 cm são 25% maiores.
d) γ = 1 + exp (-7,8 + 0,1 U) para U ≤ 90%.

NOTAS:
1) Para efeito de cálculo, as mesmas expressões e os mesmos valores numéricos podem ser empregados no caso de tração.
2) Para o cálculo dos valores de fluência e retração, a consistência do concreto é aquela correspondente à obtida com o mesmo traço, sem a adição de superplastificantes e superfluidificantes.

b) IDADE FICTÍCIA DO CONCRETO t

A idade do concreto a considerar, quando não houver cura a vapor, é a idade fictícia (t), dada por:

$$t = \alpha \sum_i \cdot \frac{(T_i + 10)}{30} \cdot \Delta t_{ef,i}, \text{ onde:}$$

t = idade fictícia em dias;

α = coeficiente dependente da velocidade de endurecimento do cimento. Na falta de dados experimentais, é válido o emprego dos valores constantes da Tabela 19;

T_i = temperatura média diária do ambiente em graus Celsius (ºC);

$\Delta t_{ef,i}$ = período em dias durante o qual a temperatura média diária do ambiente, T_i, pode ser admitida constante.

TABELA 19 – VALORES DA FLUÊNCIA E DA RETRAÇÃO EM FUNÇÃO DA VELOCIDADE DE ENDURECIMENTO DO CIMENTO		
Cimento Portland (CP)	α	
	Fluência	Retração
De endurecimento lento (CPIII e CPIV, *todas as classes de resistência*)	1	1
De endurecimento normal (CPI e CPII, *todas as classes de resistência*)	2	
De endurecimento rápido (CPV-ARI)	3	

Onde:
CPI e CPI-S: Cimento Portland comum.
CPII-E, CPII-F e CPII-Z: Cimento Portland composto.
CPIII: Cimento Portland de alto forno.
CPIV: Cimento Portland pozolânico.
CPV-ARI: Cimento Portland de alta resistência inicial.
RS: Cimento Portland resistente a sulfatos (propriedade específica de alguns dos tipos de cimento citados).

OBS.: *as temperaturas mais elevadas aceleram os processos de retração do concreto. Pode-se levar em conta esse efeito, corrigindo-se a idade, tendo como referência a temperatura de 20 ºC. Para ajustar a velocidade de endurecimento, aplica-se a mesma regra do $(T_i + 10)/30$ com o fator multiplicativo α, que pode valer 1, 2 ou 3, conforme o tipo de cimento.*

APLICAÇÃO NUMÉRICA

Determinar a espessura fictícia (h_{fic}) da seção abaixo detalhada, para umidades de 40%, 60% e 80%.

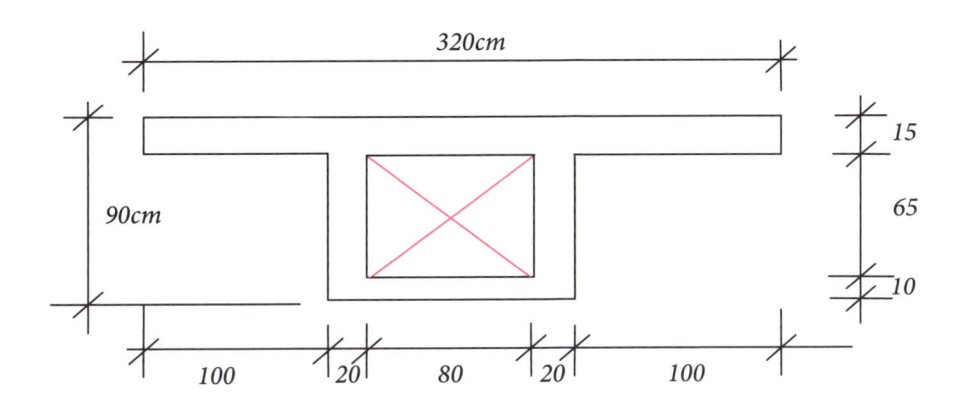

Figura 108: Seção transversal.

$A_c = 0,15 \cdot 3,20 + 0,10 \cdot 1,20 + 2 \cdot 0,20 \cdot 0,65$

$A_c = 0,86 \text{ m}^2$

$\mu_{ar} = 2 \cdot (3,20 + 0,90)$

$\mu_{ar} = 8,20 \text{ m}$

$\gamma = 1 + e^{[-7,8 + 0,10 \cdot U]}$

$U = 40\% \rightarrow \gamma = 1,02$

$U = 60\% \rightarrow \gamma = 1,16$

$U = 80\% \rightarrow \gamma = 2,22$

$h_{fic} = \gamma \cdot (2 \cdot A_c) / \mu_{ar} = \gamma \cdot (2 \cdot 0,86) / 8,20 = \gamma \cdot 0,2097 \text{ m}$

$U = 40\% \rightarrow h_{fic} = 1,02 \cdot 0,2097 = 0,2139 \text{ m} = 21,39 \text{ cm}$

$U = 60\% \rightarrow h_{fic} = 1,16 \cdot 0,2097 = 0,2432 \text{ m} = 24,32 \text{ cm}$

$U = 80\% \rightarrow h_{fic} = 2,22 \cdot 0,2097 = 0,4655 \text{ m} = 46,55 \text{ cm}$

OBS.: *para efeitos de retração, a seção anterior comporta-se como se fosse uma parede de espessura h_{fic}, com duas faces em contato com a atmosfera. A influência de γ na espessura fictícia varia de 1 a 5 quando as umidades estão entre 40% e 90% – ver Tabela 16.*

APLICAÇÃO NUMÉRICA

Determinar as idades fictícias para efeitos de **retração** e **fluência** de um concreto de 28 dias executado com os seguintes dados:

a) Temperaturas médias diárias do ambiente durante o endurecimento:

primeiros 7 dias: $T_i = 30\ °C$

12 dias seguintes: $T_i = 26\ °C$

9 dias finais: $T_i = 20\ °C$

b) Cimentos utilizados: CPI, CPIII e CPV-ARI:

Idade de referência (*real*) = 7 + 12 + 9 = 28 dias

$t = α · \{[(30 + 10) / 30] · 7 + [[(26 + 10) / 30] · 12 + [(20 + 10) / 30] · 9]\}$
$t = 32,73\ α$

Para efeitos de retração $α = 1$ (*Tabela 19*):

$t = 32,73$ dias

Para efeitos de fluência (*Tabela 19*):

Cimento CPI: $α = 2$ (normal) → $t = 65,46$ dias

Cimento CPIII: $α = 1$ (lento) → $t = 32,73$ dias

Cimento CPV: $α = 3$ (rápido) → $t = 98,19$ dias

OBS.: *para os cálculos envolvendo perdas por retração e fluência do concreto, as influências dos tipos de cimento e das temperaturas durante o endurecimento serão ajustadas conforme aplicação acima, corrigindo-se a idade do concreto. Para um mesmo concreto, teremos três idades: a real (de referência) e as duas fictícias para* **retração** *e* **fluência***.*

4.4.2.2. A RETRAÇÃO DO CONCRETO

O concreto sofre variações dimensionais ao ser colocado em ambiente com diferentes umidades relativas: contrai-se ao ser submetido à secagem, ou expande-se ao ser novamente molhado. Essa instabilidade dimensional é resultante das mudanças sofridas pela pasta de cimento hidratada e, no caso da **retração**, principalmente pela perda de água que ocorre à medida que a umidade relativa do ambiente é reduzida.

Entre os principais fatores que influenciam a **retração** por secagem de um concreto estão: o tipo de cimento, o tipo de agregado, a dosagem empregada, o uso de aditivos, a geometria da peça, o tipo de cura, a umidade relativa do ambiente e o tempo de exposição ao meio ambiente.

Nas práticas de projeto e construção, o problema da **retração** pode ser controlado de diversas maneiras:

a) Utilização de concretos mais planejados com menor relação água/cimento, granulometrias adequadas, consistências mais secas e temperaturas adequadas de lançamento.

b) Curas eficientes para evitar evaporações rápidas.

c) Colocação de armaduras adequadas para reduzir e distribuir as aberturas das fissuras nos casos de **retração** restringida.

d) Planejamento das concretagens com juntas de contração, que minimizam os efeitos da **retração**.

No caso das estruturas já protendidas, a **retração**, entendida como uma deformação normal de encurtamento, provoca um afrouxamento (redução de alongamento) da armadura e consequente perda da força de protensão.

As prescrições (*procedimentos*) a seguir adotadas são as do *anexo A* da NBR 6118. Na falta de ensaios e dados mais precisos, elas podem ser utilizadas para o cálculo da **retração** nos projetos de estruturas com concretos dos Grupos I e II da NBR 8953.

A **retração** do concreto, representada por uma deformação normal $\varepsilon_{cs}(t, t_0)$ = **deformação por retração no intervalo de tempo (t, t_0)**, depende principalmente, segundo a NBR 6118, da umidade relativa do ambiente, da consistência do concreto no lançamento e da espessura fictícia da peça.

O valor da **retração**, entre os instantes t e t_0, é dado por: $\varepsilon_{cs}(t, t_0) = \varepsilon_{cs\infty} \cdot [\beta_s(t) - \beta_s(t_0)]$

em que:

$\varepsilon_{cs\infty} = \varepsilon_{1s} \cdot \varepsilon_{2s}$ é o valor final da **retração**, em que:

ε_{1s} é o coeficiente dependente da umidade relativa do ambiente e da consistência do concreto (*ver Tabela 18*):

$$10^4 \cdot \varepsilon_{1s} = -8{,}09 + \frac{U}{15} - \frac{U^2}{2.284} - \frac{U^3}{133.765} + \frac{U^4}{7.608.150}\text{, para abatimentos de 5 cm a 9 cm e } 40\% \leq U \leq 90\%.$$

Os valores de ε_{1s} para U ≤ 90% e abatimentos entre 0 cm e 4 cm são 25% menores e para abatimentos entre 10 cm e 15 cm são 25% maiores.

$$\varepsilon_{2s} = \frac{(33 + 2 \cdot h_{fic})}{(20,8 + 3 \cdot h_{fic})}, \text{ com } h_{fic} \text{ (espessura fictícia) em centímetros.}$$

t = idade fictícia do concreto no instante considerado, em dias.

t_0 = idade fictícia do concreto no instante em que o efeito da retração na peça começa a ser considerado, em dias.

$\beta_s(t)$ ou $\beta_s(t_0)$ é o coeficiente relativo à **retração** no instante t ou t_0 (*Figura 109*).

$$\beta_s(t) = \frac{(\frac{t}{100})^3 + A(\frac{t}{100})^2 + B(\frac{t}{100})}{(\frac{t}{100})^3 + C(\frac{t}{100})^2 + D(\frac{t}{100}) + E}$$

Em que:

A = 40

B = 116 h³ − 282 h² + 220 h − 4,8

C = 2,5 h³ − 8,8 h + 40,7

D = -75 h³ + 585 h² + 496 h − 6,8

E = -169 h⁴ + 88 h³ + 584 h² − 39 h + 0,8

h é a espessura fictícia, em metros; para valores de h fora do intervalo (0,05 ≤ h ≤ 1,6) adotam-se os extremos correspondentes

t é o tempo, em dias (t ≥ 3)

Na prática, em geral, t → ∞

Na Figura 109, para t → ∞ → $\beta_s(\infty) \approx 1$

Então, o valor da **retração** será: $\varepsilon_{cs}(\infty, t_0) = \varepsilon_{1s} \cdot \varepsilon_{2s} \cdot [1 - \beta_s(t_0)]$.

> **OBS.:** *havendo duas etapas de protensão, adotar para t_0 uma idade fictícia ponderada.*

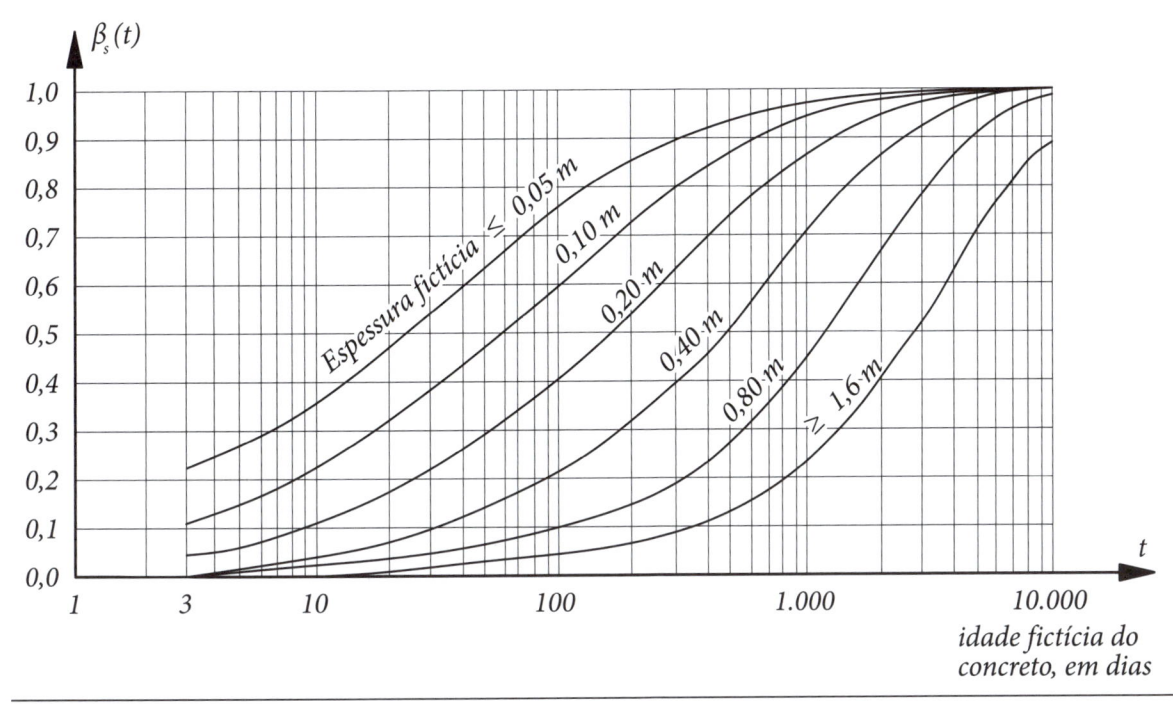

Figura 109: Variação de β_s (t).

APLICAÇÃO NUMÉRICA

Para a peça abaixo esquematizada, determinar o valor da **retração** do concreto para as seguintes condições:

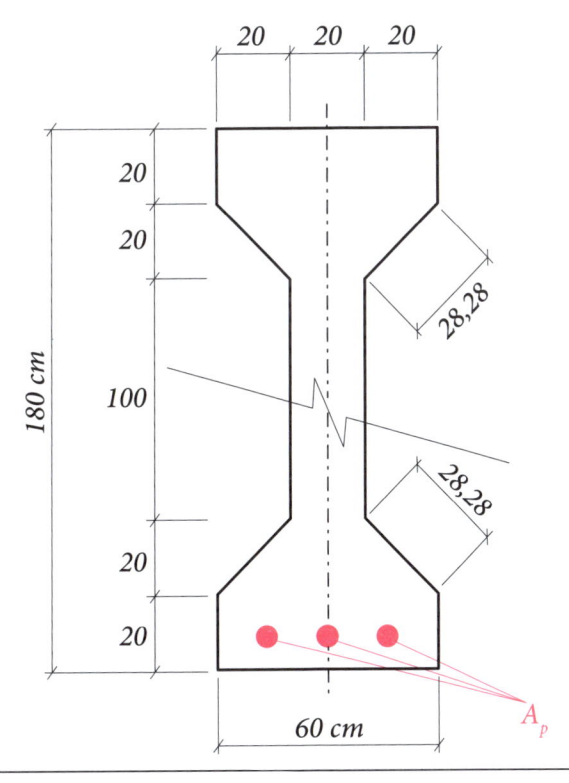

Figura 110: Seção transversal.

CASO 1:

- Abatimento do concreto = 6 cm;
- Umidade relativa = 80%;
- Concreto com cimento CPII endurecido a uma temperatura diária média de 28 °C;
- Protensão, em uma única etapa, aos 14 dias;
- $t \to \infty$.

CASO 2:

Idem caso 1, com abatimento de 12 cm e umidade relativa de 70%.

a) Espessuras fictícias da peça (h_{fic}):

$$A_c = 0,60 \text{ m}^2$$

$$\mu_{ar} = 5,1312 \text{ m}$$

$$\gamma = 1 + e^{(-7,8 + 0,1 \cdot U)} \begin{cases} U = 80\% \to \gamma = 2,22 \\ U = 70\% \to \gamma = 1,45 \end{cases}$$

$$h_{fic} = \gamma \cdot (2 \cdot 0,60 / 5,1312) = 0,2339 \cdot \gamma \begin{cases} U = 80\% \to h_{fic} = 51,9 \text{ cm} \\ U = 70\% \to h_{fic} = 33,9 \text{ cm} \end{cases}$$

b) Idade fictícia (t) do concreto, aos 14 dias, para cálculo da **retração**:

$\alpha = 1$ (*Tabela 19*), qualquer tipo de cimento

$\Delta t_{ef,i} = 14$ dias (idade real), com $T_i = 28$ °C

$$t_o = \alpha \cdot \Sigma_i \cdot [(T_i + 10) / 30] \cdot \Delta t_{ef,i} = 1 \cdot [(28 + 10) / 30] \cdot 14 \approx 18 \text{ dias}$$

c) Valores da **retração**, no intervalo (∞, 18):

Valores da **retração**: $\varepsilon_{cs}(\infty, 18) = \varepsilon_{1s} \cdot \varepsilon_{2s} \cdot [1 - \beta_s(18)]$ para os dois casos.

No caso 1:

$h_{fic} = 51,9$ cm

$10^4 \cdot \varepsilon_{1s} = -8,09 + (80/15) - (80^2/2.284) - (80^3/133.765) + (80^4/7.608.150) = -4,06$

Resulta: $\varepsilon_{1s} = -4,06 \cdot 10^{-4}$ *(abatimento de 6 cm)*

$\varepsilon_{2s} = (33 + 2 \cdot 51,9) / (20,8 + 3 \cdot 51,9) = 0,775$

Figura 109 com $h_{fic} = 51,9$ $\begin{cases} \beta_s(\infty) = 1 \\ \beta_s(18) = 0,05 \end{cases}$

Resulta: $\varepsilon_{cs}(\infty, 18) = -4,06 \cdot 10^{-4} \cdot 0,775 \cdot (1 - 0,05)$

$\varepsilon_{cs}(\infty, 18) = -2,989 \cdot 10^{-4}$ ou $-29,89 \cdot 10^{-5}$

No caso 2: $h_{fic} = 33,9$ cm   Figura 109 $\begin{cases} \beta_s(\infty) = 1 \\ \beta_s(18) = 0,12 \end{cases}$

$10^4 \cdot \varepsilon_{1s} = [-8,09 + (70/15) - (70^2/2.284) - (70^3/133.765) - (70^4/7.608.150)] \cdot 1,25$
(abatimento de 12 cm)

$10^4 \cdot \varepsilon_{1s} = -4,96 \cdot 1,25 = -6,20$

Resulta: $\varepsilon_{1s} = -6,20 \cdot 10^{-4}$

$\varepsilon_{2s} = (33 + 2 \cdot 33,9) / (20,8 + 3 \cdot 33,9) = 0,823$

Resulta: $\varepsilon_{cs}(\infty, 18) = -6,20 \cdot 10^{-4} \cdot 0,823 \cdot (1 - 0,12)$

$\varepsilon_{cs}(\infty, 18) = -4,490 \cdot 10^{-4}$ ou $-44,90 \cdot 10^{-5}$

> **OBS.:**
>
> *1) A retração pode ser entendida fisicamente como se fosse equivalente a uma queda uniforme de temperatura:*
>
> $$\varepsilon_{cs}(t, t_0) = \varepsilon \Delta t = \Delta T \cdot 10^{-5}$$
>
> *No caso 1:* $\Delta T = -29{,}89\,°C$
>
> *No caso 2:* $\Delta T = -44{,}90\,°C$
>
> *2) Nos dois casos analisados, a redução da umidade de 80% para 70%, em conjunto com o aumento do abatimento de 6 cm para 12 cm, fez com que a retração sofresse um acréscimo de 50,22%.*
>
> *3) Considerando que toda a retração se transforme em deformação para o aço, então as perdas de tensão seriam:*
>
> No caso 1: $\quad \Delta\sigma_{ps}(\infty,18) = E \cdot \varepsilon_{cs}(\infty,18)$
>
> $\quad\quad\quad\quad\quad \Delta\sigma_{ps}(\infty,18) = -29{,}89 \cdot 10^{-5} \cdot 200.000$
>
> $\quad\quad\quad\quad\quad \Delta\sigma_{ps}(\infty,18) = -59{,}78\ MPa$
>
> No caso 2: $\quad \Delta\sigma_{ps}(\infty,18) = -89{,}80\ MPa$

4.4.2.3. A FLUÊNCIA DO CONCRETO

As prescrições (procedimentos) a seguir adotadas são as do anexo A da NBR 6118. Na falta de ensaios e dados mais precisos, elas podem ser utilizadas para o cálculo da **fluência** nos projetos de estruturas com concretos dos Grupos I e II da NBR 8953.

Quando o concreto é submetido a um estado de tensão σ_c, ele sofre uma deformação imediata, representada pela expressão:

$$\varepsilon_c = \frac{\sigma_c}{E_c}$$

Mantido o estado de tensão, o concreto continua se deformando, lentamente, ao longo do tempo. O aumento da deformação sob tensão permanente é denominado deformação de **fluência** do concreto, representada por ε_{cc} (c para o concreto e c para *creep*).

Denomina-se coeficiente de **fluência** φ a relação entre a deformação por **fluência** ε_{cc} e a deformação imediata ε_c.

$$\varphi = \frac{\varepsilon_{cc}}{\varepsilon_c} \quad \text{ou} \quad \varepsilon_{cc} = \varphi \cdot \varepsilon_c = \varphi \cdot \frac{\sigma_c}{E_c}$$

Segundo a NBR 6118 [item A.2.2], a deformação por **fluência** do concreto (ε_{cc}) envolve duas partes, uma rápida e outra lenta. A deformação rápida ε_{cca} é irreversível e ocorre durante as primeiras 24 horas após a aplicação da carga que a originou. A deformação lenta é composta por duas outras parcelas: a deformação lenta irreversível ε_{ccf} e a deformação lenta reversível ε_{ccd}.

$\varepsilon_{cc} = \varepsilon_{cca} + \varepsilon_{ccf} + \varepsilon_{ccd}$

A deformação total $\varepsilon_{c,total} = \varepsilon_c + \varepsilon_{cc}$ ou $\varepsilon_{c,total} = \varepsilon_c \cdot (1 + \varphi)$

$\varphi = \varphi_a + \varphi_f + \varphi_d$, onde:

φ_a = coeficiente de deformação rápida irreversível

φ_f = coeficiente de deformação lenta irreversível

φ_d = coeficiente de deformação lenta reversível

Para o cálculo dos efeitos da **fluência**, quando as tensões no concreto são as de serviço, admitem-se as seguintes hipóteses:

a) A deformação por **fluência** ε_{cc} varia linearmente com a tensão aplicada.

b) Para acréscimos de tensão aplicados em instantes distintos, os respectivos efeitos de **fluência** se superpõem.

c) A **fluência** rápida produz deformações constantes ao longo do tempo; os valores do coeficiente φ_a são em função da relação entre a resistência do concreto no momento da aplicação da carga e sua resistência final (quando $t \to \infty$).

d) O coeficiente de deformação lenta reversível φ_d depende apenas da duração do carregamento; o seu valor final e o seu desenvolvimento ao longo do tempo independem da idade do concreto no momento da aplicação da carga.

e) O coeficiente de deformação lenta irreversível φ_f depende de:

- Umidade relativa do ambiente U.
- Consistência do concreto no lançamento.
- Espessura fictícia da peça h_{fic}.
- Idade fictícia do concreto no instante t_0 da aplicação da carga.
- Idade fictícia do concreto no instante considerado t.

f) Para o mesmo concreto, as curvas de deformação lenta irreversível em função do tempo, correspondentes a diferentes idades do concreto no momento do carregamento, são obtidas, umas em relação às outras, por deslocamento paralelo ao eixo das deformações, conforme a Figura 111 a seguir:

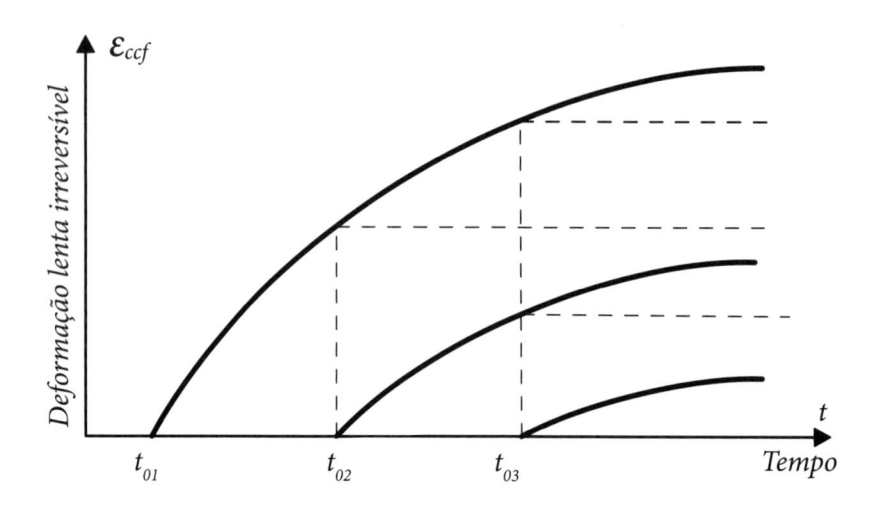

Figura 111: Variação de ε_{ccf} (t).

O valor da deformação devido à **fluência**, no instante t, é *dado por*:

$$\varepsilon_{cc}(t, t_0) = \varepsilon_{cca} + \varepsilon_{ccf} + \varepsilon_{ccd} = \frac{\sigma_c}{E_{c28}} \cdot \varphi(t, t_0),$$

com E_{c28}, sendo o módulo de deformação tangente inicial para j = 28 dias, que deve ser obtido segundo ensaio estabelecido na ABNT NBR 8522. Quando não forem realizados ensaios e não existirem dados mais precisos sobre o concreto usado, podem ser utilizados os valores da Tabela 1 (Tabela 8.1 da NBR 6118).

σ_c é a tensão que provocou a **fluência**, aplicada no instante t_0.

O coeficiente de **fluência** $\varphi(t, t_0)$, válido também para a tração, é *dado por*:

$$\varphi(t, t_0) = \varphi_a + \varphi_{f\infty} \cdot [\beta_f(t) - \beta_f(t_0)] + \varphi_{d\infty} \cdot \beta_d$$

Em que:

t é a idade fictícia do concreto no instante considerado, em dias

t_0 é a idade fictícia do concreto ao ser feito o carregamento único, em dias

t_{0i} é a idade fictícia do concreto ao ser feito o carregamento i, em dias

φ_a é o coeficiente de fluência rápida, determinado pelas expressões:

$\varphi_a = 0{,}8 \left[1 - \dfrac{f_c(t_0)}{f_c(t_\infty)} \right]$, para concretos de classes C20 a C45.

$\varphi_a = 1{,}4 \left[1 - \dfrac{f_c(t_0)}{f_c(t_\infty)} \right]$, para concretos de classes C50 a C90.

Em que:

$\dfrac{f_c(t_0)}{f_c(t_\infty)}$ é a função do crescimento da resistência do concreto com a idade.

A NBR 6118, no item 12.3, fornece um coeficiente β_1 para avaliar o crescimento da resistência do concreto, válido para j ≤ 28 dias, que tem como referência a idade de 28 dias.

$$\beta_1 = e^{\{s \cdot [1 - (28/t)^{1/2}]\}}$$

Em que:

t é a idade efetiva do concreto em dias

s = 0,38 para concreto de cimento CPIII e CPIV;

s = 0,25 para concreto de cimento CPI e CPII;

s = 0,20 para concreto de cimento CPV-ARI.

Na falta de elementos mais precisos, β_1 também será utilizado para estimar, para efeito de orientação, o crescimento para idades acima de 28 dias (ver Tabela 20).

Cimento Portland	TABELA 20 – CRESCIMENTO DA RESISTÊNCIA DO CONCRETO											
	Idade (dias)											
	3	7	14	28	63	91	120	240	360	720	1.000	10.000 (∞)
CPIII CPIV	0,46	0,68	0,85	1	1,13	1,18	1,21	1,28	1,31	1,36	1,37	1,433
CPI CPII	0,59	0,78	0,9	1	1,08	1,12	1,14	1,18	1,20	1,22	1,23	1,267
CPV	0,66	0,82	0,92	1	1,07	1,09	1,11	1,14	1,16	1,17	1,18	1,208

NOTA:
CPI = cimento comum; CPII = cimento composto; CPIII = cimento de alto forno; CPIV = cimento pozolânico; CPV = cimento de alta resistência inicial.

EXEMPLO

Determinar o valor da função de crescimento para um concreto de cimento CPIII para as idades efetivas (reais) de 7 e 28 dias. Com base na tabela anterior:

para j = 7 dias → $f_c(7) / f_c(t\infty) = 0,68 / 1,433 = 0,474$

para j = 28 dias → $f_c(28) / f_c(t\infty) = 1,00 / 1,433 = 0,698$

> **OBS.:** *a parcela φ_a da fluência está associada ao valor da resistência do concreto quando carregado. Para o exemplo anterior, teríamos:*
>
> $j = 7$ dias $\rightarrow \varphi_a = 0{,}8 \cdot (1 - 0{,}474) = 0{,}421$
>
> $j = 28$ dias $\rightarrow \varphi_a = 0{,}8 \cdot (1 - 0{,}698) = 0{,}242$
>
> *Se o carregamento for a protensão, então seria recomendável, para reduzir a parcela φ_a, aplicar a protensão quando o concreto apresentasse idades maduras.*

$\varphi_{f\infty} = \varphi_{1c} \cdot \varphi_{2c}$ é o valor final do coeficiente de deformação lenta irreversível para concretos de classes C20 a C45

$\varphi_{f\infty} = 0{,}45 \cdot \varphi_{1c} \cdot \varphi_{2c}$ é o valor final do coeficiente de deformação lenta irreversível para concretos de classes C50 a C90

φ_{1c} é o coeficiente que depende da umidade relativa do ambiente U, em porcentagem, e da consistência do concreto dada pela Tabela 18

$\varphi_{1c} = 4{,}45 - 0{,}035 \cdot U$ para abatimentos de 5 cm a 9 cm e $U \leq 90\%$

Os valores de φ_{1c} para $U \leq 90\%$ e abatimentos entre 0 cm e 4 cm são 25% menores e para abatimentos entre 10 cm e 15 cm são 25% maiores.

φ_{2c} é o coeficiente que depende da espessura fictícia da peça h_{fic}

$\varphi_{2c} = (42 + h_{fic}) / (20 + h_{fic})$, em que h_{fic} é a espessura fictícia, em centímetros

$\beta_f(t)$ ou $\beta_f(t_0)$ é o coeficiente relativo à deformação lenta irreversível, em função da idade fictícia do concreto, conforme Figura 112.

$$\beta_f(t) = \frac{(t^2 + A \cdot t + B)}{(t^2 + C \cdot t + D)}$$

Em que:

$A = 42 \cdot h^3 - 350\, h^2 + 588 \cdot h + 113$

$B = 768 \cdot h^3 - 3.060\, h^2 + 3.234 \cdot h - 23$

$C = -200 \cdot h^3 + 13 \cdot h^2 + 1.090 \cdot h + 183$

$D = 7.579 \cdot h^3 - 31.916 \cdot h^2 + 35.343 \cdot h + 1.931$

h = espessura fictícia, em metros; para valores de h fora do intervalo $(0{,}05 \leq h \leq 1{,}6)$, adotam-se os extremos correspondentes

t = tempo, em dias $(t \geq 3)$

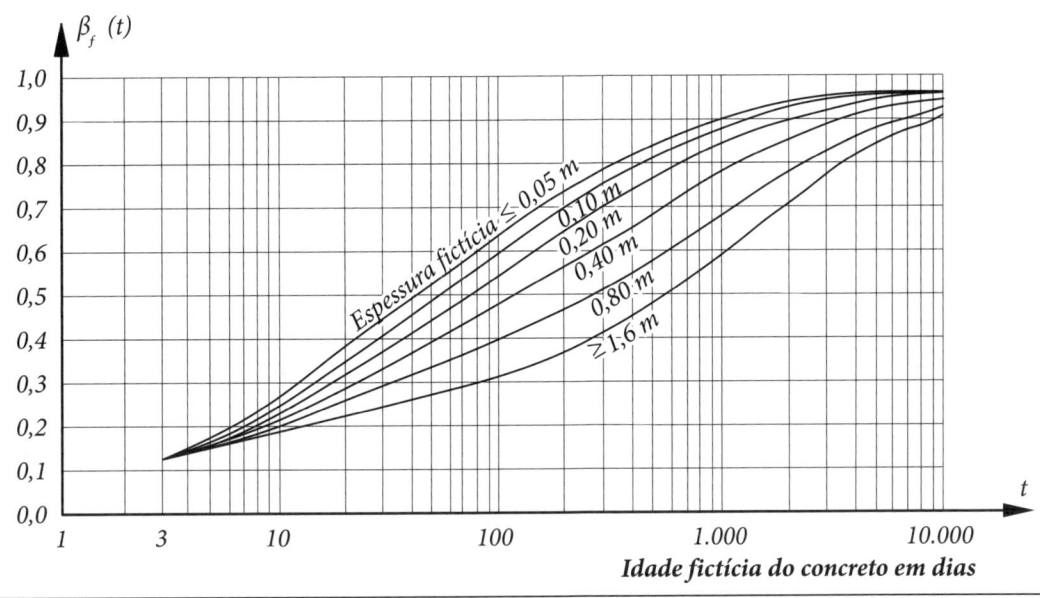

Figura 112: Variação de β_f (t).

$\varphi_{d\infty}$ é o valor final do coeficiente de deformação lenta reversível, considerado igual a 0,4

β_d (t) é o coeficiente relativo à deformação lenta reversível em função do tempo (t − t_0) decorrido após o carregamento

$$\beta_d = (t - t_0 + 20) / (t - t_0 + 70) \begin{cases} (t - t_0) = 100 \rightarrow \beta_d = 0,70 \\ (t - t_0) = 1.000 \rightarrow \beta_d = 0,95 \\ (t - t_0) = 10.000 \rightarrow \beta_d = 0,995 \end{cases}$$

portanto, (t − t_0) = ∞ → β_d = 1,0

OBS.: *no cálculo das perdas de protensão devido à fluência do concreto, é importante observar alguns aspectos importantes:*

1) *As deformações determinantes são as que se produzem em condições de carregamentos permanentes: protensão, peso próprio e sobrecargas fixas.*

2) *Quando existirem diversas etapas de carregamentos permanentes em idades fictícias diferentes, então vai existir, para cada etapa, um coeficiente de fluência φ (t, t_{0i}).*

3) *As deformações imediatas estão referidas aos 28 dias, com $E_{c28} = E_{ci28}$.*

4) *As deformações por fluência provocadas pelos carregamentos permanentes podem ser calculadas na posição de cada cabo, individualmente, na seção escolhida.*

5) *As tensões que geram a fluência, provocadas pela protensão, são calculadas com as forças aplicadas por cada cabo, na seção escolhida, descontando-se as perdas imediatas já ocorridas.*

6) *As perdas por fluência dependem diretamente do valor da resistência do concreto quando da aplicação da protensão: quanto maior for a resistência, menor será a perda por fluência.*

7) *Nas aplicações práticas, a idade fictícia t a utilizar será sempre $t \to \infty$.*

Nessas condições, a função de fluência a calcular será $\varphi(\infty, t_0)$ com $\beta_f(\infty) = 1$ e $\beta_d = 1$
$$\varphi(\infty, t_0) = \varphi_a + \varphi_{f\infty} \cdot [1 - \beta_f(t_0)] + 0{,}4.$$

APLICAÇÃO NÚMERICA

Determinar a deformação por fluência do concreto ao nível do CG da armadura protendida, para a seção abaixo, considerando que:

a) A protensão foi aplicada, em uma única etapa, aos 14 dias de idade do concreto.

b) A concretagem e o endurecimento do concreto ocorreram nas seguintes condições:

U = 75% – abatimento de 10 cm;

f_{ck} = 30 MPa – concreto com cimento CPII;

agregado graúdo: granito ($\alpha_E = 1{,}0$);

temperatura média durante 60 dias igual a 30 °C.

c) A protensão mobilizou a carga g_1.

d) A carga g_2 foi aplicada aos 60 dias de idade do concreto.

e) A seção transversal, com as tensões mobilizadas pela protensão, g_1 e g_2, estão mostradas a seguir:

SEÇÃO TRANSVERSAL   *TENSÕES NORMAIS*
                        [kPa]

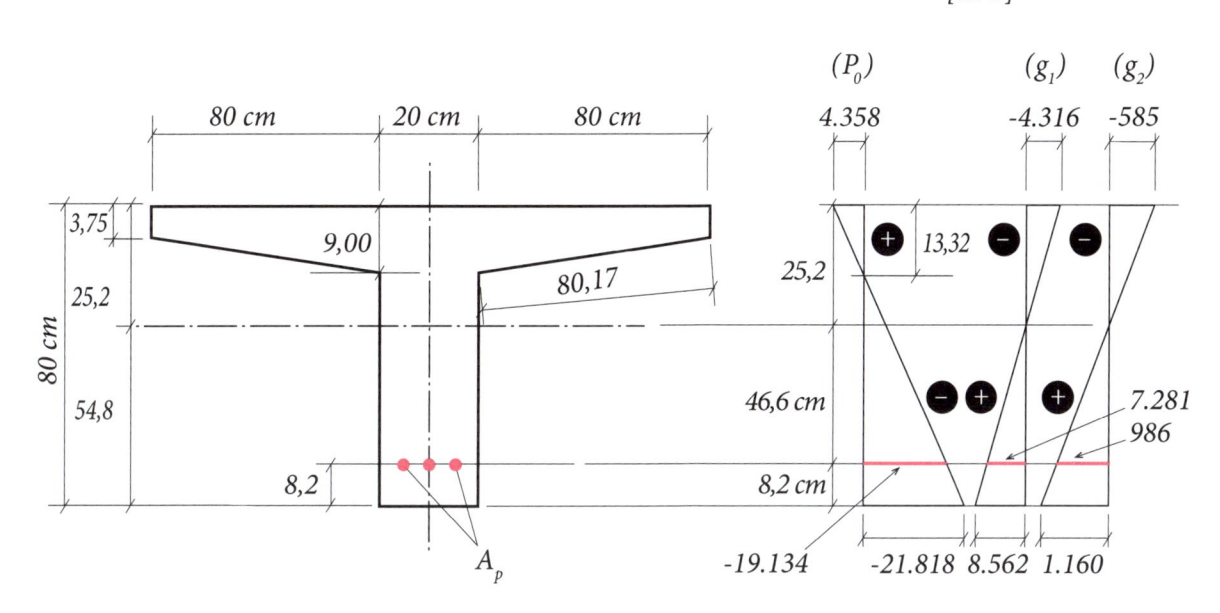

Figura 113: Seção transversal e tensões normais.

f) Calcular a **fluência** entre o dia da protensão (t_0) e o final da vida útil da peça ($t \to \infty$).

1) Espessura fictícia da peça (h_{fic}):

$$h_{fic} = \gamma \cdot 2 \cdot \frac{A_c}{\mu_{ar}}, \text{com} \begin{cases} A_c = 0{,}262 \text{ m}^2 \text{ e} \\ \mu_{ar} = 5{,}0984 \text{ m} \end{cases}$$

$$\gamma = 1 + e^{(-7{,}8 + 0{,}10 \cdot 75)} = 1{,}74$$

$$h_{fic} = 1{,}74 \cdot \frac{2 \cdot 0{,}262}{5{,}0984} = 0{,}179 \text{ m} = 17{,}9 \text{ cm}$$

2) Idades fictícias do concreto para cálculo da **fluência**:

Carregamento 1: ($P_0 + g_1$), aos 14 dias (*idade efetiva*)

$$t = 2 \cdot [(30 + 10) / 30] \cdot 14 \approx 38 \text{ dias}$$

Carregamento 2: g_2, aos 60 dias (*idade efetiva*)

$$t = 2 \cdot [(30 + 10) / 30] \cdot 60 \approx 160 \text{ dias}$$

3) Coeficientes de **fluência**:

a) $\varphi(\infty, 38) = \varphi_a + \varphi_{f\infty} \cdot [\beta_f(\infty) - \beta_f(38)] + \varphi_{d\infty} \cdot \beta_d$

$\varphi_a = 0{,}8 \cdot [1 - [f_c(14)] / [f_c(\infty)]] = 0{,}8 \cdot [1 - (0{,}9 / 1{,}267)] = 0{,}23$

OBS.: *na estimativa do crescimento da resistência, foi utilizada, a favor da segurança, a idade efetiva do concreto.*

$\varphi_{f\infty} = \varphi_{1c} \cdot \varphi_{2c}$

$\varphi_{1c} = (4{,}45 - 0{,}035 \cdot 75) \cdot 1{,}25 = 2{,}28$

$\varphi_{2c} = (42 + 17{,}9) / (20 + 17{,}9) = 1{,}58$

Figura 112 $\begin{cases} \beta_f(\infty) = 1 \\ \beta_f(38) = 0{,}47 \end{cases}$

$\varphi_{f\infty} = 2{,}28 \cdot 1{,}58 = 3{,}60$

$\varphi_{d\infty} = 0{,}4 \ \text{e} \ \beta_d = 1$

Resulta: $\quad \varphi(\infty, 38) = 0{,}23 + 3{,}60 \cdot [(1 - 0{,}47)] + 0{,}4$

$\varphi(\infty, 38) = 2{,}538$

b) $\varphi(\infty, 160) = \varphi_a + \varphi_{f\infty}[\beta_f(\infty) - \beta_f(160)] + \varphi_{d\infty} \cdot \beta_d$

$\varphi_a = 0{,}8 \cdot \left[1 - \dfrac{f_c(60)}{f_c(t\infty)}\right] = 0{,}8 \cdot [1 - (1{,}08 / 1{,}267)] = 0{,}12$

$\varphi_{f\infty} = \varphi_{1c} \cdot \varphi_{2c} = 2{,}28 \cdot 1{,}58 = 3{,}60$

Figura 112 $\{ \beta_f(160) = 0{,}65$

$\varphi_{d\infty} = 0{,}4 \ \text{e} \ \beta_d = 1$

Resulta: $\quad \varphi(\infty, 160) = 0{,}12 + 3{,}60 \cdot [1 - 0{,}65] + 0{,}4$

$\varphi(\infty, 160) = 1{,}780$

4) Valor da deformação por **fluência** do concreto no intervalo de tempo (∞, 38), considerando a superposição dos efeitos:

$$\varepsilon_{cc}(\infty, 38) = 1/E_{c28} \cdot [(\sigma_{cp0} + \sigma_{cg1}) \cdot \varphi(\infty, 38) + \sigma_{cg2} \cdot \varphi(\infty, 160)]$$

$$E_{28} = E_{ci28} = 1{,}0 \cdot 5.600 \cdot 30^{1/2} = 30.672 \text{ MPa ou } 30.672 \cdot 10^3 \text{ kPa}$$

$$\varepsilon_{cc}(\infty, 38) = 1/(30.672 \cdot 10^3) \cdot [(-19.134 + 7.281) \cdot 2{,}538 + 986 \cdot 1{,}780]$$

Resulta: $\varepsilon_{cc}(\infty, 38) = -0{,}9236 \cdot 10^{-3}$

OBS.:

a) A fluência também pode, a exemplo da retração, ser entendida como uma queda uniforme de temperatura. No caso, a queda seria de -92,36 °C.

b) Se a armadura sofrer deformação igual a do concreto, então a perda de tensão será:

$\Delta\sigma_{pc}(\infty, 38) = -0{,}9236 \cdot 10^{-3} \cdot 200.000$

$\Delta\sigma_{pc}(\infty, 38) = -184{,}72 \text{ MPa}$

APLICAÇÃO NUMÉRICA

Determinar a deformação por **fluência** do concreto para a seção a seguir detalhada, ao nível do CG da armadura protendida, considerando as seguintes informações:

a) Foi utilizado um concreto C40 de cimento CPIII com agregado graúdo em granito e com *slump* de 5 cm curado com temperatura média de 28 °C em umidade relativa de 70%.

b) A primeira protensão*, de 3 × 9 = 27 cordoalhas, foi efetuada aos 14 dias de idade com $N_{p0}^{(0)}$ = 185 kN/cordoalha, mobilizando um momento fletor M_{g1} = 907 kN · m (*peso próprio*).

c) A segunda protensão*, das três cordoalhas restantes, foi efetuada aos 28 dias de idade do concreto.

d) Aos 60 dias de idade do concreto, foi aplicado o saldo do carregamento permanente com um momento fletor M_{g2} = 1.693 kN · m.

Calcular a **fluência** entre a primeira protensão e a idade t → ∞.

---

* *Etapas de protensão*: criadas para fins didáticos

$A_c = 0{,}726 \text{ m}^2$

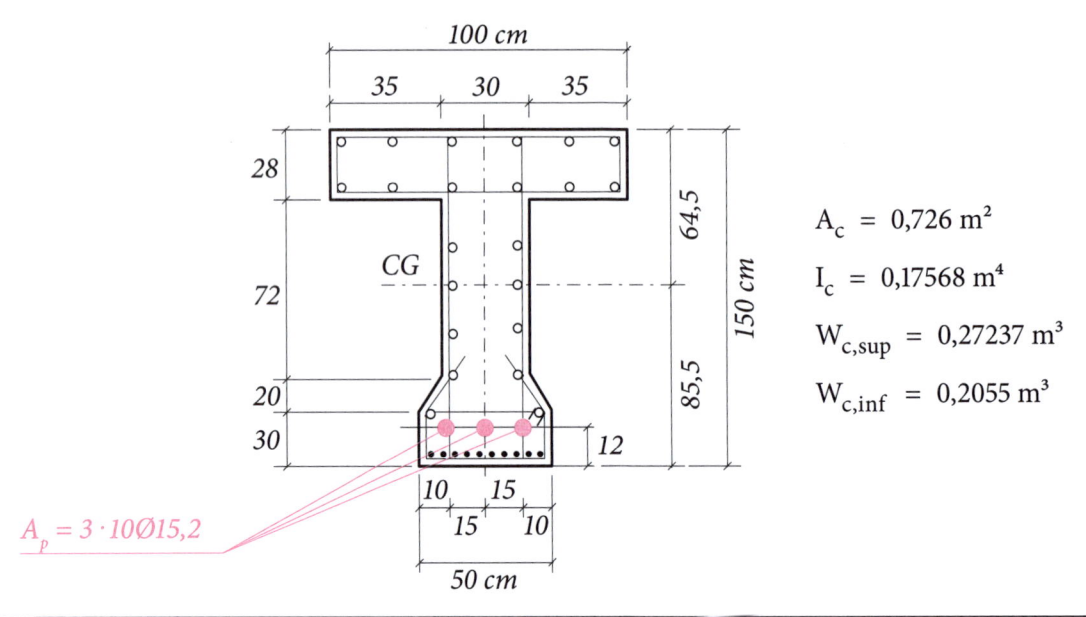

$I_c = 0{,}17568 \text{ m}^4$

$W_{c,sup} = 0{,}27237 \text{ m}^3$

$W_{c,inf} = 0{,}2055 \text{ m}^3$

$A_p = 3 \cdot 10\varnothing 15{,}2$

Figura 114: Seção transversal.

1) Espessura fictícia da peça (h_{fic}):

$\gamma = 1 + e^{(-7{,}8 + 0{,}10 \cdot U)}$

$\gamma = 1 + e^{(-7{,}8 + 0{,}10 \cdot 70)} = 1{,}45$

$A_c = 0{,}726 \text{ m}^2$

$\mu_{ar} = 5{,}25 \text{ m}$

$h_{fic} = \gamma \cdot (2 \cdot A_c) / \mu_{ar}$

$h_{fic} = 1{,}45 \cdot (2 \cdot 0{,}726) / 5{,}25 = 0{,}40 \text{ m} = 40 \text{ cm}$

2) Idades fictícias do concreto para cálculo da **fluência**:

Carregamento 1: ($P_{01} + g_1$), aos 14 dias (*idade efetiva*)

$t = 1 \cdot (28 + 10) / 30 \cdot 14 \approx 18 \text{ dias}$

Carregamento 2: P_{02}, aos 28 dias (idade efetiva)

$t = 1 \cdot (28 + 10) / 30 \cdot 28 \approx 35 \text{ dias}$

Carregamento 3: g_2, aos 60 dias (idade efetiva)

$t = 1 \cdot (28 + 10) / 30 \cdot 60 \approx 76 \text{ dias}$

3) Coeficientes de **fluência**:

a) $\varphi(\infty, 18) = \varphi_a + \varphi_{f\infty}[\beta_f(\infty) - \beta_f(18)] + \varphi_{d\infty} \cdot \beta_d$

$\varphi_a = 0{,}8 \cdot [1 - f_c(14)/f_c(t\infty)] = 0{,}8 \cdot [1 - 0{,}85/1{,}433] = 0{,}33$

$\varphi_{f\infty} = \varphi_{1c} \cdot \varphi_{2c}$

$\varphi_{1c} = (4{,}45 - 0{,}035 \cdot 70) = 2{,}0$

$\varphi_{2c} = (42 + 40)/(20 + 40) = 1{,}37$

$\varphi_{f\infty} = 2{,}0 \cdot 1{,}37 = 2{,}74$

Figura 112 $\begin{cases} \beta_f(\infty) = 1 \\ \beta_f(18) = 0{,}28 \end{cases}$

$\varphi_{d\infty} = 0{,}4 \text{ e } \beta_d = 1$

Resulta: $\varphi(\infty, 18) = 0{,}33 + 2{,}74 \cdot (1 - 0{,}28) + 0{,}4 \rightarrow \varphi(\infty, 18) = 2{,}703$

b) $\varphi(\infty, 35) = \varphi_a + \varphi_{f\infty} \cdot [\beta_f(\infty) - \beta_f(35)] + \varphi_{d\infty} \cdot \beta_d$

$\varphi_a = 0{,}8 \cdot [1 - f_c(28)/f_c(t\infty)] = 0{,}8 \cdot (1 - 1{,}00/1{,}433) = 0{,}24$

$\varphi_{f\infty} = 2{,}0 \cdot 1{,}37 = 2{,}74$

Figura 112 $\begin{cases} \beta_f(\infty) = 1 \\ \beta_f(35) = 0{,}35 \end{cases}$

$\varphi_{d\infty} = 0{,}4 \text{ e } \beta_d = 1$

Resulta: $\varphi(\infty, 35) = 0{,}24 + 2{,}74 \cdot (1 - 0{,}35) + 0{,}4 \rightarrow \varphi(\infty, 35) = 2{,}421$

c) $\varphi(\infty, 76) = \varphi_a + \varphi_{f\infty} \cdot [\beta_f(\infty) - \beta_f(76)] + \varphi_{d\infty} \cdot \beta_d$

$\varphi_a = 0{,}8 \cdot [1 - f_c(60)/f_c(t\infty)] = 0{,}8 \cdot (1 - 1{,}13/1{,}433) = 0{,}17$

$\varphi_{f\infty} = 2{,}0 \cdot 1{,}37 = 2{,}74$

Figura 112 $\begin{cases} \beta_f(\infty) = 1 \\ \beta_f(76) = 0{,}45 \end{cases}$

$\varphi_{d\infty} = 0{,}4 \text{ e } \beta_d = 1$

Resulta: $\varphi(\infty, 76) = 0{,}17 + 2{,}74 \cdot (1 - 0{,}45) + 0{,}4 \rightarrow \varphi(\infty, 76) = 2{,}077$

4) Tensões aplicadas ao nível do CG da armadura:

$$e_p = 0{,}855 - 0{,}12 = 0{,}735 \text{ m}$$

a) Devido à protensão de 3 x 9 = 27 cordoalhas

$$\sigma_{c,p01} = [(27 \cdot (-185))/0{,}726] + [(27 \cdot (-185) \cdot 0{,}735)/0{,}17568] \cdot 0{,}735$$

$$\sigma_{c,p01} = -6.880{,}16 - 15.359{,}88 = -22.240{,}04 \text{ kPa}$$

b) Devido à protensão das três cordoalhas finais

$$\sigma_{c,p02} = -764{,}46 - 1.706{,}65 = -2.471{,}11 \text{ kPa}$$

c) Devido à $M_{g1} = 907 \text{ kN} \cdot \text{m}$

$$\sigma_{cg1} = (907/0{,}17568) \cdot 0{,}735 = +3.794{,}65 \text{ kPa}$$

d) Devido à $M_{g2} = 1.693 \text{ kN} \cdot \text{m}$

$$\sigma_{cg2} = (1.693/0{,}17568) \cdot 0{,}735 = +7.083{,}08 \text{ kPa}$$

5) Valor da deformação por FLUÊNCIA do concreto, no intervalo de tempo $(\infty, 18)$, considerando a superposição dos efeitos:

$$\varepsilon_{cc}(\infty, 18) = (1/E_{c28}) \cdot [\sigma_{c,p01} + g_1 \cdot \varphi(\infty, 18) + \sigma_{c,p02} \cdot \varphi(\infty, 35) + \sigma_{cg2} \cdot \varphi(\infty, 76)]$$

$$E_{c28} = E_{ci28} = 1{,}0 \cdot 5.600 \cdot 40^{1/2} = 35.417 \text{ MPa ou } 35.417 \cdot 10^3 \text{ kPa}$$

$$\varepsilon_{cc}(\infty, 18) =$$
$$= (1/35.417 \cdot 10^3) \cdot [(-22.240{,}04 + 3.794{,}65) \cdot 2{,}703 + (-2.471{,}11) \cdot 2{,}421 + 7.083{,}08 \cdot 2{,}077]$$

$$\varepsilon_{cc}(\infty, 18) = -1{,}1613 \cdot 10^{-3}$$

6) Perda de tensão no aço, considerando que toda a FLUÊNCIA se transforme em perda de protensão:

$$\Delta\sigma_{pc}(\infty, 18) = -1{,}1613 \cdot 10^{-3} \cdot 200.000 \text{ MPa}$$

$$\Delta\sigma_{pc}(\infty, 18) = -232{,}26 \text{ MPa}$$

4.4.2.4. O EFEITO CONJUNTO DA RETRAÇÃO E FLUÊNCIA DO CONCRETO

A separação entre os estudos da **RETRAÇÃO** e da **FLUÊNCIA** do concreto é apenas convencional. Na realidade, trata-se de dois aspectos de um único fenômeno físico, que ocorrem simultaneamente e interagem entre si.

Nas recomendações do CEB FIP 78 – Anexo E, as perdas por **RETRAÇÃO** e **FLUÊNCIA** podem ser avaliadas, com suficiente grau de aproximação, com a expressão denominada "Fórmula derivada do método da tensão média", apresentada a seguir.

$$\Delta\sigma_{p,c+s}(t,t_0) = \frac{[\varepsilon_{cs}(t,t_0) \cdot E_p + \alpha_p \cdot \varphi(t,t_0) \cdot (\sigma_{c,p0} + \sigma_{cg}) + \alpha_p \cdot \Sigma_i [\Delta\sigma_{cgi} \cdot \varphi(t,t_i)]]}{[1 - \alpha_P \cdot (\sigma_{c,p0}/\sigma_{p0}) \cdot (1 + \frac{\varphi(t,t_0)}{2})]}$$

em que:

$\Delta\sigma_{p,c+s}(t,t_0)$ = perda de tensão da armadura protendida provocada pela **retração** e **fluência** do concreto no intervalo (t,t_0)

(t,t_0) = intervalo de tempo (*idades fictícias*), no qual estão sendo avaliadas as perdas

t_i = idades fictícias de aplicação dos carregamentos

$\varepsilon_{cs}(t,t_0)$ = deformação normal por **retração** do concreto no intervalo (t,t_0)

E_p = módulo de elasticidade do aço = 200 GPa

$E_{c28} = E_{ci28}$

$\alpha_P = E_P/E_{c28}$, relação dos módulos aço/concreto

$\varphi(t,t_0)$ = coeficiente de **fluência**, para o intervalo (t,t_0)

$\sigma_{c,p0}$ = tensão inicial no concreto, na fibra da armadura protendida, devido unicamente à protensão aplicada no instante t_0, calculada com as forças de protensão (descontadas as perdas imediatas)

σ_{cg} = tensão no concreto, na fibra da armadura protendida, devido às ações permanentes mobilizadas pela protensão (em geral o peso próprio g_1), no instante t_0

$\Delta\sigma_{cg1}$ = tensões no concreto, na fibra da armadura protendida, devido aos carregamentos g_i, aplicados nas idades t_i sucessivas

$\varphi(t,t_i)$ = coeficientes de **fluência** para os intervalos (t,t_i)

σ_{p0} = tensão inicial na armadura protendida devido à protensão (*tração* = P_0/A_P)

> É a tensão que existe na armadura quando a protensão é transferida para a seção de concreto. No caso da pré-tração, a tensão a considerar é a que atua imediatamente após a liberação das ancoragens, descontadas as perdas por deformação imediata do concreto.

Na fórmula anterior, todas as parcelas devem ser consideradas com seus respectivos sinais [(+) *para tração e* (–) *para compressão*]. O numerador representa a soma direta dos efeitos da **retração** e da **fluência** do concreto, sem consideração do efeito redutivo da interdependência dos fenômenos. A redução, devido à interdependência, é representada pelo denominador, que sempre é um número positivo e superior a 1.

> **OBS.:** *sobre a utilização da "Fórmula derivada do método da tensão média", valem as seguintes observações:*
>
> 1) *Na aplicação da expressão, são considerados somente os efeitos das ações permanentes. As ações variáveis/acidentais, em razão de seus curtos períodos de atuação, não produzem deformações importantes por fluência.*
>
> 2) *O efeito redutivo da interação entre a retração e a fluência (considerados aditivos no numerador) é representado pelo denominador da expressão, que é um número da ordem de 1,10 a 1,30, ou seja: o efeito conjunto é da ordem de 90% a 76% do efeito somado em separado.*
>
> 3) *Admite-se a existência da aderência entre a armadura e o concreto (deformações iguais) e também que a peça permaneça no Estádio I.*
>
> 4) *São considerados os concretos endurecidos sob condições normais de cura (não vale a teoria para curas a vapor). Além disso, a máxima tensão normal de compressão deve estar abaixo de 0,4 · f_{ckj} no instante j do carregamento.*
>
> 5) *A expressão permite considerar os efeitos de ações permanentes aplicadas em épocas t_i sucessivas.*
>
> 6) *A expressão pode ser aplicada cabo a cabo, observando-se as tensões relativas às posições geométricas dos mesmos. A tensão de protensão da armadura deve ser calculada cabo a cabo, individualmente. Estando as armaduras suficientemente próximas, pode-se aplicar a hipótese do cabo resultante com cálculo dos efeitos na posição de CG dos cabos.*
>
> 7) *A presente teoria não se aplica aos concretos submetidos a altas temperaturas (reatores nucleares) ou a temperaturas muito baixas (câmaras frigoríficas).*
>
> 8) *Nas aplicações numéricas, é necessário observar, além dos sinais, a unidade de tensão uniforme em todas as parcelas, uma vez que comparecem na expressão módulos, tensões no aço e no concreto.*

APLICAÇÃO NUMÉRICA

A viga abaixo detalhada é protendida longitudinalmente com aderência posterior e está solicitada, além da protensão, pelos carregamentos permanentes g_1 (*peso próprio*), g_2 (*distribuída*), G_3 (*concentrada*) e $q_{máx}$ (*distribuída*), conforme o esquema estrutural a seguir:

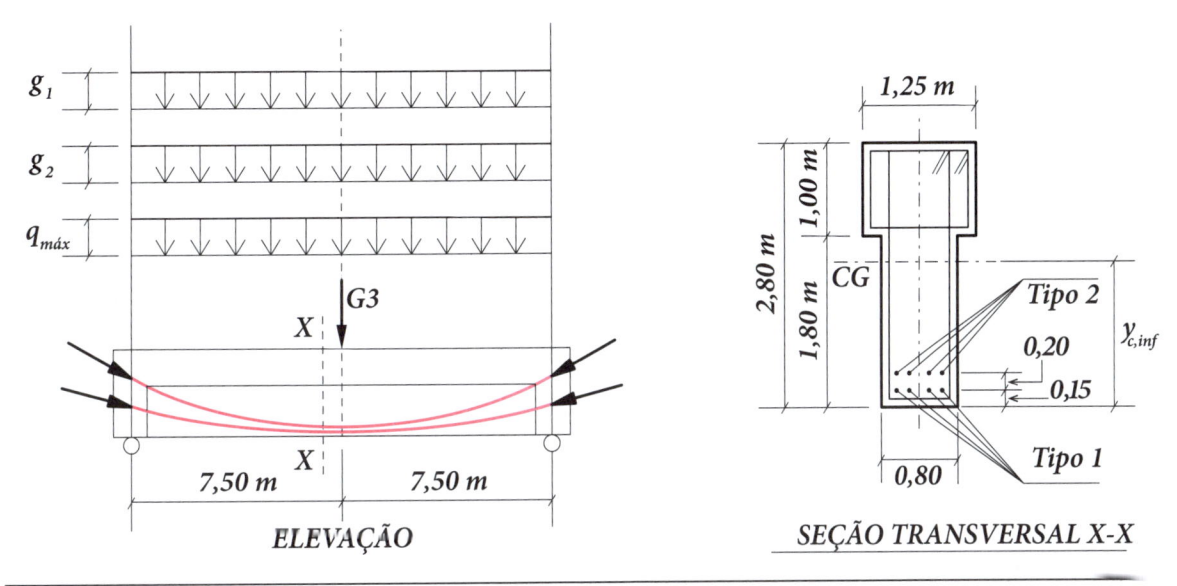

Figura 115: Elevação e seção transversal.

g_1 = peso próprio

g_2 = 250 kN/m

$q_{máx}$ = 150 kN/m

G_3 = 2.200 kN

Caracterísitcas Geométricas:

A_c = 2,69 m²

I_c = 1,8045 m⁴

$y_{c,inf}$ = 1,551 m

$y_{c,sup}$ = 1,249 m

Determinar as perdas de protensão provocadas pelos efeitos da **retração** e **fluência** do concreto, a tempo infinito, para os cabos tipo 1 e tipo 2, sabendo-se que:

a) A protensão dos 8 cabos foi efetuada em uma única etapa, aos 15 dias (*idade efetiva*):

t_0 = 20 dias, idade fictícia para retração

t_0 = 40 dias, idade fictícia para fluência

A_p = 22 cordoalhas de 12,7 mm/cabo

b) E_p = 200 GPa; E_{c28} = 32 GPa; γ_c = 25 kN/m³ α_p = E_p/E_c = 6,25

c) As forças de protensão, descontadas as perdas imediatas, são as seguintes:

Cabos Tipo 1: $P_{0,1} = -130$ kN/cordoalha

Cabos Tipo 2: $P_{0,2} = -122$ kN/cordoalha

d) Etapas dos carregamentos - idades fictícias:

Protensão + g_1: $t_0 = 20$ dias (*retração*)

$t_0 = 40$ dias (*fluência*)

g_2: $t = 120$ dias (*fluência*)

G_3: $t = 160$ dias (*fluência*)

e) Área de 1 cordoalha: $1{,}014$ cm²

f) Deformação do concreto por *retração*:

$\varepsilon_{cs}(\infty, 20) = -18{,}0 \cdot 10^{-5}$

g) Coeficiente de *fluência*:

$\varphi(\infty, 40) = 1{,}95$

$\varphi(\infty, 120) = 1{,}55$

$\varphi(\infty, 160) = 1{,}45$

h) Perda da força de protensão: $\Delta P_{\infty, c+s}(\infty, t_0) = \Delta \sigma_{p, c+s}(\infty, t_0) \cdot A_p$

1) Momentos fletores na seção X-X, meio do vão

$g_1 = 2{,}69 \times 25 = 67{,}25$ kN/m

$M_{k,g1} = 67{,}25 \cdot 15^2 / 8 = 1.891{,}40$ kN·m

$M_{k,g2} = 250 \cdot 15^2 / 8 = 7.031{,}25$ kN·m

$M_{k,G3} = 2.200 \cdot 15 / 4 = 8.250{,}00$ kN·m

OBS.: *a carga $q_{máx}$ não é permanente e, portanto, não produz* **fluência.**

2) Tensões normais provocadas pelos momentos fletores na seção X-X

Fórmula geral: $\sigma_{c,M_k,\text{em } y} = (M_k \cdot y) / I_c$

y_0 = *centro de forças* = $(130 \cdot 15 + 122 \cdot 35) / (130 + 122) = 24{,}7$ *cm*

Cabo resultante: $e_p = 1{,}551 - 0{,}247 = 1{,}304$ m

Cabo Tipo 1: $e_{p1} = 1{,}551 - 0{,}15 = 1{,}401$ m

Cabo Tipo 2: $e_{p2} = 1{,}551 - 0{,}35 = 1{,}201$ m

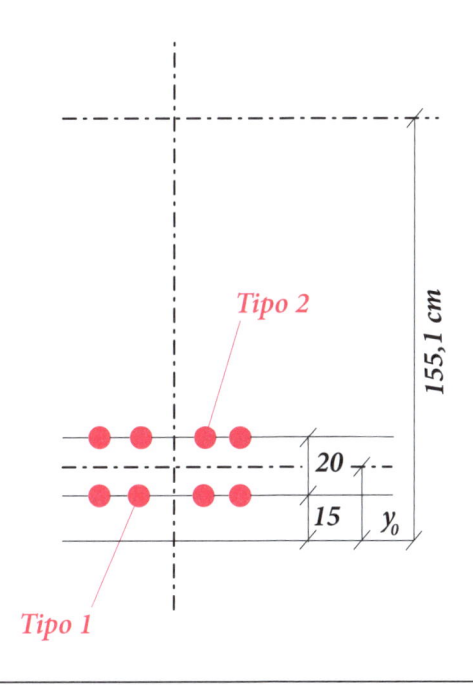

Figura 116: Posição dos cabos e do centro de forças.

TABELA 21 – TENSÕES (kPa), $\sigma_{c,M_k,\text{em } y}$			
Posição y	Devidas à g_1	Devidas à g_2	Devidas à G_3
Cabo Resultante: e_p	+1.367	+5.081	+5.962
Cabo Tipo 1: e_{p1}	+1.468	+5.459	+6.405
Cabo Tipo 2: e_{p2}	+1.259	+4.680	+5.491

3) Tensões normais devido à protensão

Fórmula geral: $\sigma_{c,p_0,\text{em }y} = \dfrac{\Sigma P_{0i}}{A_c} + \dfrac{\Sigma P_{0i} \cdot e_{pi}}{I_c} \cdot y$

$$\sum_i^8 P_{0i} = 4 \cdot [22 \cdot (-130) + 22 \cdot (-122)] = -22.176 \text{ kN}$$

$$\sum_i^8 (P_{0i} \cdot e_{pi}) = 4 \cdot [22 \cdot (-130) \cdot 1{,}401 + 22 \cdot (-122) \cdot 1{,}201]$$

$$= 28.921{,}38 \text{ kN} \cdot \text{m}$$

\multicolumn{2}{c}{**TABELA 22 – TENSÕES (kPa)**, $\sigma_{c,p_0,\text{em }y}$}	
Posição y	**Devidas à protensão**
Cabo Resultante: e_p	-8.243,9 – 20.899,7 = -29.143,6
Cabo Tipo 1: e_{p1}	-8.243,9 – 22.454,3 = -30.698,2
Cabo Tipo 2: e_{p2}	-8.243,9 – 19.248,9 = -27.492,8

4) Tensões σ_{p0}, devido à protensão, nas armaduras [kPa]

Cabo resultante: $\sigma_{p0} = (130 + 122) / (2 \cdot 1{,}014 \cdot 10^{-4}) = 1.242.603{,}5$ kPa

Cabo Tipo 1: $\sigma_{p0} = 130 / (1{,}014 \cdot 10^{-4}) = 1.282.051$ kPa

Cabo Tipo 2: $\sigma_{p0} = 122 / (1{,}014 \cdot 10^{-4}) = 1.203.156$ kPa

5) Perdas de protensão por *retração + fluência*

Aplicação da fórmula derivada da tensão média.

Fórmula geral:

$$\Delta\sigma_{p,c+s}(\infty, 20)_{\text{cabo }j} =$$

$$\dfrac{\varepsilon_{cs}(\infty, 20)\, E_p + \alpha_p \cdot \varphi(\infty, 40) \cdot (\sigma_{c,p0} + \sigma_{cg1}) + \alpha_p [\sigma_{cg2} \cdot \varphi(\infty, 120) + \sigma_{cG3} \cdot \varphi(\infty, 160)]}{1 - \alpha_p \cdot (\sigma_{c,p0} / \sigma_{p0}) \cdot [1 + \varphi(\infty, 40) / 2]}$$

- Para o cabo resultante (unidade kPa):

    Numerador =

    = -18,0 · 10⁻⁵ · 200 . 10⁶ + 6,25 · 1,95 · (-29.143,6 + 1.367) + 6,25 · (5.081 · 1,55 + 5.962 · 1,45)

    Numerador = -36.000 − 338.527 + 103.253 = -271.274 kPa

    Denominador = 1 − 6,25 · (-29.143,6 / 1.242.603,5) · (1 + 1,95 / 2) = 1,289

    Resulta: $\sigma_{p,c+s}(\infty, 20)_{cabo\ resultante}$ = − 271.274 / 1,289 = -210.453 kPa

- Para o cabo Tipo 1:

    Numerador =

    = -18,0 · 10⁻⁵ · 200 · 10⁶ + 6,25 · 1,95 · (-30.698,2 + 1.468) + 6,25 · [5.459 · 1,55 + 6.405 · 1,45]

    Numerador = -36.000 − -356.243 + 110.929 = -281.314 kPa

    Denominador = 1 − 6,25 · (-30.698,2 / 1.282.051) · (1 + 1,95 / 2) = 1,296

    Resulta: $\Delta\sigma_{p,c+s}(\infty, 20)_{cabo\ tipo\ 1}$ = -281.314 / 1,296 = -217.063 kPa

- Para o cabo Tipo 2:

    Numerador =

    = -18,0 · 10⁻⁵ · 200 · 10⁶ + 6,25 · 1,95 · [-27.492,8 + 1.259] + 6,25 · [4.680 · 1,55 + 5.491 · 1,45]

    Numerador = -36.000 − 319.724 + 95.100 = -260.624 kPa

    Denominador = 1 − 6,25 · (-27.492,8 / 1.203.156) · (1 + 1,95 / 2) = 1,282

    Resulta: $\Delta\sigma_{p,c+s}(\infty, 20)_{cabo\ tipo\ 2}$ = -260.624 / 1,282 = -203.295 kPa

6) Perdas das forças de protensão

- Para o cabo resultante:

    $\Delta P_{\infty,c+s}(\infty, 20)$ = (− 210.453) · 2 · 4 · 22 · 1,014 · 10⁻⁴

    = -3.756 kN no cabo resultante

    Perda porcentual = (-3.756 / -22.176) · 100 = 16,94%

- Para o cabo Tipo 1:

$$\Delta P_{\infty,c+s}(\infty, 20) = (-217.063) \cdot 22 \cdot 1{,}014 \cdot 10^{-4} = -484 \text{ kN/cabo}$$

$$Perda\ porcentual = [-484 / (22 \cdot (-130))] \cdot 100 = 16{,}92\%$$

- Para o cabo Tipo 2:

$$\Delta\sigma_{p,c+s}(\infty, 20) = (-203.295) \cdot 22 \cdot 1{,}014 \cdot 10^{-4} = -453 \text{ kN/cabo}$$

$$Perda\ porcentual = [-453 / (-22 \cdot (-122))] \cdot 100 = 16{,}88\%$$

> **OBS.:** *nas vigas onde as armaduras de protensão estão suficientemente próximas, validando a ideia do cabo resultante, as diferenças calculadas entre as perdas dos cabos individualizados são desprezíveis. Basta, portanto, desenvolver os cálculos para o cabo resultante e uniformizar as perdas para todos os cabos que constituem a armadura.*

4.4.3. PERDAS PROGRESSIVAS ASSOCIADAS À RELAXAÇÃO DO AÇO DE PROTENSÃO

Os aços protendidos, quando ancorados com comprimentos constantes (ou deformações constantes) sob tensões elevadas (acima de 0,5 f_{ptk}), sofrem perdas de tensões, fenômeno denominado relaxação. Os fatores mais importantes que influenciam na **relaxação** são as características metalúrgicas do aço (composição química, tratamento durante a fabricação – mecânicos, térmicos), a tensão atuante e a temperatura ambiente.

4.4.3.1. RELAXAÇÃO PURA

Denominam-se perdas por **relaxação pura** do aço protendido os valores medidos nas condições de deformação constante (comprimento ancorado constante).

A intensidade da **relaxação pura** do aço deve ser determinada, conforme NBR 6118, pelo coeficiente Ψ (t, t_0) calculado da seguinte forma:

$$\Psi(t, t_0) = \frac{\Delta\sigma_{pr}(t, t_0)}{\sigma_{pi}}$$

Em que:

$\Delta\sigma_{pr}(t, t_0)$ = perda de tensão por **relaxação pura** (comprimento constante), desde o instante t_0 do estiramento da armadura até o instante t considerado.

σ_{pi} é a tensão de tração no aço provocada pela protensão e pelas ações permanentes aplicadas.

$$\sigma_{pi} = \sigma_{p0} + \Delta\sigma_{p0}$$

$$\sigma_{p0} = \frac{P_0}{A_p}$$

$$\Delta\sigma_{p0} = \Sigma M_g \cdot \frac{e_p}{I_c} \cdot \alpha_p$$

Os valores da **relaxação pura** são fornecidos nas especificações correspondentes dos aços de protensão. Nos projetos de estruturas protendidas, os valores médios da relaxação pura, medidos após 1.000 horas à temperatura constante de 20 ºC, para perdas de tensão referidas a valores básicos da tensão inicial de 50% a 80% da resistência característica f_{ptk} ($\Psi_{1.000}$), são os reproduzidos na Tabela 23 a seguir:

TABELA 23 – VALORES DE $\Psi_{1.000}$, EM PORCENTAGEM

σ_{p0}	Cordoalhas		Fios		Barras
	RN	RB	RN	RB	
$0,5\,f_{ptk}$	0	0	0	0	0
$0,6\,f_{ptk}$	3,5	1,3	2,5	1,0	1,5
$0,7\,f_{ptk}$	7,0	2,5	5,0	2,0	4,0
$0,8\,f_{ptk}$	12,0	3,5	8,5	3,0	7,0

Em que: RN é a relaxação normal; RB é a relaxação baixa.

OBS.: *a relaxação pura de fios e cordoalhas, após 1.000 horas a 20 ºC ($\Psi_{1.000}$) e para tensões variando de $0,5\,f_{ptk}$ a $0,8\,f_{ptk}$, obtida em ensaios descritos na NBR 7484, não deve ultrapassar os valores dados nas NBRs 7482/7483, respectivamente.*

Os valores correspondentes a tempos diferentes de 1.000 horas, sempre a 20 ºC, podem ser determinados a partir da seguinte expressão, na qual o tempo deve ser expresso em dias:

$$\Psi(t, t_0) = \Psi_{1.000} \cdot \left(\frac{t - t_0}{41,67}\right)^{0,15}$$

A **relaxação pura** final, admitida como estabilizada após 30 anos, pode ser tomada como aproximadamente igual a duas vezes e meia os valores de 1.000 horas, ou seja:

$$\Psi(\infty, t_0) = \Psi_\infty = 2,5 \cdot \Psi_{1.000}$$

	TABELA 24 – VALORES DE Ψ_∞, EM PORCENTAGEM				
σ_{p0}	Cordoalhas		Fios		Barras
	RN	RB	RN	RB	—
$0{,}5\,f_{ptk}$	0	0	0	0	0
$0{,}6\,f_{ptk}$	8,75	3,25	6,25	2,5	3,75
$0{,}7\,f_{ptk}$	17,5	6,25	12,5	5,0	10,0
$0{,}8\,f_{ptk}$	30,0	8,75	21,25	7,5	17,5

Onde: $\Psi_\infty = 2{,}5\,\Psi_{1.000}$, a 20 °C; RN é a relaxação normal; RB é a relaxação baixa.

Para tensões inferiores a $0{,}5\,f_{ptk}$, admite-se que não haja perda de tensão por **relaxação**.

Para tensões intermediárias entre os valores fixados na Tabela 24, pode ser feita interpolação linear.

> **OBS.:** *para temperaturas diferentes de 20 °C, solicitar informações experimentais fornecidas pelos fabricantes.*

4.4.3.2. RELAXAÇÃO RELATIVA

Nas peças de concreto protendido, o comprimento entre os pontos de ancoragem dos cabos sofre redução devido aos encurtamentos retardados do concreto (*retração* + *fluência*). A redução do comprimento ancorado (e, portanto, da deformação) diminui o valor da perda por **relaxação**.

As perdas por **relaxação** do aço, nas peças de concreto protendido, denominam-se perdas por **relaxação relativa**, representada por $\Delta\sigma_{pr}(t, t_0)_{,\text{rel}}$.

As perdas por **relaxação pura** são medidas em laboratório, enquanto as perdas por **relaxação relativa** (*que ocorrem na estrutura*) são estimadas por processo aproximado, como, por exemplo, o recomendado pelo CEB FIP 78 a seguir:

$$\Delta\sigma_{pr}(t, t_0)_{,\text{rel}} = \Delta\sigma_{pr}(t, t_0) \cdot \left[1 - 2 \cdot \frac{|\Delta\sigma_p(t, t_0)_{,c+s}|}{\sigma_{pi}}\right]$$

Em que:

$|\Delta\sigma_p(t, t_0)_{,c+s}|$ = valor, em módulo, da perda de tensão no aço, devido à *retração* + *fluência* do concreto.

$\Delta\sigma_{pr}(t, t_0)$ = perda de tensão por relaxação pura do aço.

σ_{Pi} = a tensão no aço, calculada após as perdas imediatas somadas aos efeitos de ações permanentes posteriores; $\sigma_{pi} = \sigma_{p0} + \Delta\sigma_{p0}$.

OBS.: *nos problemas de concreto protendido, geralmente interessa o intervalo* (∞, t_0).

Nesta condição, para $t \to \infty$, obtém-se:

$$\Delta\sigma_{pr}(\infty)_{,rel} = \Delta\sigma_{pr}(\infty) \cdot [1 - 2 \cdot (\frac{|\Delta\sigma_p(\infty)_{,c+s}|}{\sigma_{pi}})]$$

Com $\Delta\sigma_{pr}(\infty) = \Psi_\infty \cdot \sigma_{pi}$

APLICAÇÃO NUMÉRICA

Em um caso de cálculo de perdas progressivas, foram obtidos os seguintes resultados:

Cabo de 22 cordoalhas de Ø12,7 mm

$\alpha_p = E_p/E_c = 6,25$

$A_p^{(0)} = 1,014$ cm², aço CP190RB

$f_{ptk} = 1.900$ MPa; $f_{pyk} = 1.710$ MPa

$P_0 = 130$ kN/cordoalha (*após perdas imediatas*)

$\Delta\sigma_{p,c+s}(\infty, t_0) = -217.063$ kPa

$\sigma_{Mg2} = +5.459$ kPa

$\sigma_{MG3} = +6.405$ kPa

Determinar os valores das **relaxações pura e relativa** do aço no intervalo (∞, t_0).

1) Tensão inicial σ_{pi}

$$\sigma_{p0} = \frac{22 \cdot 130 \text{ kN}}{22 \cdot 1,1014 \cdot 10^{-4} \text{ m}^2} = 1.282.051 \text{ kPa ou } 1.282,051 \text{ MPa}$$

$\Delta\sigma_{p0} = \Sigma\sigma_{Mg} \cdot \alpha_p = (+5.459 + 6.405) \cdot 6,25 = 74.150$ kPa

$\sigma_{pi} = 1.282.051 + 74.150 = 1.356.201$ kPa $= 1.356,201$ MPa

2) Relaxação pura

$\sigma_{pi} / f_{ptk} = 1.356,201 / 1.900 = 0,714$

Com 0,714 f_{ptk}, *na Tabela 24, resulta:*

$$\Psi_\infty = 6{,}25 + \left(\frac{0{,}714 - 0{,}70}{0{,}10}\right) \cdot (8{,}75 - 6{,}25) = 6{,}60\%$$

Relaxação pura $\Delta\sigma_{pr}(\infty, t_0) = \Psi_\infty \cdot \sigma_{p0}$

$\Delta\sigma_{pr}(\infty, t_0) = (6{,}60 / 100) \cdot 1.356{,}201 \approx 89{,}51$ MPa

3) Relaxação relativa

$$\Delta\sigma_{pr}(\infty, t_0)_{,rel} = \Delta\sigma_{pr}(\infty, t_0) \cdot \left[1 - 2 \cdot \frac{|\Delta\sigma_p(\infty)_{,c+s}|}{\sigma_{pi}}\right]$$

$$\Delta\sigma_{pr}(\infty, t_0)_{,rel} = 89{,}51 \cdot \left[1 - 2 \cdot \frac{|217{.}063|}{1{.}356{.}201}\right] \cong 60{,}86 \text{ MPa} = 60{.}860 \text{ kPa}$$

4) Resumo para o cabo de 22Ø12,7 mm

$P_0 = 22 \cdot (+130) = +2.860$ kN/cabo

$\Delta P_0(\infty, t_0)_{,c+s} = -217{.}063 \cdot 22 \cdot 1{,}014 \cdot 10^{-4} \approx -484$ kN/cabo

$\Delta P_{0r}(\infty, t_0)_{,rel} = -60{,}86 \cdot 22 \cdot 1{,}014 \cdot 10^{-4} \cdot 1.000 \approx -136$ kN/cabo

$\Delta P_0(\infty, t_0)_{,c+s+r} = -484 - 136 = -620$ kN/cabo

Perda porcentual em relação a P_0:

$$\text{Perda} = \frac{|620|}{2.860} \cdot 100 \approx 21{,}68\%$$

4.5. PROCESSOS DE CÁLCULO DAS PERDAS PROGRESSIVAS

Os valores parciais e totais das perdas progressivas de protensão, decorrentes da **retração** e da **fluência** do concreto e da **relaxação** do aço de protensão, devem ser determinados considerando a interação dessas causas. Pode-se utilizar os processos indicados a seguir.

4.5.1. PROCESSO SIMPLIFICADO

Conforme o item 9.6.3.4.2 da NBR 6118, o processo simplificado de cálculo das perdas progressivas pode ser aplicado nas seguintes condições:

a) Existe aderência entre a armadura e o concreto, e o elemento estrutural permanece no Estádio 1.

b) A concretagem do elemento estrutural, bem como a protensão, são executadas em fases suficientemente próximas para que se desprezem os efeitos recíprocos de uma fase sobre a outra (fase única de operação).

c) Os cabos possuem, entre si, afastamentos suficientemente pequenos em relação à altura do elemento estrutural, de modo que seus efeitos possam ser supostos equivalentes ao de um único cabo, com seção transversal de área igual à soma das áreas das seções dos cabos componentes, situado na posição da resultante dos esforços neles atuantes (cabo resultante).

Nesse caso, admite-se que no tempo t as perdas e deformações progressivas do concreto e do aço de protensão, na posição do cabo resultante, com as tensões no concreto $\sigma_{c,p0g}$ positivas para compressão e as tensões no aço σ_{p0} positivas para tração, sejam dadas por:

$$\Delta\sigma_p(t, t_0) = \frac{[\varepsilon_{cs}(t, t_0) \cdot E_p - \alpha_p \cdot \sigma_{c,p0g} \cdot \varphi(t, t_0) - \sigma_{p0} \cdot \chi(t, t_0)]}{(\chi_P + \chi_c \cdot \alpha_p \cdot \eta \cdot \rho_p)}$$

$$\Delta\varepsilon_{pt} = (\sigma_{p0} / E_p) \cdot \chi(t, t_0) + (\Delta\sigma_p(t, t_0) / E_p) \cdot \chi_p$$

$$\Delta\varepsilon_{ct} = (\sigma_{c,p0g} / E_{ci28}) \cdot \varphi(t, t_0) + \chi_c \cdot (\Delta\sigma_c(t, t_0) / E_{ci28}) + \varepsilon_{cs}(t, t_0)$$

Em que:

$$\chi(t, t_0) = -\ln[1 - \Psi(t, t_0)]$$

$$\chi_c = 1 + 0{,}5 \cdot \varphi(t, t_0)$$

$$\chi_P = 1 + \chi(t, t_0) = 1 - \ln[1 - \Psi(t, t_0)]$$

$$\eta = 1 + e_p^2 \cdot \frac{A_c}{I_c}$$

$$\alpha_p = \frac{E_p}{E_{ci28}}$$

$$E_p = 200 \text{ GPa}$$

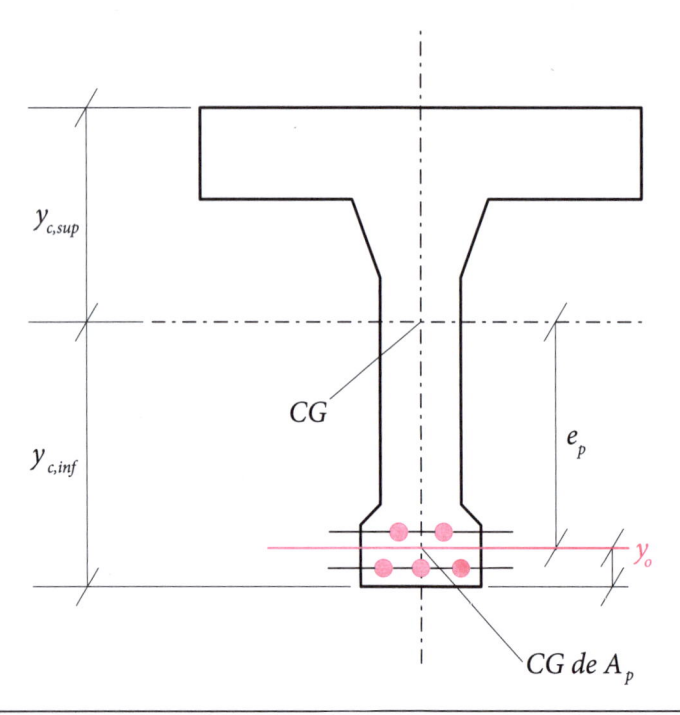

Figura 117: Seção transversal.

$\varepsilon_{cs}(t, t_0)$ = deformação por **retração** do concreto no instante t, descontada a retração ocorrida até o instante t_0

$\sigma_{c,p0g}$ = tensão na posição do cabo resultante, provocada pela protensão e ações permanentes envolvidas (positiva se for de compressão)

$\varphi(t, t_0)$ = coeficiente de **fluência**

σ_{p0} = tensão na armadura ativa

$\chi(t, t_0)$ = coeficiente de **fluência** do aço

$\Psi(t, t_0)$ = coeficiente de **relaxação** do aço no instante t para protensão e carga permanente mobilizada no instante t_0

$\Delta\sigma_c(t, t_0)$ = a variação da tensão do concreto adjacente ao cabo resultante entre t e t_0

$\Delta\sigma_p(t, t_0)$ = a variação da tensão no aço de protensão entre t e t_0

e_p = excentricidade do cabo resultante em relação ao baricentro da seção de concreto

A_p = área da seção transversal do cabo resultante

A_c = área da seção transversal do concreto

I_c = momento central de inércia da seção de concreto

$\rho_p = \dfrac{A_p}{A_c}$ taxa geométrica da armadura de protensão

> **OBS.:** *a tensão σ_{p0} é devida à protensão e à carga permanente aplicada:*
> $\sigma_{p0} = (P_0/A_p) + \Sigma M_g \cdot (e_p/I_c) \cdot \alpha_p$

4.5.2. PROCESSO APROXIMADO

Este processo pode ser aplicado dentro das mesmas condições do Processo Simplificado (4.5.1), mas com uma exigência adicional: a **retração** não deve diferir em mais de 25% do valor $[-8{,}0 \cdot 10^{-5} \cdot \varphi(\infty, t_0)]$.

O valor absoluto da perda de tensão, devido à **fluência**, **retração** e **relaxação**, com $\sigma_{c,p0g}$ em MPa e considerada positiva se de compressão, é dado por:

a) para aços de relaxação normal (RN), valor em %

$$\Delta\sigma_p(\infty, t_0) / \sigma_{p0} = 18{,}1\% + (\alpha_p / 47) \cdot [\varphi(\infty, t_0)]^{1{,}57} \cdot (3 + \sigma_{c,p0g})$$

b) para aços de relaxação baixa (RB), valor em %

$$\Delta\sigma_p(\infty, t_0) / \sigma_{p0} = 7{,}4\% + (\alpha_p / 18{,}7) \cdot [\varphi(\infty, t_0)]^{1{,}07} \cdot (3 + \sigma_{c,p0g})$$

Em que:

σ_{p0} = tensão na armadura de protensão devido exclusivamente à força de protensão no instante t_0.

4.5.3. MÉTODO GERAL DE CÁLCULO

Quando as ações permanentes, incluindo a protensão, são aplicadas parceladamente em idades diferentes (portanto, não satisfazendo as condições estabelecidas de fase única de operação), deve ser considerada a **fluência** de cada uma das camadas de concreto e **relaxação** de cada cabo, separadamente.

Pode ser considerada a **relaxação** isolada de cada cabo, independentemente da aplicação posterior de outros esforços permanentes, conforme recomenda a NBR 6118.

No método geral de cálculo, será utilizada a *fórmula derivada do método da tensão média* para determinar as perdas por **retração** e **fluência** do concreto para quaisquer situações de projeto. Em seguida, será considerada a **relaxação** isolada de cada cabo, como recomenda a NBR 6118.

APLICAÇÃO NUMÉRICA

A viga abaixo detalhada é protendida com aderência posterior e está sendo solicitada, além da protensão, pelo momento permanente M_g = 5.000 kN · m e pelo momento variável M_q = 2.600 kN · m

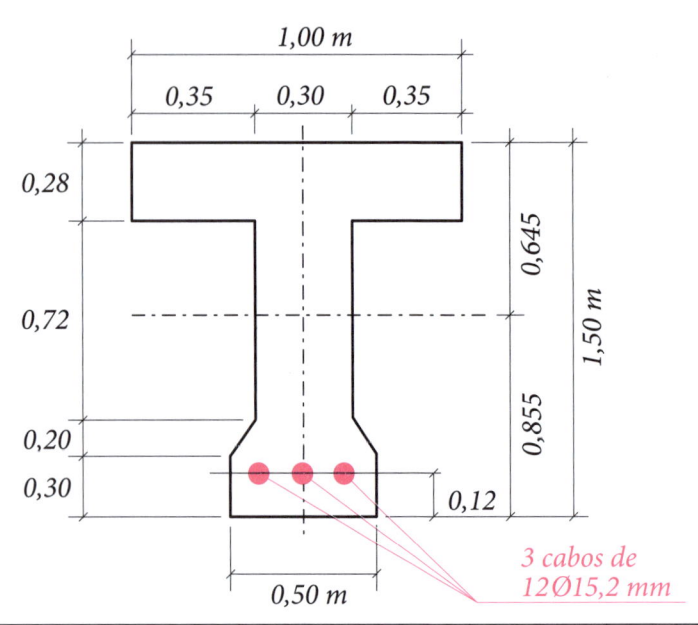

Figura 118: Seção transversal.

Características geométricas: A_c = 0,726 m² I_c = 0,176 m⁴

$y_{c,inf}$ = 0,855 m $y_{c,sup}$ = 0,645 m

Determinar as perdas progressivas de protensão (**retração** + **fluência** + **relaxação**), a tempo infinito, para o cabo resultante, sabendo-se que:

a) Todo o carregamento permanente (*protensão* + *g*) foi aplicado em fase única de operação com t_0 = 16 dias, idade fictícia para retração e fluência (*cimento CPIII*)

b) E_p = 200 GPa; E_{ci28} = 30 GPa

c) A força de protensão, descontadas as perdas imediatas, é de -180 kN/cordoalha; área de uma cordoalha CP190RB: A_p = 1,40 cm²

d) Deformação do concreto por **retração** ε_{cs} (∞, 16) = -17,0 · 10⁻⁵

e) Coeficiente de **fluência**: $\varphi(\infty, 16) = 2{,}25$

f) Perda da força de protensão

$$\Delta P_{\infty, c+s+r}(\infty, t_0) = \Delta \sigma_{p, c+s+r}(\infty, t_0) \cdot A_p$$

Apresentar o valor das perdas aplicando o *Processo Simplificado*, o *Processo Aproximado* e o *Método Geral de Cálculo*.

1) Processo simplificado:

Atendidas as hipóteses da aderência, *Estádio 1*, fase única de operação e cabo resultante.

$$\Delta \sigma_p(\infty, 16) = \frac{(\varepsilon_{cs}(\infty, 16) \cdot E_p - \alpha_p \cdot \sigma_{c,p0g} \cdot \varphi(\infty, 16) - \sigma_{p0} \cdot \chi(\infty, 16))}{(\chi_p + \chi_c \cdot \alpha_p \cdot \eta \cdot \rho_p)}$$

$\varepsilon_{cs}(\infty, 16) = -17{,}0 \cdot 10^{-5}$

$E_p = 200 \text{ GPa}$

$\alpha_p = 200 / 30 = 6{,}67$

$\sigma_{c,p0g} = -[(3 \cdot 12 \cdot (180) / 0{,}726] - [(3 \cdot 12 \cdot 180 \cdot 0{,}735^2) / 0{,}176] + [(5.000 \cdot 0{,}735) / 0{,}176]$

$\sigma_{c,p0g} = -8.926 - 19.890 + 20.881 = -7.935 \text{ kPa}$

Na fórmula acima, a compressão é considerada (+).

$\sigma_{p0} = [P_0 / A_p] + [(M_g \cdot e_p) / I_c] \cdot [E_p / E_{ci28}]$

$\sigma_{p0} = [(3 \cdot 12 \cdot 180) / (3 \cdot 12 \cdot 1{,}4 \cdot 10^{-4})] + 20.881 \cdot 6{,}67$

$= 1.285.714 + 139.276 = 1.424.990 \text{ kPa}$

$\chi(\infty, 16) = -\ell_n [1 - \Psi(\infty, 16)]$

$\sigma_{p0} / f_{ptk} = 1.424.990 / 1.900.000 = 0{,}75 \rightarrow$ *Tabela 22* $\rightarrow \Psi(\infty, 16) = 7{,}5\%$

$\chi(\infty, 16) = -\ell_n [1 - 0{,}075] = 0{,}0777$

$\chi_p = 1 - \ell_n [1 - \Psi_{\infty,16}] = 1 + 0{,}0777 = 1{,}0777$

$\chi_c = 1 + 0{,}5 \cdot \varphi(\infty, 16) = 1 + 0{,}5 \cdot 2{,}25 = 2{,}125$

$$\eta = 1 + e_p^2 \cdot \frac{A_p}{I_c} = 1 + (0{,}735)^2 \cdot (0{,}726 / 0{,}176) = 3{,}228$$

$$\rho_p = \frac{A_p}{A_c} = [(3 \cdot 12 \cdot 1{,}40 \cdot 10^{-4}) / 0{,}726] = 0{,}006942$$

Substituindo os valores na fórmula:

$$\Delta\sigma_p (\infty, 16) = \frac{(-17 \cdot 10^{-5} \cdot 200 \cdot 10^6 - 6{,}67 \cdot 7.935 \cdot 2{,}25 - 1.424.990 \cdot 0{,}077)}{(1{,}0777 + 2{,}125 \cdot 6{,}67 \cdot 3{,}228 \cdot 0{,}006942)}$$

$$\Delta\sigma_p (\infty, 16) = \frac{(-34.000 - 119.084{,}5 - 110.721{,}7)}{1{,}395} = -189.108{,}4 \text{ kPa}$$

Perda da força de protensão:

$$\Delta P_{\infty, c+s+r} (\infty, 16) = -189.108{,}4 \cdot 12 \cdot 1{,}4 \cdot 10^{-4}$$

$$\Delta P_{\infty, c+s+r} (\infty, 16) = -317{,}70 \text{ kN/cabo}$$

Perda porcentual $= [-317{,}70 / (12 \cdot 180)] \cdot 100 = 14{,}71\%$

2) Processo aproximado:

Além das condições exigidas no **Processo Simplificado**, a **retração** deve estar entre

$-8{,}00 \cdot 10^{-5} \cdot \varphi (\infty, 16)$, 25% para cima ou para baixo.

No caso, obtém-se:

$-22{,}5 \cdot 10^{-5} < -17{,}0 \cdot 10^{-5} < -13{,}5 \cdot 10^{-5}$ (CONDIÇÃO ATENDIDA!)

$$\frac{\Delta\sigma_p (\infty, 16)}{\sigma_{p0}} = 7{,}4\% + \frac{\alpha_p}{18{,}7} \cdot [\varphi (\infty, 16)]^{1{,}07} \cdot (3 + \sigma_{c,p0g}) \quad \text{(Aço RB)}$$

$\sigma_{p0} = [(3 \cdot 12 \cdot 180) / (3 \cdot 12 \cdot 1{,}4 \cdot 10^{-4})] = 1.285.714$ kPa, exclusivamente da protensão.

Substituindo os valores na fórmula:

$$\frac{\Delta\sigma_p (\infty, 16)}{1.285.714} = 7{,}4\% + (6{,}67 / 18{,}7) \cdot [2{,}25]^{1{,}07} \cdot (3 + 7{,}935)$$

$$\Delta\sigma_p (\infty, 16) = [1.285.714 \cdot (7{,}4 + 9{,}29)] / 100 = 214.585{,}7 \text{ kPa}$$

Perda da força de protensão:

$$\Delta P_{\infty, c+s+r} (\infty, 16) = -214.585{,}7 \cdot 12 \cdot 1{,}4 \cdot 10^{-4} = -360{,}50 \text{ kN/cabo}$$

Perda porcentual $= [-360{,}50 / (12 \cdot 180)] \cdot 100 = 16{,}69\%$

3) Método geral de cálculo:

$$\Delta\sigma_{p,c+s+r}(\infty, 16) = \underbrace{\frac{[\varepsilon_{cs}(\infty, 16) \cdot E_p + \alpha_p \cdot \varphi(\infty, 16) \cdot (\sigma_{c,p0} + \sigma_{cg})]}{[1 - \alpha_p \cdot (\sigma_{c,p0}/\sigma_{p0}) \cdot (1 + \varphi(\infty, 16)/2)]}}_{\Delta\sigma_{p,c+s}(\infty, 16)} + \Delta\sigma_{pr}(\infty, 16)_{,rel}$$

Em que:

$\alpha_p = 6{,}67$

$\sigma_{c,p0} = -28.816 \text{ kPa}$

$\sigma_{cg} = 20.881 \text{ kPa}$

$\sigma_{p0} = \dfrac{P_0}{A_p} = 1.285.714 \text{ kPa}$ [só protensão]

ou

$\sigma_{p0} = \left(\dfrac{P_0}{A_p}\right) + \left(\dfrac{M_g \cdot e_p}{I_c}\right) \cdot \alpha_p = 1.285.714 + 139.276 = 1.424.990 \text{ kPa}$

(*protensão com ações permanentes mobilizadas*)

$\Delta\sigma_{pr}(\infty, 16)_{,rel} = \Delta\sigma_{pr}(\infty, 16) \cdot \left[1 - 2 \cdot \dfrac{|\Delta\sigma_{p,c+s}(\infty, 16)|}{\sigma_{p0}}\right]$

$\Delta\sigma_{pr}(\infty, 16) = \Psi_\infty \cdot \sigma_{p0}$

$\sigma_{p0}/f_{ptk} = (1.424.990 / 1.900.000) = 0{,}75 \rightarrow$ *Tabela 24*

$\Psi(\infty, 16) = 7{,}5\%$

$\Delta\sigma_{pr}(\infty, 16) = 0{,}075 \cdot 1.424.990 = 106.874{,}25 \text{ kPa}$

$\Delta\sigma_{p,c+s}(\infty, 16) = \dfrac{-17 \cdot 10^{-5} \cdot 200 \cdot 10^6 + 6{,}67 \cdot 2{,}25 \cdot (-28.816 + 20.881)}{1 - 6{,}67 \cdot (-28.816 / 1.424.990) \cdot (1 + 2{,}25 / 2)}$

$\Delta\sigma_{p,c+s}(\infty, 16) = [(-34.000 - 119.084{,}5) / 1{,}287] = -118.946{,}8 \text{ kPa}$

$\Delta\sigma_{pr}(\infty, 16)_{,rel} = -106.874{,}25 \cdot \left[1 - 2 \cdot \dfrac{|-118.946{,}8|}{1.424.990}\right]$

$\Delta\sigma_{pr}(\infty, 16)_{,rel} = -89.032{,}2 \text{ kPa}$

Substituindo os valores na fórmula:

$\Delta\sigma_{p,c+s+r}(\infty, 16) = -118.946{,}8 - 89.032{,}2 = -207.979 \text{ kPa}$

Perda da força de protensão:

$\Delta P_{\infty,c+s+r} (\infty, 16) = -207.979 \cdot 12 \cdot 1{,}40 \cdot 10^{-4}$

$\Delta P_{\infty,c+s+r} (\infty, 16) = -349{,}40 \text{ kN/cabo}$

$Perda\ porcentual = [-349{,}40 / (12 \cdot 180)] \cdot 100 = 16{,}18\%$

OBS.:

a) Se no Método Geral fosse utilizada, para σ_{p0}, a tensão exclusiva da protensão de 1.285.714 kPa em lugar de 1.424.990 kPa, que inclui também o efeito das ações permanentes mobilizadas, os resultados seriam os seguintes:

$\Delta\sigma_{p,c+s} (\infty, 16) = (-34.000 - 119.084{,}5) / 1{,}318 = -116.149{,}1\ kPa$

$\sigma_{p0} / f_{ptk} = 1.285.714 / 1.900.000 = 0{,}68 \rightarrow Tabela\ 22$

$\Psi (\infty, 16) = 5{,}65\%$

$\Delta\sigma_{pr} (\infty, 16) = 0{,}0565 \cdot 1.285.714 = 72.642{,}84\ kPa$

$\Delta\sigma_{pr} (\infty, 16)_{rel} = -72.642{,}84 \cdot [1 - 2 \cdot |-116.149{,}1| / 1.285.714)]$

$\Delta\sigma_{pr} (\infty, 16)_{rel} = -59.518{,}0\ kPa$

$\Delta\sigma_{p,c+s+r}(\infty, 16) = -116.149{,}1 - 59.518{,}0 = -175.667{,}1\ kPa$

$\Delta P_{\infty,c+s+r} (\infty, 16) = -295{,}12\ kN/cabo$

O valor obtido é 15,5% menor do que o obtido com o σ_{p0}, que inclui as ações permanentes.

A rigor, o valor de σ_{p0} deveria computar a protensão e as demais ações permanentes, exceto o peso próprio, o qual já foi considerado nas perdas por encurtamento imediato do concreto.

---

4) Comparação dos resultados obtidos nos cálculos apresentados:

TABELA 25 – COMPARAÇÃO DOS RESULTADOS	
Processo	Valor de $\Delta P_{\infty,c+s+r}(\infty, 16)$
Simplificado	-317,70 kN/cabo
Aproximado	-360,50 kN/cabo
Geral	-349,40 kN/cabo

Dessa forma, podemos concluir que os resultados apresentados são aceitáveis, pois não diferem mais do que 8% em relação ao valor médio.

4.6. CONSIDERAÇÕES FINAIS

A determinação das **Perdas da Força de Protensão** para projetos de peças protendidas depende, conforme detalhamento apresentado, de fatores geométricos, ambientais e de outras variáveis de difícil controle, principalmente as ligadas ao comportamento do concreto ao longo do tempo. As estimativas de cálculo para **Retração** e **Fluência** do concreto não apresentam a mesma precisão que a dos resultados dos ensaios de laboratório. Nessas condições, não têm sentido as exigências de cálculos sofisticados para estimar perdas de protensão.

O material de projeto aqui apresentado é perfeitamente adequado para os objetivos do cálculo, ou seja, permite obter diagramas da força de protensão em tempo t_0 e t_∞, para as verificações dos diversos estados-limites, aos quais a estrutura está submetida.

Considerando-se um cabo genérico, as figuras a seguir ilustram os objetivos dos cálculos das **Perdas da Força de Protensão.**

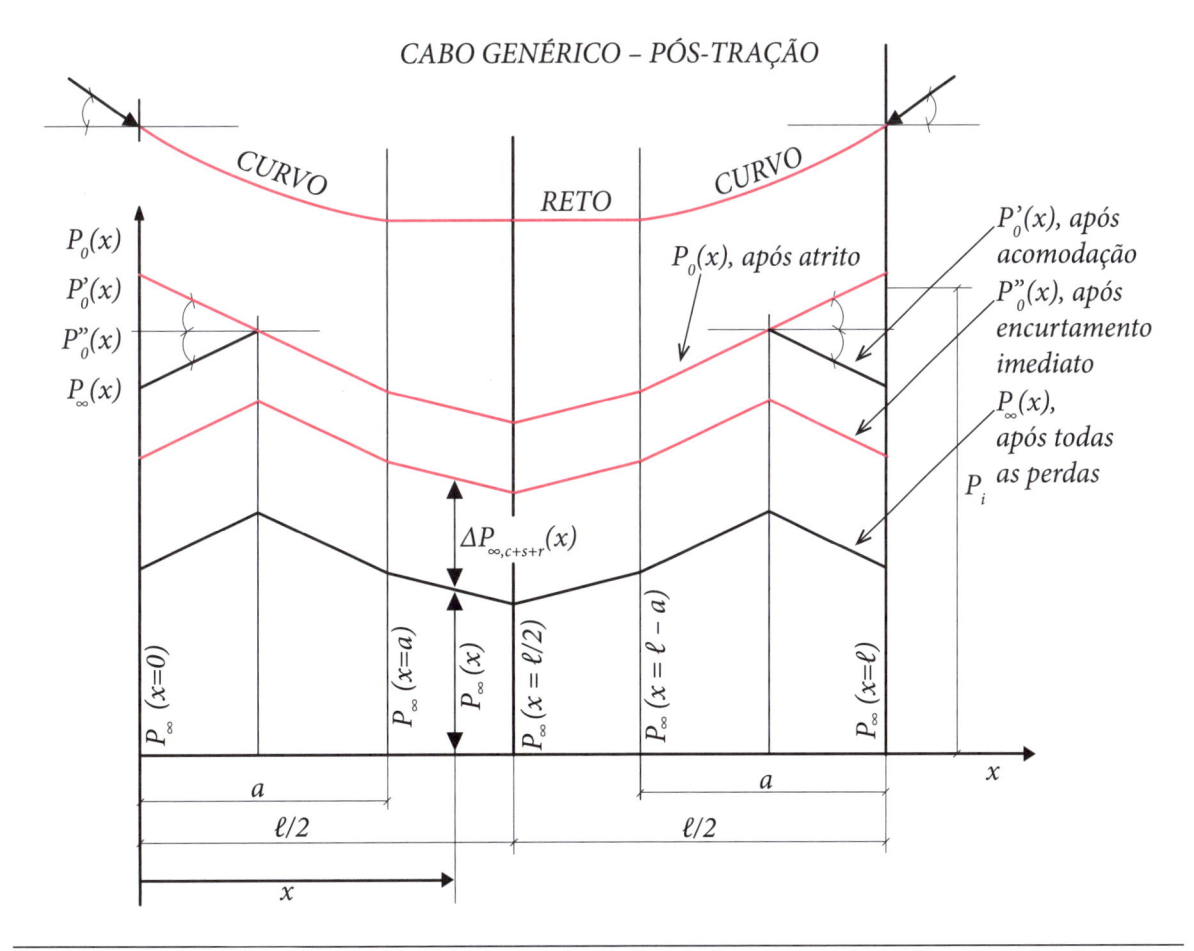

Figura 119: Diagrama de forças de um cabo genérico com indicação de todas forças após as perdas de protensão [pós-tração].

OBS.: *no cálculo das perdas imediatas, obtém-se o diagrama de forças de protensão para todas as seções da viga para $0 \leq x \leq l$. No caso das perdas progressivas, os cálculos são executados para uma seção pré-escolhida, em geral, a seção mais solicitada. Sendo assim, o valor final de P_∞ é determinado para uma única seção. Para as demais seções, pode ser usado o critério da proporcionalidade de perdas em relação à seção calculada.*

$$K = \frac{P_\infty \text{ (seção de cálculo)}}{P_0'' \text{ (seção de cálculo)}} \text{ , com}$$

P_∞ *(seção de cálculo)* $= P_0''$ *(seção de cálculo)* $- \Delta P_\infty$ *(seção de cálculo)*

Resulta: $P_\infty(x) = K \cdot P_0''(x)$

A critério do projetista, conforme o tipo de estrutura, os cálculos completos das perdas podem ser repetidos para todas as seções consideradas como importantes.

Para uma seção genérica, ainda de uma peça com pós-tração, o gráfico representativo da variação da **força de protensão** ao longo do tempo, entre t_0 e t_∞, é o seguinte:

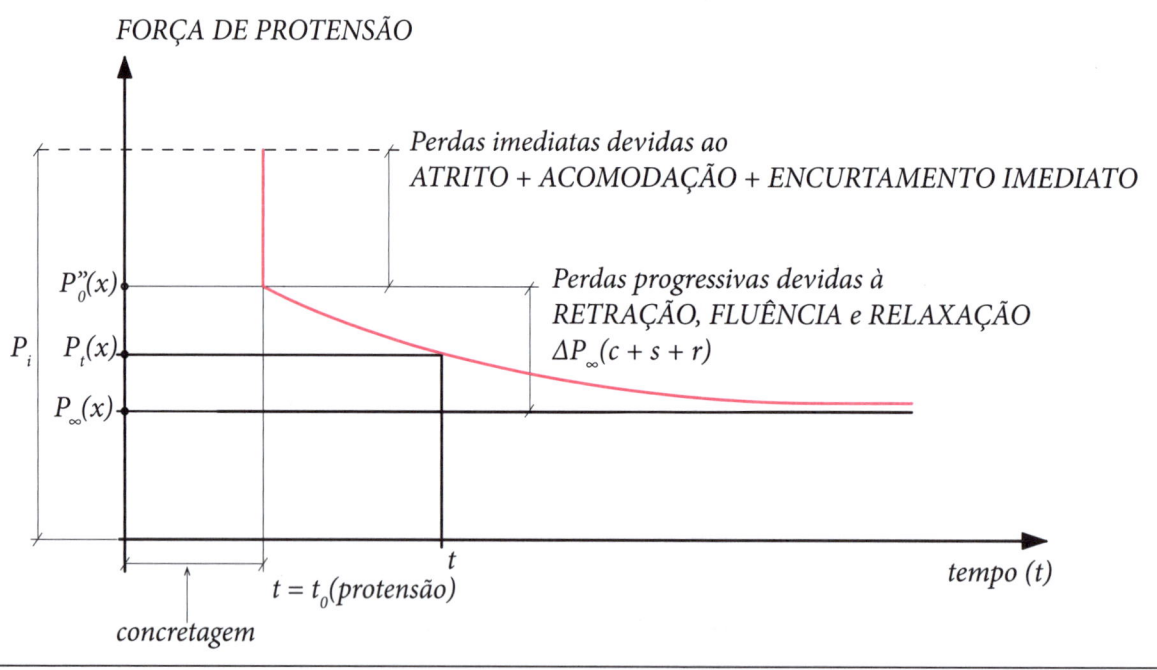

Figura 120: Variação da Força de Protensão, ao longo do tempo, em uma seção x [pós-tração].

4.7. UM EXEMPLO COMPLETO: PÓS-TRAÇÃO

APLICAÇÃO NUMÉRICA

A viga isostática biapoiada de seção vazada, a seguir esquematizada, foi protendida longitudinalmente (pós-tração).

O dimensionamento, pela Seção 5, foi efetuado para resistir às seguintes solicitações:

$M_{g1} = 1.543$ kN · m

$M_{g2} = 3.146$ kN · m

$M_q = 2.723$ kN · m

Resultou uma armadura protendida de 50,40 cm², que foi distribuída em quatro cabos de 9Ø15,2 mm, aço CP190RB, conforme o esquema a seguir:

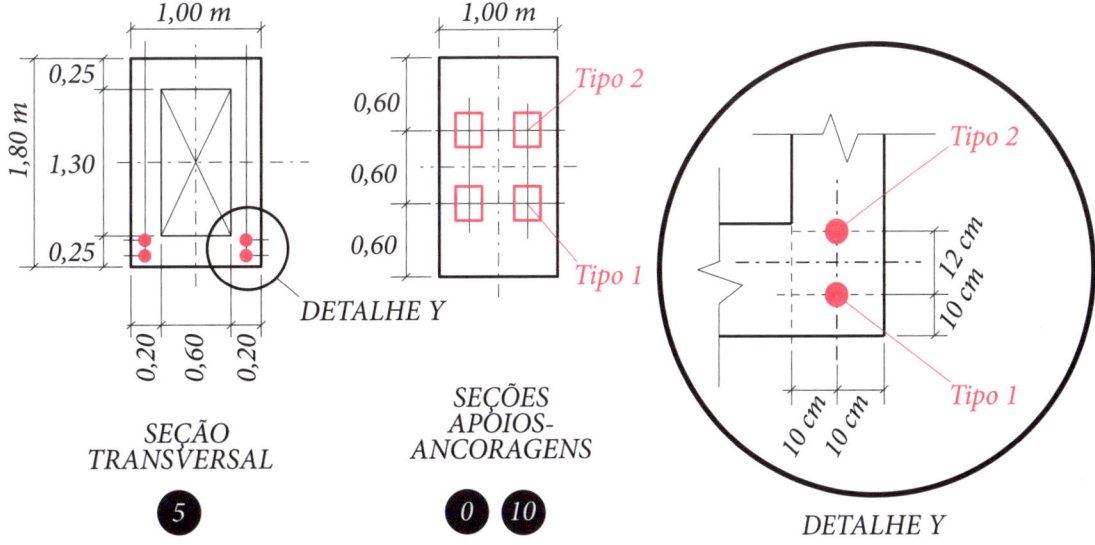

Figura 121: Elevação geral, seções transversais e detalhe.

Determinar as perdas de protensão, para os dois tipos de cabos, sabendo-se que:

a) Os cabos com 9 cordoalhas de 15,2 mm e bainhas metálicas apresentam os seguintes dados:

$$Aço\ CP190RB: \quad \begin{vmatrix} f_{ptk} = 1.900\ MPa \\ f_{pyk} = 1.710\ MPa \end{vmatrix}$$

$E_p = 200\ GPa$

$A_p = 1{,}40\ cm^2/cordoalha$

$\mu = 0{,}20$ (*atrito*)

$K = 0{,}01 \cdot \mu$

$\Delta w = 3\ mm$

b) O concreto, de $f_{ck} = 30$ MPa, de cimento CPIII, agregado graúdo em granito ($\alpha_E = 1{,}0$), foi curado em uma temperatura média de 25 °C, com umidade relativa de 70%. Na concretagem, o abatimento medido foi de 8 cm.

c) A protensão aconteceu no 14º dia, em uma única etapa e sequencialmente dois a dois: dois do tipo 1 e, em seguida, dois do tipo 2.

d) Na protensão, foi mobilizado o peso próprio da viga, com $M_{g1} = 1.543$ kN · m.

e) A carga g_2, com $M_{g2} = 3.146$ kN · m, foi aplicada quando a viga apresentava 60 dias de idade.

4.7.1. PERDAS IMEDIATAS

a) Determinação da força P_i:

$\sigma_{pi} = 0{,}74 \cdot f_{ptk} = 0{,}74 \cdot 1.900 = 1.406$ MPa

$\sigma_{pi} = 0{,}82 \cdot f_{pyk} = 0{,}82 \cdot 1.710 = 1.402$ MPa (*adotado*)

$P_i = 9 \cdot 1{,}40 \cdot 10^{-4} \cdot 1.402 \cdot 10^3 = 1.766{,}52$ kN/cabo

b) Perdas por **atrito**, valores de $P_0(x)$:

- **Cabo tipo 1:**

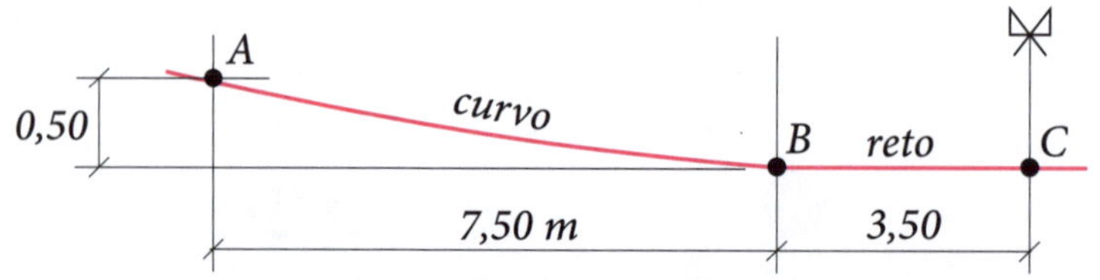

Figura 122: Cabo tipo 1.

Trecho AB: $\Sigma\alpha = 2 \cdot (0{,}60 - 0{,}10) / 7{,}50 = 0{,}1333$ rad

$P_0 (x = 7{,}50) = 1.766{,}52 \cdot e^{-(0{,}20 \cdot 0{,}1333 + 0{,}01 \cdot 0{,}20 \cdot 7{,}50)}$

$P_0 (x = 7{,}50) = 1.694{,}44$ kN

Trecho ABC: $\Sigma\alpha = 0{,}1333 + 0 = 0{,}1333$

$P_0 (x = 11{,}0) = 1.766{,}52 \cdot e^{-(0{,}20 \cdot 0{,}1333 + 0{,}01 \cdot 0{,}20 \cdot 11{,}0)}$

$P_0 (x = 11{,}0) = 1.682{,}62$ kN

- **Cabo tipo 2:**

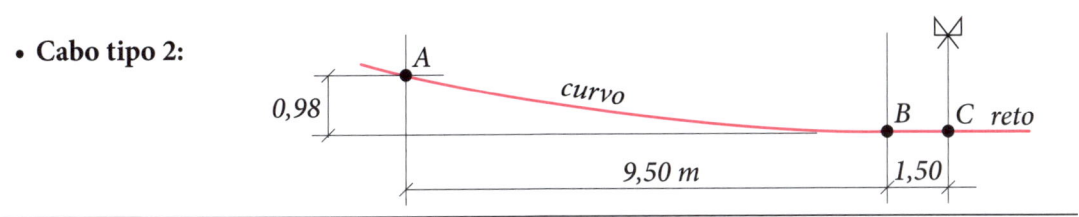

Figura 123: Cabo tipo 2.

Trecho AB: $\Sigma\alpha = 2 \cdot (1{,}20 - 0{,}22) / 9{,}50 = 0{,}2063$ rad

$P_0 (x = 9{,}5) = 1.766{,}52 \cdot e^{-(0{,}20 \cdot 0{,}2063 + 0{,}01 \cdot 0{,}20 \cdot 9{,}50)}$

$P_0 (x = 9{,}50) = 1.663{,}21$ kN

Trecho ABC: $\Sigma\alpha = 0{,}2063 + 0 = 0{,}2063$

$P_0 (x = 11{,}0) = 1.766{,}52 \cdot e^{-(0{,}20 \cdot 0{,}2063 + 0{,}01 \cdot 0{,}20 \cdot 11{,}0)}$

$P_0 (x = 11{,}0) = 1.658{,}23$ kN

c) **Alongamento teórico** dos cabos:

$E_p \cdot A_p = 200 \cdot 10^6 \cdot 9 \cdot 1{,}40 \cdot 10^{-4} = 252.000$ kN

Cabo tipo 1: folga de 20 cm em A

[Área diagrama $P_0 (x)$] $= 2 \cdot (1.730{,}48 \cdot 7{,}70 + 1.688{,}53 \cdot 3{,}50) = 38.469{,}102$ kN·m

$\Delta\ell_1 = \left(\dfrac{38.469{,}102}{252.000} \right) \cdot 10^3 \approx 153$ mm

Cabo tipo 2: folga de 20 cm em A

[Área diagrama $P_0 (x)$] $= 2 \cdot (1.714{,}865 \cdot 9{,}70 + 1.660{,}72 \cdot 1{,}50) = 38.250{,}541$ kN·m

$\Delta\ell_2 = \dfrac{38.250{,}541}{252.000} \cdot 10^3 \approx 152$ mm

d) Acomodação das ancoragens:

Dados: $\Delta w = 3$ mm

$E_p = 200$ GPa

$A_p = 9 \cdot 1{,}40 \cdot 10^{-4} = 12{,}6 \cdot 10^{-4}$ m²

Cabo tipo 1:

Hipótese 1: de acomodação em AB, $w \leq 7{,}50$ m

$$\Delta_{p1} = \frac{(1.766{,}52 - 1.694{,}44)}{7{,}50} = 9{,}611 \text{ kN/m}$$

$$w = \sqrt{\frac{\Delta w \cdot E_p \cdot A_p}{\Delta_{p1}}} = \sqrt{\frac{3 \cdot 10^{-3} \cdot 200 \cdot 10^6 \cdot 12{,}6 \cdot 10^{-4}}{9{,}611}} = 8{,}87 \text{ m}$$

$8{,}87 > 7{,}50$ m → (Hipótese não atendida!)

Hipótese 2: acomodação entre: $7{,}50 < w \leq 11{,}00$

$$0 < w' \leq 3{,}50 \text{ m}$$

$$w = 7{,}50 + w'$$

$\Delta_{p1} = 9{,}611$ kN/m

$$\Delta_{p2} = \frac{1.694{,}44 - 1.682{,}62}{3{,}50} = 3{,}377 \text{ kN/m}$$

Equação de segundo grau em w':

$$\Delta_{p2} \cdot (w')^2 + 2 \cdot \Delta_{p2} \cdot a \cdot w' + [\Delta_{p1} \cdot a^2 - \Delta w \cdot E_p \cdot A_p] = 0$$

$$3{,}377 \cdot (w')^2 + 2 \cdot 3{,}377 \cdot 7{,}50 \cdot (w') + [9{,}611 \cdot 7{,}50^2 - 3 \cdot 10^{-3} \cdot 200 \cdot 10^6 \cdot 12{,}6 \cdot 10^{-4}] = 0$$

Resulta: $3{,}377 \cdot (w')^2 + 50{,}655 \cdot w' - 215{,}382 = 0$

Resolvendo a equação: $w'_1 = 3{,}46$ m $< 3{,}50$ → (OK!)

$w'_2 = -18{,}46$ m → **(Não serve)**

$P_0 (x = w) = 1.694{,}44 - 3{,}377 \cdot 3{,}46 = 1.682{,}76$ kN

$P'_0 (x = 7{,}50) = 1.694{,}44 - 2 \cdot 3{,}377 \cdot 3{,}46 = 1.671{,}07$ kN

$P'_0 (x = 0) = 1.671{,}07 - 72{,}08 = 1.598{,}99$ kN

Cabo tipo 2:

Hipótese 1: acomodação em AB, w ≤ 9,50 m

$$\Delta_{p1} = (1.766,52 - 1.663,21) / 9,50 = 10,875 \text{ kN/m}$$

$$w = \sqrt{(3 \cdot 10^{-3} \cdot 200 \cdot 10^6 \cdot 12,6 \cdot 10^{-4}) / 10,875]} = 8,34 \text{ m} < 9,50 \text{ m} \rightarrow \text{(OK!)}$$

$$P_0 (x = w) = 1.766,52 - 10,875 \cdot 8,34 = 1.675,82 \text{ kN}$$

$$P_0 (x = 0) = 1.766,52 - 2 \cdot 10,875 \cdot 8,34 = 1.585,12 \text{ kN}$$

e) Encurtamento imediato do concreto:

1) Módulo de E_{ci} elasticidade do concreto:

Aos 28 dias: $\quad E_{ci} = \alpha_E \cdot 5.600 \cdot \sqrt{f_{ck}}$

$\quad\quad\quad\quad\quad\quad E_{ci} = 1,0 \cdot 5.600 \cdot \sqrt{30} = 30.672 \text{ MPa}$

Aos 14 dias: $\quad E_{ci} = 5.600 \cdot \sqrt{f_{ck,14}}$

$f_{ck,14} = \beta_1 \cdot f_{ck}$

$\beta_1 = e^{\{0,38 \cdot [1 - (28/14)^{1/2}]\}} = 0,8544$

$f_{ck,14} = 0,8544 \cdot 30 = 25,632 \text{ MPa}$

$\quad\quad\quad\quad E_{ci}(t) = [f_{ckj} / f_{ck}]^{0,5} \cdot E_{ci}$

$\quad\quad\quad\quad E_{ci}(14) = [25.632 / 30.000]^{0,5} \cdot 30.672$

$\quad\quad\quad\quad E_{ci}(14) = 28.352 \text{ MPa}$

$\alpha_p = E_p / E_{ci} = 200.000 / 28.352 = 7,054$

2) Tensões produzidas pela protensão de todos os cabos no CG de A_p:

$$y_0 = \frac{1.682,62 \cdot 0,10 + 1.658,23 \cdot 0,22}{(1.682,62 + 1.658,23)} \approx 0,16 \text{ m}$$

$e_{p1} = 0,90 - 0,10 = 0,80$

$e_{p2} = 0,90 - 0,22 = 0,68$

$e_p = 0,90 - 0,16 = 0,74$

Características Geométricas da Seção 5:

$$A_c = 1{,}00 \cdot 1{,}80 - 0{,}60 \cdot 1{,}30 = 1{,}02 \text{ m}^2$$

$$I_c = \frac{1{,}00 \cdot 1{,}80^3}{12} - \frac{0{,}60 \cdot 1{,}30^3}{12} = 0{,}37615 \text{ m}^4$$

$$\sigma_{cp} = \frac{\Sigma N_{p0i}}{A_c} + \frac{\Sigma N_{p0i} \cdot e_{pi}}{I_c} \cdot e_p$$

$$\Sigma N_{p0i} = 2 \cdot [\,-1.682{,}62 - 1.658{,}23] = -6.681{,}70 \text{ kN}$$

$$\Sigma (N_{p0i} \cdot e_{pi}) = 2 \cdot [(-1.682{,}62) \cdot 0{,}80 + (-1.658{,}23) \cdot 0{,}68] = -4.947{,}38 \text{ kN} \cdot \text{m}$$

$$\sigma_{cp} = -6.681{,}70 / 1{,}02 + ((-4.947{,}98)/0{,}37615) \cdot 0{,}74 = -16.283{,}69 \text{ kPa}$$

3) Tensão mobilizada pela protensão no CG de A_p:

$$\sigma_{cg} = \frac{M_{g1}}{I_c} \cdot e_p = + \frac{1.543}{0{,}37615} \cdot 0{,}74 = +3.035{,}54 \text{ kPa}$$

4) Perda média de protensão por **encurtamento imediato** do concreto:

n = 4 cabos (2 cabos de cada vez)

$$\Delta\sigma_p = \frac{(n-2)}{2 \cdot n} \cdot \alpha_p \cdot (\sigma_{cp} + \sigma_{cg})$$

$$\Delta\sigma_p = (4-2)/8 \cdot 7{,}054 \cdot (-16.283{,}69 + 3.035{,}57) = -23.363{,}11 \text{ kPa}$$

Perda média por cabo $= -23.363{,}11 \cdot 9 \cdot 1{,}40 \cdot 10^{-4} = -29{,}44 \text{ kN/cabo}$

f) Forças de Protensão na Seção 5, após as perdas imediatas:

Cabo 1: $P_0''(x = 11{,}00) = 1.682{,}62 - 29{,}44 = 1.653{,}18 \text{ kN}$

Cabo 2: $P_0''(x = 11{,}00) = 1.658{,}23 - 29{,}44 = 1.628{,}79 \text{ kN}$

4.7.2. PERDAS PROGRESSIVAS

1) **Espessura fictícia** da peça (h_{fic}):

Seção Transversal (5):

$A_c = 1,02 \text{ m}^2$

$\mu_{ar} = 2 \cdot (1,00 + 1,80) = 5,60 \text{ m}$

$\gamma = 1 + e^{(-7,8 + 0,10 \cdot 70)} = 1,45$

$h_{fic} = 1,45 \cdot (2 \cdot 1,02 / 5,60) \approx 0,528 \text{ m} = 52,8 \text{ cm}$

2) Idades fictícias do concreto para cálculos da **retração** e **fluência**:

Temperatura média durante a cura: 25 °C.

Cimento CPIII:

- Para a idade efetiva de 14 dias:

    Retração: $t_0 = 1,0 \cdot (25 + 10) / 30 \cdot 14 \approx 16$ dias

    Fluência: $t_0 = 1,0 \cdot (25 + 10) / 30 \cdot 14 \approx 16$ dias

- Para a idade efetiva de 60 dias:

    Fluência: $t_0 = 1,0 \cdot (25 + 10) / 30 \cdot 60 \approx 70$ dias

OBS.: *foram utilizados para α os valores obtidos na Tabela 19 (α = 1,0).*

3) Valor da **retração**, no intervalo $(\infty, 16)$:

$\varepsilon_{cs}(\infty, 16) = \varepsilon_{1s} \cdot \varepsilon_{2s} \cdot [1 - \beta_s(16)]$

Com U = 70%, abatimento de 8 cm e $h_{fic} = 52,8$ cm

$10^4 \cdot \varepsilon_{1s} = -8,09 + (70/15) - (70^2/2.284) - (70^3/133.765) + (70^4/7.608.150) = -4,96$

$\varepsilon_{1s} = -4,96 \cdot 10^{-4}$

$\varepsilon_{2s} = (33 + 2 \cdot 52,8) / (20,8 + 3 \cdot 52,8) = 0,773$

Figura 109 com $t_0 = 16$ e $h_{fic} = 52,8$

$$\begin{vmatrix} \beta_s(\infty) = 1 \\ \beta_s(16) \approx 0,05 \end{vmatrix}$$

Resulta: $\varepsilon_{cs}(\infty, 16) = -4,96 \cdot 10^{-4} \cdot 0,773 \cdot [1 - 0,05]$

$\varepsilon_{cs}(\infty, 16) = -3,642 \cdot 10^{-4}$ ou $-36,42 \cdot 10^{-5}$

4) Coeficientes de fluência:

- $\varphi(\infty, 16) = \varphi_a + \varphi_{f\infty} \cdot [1 - \beta_f(16)] + 0,4$

$$\varphi_a = 0,8 \cdot \left[1 - \frac{f_c(14)}{f_c(t_\infty)}\right] = 0,8 \cdot [1 - (0,85/1,433)] = 0,325$$

$\varphi_{f\infty} = \varphi_{1c} \cdot \varphi_{2c}$

$\varphi_{1c} = (4,45 - 0,035 \cdot 70) = 2,00$

$\varphi_{2c} = [(42 + 52,8)/(20 + 52,8)] = 1,302$

Figura 112, com $t_0 = 16$

Com $\begin{vmatrix} h_{fic} \approx 52,8 \\ \beta_f(\infty) = 1 \\ \beta_f(16) \approx 0,25 \end{vmatrix}$

Resulta: $\varphi(\infty, 16) = 0,325 + 2,00 \cdot 1,302 \cdot (1 - 0,25) + 0,4$

$\varphi(\infty, 16) = 2,678$

- $\varphi(\infty, 70) = \varphi_a + \varphi_{f\infty} \cdot [1 - \beta_f(70)] + 0,4$

$\varphi_a = 0,8 \cdot [1 - f_c(60)/f_c(t\infty)] = 0,8 \cdot (1 - 1,128/1,433) = 0,170$

$\varphi_{1c} = 2,00$

$\varphi_{2c} = 1,302$

Figura 112, com $t_0 = 70$

Com $\begin{vmatrix} h_{fic} \approx 52,8 \end{vmatrix}$

$$\begin{vmatrix} \beta_f(\infty) = 1 \\ \beta_f(70) \approx 0{,}43 \end{vmatrix}$$

Resulta: $\varphi(\infty, 70) = 0{,}170 + 2{,}00 \cdot 1{,}302 \cdot (1 - 0{,}43) + 0{,}4$

$\varphi(\infty, 70) = 2{,}054$

5) Efeito conjunto, **retração** + **fluência**, para os cabos Tipo (1) e Tipo (2):

OBS.: *em razão dos carregamentos permanentes (P_0 + g_1) e g_2 estarem sendo aplicados em idades diferentes, não é recomendável utilizar processos simplificados (ou aproximados) para calcular as perdas progressivas.*

a) Momentos fletores na Seção 5:

$M_{k,g1} = 1.543 \text{ kN} \cdot \text{m}$

$M_{k,g2} = 3.146 \text{ kN} \cdot \text{m}$

OBS.: *o momento fletor da ação variável não será utilizado, por não produzir fluência.*

b) Tensões normais provocadas pelos momentos fletores na Seção 5:

Fórmula geral:

$\sigma_{c,M_k,\text{em } y} = \dfrac{M_k}{I_c} \cdot y$

$e_{p1} = 0{,}80 \text{ m}$

$e_{p2} = 0{,}68 \text{ m}$

TABELA 26 - TENSÕES (kPa) $\sigma_{c,M_k,\text{em } y}$		
Posição y	Devidas à g_1	Devidas à g_2
Cabo Tipo 1: e_{p1}	3.281,67	6.690,95
Cabo Tipo 2: e_{p2}	2.789,42	5.687,31

c) Tensões normais devido à protensão:

Fórmula geral:

$$\sigma_{c,p0,em\,y} = \frac{\Sigma P_{0i}}{A_c} + \left(\frac{\Sigma (P_{0i} \cdot e_{pi})}{I_c}\right) \cdot y$$

$$\sum_{i=1}^{4} P_{0i} = 2 \cdot [-1.653,18 - 1.628,79] = -6.563,94 \text{ kN}$$

$$\sum_{i=1}^{4} (P_{0i} \cdot e_{pi}) = 2 \cdot [(-1.653,18) \cdot 0,80 + (-1.628,79) \cdot 0,68] = -4.860,24 \text{ kN.m}$$

TABELA 27 – TENSÕES (kPa) $\sigma_{c,p0,em\,y}$	
Posição y	Devidas à protensão
Cabo Tipo 1: e_{p1}	-6.435,24 – 10.336,81 = -16.772,05
Cabo Tipo 2: e_{p2}	-6.435,24 – 8.786,29 = -15.221,53

d) Tensões nas armaduras devido à protensão [kPa]:

Cabo Tipo (1): $\sigma_{p0} = 1.653,18 / (9 \cdot 1,40 \cdot 10^{-4}) = 1.312.048$ kPa

Cabo Tipo (2): $\sigma_{p0} = 1.628,79 / (9 \cdot 1,40 \cdot 10^{-4}) = 1.292.690$ kPa

e) Perdas de protensão por **retração** + **fluência**:

Aplicação da fórmula derivada da tensão média.

Fórmula geral:

$$\Delta\sigma_{p,c+s}(\infty, 16)_{cabo\,j} =$$

$$= \frac{\varepsilon_{cs}(\infty, 16) \cdot E_p + \alpha_p \cdot \varphi(\infty, 16) \cdot [\sigma_{c,p0} + \sigma_{cg1}] + \alpha_p \cdot \sigma_{cg2} \cdot \varphi(\infty, 70)}{1 - \alpha_p \cdot (\sigma_{c,p0} / \sigma_{p0}) \cdot [1 + \varphi(\infty, 16) / 2]}$$

$E_{ci28} = 1,0 \cdot 5.600 \cdot \sqrt{30} = 30.672$ MPa

$\alpha_p = E_p / E_{ci28} = 200.000 / 30.672 = 6,52$

Para o cabo Tipo 1:

Numerador: $-36{,}42 \cdot 10^{-5} \cdot 200 \cdot 10^6 + 6{,}52 \cdot 2{,}678 \cdot [-16.772{,}05 + 3.281{,}67] + 6{,}52 \cdot 6.690{,}95 \cdot 2{,}054$

Numerador: $-72.840 - 235.550 + 89.606 = -218.784$ kPa

Denominador: $1 - 6{,}52 \cdot (-16.772{,}05 / 1.312.048) \cdot (1 + 2{,}678 / 2) = 1{,}195$

Resulta: $\Delta\sigma_{p,c+s}(\infty, 16)_{\text{cabo tipo 1}} = -218.784 / 1{,}195 = -183.083$ kPa

Para o cabo Tipo 2:

Numerador: $-36{,}42 \cdot 10^{-5} \cdot 200 \cdot 10^6 + 6{,}52 \cdot 2{,}678 \cdot [-15.221{,}53 + 2.789{,}42] + 6{,}52 \cdot 5.687{,}31 \cdot 2{,}054$

Numerador: $-72.840 - 217.072 + 76.165 = -213.747$ kPa

Denominador: $1 - 6{,}52 \cdot (-15.221{,}53 / 1.292.690) \cdot [1 + 2{,}678 / 2] = 1{,}180$

Resulta: $\Delta\sigma_{p,c+s}(\infty, 16)_{\text{cabo tipo 2}} = -213.747 / 1{,}18 = -181.142$ kPa

f) Perdas da força de protensão por retração + fluência:

Para o cabo Tipo 1:

$$\Delta P_{\infty,c+s}(\infty, 16) = (-183.083) \cdot 9 \cdot 1{,}4 \cdot 10^{-4} = -230{,}68 \text{ kN/cabo}$$

Para o cabo Tipo 2:

$$\Delta P_{\infty,c+s}(\infty, 16) = (-181.142) \cdot 9 \cdot 1{,}4 \cdot 10^{-4} = -228{,}24 \text{ kN/cabo}$$

6) Relaxação das armaduras:

Tensão inicial σ_{pi} da protensão e da ação permanente g_2:

Para o cabo Tipo 1:

$$\sigma_{pi} = 1.653{,}18 / (9 \cdot 1{,}40 \cdot 10^{-4}) + 6.690{,}95 \cdot 6{,}52 = 1.355.673 \text{ kPa}$$

Para o cabo Tipo 2:

$$\sigma_{pi} = 1.628{,}79 / (9 \cdot 1{,}40 \cdot 10^{-4}) + 5.687{,}31 \cdot 6{,}52 = 1.329.772 \text{ kPa}$$

a) Relaxação pura:

Para o cabo Tipo 1:

$$\sigma_{pi} / f_{ptk} = 1.355{,}673 / 1.900 = 0{,}714$$

Com $0{,}714\ f_{ptk}$, na Tabela 24, resulta:

$$\Psi_\infty = 6{,}25 + \frac{(0{,}714 - 0{,}70)}{0{,}10} \cdot 2{,}50 = 6{,}60\%$$

$$\Delta\sigma_{pr}(\infty, 16) = 6{,}60 / 100 \cdot 1.355{,}673 \approx 89{,}47\ \text{MPa}$$

Para o cabo Tipo 2:

$$\sigma_{pi} / f_{ptk} = 1.329{,}772 / 1.900 = 0{,}700$$

Com $0{,}700\ f_{ptk}$, na Tabela 24, resulta $\Psi_\infty = 6{,}25\%$

$$\Delta\sigma_{pr}(\infty, 16) = 6{,}25 / 100 \cdot 1.329{,}772 \approx 83{,}11\ \text{MPa}$$

b) Relaxação relativa:

$$\Delta\sigma_{pr}(\infty, 16)_{rel} = \Delta\sigma_{pr}(\infty, 16) \cdot \left(1 - 2 \cdot \frac{|\Delta\sigma_p(\infty, 16)_{c+s}|}{\sigma_{pi}}\right)$$

Para o cabo Tipo 1, com $\Delta\sigma_p(\infty, 16)_{c+s} = -183{,}083$ MPa

Resulta: $\Delta\sigma_{pr}(\infty, 16)_{rel} = 89{,}47 \cdot (1 - 2 \cdot |-183{,}083| / 1.355{,}673)$

$$\Delta\sigma_{pr}(\infty, 16)_{rel} = 65{,}304\ \text{MPa}$$

Para o cabo Tipo 2, com $\Delta\sigma_p(\infty, 16)_{c+s} = -181{,}142$ MPa

Resulta: $\Delta\sigma_{pr}(\infty, 16)_{rel} = 83{,}11 \cdot (1 - 2 \cdot |-181{,}142| / 1.329{,}772)$

$$\Delta\sigma_{pr}(\infty, 16)_{rel} = 60{,}467\ \text{MPa}$$

i) Perdas das forças de protensão por *relaxação*:

Para o cabo Tipo 1:

$$\Delta P_{\infty,r}(\infty, 16) = (-65{,}304) \cdot 9 \cdot 1{,}4 \cdot 10^{-4} = -82{,}28\ \text{kN/cabo}$$

Para o cabo Tipo 2:

$$\Delta P_{\infty,r}(\infty, 16) = (-60{,}467) \cdot 9 \cdot 1{,}4 \cdot 10^{-4} = -76{,}19\ \text{kN/cabo}$$

7) **Forças de protensão**, na Seção 5, após as perdas progressivas:

$$P_\infty (x = 11,00) = P''_0 (x = 11,00) - \Delta P_\infty (x = 11,00)_{,c+s+r}$$

Para o cabo Tipo 1:

$$P_\infty (x = 11,00) = 1.653,18 - (230,68 + 82,28) = 1.340,22 \text{ kN}$$

Para o cabo Tipo 2:

$$P_\infty (x = 11,00) = 1.628,79 - (228,24 + 76,19) = 1.324,36 \text{ kN}$$

8) Diagramas finais de $P_\infty (x) \cdot x$, após todas as perdas de protensão:

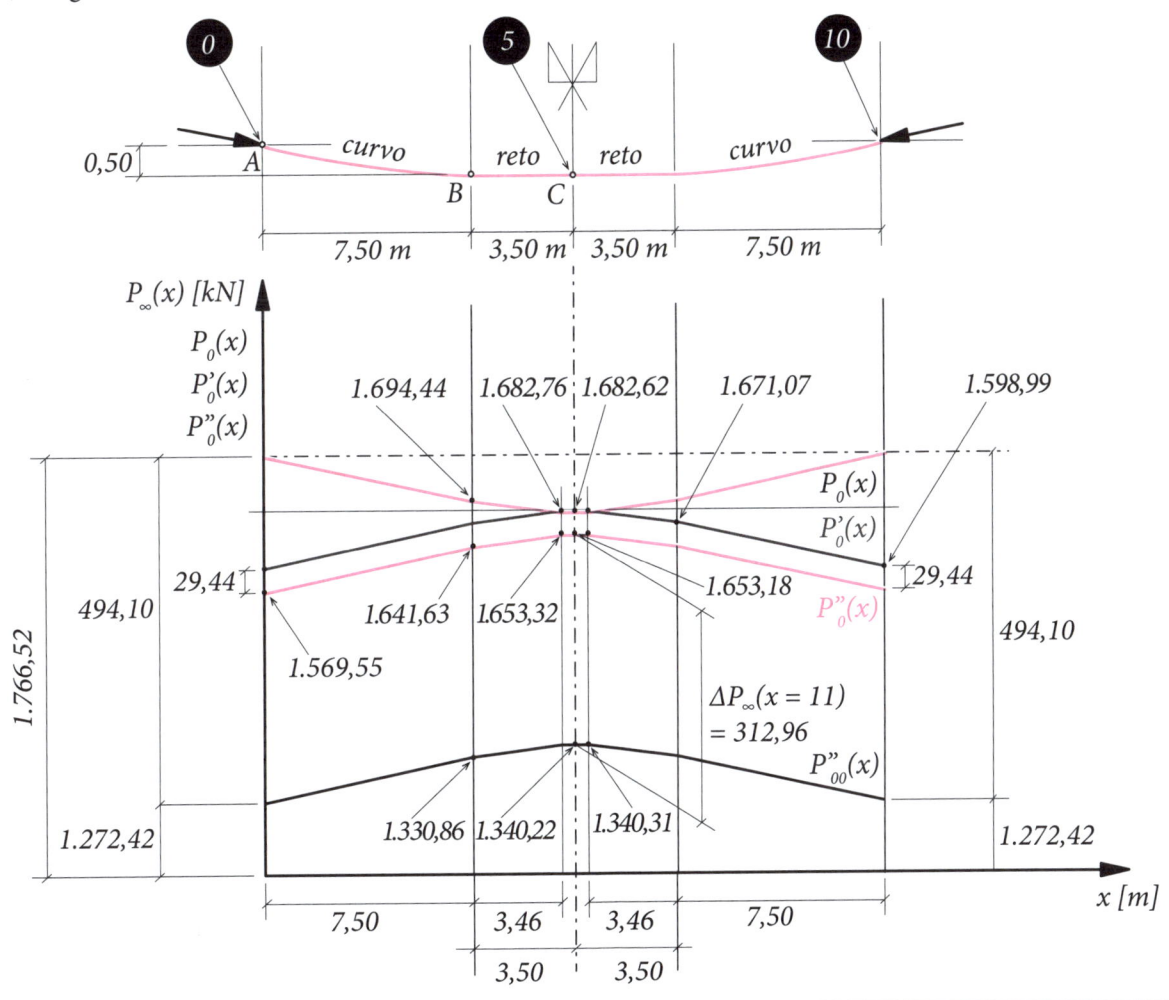

Figura 124: Diagrama do cabo Tipo 1.

OBS.: *as perdas progressivas foram calculadas para a Seção 5. Nas demais seções será aplicado o critério da proporcionalidade:*

$K = P_\infty (x = 11,00) / P''_0 (x = 11,00) = 1.340,22 / 1.653,18 = 0,8107$

Resulta: $P_\infty (x) = 0,8107 \cdot P''_0 (x)$

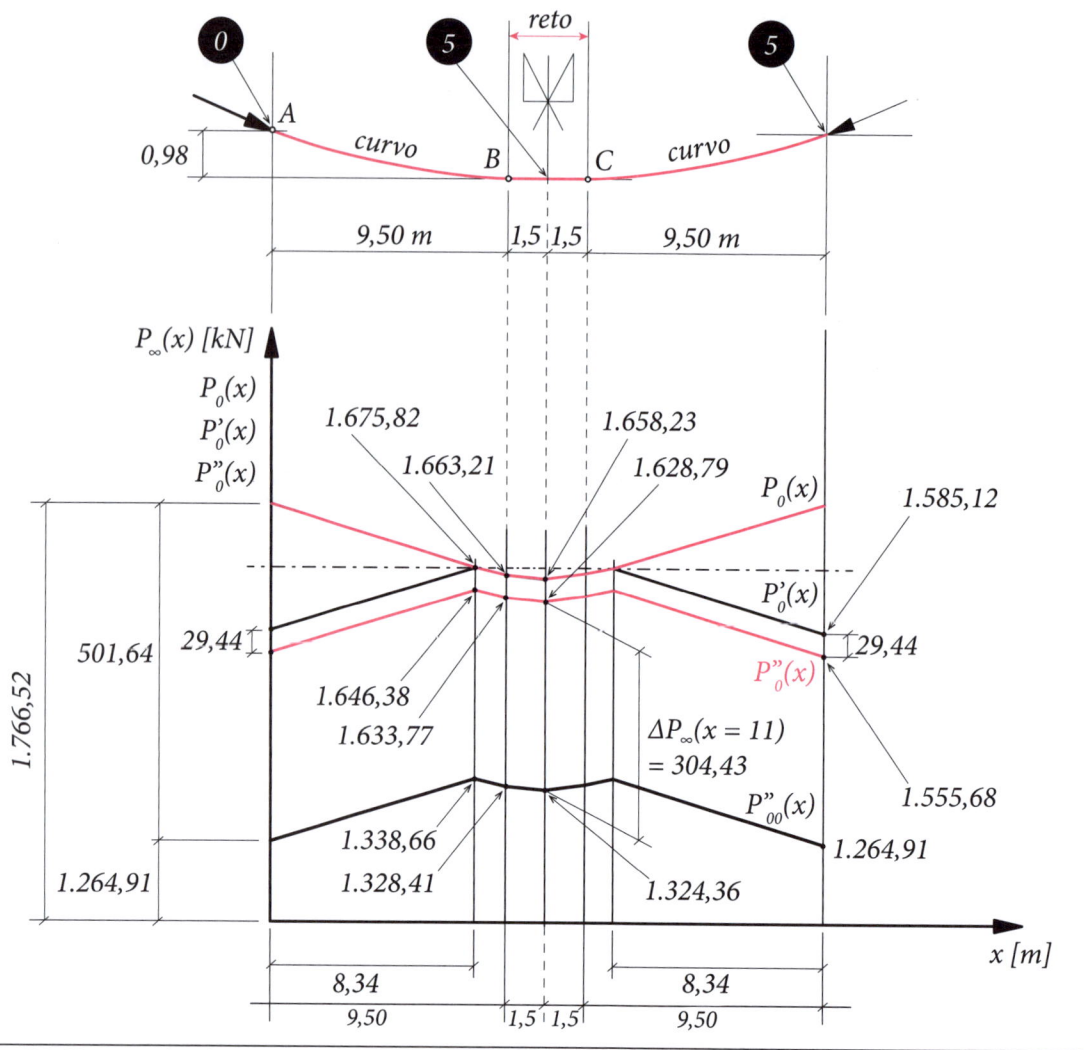

Figura 125: Diagrama do cabo Tipo 2.

OBS.: $K = P_\infty(x = 11,00) / P''_0(x = 11,00) = 1.324,36 / 1.628,79 = 0,8131$

Resulta: $P_\infty(x) = 0,8131 \cdot P''_0(x)$

Capítulo 5

REVISÃO

5.1. REVISÃO DE CÁLCULO DE CARACTERÍSTICAS GEOMÉTRICAS DE SEÇÕES TRANSVERSAIS

5.1.1. INTRODUÇÃO

As seções transversais das peças em concreto protendido são variadas, procurando-se utilizar massa de concreto onde efetivamente for necessário, de forma a otimizar o consumo dos materiais e aumentar a rigidez das peças.

Apresentamos a seguir alguns exemplos de seções utilizadas:

a) Vigas

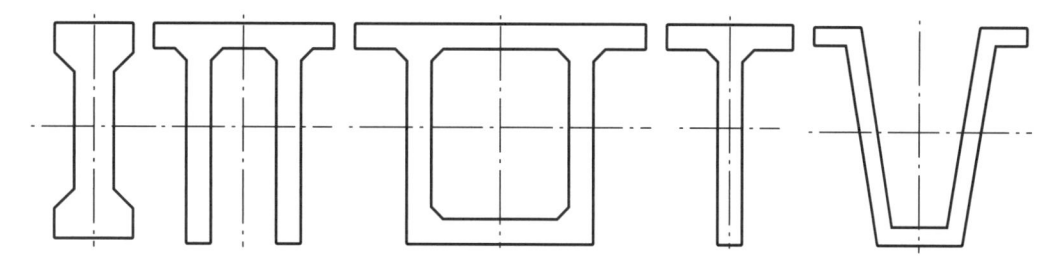

Figura 126: Exemplo de seções transversais de vigas.

b) Lajes

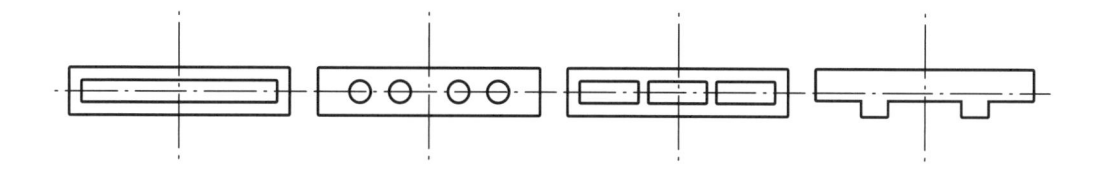

Figura 127: Exemplo de seções transversais de lajes.

c) Pilares e Aquedutos

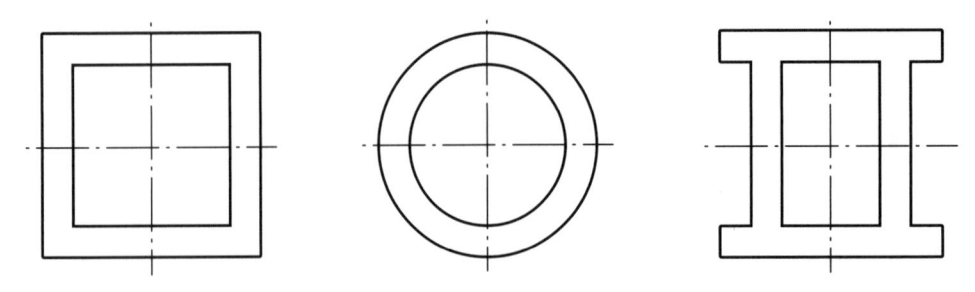

Figura 128: Exemplo de seções transversais de pilares e aquedutos.

Apresentaremos a seguir um resumo de cálculo de características geométricas de seções transversais, considerando as seguintes hipóteses:

- Seção íntegra no Estádio 1, ou seja, sem fissura.

- Não será levada em conta a presença de armaduras (seção não homogeneizada).

- As seções compostas serão subdivididas em seções básicas: retangular, triangular e círculo.

O objetivo do cálculo é apresentar o resumo das seguintes características geométricas da seção transversal, considerando-se eixos de referência inferior e à esquerda da seção:

A_c = área de concreto da seção transversal

CG = centro de gravidade

$y_{c,inf}$ = distância do CG da seção à borda inferior

$y_{c,sup}$ = distância do CG da seção à borda superior

$x_{c,esq}$ = distância do CG da seção à borda esquerda

$x_{c,dir}$ = distância do CG da seção à borda direita

I_{cx} = inércia da seção composta em relação ao eixo x

I_{cy} = inércia da seção composta em relação ao eixo y

$W_{c,inf}$ = módulo resistente inferior

$W_{c,sup}$ = módulo resistente superior

$W_{c,esq}$ = módulo resistente esquerdo

$W_{c,dir}$ = módulo resistente direito

$K_{c,inf}$ = raio resistente relativo à fibra inferior

$K_{c,sup}$ = raio resistente relativo à fibra superior

$K_{c,esq}$ = raio resistente relativo à fibra esquerda

$K_{c,dir}$ = raio resistente relativo à fibra direita

5.1.2. FORMULÁRIO

5.1.2.1. SEÇÃO GENÉRICA

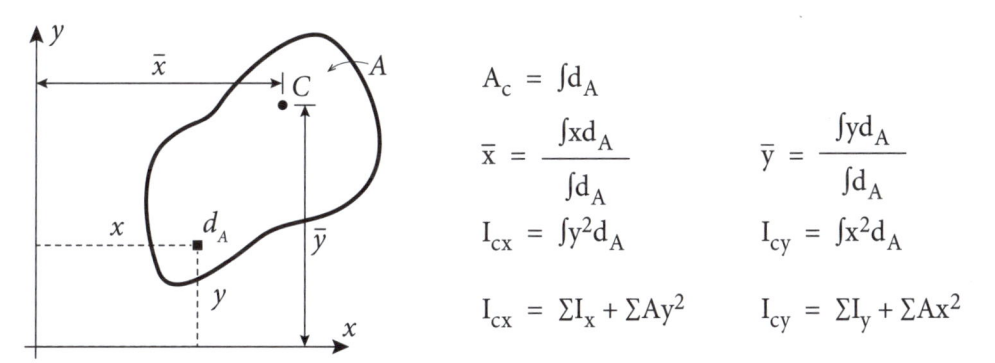

$$A_c = \int d_A$$

$$\bar{x} = \frac{\int x d_A}{\int d_A} \qquad \bar{y} = \frac{\int y d_A}{\int d_A}$$

$$I_{cx} = \int y^2 d_A \qquad I_{cy} = \int x^2 d_A$$

$$I_{cx} = \Sigma I_x + \Sigma A y^2 \qquad I_{cy} = \Sigma I_y + \Sigma A x^2$$

Figura 129: Plano de área de centroide C.

5.1.2.2. SEÇÕES BÁSICAS

a) RETÂNGULO

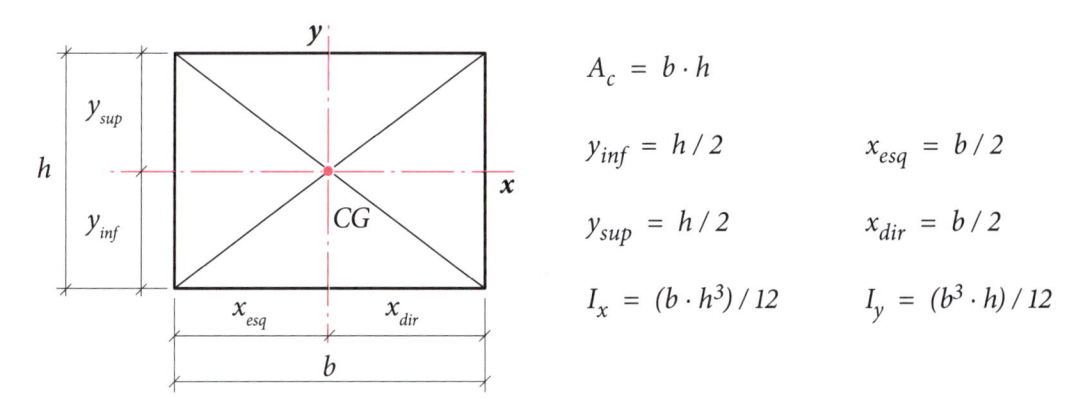

$$A_c = b \cdot h$$

$$y_{inf} = h/2 \qquad x_{esq} = b/2$$

$$y_{sup} = h/2 \qquad x_{dir} = b/2$$

$$I_x = (b \cdot h^3)/12 \qquad I_y = (b^3 \cdot h)/12$$

Figura 130: Seção transversal do retângulo.

b) TRIÂNGULO GENÉRICO

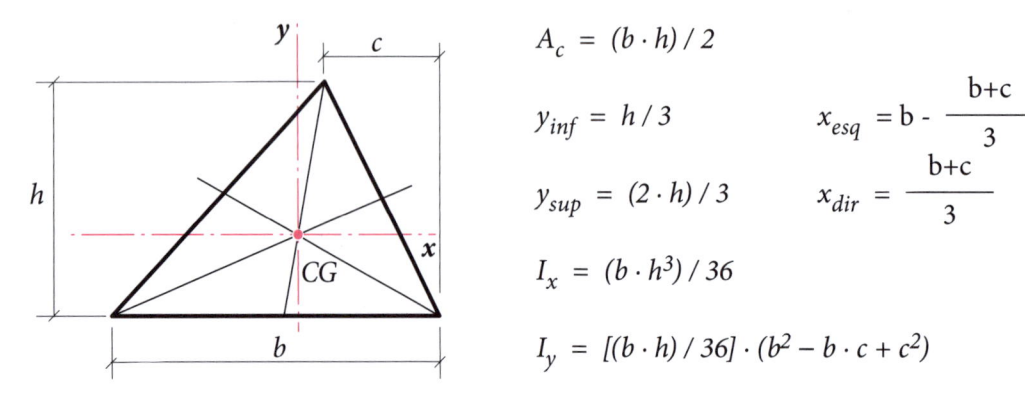

$$A_c = (b \cdot h) / 2$$

$$y_{inf} = h / 3 \qquad x_{esq} = b - \frac{b+c}{3}$$

$$y_{sup} = (2 \cdot h) / 3 \qquad x_{dir} = \frac{b+c}{3}$$

$$I_x = (b \cdot h^3) / 36$$

$$I_y = [(b \cdot h) / 36] \cdot (b^2 - b \cdot c + c^2)$$

Figura 131: Seção transversal do triângulo genérico.

c) TRIÂNGULO RETÂNGULO

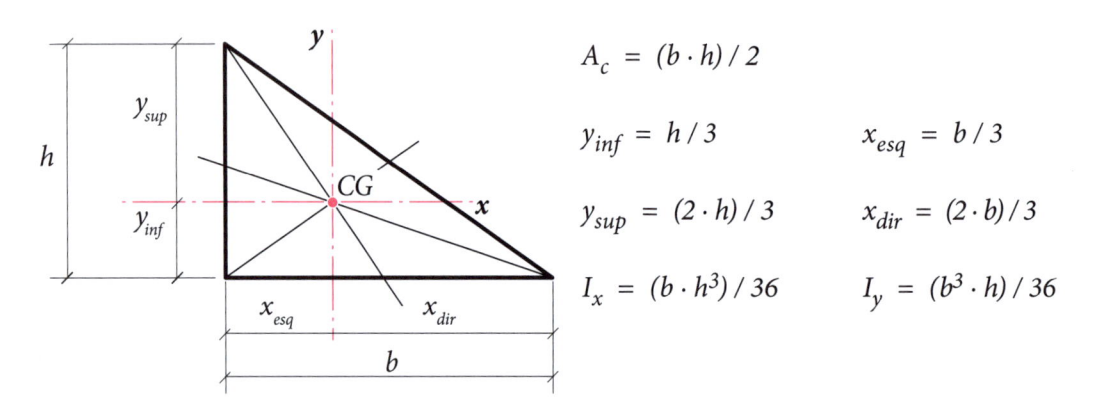

$$A_c = (b \cdot h) / 2$$

$$y_{inf} = h / 3 \qquad x_{esq} = b / 3$$

$$y_{sup} = (2 \cdot h) / 3 \qquad x_{dir} = (2 \cdot b) / 3$$

$$I_x = (b \cdot h^3) / 36 \qquad I_y = (b^3 \cdot h) / 36$$

Figura 132: Seção transversal do triângulo retângulo.

d) CÍRCULO

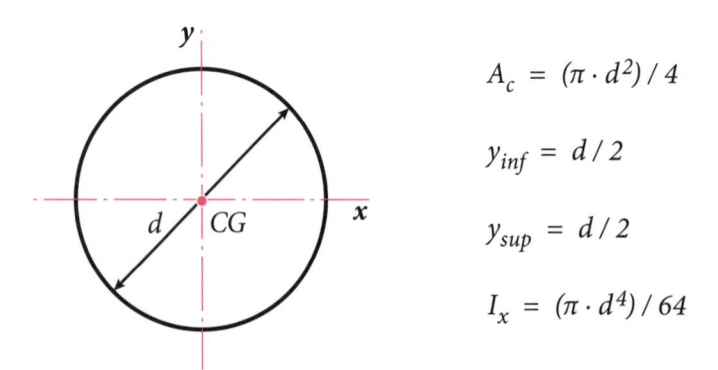

$$A_c = (\pi \cdot d^2) / 4$$

$$y_{inf} = d / 2$$

$$y_{sup} = d / 2$$

$$I_x = (\pi \cdot d^4) / 64$$

Figura 133: Seção transversal do círculo.

5.1.3. SEÇÕES COMPOSTAS

Apresentamos a seguir um fomulário e uma tabela auxiliar de cálculo para a determinação de características geométricas de seções compostas a partir da divisão das mesmas em seções básicas.

> **OBS.:** *na prática, em geral, as características geométricas serão calculadas por programas facilmente elaborados. O objetivo deste capítulo é relembrar a sequência de cálculo, percebendo como variam as inércias das peças em função da distribuição das massas, fornecendo mais subsídios para o pré--dimensionamento das seções transversais.*

No formulário a seguir apresenta-se uma sequência de cálculo das caracterísitcas em relação ao eixo x (*flexão em torno do eixo x*), que é o caso mais usual para as peças submetidas às ações na direção da gravidade.

A análise em relação ao eixo y é análoga, fazendo-se as devidas adaptações. Em geral, as peças de concreto protendido são simétricas em relação ao eixo y.

$$A_c = \Sigma A_i$$

$$y_{c,inf} = \frac{\Sigma(A_i \cdot y_i)}{\Sigma A_i}$$

$$y_{c,sup} = h - y_{c,inf}$$

$$I_{cx} = \Sigma I_{ix} + \Sigma (A_i \cdot d_i^2)$$

$$W_{c,inf} = \frac{I_{cx}}{y_{c,inf}}$$

$$W_{c,sup} = \frac{I_{cx}}{y_{c,sup}}$$

$$K_{c,inf} = \frac{W_{c,inf}}{A_c}$$

$$K_{c,sup} = \frac{W_{c,sup}}{A_c}$$

5.1.3.1. TABELA AUXILIAR DE CÁLCULO DAS SEÇÕES COMPOSTAS

Figura Nº	Tipo de seção (R, T ou C)	Base (cm)	Altura (cm)	Área (cm²)	y_i (cm)	$A_i \cdot y_i$ (cm³)	d_i (cm)	d_i^2 (cm²)	I_i (cm⁴)	$A_i \cdot d_i^2$ (cm⁴)
						TABELA 28 – TABELA AUXILIAR PARA CÁLCULO DAS SEÇÕES COMPOSTAS				
1										
2										
i										
				ΣA_i		$\Sigma A_i \cdot y_i$			ΣI_{ix}	$\Sigma A_i \cdot d_i^2$

5.1.3.2. FIGURAS CONCÊNTRICAS

Quando as figuras isoladas apresentarem o mesmo centro de gravidade da figura composta de que se deseja calcular as características geométricas, pode-se calcular a **inércia** em torno do eixo em questão por diferença direta, como apresentado nos exemplos A e B do item a seguir.

5.1.4. EXERCÍCIOS RESOLVIDOS

5.1.4.1. EXEMPLO A

Calcular as características geométricas da seção abaixo em torno do eixo x.

$$A_c = 0{,}60 \cdot 0{,}80 - 0{,}40 \cdot 0{,}40 = 0{,}32 \, m^2$$

$$I_{cx} = \frac{0{,}60 \cdot 0{,}80^3}{12} - \frac{0{,}40 \cdot 0{,}40^3}{12}$$

$$= 0{,}02560 - 0{,}00213 = 0{,}02347 \, m^4$$

$$y_{inf} = y_{sup} = 0{,}40 \, m$$

$$W_{c,inf} = W_{c,sup} = \frac{I_{cx}}{y} = 0{,}02347 / 0{,}40 = 0{,}05867 \, m^3$$

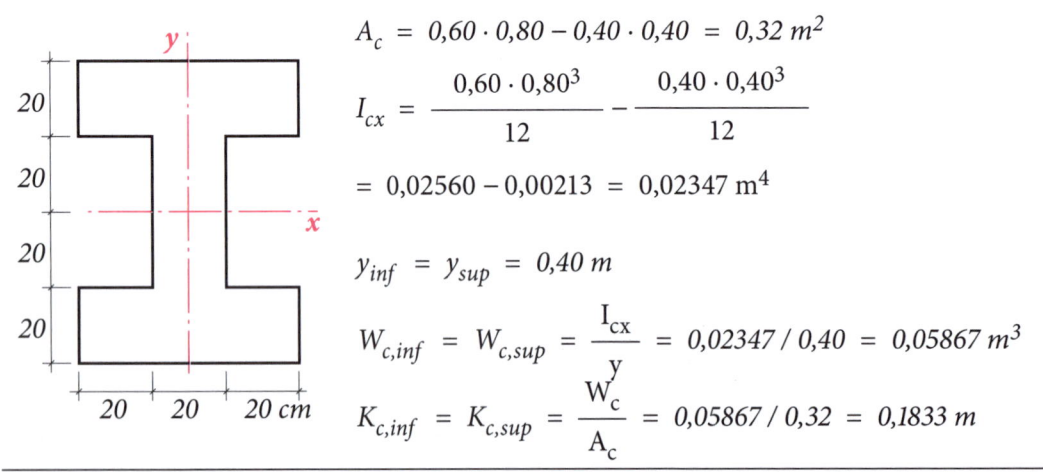

$$K_{c,inf} = K_{c,sup} = \frac{W_c}{A_c} = 0{,}05867 / 0{,}32 = 0{,}1833 \, m$$

Figura 134: Seção transversal.

5.1.4.2. EXEMPLO B

Calcular as características geométricas da seção abaixo em torno do eixo x.

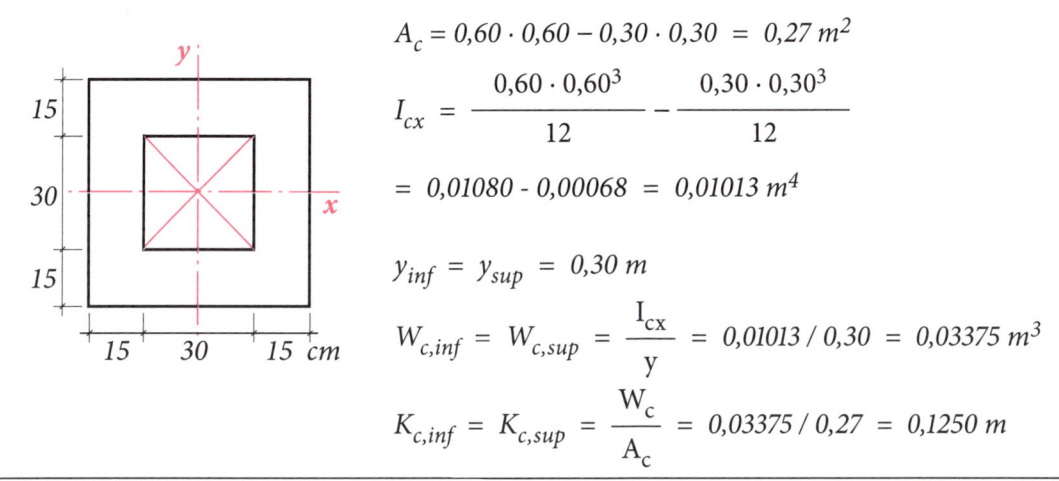

$A_c = 0{,}60 \cdot 0{,}60 - 0{,}30 \cdot 0{,}30 = 0{,}27\ m^2$

$I_{cx} = \dfrac{0{,}60 \cdot 0{,}60^3}{12} - \dfrac{0{,}30 \cdot 0{,}30^3}{12}$

$= 0{,}01080 - 0{,}00068 = 0{,}01013\ m^4$

$y_{inf} = y_{sup} = 0{,}30\ m$

$W_{c,inf} = W_{c,sup} = \dfrac{I_{cx}}{y} = 0{,}01013\ /\ 0{,}30 = 0{,}03375\ m^3$

$K_{c,inf} = K_{c,sup} = \dfrac{W_c}{A_c} = 0{,}03375\ /\ 0{,}27 = 0{,}1250\ m$

Figura 135: Seção transversal.

5.1.4.3. EXEMPLO C

Calcular as características geométricas da seção abaixo em torno do eixo x.

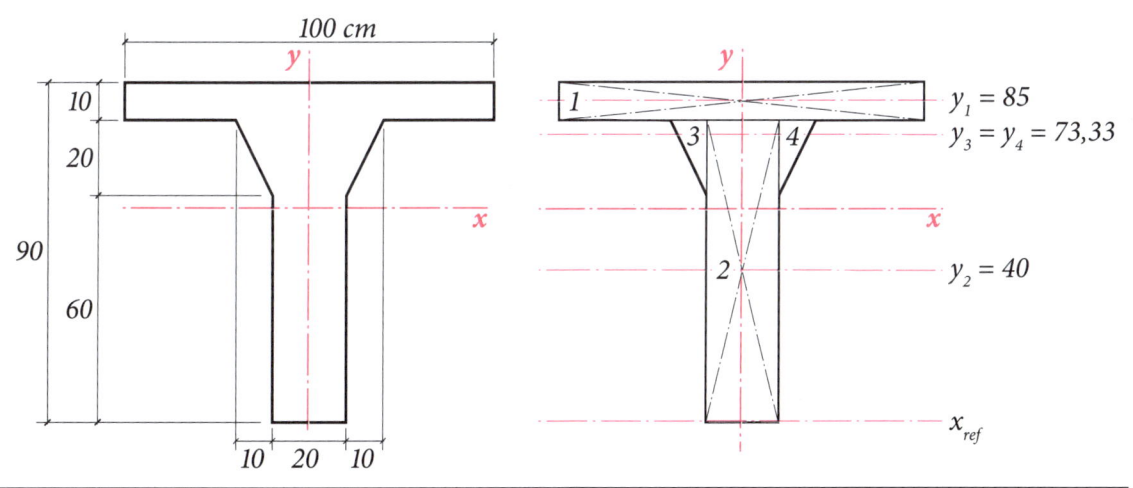

Figura 136: Seção transversal.

TABELA 29 – TABELA AUXILIAR DE CÁLCULO DAS SEÇÕES COMPOSTAS											
Figura Nº	Tipo de seção (R, T ou C)	Base (cm)	Altura (cm)	Área (cm²)	y_i (cm)	$A_i \cdot y_i$ (cm³)	d_i (cm)	d_i^2 (cm)	I_i (cm⁴)	$A_i \cdot d_i^2$ (cm⁴)
1	R	100	10	1.000	85	85.000,00	26,55	704,90	8.333,33	704.902,50
2	R	20	80	1.600	40	64.000,00	18,45	340,90	853.333,33	544.644,00
3	T	10	20	100	73,33	7.333,33	14,88	221,41	2.222,22	22.141,44
4	T	10	20	100	73,33	7.333,33	14,88	221,41	2.222,22	22.141,44
Σ	-	-	-	2.800	-	163.666,67	-	-	866.111,11	1.293.829,38
-	-	-	-	-	-	-	-	-	2.159.940,49	

$A_c = 2.800 \text{ cm}^2 = 0,2800 \text{ m}^2$

$y_{c,inf} = 163.667,67 / 2.800 = 58,45 \text{ cm} = 0,5845 \text{ m}$

$y_{c,sup} = 90 - 58,45 = 31,55 \text{ cm} = 0,3155 \text{ m}$

$I_{cx} = 2.159.940,49 \text{ cm}^4 = 0,02160 \text{ m}^4$

$W_{c,inf} = 0,02160 / 0,5845 = 0,03695 \text{ m}^3$

$W_{c,sup} = 0,02160 / 0,3155 = 0,06846 \text{ m}^3$

$K_{c,inf} = 0,03695 / 0,2800 = 0,1320 \text{ m}$

$K_{c,sup} = 0,06846 / 0,2800 = 0,2445 \text{ m}$

RESUMO FINAL DAS CARACTERÍSTICAS

$A_c = 0,2800 \text{ m}^2$

$y_{c,inf} = 0,5845 \text{ m}$

$y_{c,sup} = 0,3155 \text{ m}$

$I_{cx} = 0,02160 \text{ m}^4$

$W_{c,inf} = 0,03695 \text{ m}^3$

$W_{c,sup} = 0,06846 \text{ m}^3$

$K_{c,inf} = 0,1320 \text{ m}$

$K_{c,sup} = 0,2445 \text{ m}$

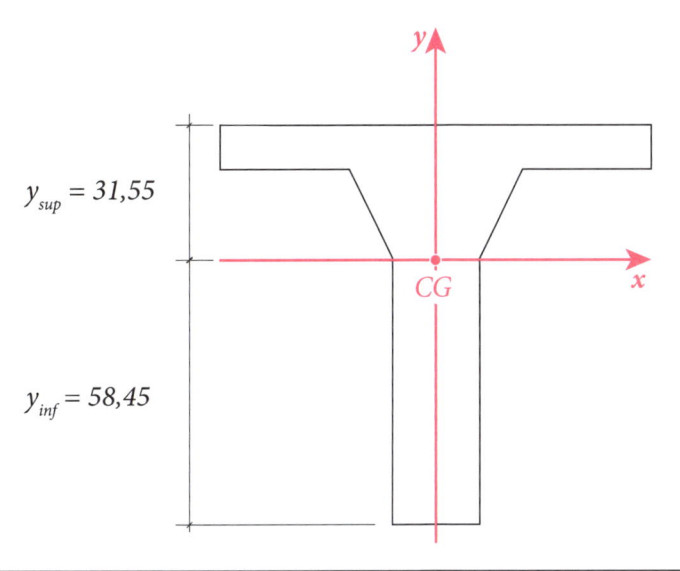

Figura 137: Seção transversal com indicação do CG.

5.2. REVISÃO DE CÁLCULO DE TENSÕES NORMAIS DE SEÇÕES TRANSVERSAIS NO ESTÁDIO 1

5.2.1. INTRODUÇÃO

O formulário apresentado neste capítulo aplica-se às seções no Estádio 1, ou seja, seções plenas, sem fissuração.

O material será considerado homogêneo, isotrópico e elástico-linear. Foi adotada a hipótese fundamental simplificada de Navier-Coulomb, segundo a qual a peça vai se deformar de tal forma que a seção transversal em estudo se deslocará de sua posição inicial para outra, mantendo-se plana, ou seja, *"seção plana, permanece plana"*.

Geram tensões normais (σ) em uma seção transversal os esforços de forças normais (N) e os momentos fletores (M).

As forças cortantes (V) não geram tensões normais (σ), e sim de cisalhamento (τ), as quais não serão objeto de estudo deste capítulo.

5.2.2. NOTAÇÃO E CONVENÇÃO DE SINAIS

A seguir, apresentaremos as notações e convenções adotadas neste texto, as quais são baseadas nas Normas NBR 6118 e NBR 8681, através de um exemplo de um elemento estrutural (viga isostática biapoiada).

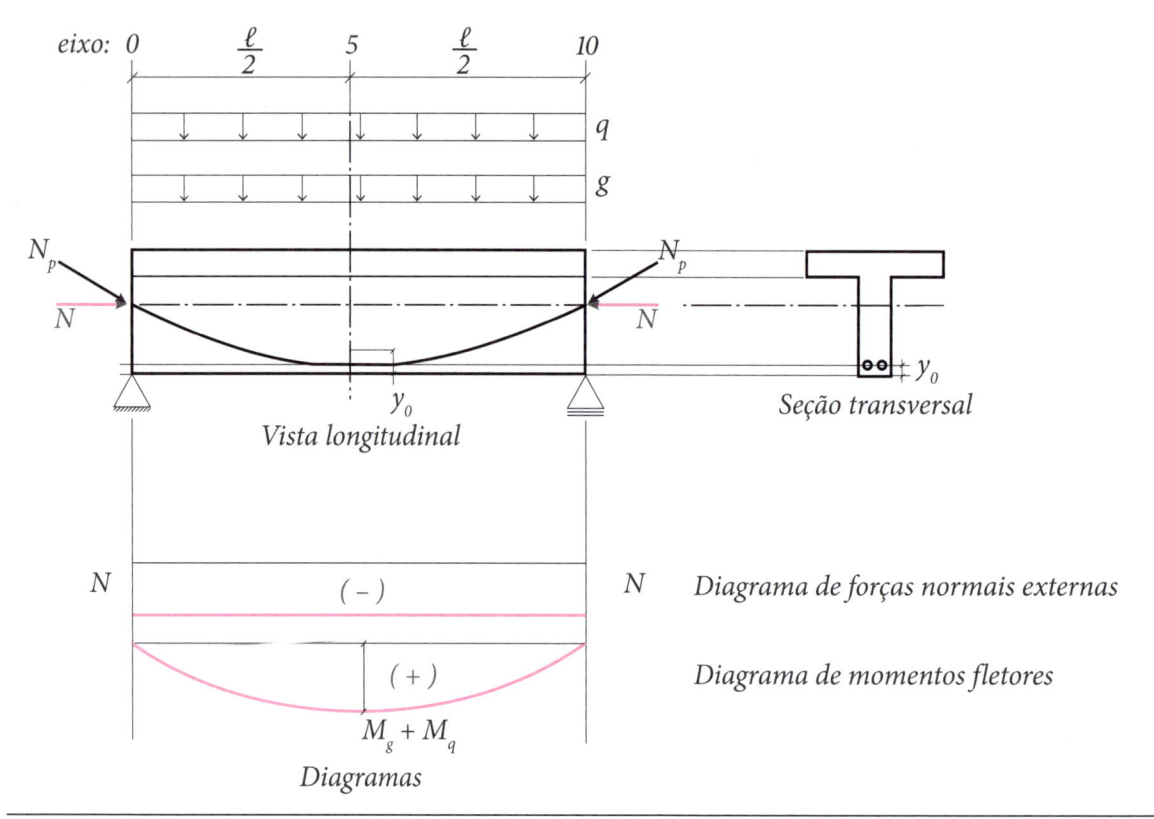

Figura 138: Elevação, seção transversal e diagramas de esforços solicitantes.

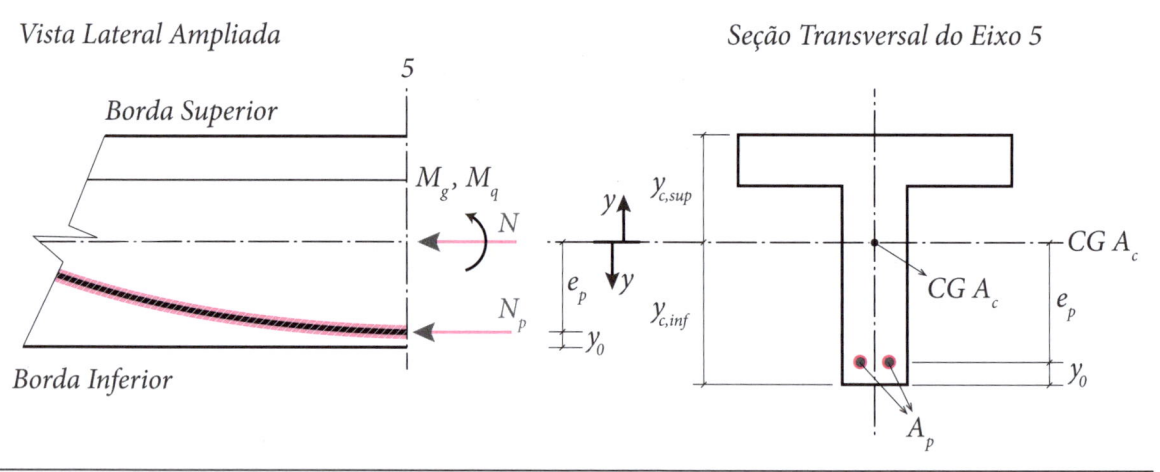

Figura 139: Vista lateral e seção transversal.

5.2.2.1. CONVENÇÕES PARA AÇÕES, FORÇAS, TENSÕES E MOMENTOS FLETORES

AÇÕES PERMANENTES	g = ação permanente distribuída G = ação permanente concentrada
AÇÕES VARIÁVEIS ACIDENTAIS	q = ação variável distribuída Q = ação variável concentrada
PROTENSÃO	p
FORÇAS NORMAIS (N)	Tração: positivas Compressão: negativas
TENSÕES NORMAIS (σ)	Tração: positivas Compressão: negativas
MOMENTOS FLETORES (M)	Que geram tração na borda inferior: positivos (+) Que geram tração na borda superior: negativos (−)
DISTÂNCIAS DE EXCENTRICIDADES (e_p) OU FIBRA DE INTERESSE (y)	Abaixo do CG: positivas Acima do CG: negativas

5.2.3. FORMULÁRIOS

5.2.3.1. COMPRESSÃO UNIFORME

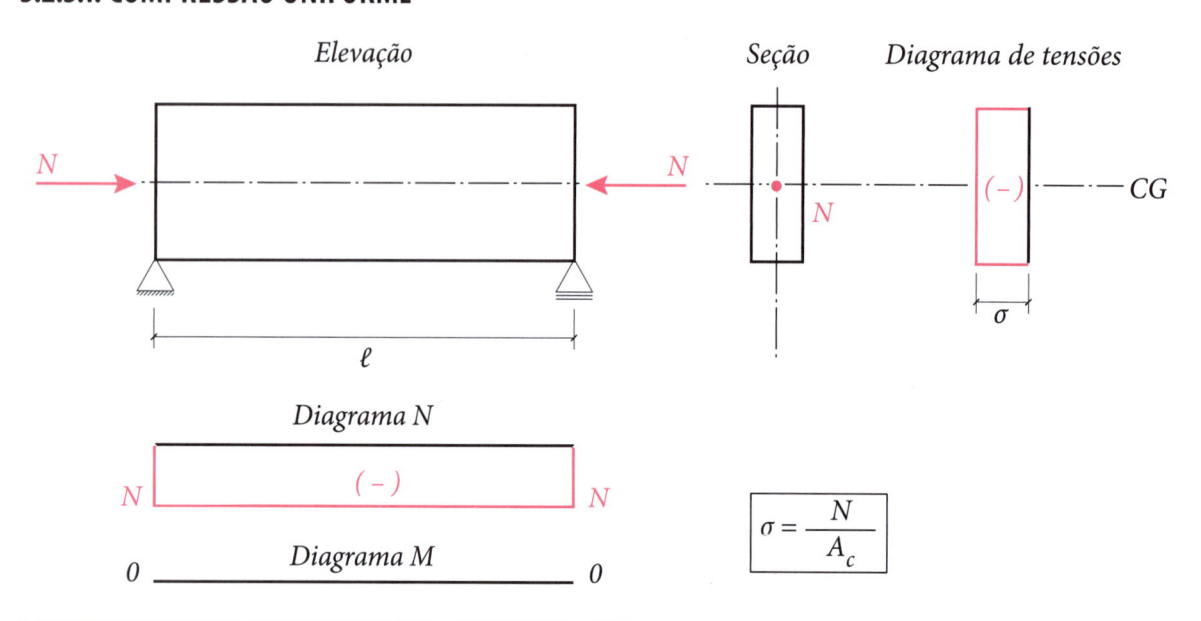

$$\sigma = \frac{N}{A_c}$$

Figura 140: Elevação, seção transversal, diagramas de esforços solicitantes e tensões normais.

5.2.3.2. FLEXÃO SIMPLES

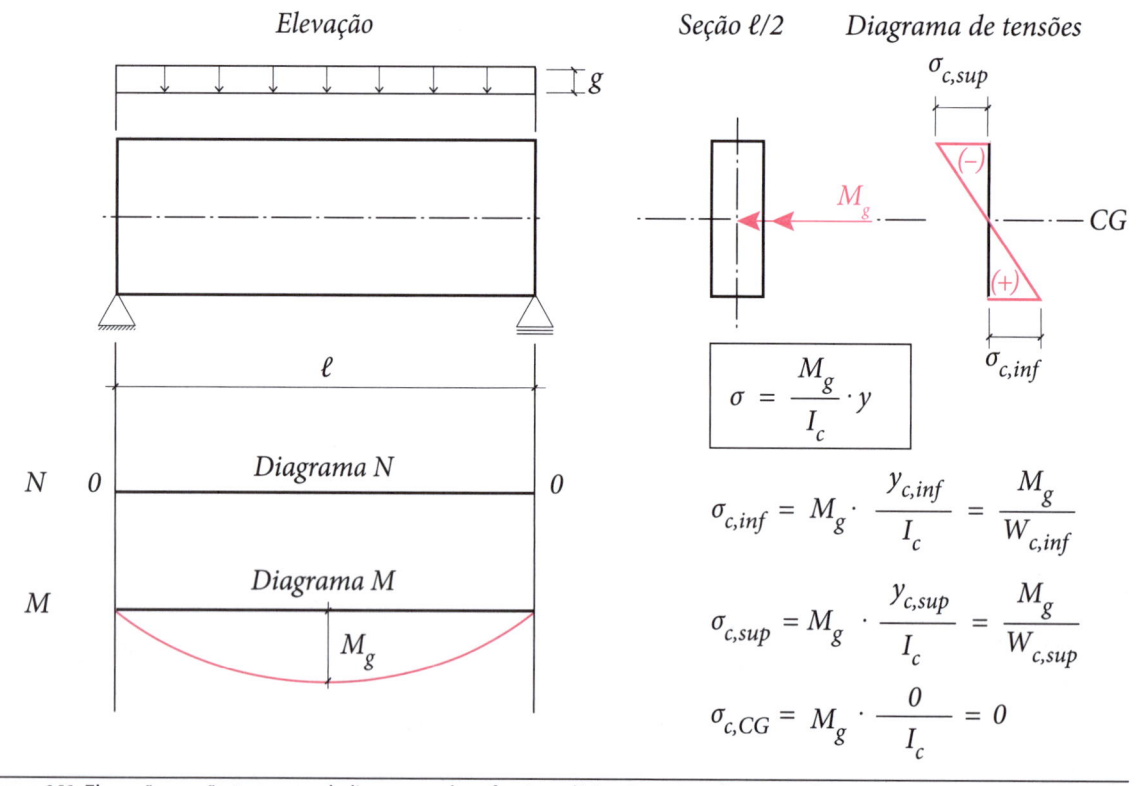

$$\sigma = \frac{M_g}{I_c} \cdot y$$

$$\sigma_{c,inf} = M_g \cdot \frac{y_{c,inf}}{I_c} = \frac{M_g}{W_{c,inf}}$$

$$\sigma_{c,sup} = M_g \cdot \frac{y_{c,sup}}{I_c} = \frac{M_g}{W_{c,sup}}$$

$$\sigma_{c,CG} = M_g \cdot \frac{0}{I_c} = 0$$

Figura 141: Elevação, seção transversal, diagramas de esforços solicitantes e tensões normais.

238 Concreto Protendido: teoria e prática

5.2.3.3. COMPRESSÃO EXCÊNTRICA

$$\sigma = \frac{N}{A} + \frac{N \cdot e}{I_c} \cdot y$$

$$\sigma_{c,inf} = \frac{N}{A} + N \cdot e \cdot \frac{y_{c,inf}}{I_c} = \frac{N}{A} + \frac{N \cdot e}{W_{c,inf}}$$

$$\sigma_{c,sup} = \frac{N}{A} + N \cdot e \cdot \frac{y_{c,sup}}{I_c} = \frac{N}{A} + \frac{N \cdot e}{-W_{c,sup}}$$

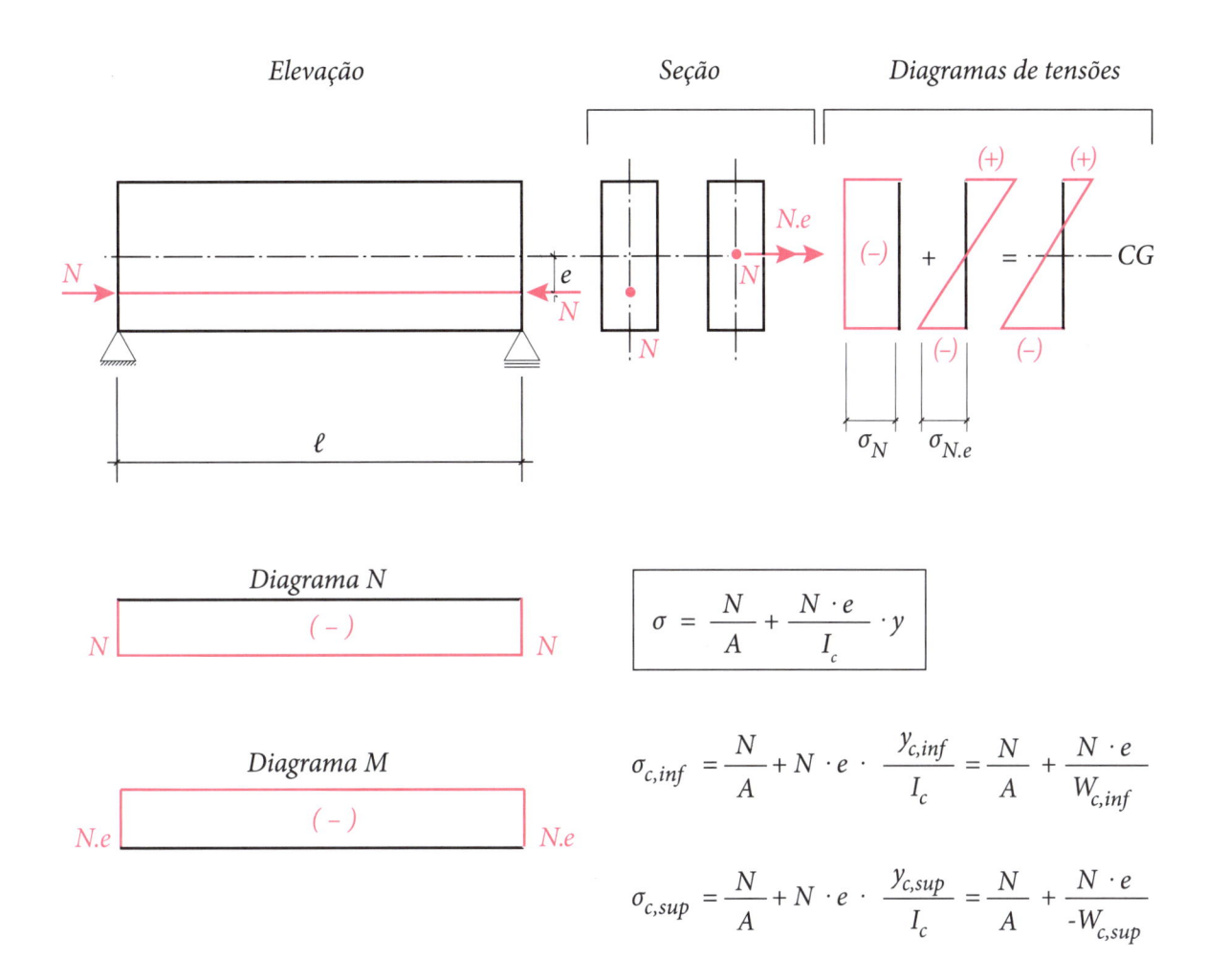

Figura 142: Elevação, seção transversal, diagramas de esforços solicitantes e tensões normais.

5.2.3.4. FLEXO COMPRESSÃO EXCÊNTRICA

$$\sigma = \frac{N}{A} + \frac{N \cdot e}{I_c} \cdot y + \frac{M_g}{I_c} \cdot y$$

$$\sigma_{c,inf} = \frac{N}{A} + N \cdot e \cdot \frac{y_{c,inf}}{I_c} + M_g \cdot \frac{y_{c,inf}}{I_c} =$$

$$= \frac{N}{A} + \frac{N \cdot e}{W_{c,inf}} + \frac{M_g}{W_{c,inf}}$$

$$\sigma_{c,sup} = \frac{N}{A} + N \cdot e \cdot \frac{y_{c,sup}}{I_c} + M_g \cdot \frac{y_{c,sup}}{I_c} =$$

$$= \frac{N}{A} + \frac{N \cdot e}{W_{c,sup}} + \frac{M_g}{-W_{c,sup}}$$

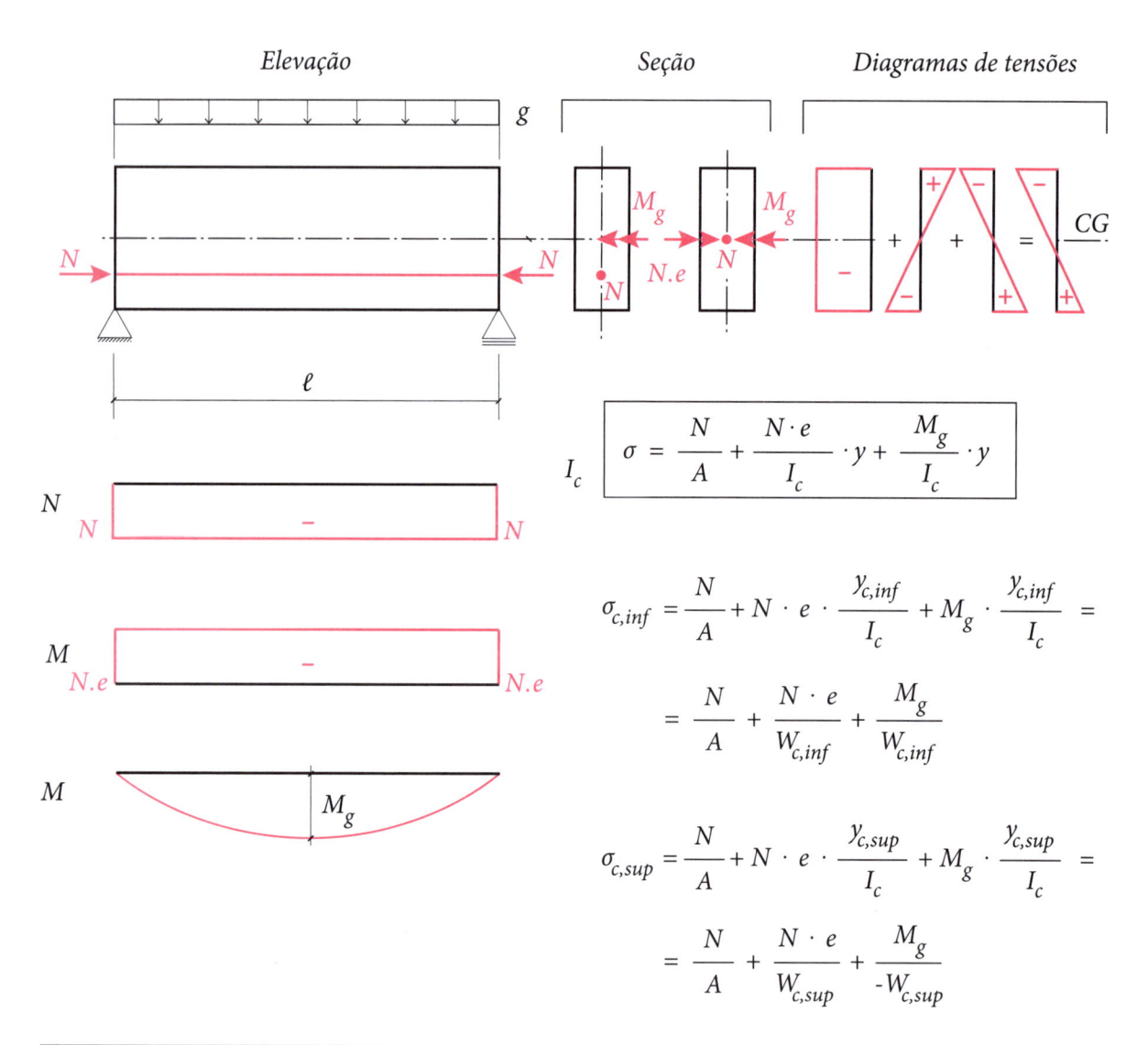

Figura 143: Elevação, seção transversal, diagramas de esforços solicitantes e tensões normais.

5.2.3.5. EXPRESSÃO GENÉRICA

Cálculo de tensões normais de peças submetidas às forças normais e aos momentos fletores:

$$\sigma_{c,y} = \frac{N}{A_c} + \frac{N.e}{I_c} \cdot y + \frac{M}{I_c} \cdot y \qquad \text{(Fibra y)}$$

Nas fibras da extremidade:

$$\sigma_{c,inf} = \frac{N}{A_c} + \frac{N \cdot e}{W_{c,inf}} + \frac{M}{W_{c,inf}}$$

$$\sigma_{c,sup} = \frac{N}{A_c} + \frac{N \cdot e}{-W_{c,sup}} + \frac{M}{-W_{c,sup}}$$

5.2.4. EXEMPLOS NUMÉRICOS

5.2.4.1. COMPRESSÃO UNIFORME

Desenhar o diagrama de tensões normais da seção A-A da peça abaixo esquematizada, levando-se em consideração o seu peso próprio $\gamma_c = 25$ kN/m³.

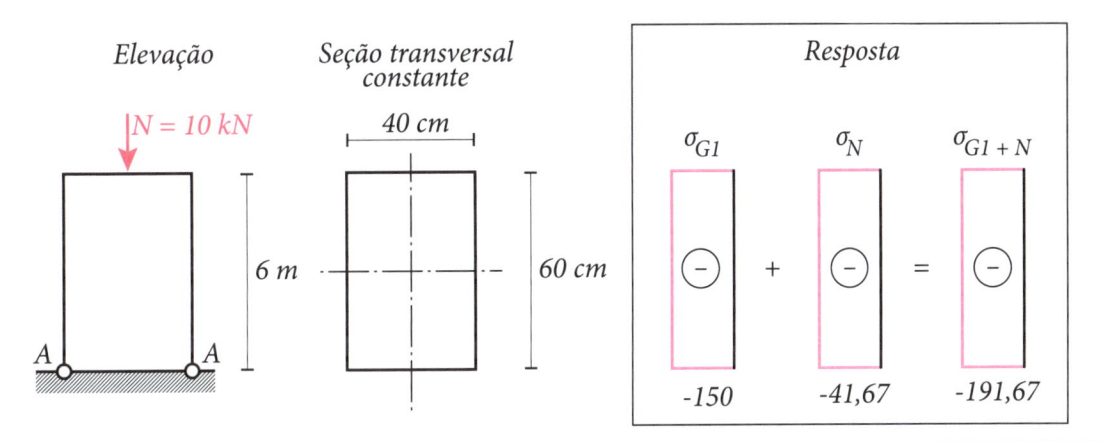

Figura 144: Elevação, seção transversal e diagrama de tensões normais.

$$A_c = 0{,}60 \cdot 0{,}40 = 0{,}24 \; m^2$$

$$g_1 = A_c \cdot \gamma_c = 0{,}24 \cdot 25 = 6{,}0 \; kN/m$$

$$G_1 = 6{,}0 \cdot 6{,}0 = 36{,}0 \; kN$$

$$\sigma_{G1} = G_1 / A_c = -36 / 0{,}24 = -150 \; kN/m^2 = -150 \; kPa$$

$$\sigma_N = N / A_c = -10 / 0{,}24 = -41{,}67 \; kN/m^2 = -41{,}67 \; kPa$$

5.2.4.2. FLEXÃO SIMPLES

Calcular as tensões normais na seção do meio do vão e traçar os diagramas de tensões normais para a peça abaixo esquematizada, levando-se em consideração o seu peso próprio (γ_c = 25 kN/m³).

Elevação   *Seção transversal*

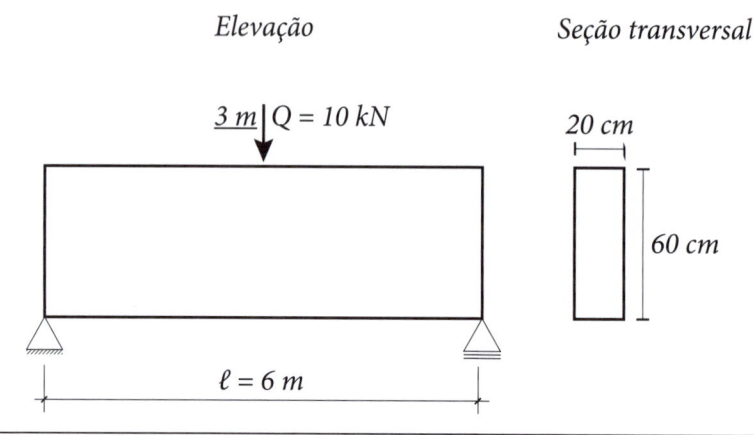

Figura 145: Elevação e seção transversal.

$A_c = 0{,}20 \cdot 0{,}60 = 0{,}12 \ m^2$

$W_{c,inf} = W_{c,sup} = (b \cdot h^2)/6 = (0{,}20 \cdot 0{,}60^2)/6 = 0{,}0120 \ m^3$

$g_1 = A_c \cdot \gamma_c = 0{,}12 \cdot 25 = 3{,}00 \ kN/m$

$M_{g1} = \dfrac{g_1 \cdot \ell^2}{8} = (3{,}00 \cdot 6^2)/8 = 13{,}50 \ kN \cdot m$

$M_Q = \dfrac{Q \cdot \ell}{4} = (10 \cdot 6{,}0)/4 = 15{,}00 \ kN \cdot m$

$\sigma_{c,inf,Mg1} = \dfrac{M_{g1}}{W_{c,inf}} = 13{,}50 / 0{,}0120 = 1.125{,}00 \ kPa$

$\sigma_{c,sup,Mg1} = M_{g1} / -W_{c,sup} = 13{,}50 / -0{,}0120 = -1.125{,}00 \ kPa$

$\sigma_{c,inf,M_Q} = M_Q / W_{c,inf} = 15{,}00 / 0{,}0120 = 1.250{,}00 \ kPa$

$\sigma_{c,sup,M_Q} = M_Q / (-W_{c,sup}) = 15{,}00 / (-0{,}0120) = -1.250{,}00 \ kPa$

Figura 146: Diagramas de tensões normais.

5.2.4.3. FLEXO COMPRESSÃO EXCÊNTRICA

Traçar os diagramas de tensões normais para a Seção 5 da peça abaixo esquematizada.

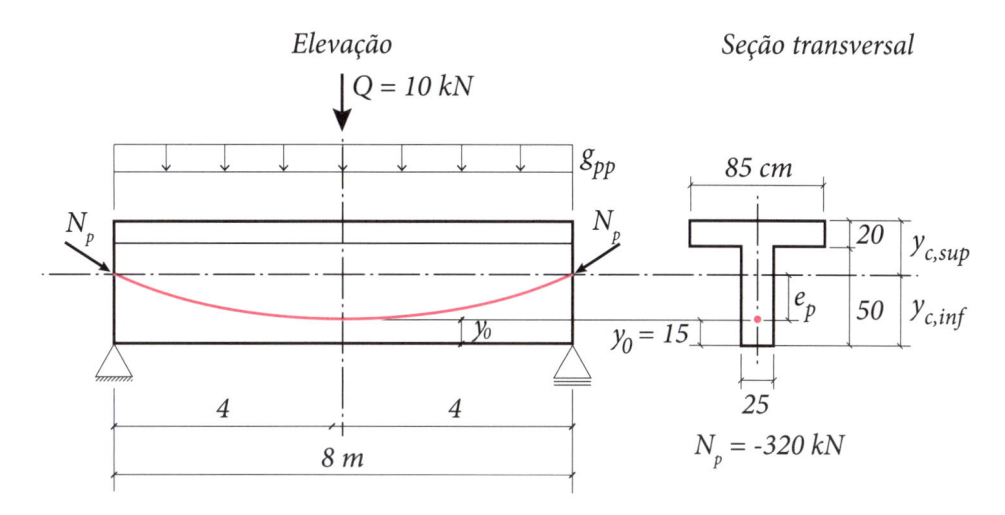

Figura 147: Elevação e seção transversal.

a) **Características geométricas:**

$A_c = 0{,}2950 \ m^2$

$y_{c,inf} = (\ 0{,}170 \cdot 0{,}60 + 0{,}125 \cdot 0{,}25\ ) / 0{,}2950 = 0{,}45169 \ m$

$y_{c,sup} = 0{,}70 - 0{,}45169 = 0{,}24831 \ m$

$I_c = (\ 0{,}00057 + 0{,}00260\ ) + (\ 0{,}17 \cdot 0{,}022 + 0{,}125 \cdot 0{,}04068\ ) = 0{,}0120 \ m^4$

$W_{c,inf} = 0{,}0120 / 0{,}45169 = 0{,}02656 \ m^3$

$W_{c,sup} = 0{,}0120 / 0{,}24831 = 0{,}04833 \ m^3$

b) **Ações e esforços solicitantes:**

$g_{pp} = A_c \cdot \gamma_c = 0{,}2950 \cdot 25 = 7{,}3750 \ kN/m$

$M_g = 7{,}3750 \cdot 8^2 / 8 = 59{,}00 \ kN \cdot m$

$M_Q = 10 \cdot 8 / 4 = 20{,}00 \ kN \cdot m$

c) **Tensões normais:**

$$\sigma_{c,inf,M_g} = 59{,}00 / 0{,}02656 = 2.221{,}39 \text{ kPa} \quad (tração)$$

$$\sigma_{c,sup,M_g} = 59{,}00 / (-0{,}04833) = -1.220{,}77 \text{ kPa} \quad (compressão)$$

$$\sigma_{c,inf,M_Q} = 20{,}00 / 0{,}02656 = 753{,}01 \text{ kPa} \quad (tração)$$

$$\sigma_{c,sup,M_Q} = 20{,}00 / (-0{,}04833) = -413{,}82 \text{ kPa} \quad (compressão)$$

$$N_p = -320 \text{ kN}$$

$$e_p = y_{c,inf} - y_0 = 0{,}45169 - 0{,}15 = 0{,}30169 \text{ m}$$

$$\sigma_{c,inf,N_p} = \frac{N_p}{A_c} + \frac{N_p \cdot e_p}{W_{c,inf}} = [\,(-320)/0{,}2950\,] + [\,(-320) \cdot 0{,}30169 / 0{,}02656\,]$$

$$\sigma_{c,inf,N_p} = -1.084{,}75 - 3.634{,}82$$

$$\sigma_{c,inf,N_p} = -4.719{,}56 \text{ kPa} \quad (compressão)$$

$$\sigma_{c,sup,N_p} = \frac{N_p}{A_c} + \frac{N_p \cdot e_p}{W_{c,sup}} = [\,(-320)/0{,}2950\,] + [\,(-320) \cdot (0{,}30169)/(-0{,}04833)\,]$$

$$\sigma_{c,sup,N_p} = -1.084{,}75 + 1.997{,}53$$

$$\sigma_{c,sup,N_p} = +912{,}78 \text{ kPa} \quad (tração)$$

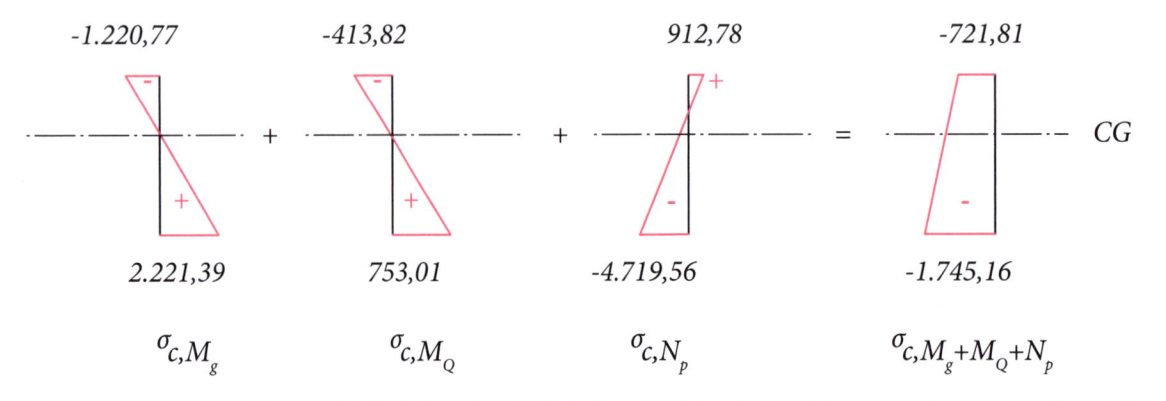

Figura 148: Diagrama de tensões normais.

5.2.5. CONSIDERAÇÕES SOBRE O NÚCLEO CENTRAL DE INÉRCIA

O núcleo central de inércia é a região ao redor do centro de gravidade da seção limitada pelos raios resistentes (K), calculados em relação aos diversos eixos que passam pelo baricentro, através da seguinte expressão:

$$W\eta = \frac{K\eta}{A_c}$$

Considerando-se o sistema principal, tem-se:

$$K_{cx,inf} = \frac{W_{cx,inf}}{A_c}$$

$$K_{cx,sup} = \frac{W_{cx,sup}}{A_c}$$

$$K_{cy,dir} = \frac{W_{cy,dir}}{A_c}$$

$$K_{cy,esq} = \frac{W_{cy,esq}}{A_c}$$

Figura 149: Núcleo central de inércia.

EXERCÍCIOS

5.2.5.1. RETÂNGULO b · h

$$W_{cx,inf} = W_{cx,sup} = \frac{I_{cx}}{y} = \frac{b \cdot h^3}{12} \cdot \frac{2}{h} = \frac{b \cdot h^2}{6}$$

$$K_{cx,inf} = K_{cx,sup} = \frac{W_{cx}}{A_c} = \frac{b \cdot h^2}{12} \cdot \frac{1}{b \cdot h} = \frac{h}{6}$$

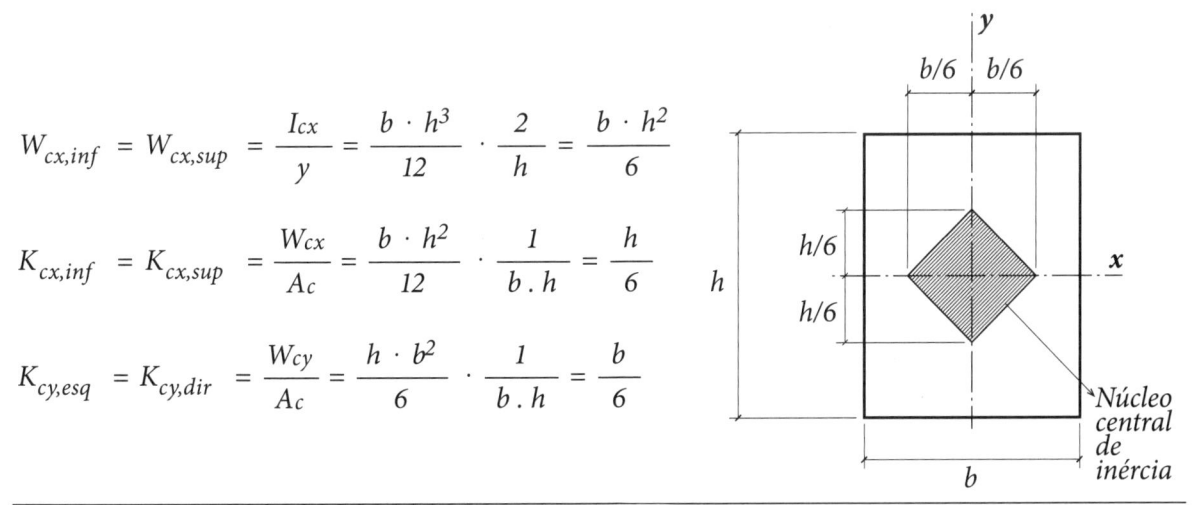

$$K_{cy,esq} = K_{cy,dir} = \frac{W_{cy}}{A_c} = \frac{h \cdot b^2}{6} \cdot \frac{1}{b \cdot h} = \frac{b}{6}$$

Figura 150: Núcleo central de inércia do retângulo.

5.2.5.2. CÍRCULO DE RAIO R

$$K_{c,eixo} = \frac{W_{c,eixo}}{A_c}$$

$$W_{c,eixo} = \frac{I_{c,eixo}}{R} = \frac{\pi \cdot R^4}{4} \cdot \frac{1}{R} = \pi \cdot \frac{R^3}{4}$$

$$K_{c,eixo} = (\pi \cdot \frac{R^3}{4}) \cdot \frac{1}{\pi \cdot R^2} = \frac{R}{4}$$

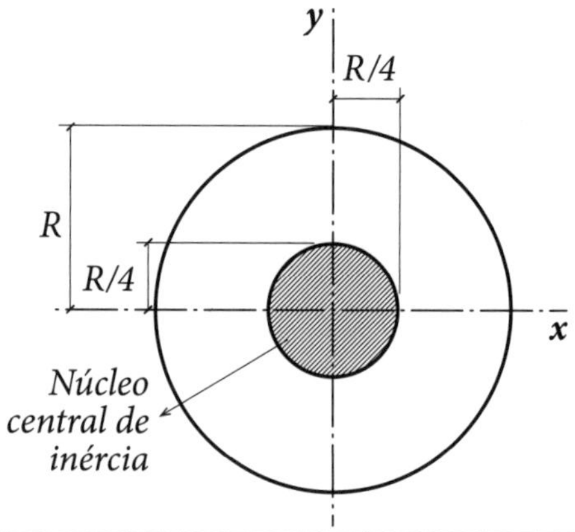

Figura 151: Núcleo central de inércia do círculo.

5.2.5.3. CÁLCULO DE TENSÕES NORMAIS DE FORÇAS APLICADAS NO LIMITE DO NÚCLEO

Forças normais aplicadas dentro do núcleo central de inércia vão gerar tensões normais de mesmo sinal em toda a peça, ou seja, se aplicada uma força de compressão (–) na região do núcleo, a peça toda estará sujeita a tensões normais de compressão (–).

Se a força for aplicada no limite do núcleo, a tensão da fibra oposta será nula, e o restante da seção estará submetida a tensões normais do mesmo sinal ou natureza (tração/compressão).

Considerando-se o deslocamento de uma força normal N_p sobre o eixo principal y, variando-se a excentricidade e_p, tem-se:

$$\sigma_{cy,N_p} = \frac{N_p}{A_c} + \frac{N_p \cdot e_p}{I_c} \cdot y$$

Nas fibras de extremidade, tem-se:

$$\sigma_{c,inf,N_p} = \frac{N_p}{A_c} + \frac{N_p \cdot e_p}{W_{c,inf}} \qquad \sigma_{c,sup,N_p} = \frac{N_p}{A_c} + \frac{N_p \cdot e_p}{-W_{c,sup}}$$

$$K_c = \frac{W_c}{A_c} \quad \rightarrow \quad W_{c,inf} = K_{c,inf} \cdot A_c$$

$$W_{c,sup} = K_{c,sup} \cdot A_c$$

$$\sigma_{c,inf} = \frac{N_p}{A_c} + \frac{N_p \cdot e_p}{K_{c,inf} \cdot A_c} = \frac{N_p}{A_c} \cdot (1 + \frac{e_p}{K_{c,inf}})$$

$$\sigma_{c,sup} = \frac{N_p}{A_c} - \frac{N_p \cdot e_p}{K_{c,sup} \cdot A_c} = \frac{N_p}{A_c} \cdot (1 - \frac{e_p}{K_{c,sup}})$$

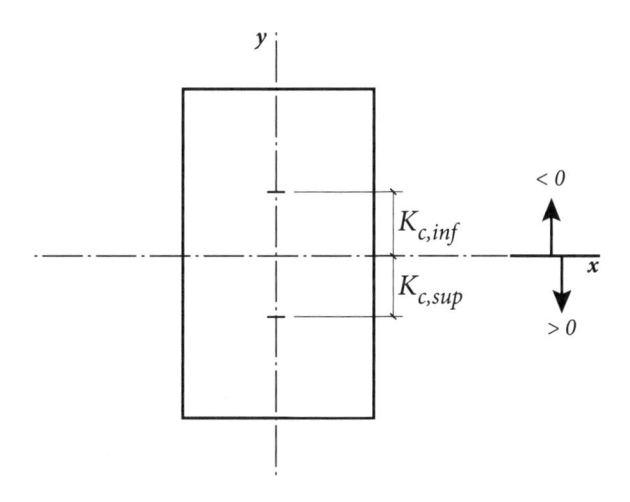

Figura 152: Delimitação do núcleo central de inércia ao longo do eixo y.

Se aplicarmos uma força N_p para cima no limite do núcleo, tem-se:

$$e_p = -K_{c,inf}$$

$$\sigma_{c,inf} = \frac{N_p}{A_c} \cdot \left(1 + \frac{(-K_{c,inf})}{K_{c,inf}}\right) = \frac{N_p}{A_c} \cdot (1-1) = 0 \quad \rightarrow \quad \sigma_{c,inf} = 0$$

$$\sigma_{c,sup} = \frac{N_p}{A_c} \cdot \left(1 - \frac{(-K_{c,inf})}{K_{c,sup}}\right) = \frac{N_p}{A_c} \cdot \left(1 + \frac{K_{c,inf}}{K_{c,sup}}\right) \neq 0$$

Se: $K_{c,inf} = K_{c,sup} \quad \rightarrow \quad \sigma_{c,sup} = 2 \cdot \frac{N_p}{A_c}$

Se aplicarmos uma força N_p para baixo no limite do núcleo, tem-se:

$$e_p = + k_{c,sup}$$

$$\sigma_{c,inf} = \frac{N_p}{A_c} \cdot \left(1 + \frac{(K_{c,sup})}{K_{c,inf}}\right) = \frac{N_p}{A_c} \cdot \left(1 + \frac{K_{c,sup}}{K_{c,inf}}\right) \neq 0$$

Se: $K_{c,inf} = K_{c,sup} \quad \rightarrow \quad \sigma_{c,inf} = 2 \cdot \frac{N_p}{A_c}$

$$\sigma_{c,sup} = \frac{N_p}{A_c} \cdot \left(1 - \frac{K_{c,sup}}{K_{c,sup}}\right) = \frac{N_p}{A_c} \cdot (1-1) = 0 \quad \rightarrow \quad \sigma_{c,sup} = 0$$

5.2.5.4. VARIAÇÃO DA EXCENTRICIDADE DE UMA FORÇA DE PROTENSÃO

Uma viga, conforme descrição abaixo, foi idealizada para pesquisar a eficiência de uma força de protensão (N_p) em função de excentricidades variáveis. O objetivo é o equilíbrio de uma ação concentrada F, aplicada no centro do vão. Sabendo-se que N_p = -975 kN, γ_c = 25 kN/m³ e que não são permitidas tensões normais de tração, determinar os valores de F para as quatro situações de excentricidade (e_p) de aplicação da força:

a) Força aplicada no CG da seção ($e_p = 0$)

b) Força aplicada no limite do núcleo ($e_p = +K_{cx,sup}$)

c) Força aplicada com ($e_p = 0{,}45$ m)

d) Força aplicada com $e_{máx}$, considerando que $y_0 = 0{,}07$ m

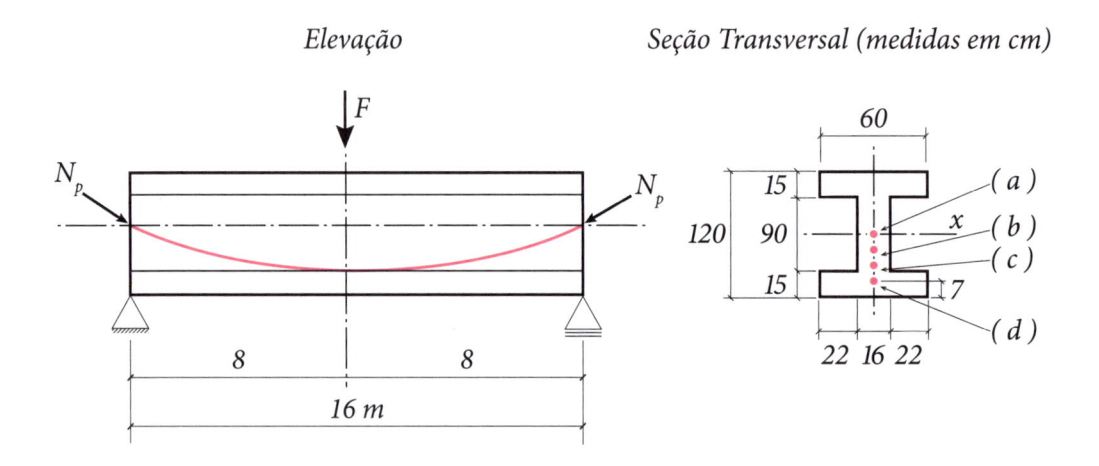

Figura 153: Elevação e seção transversal com indicação das posições variáveis do cabo.

SOLUÇÃO

1) Características geométricas:

$$A_c = 0{,}3240 \text{ m}^2$$

$$y_{c,sup} = y_{c,inf} = 0{,}60 \text{ m}$$

$$I_c = 0{,}05967 \text{ m}^4$$

$$W_{c,sup} = W_{c,inf} = I_c / y = 0{,}09945 \text{ m}^3$$

$$K_{cx,sup} = K_{cx,inf} = W_c / A_c = 0{,}3069 \text{ m}$$

2) Esforços solicitantes na seção do meio do vão:

Peso próprio: $g_1 = A_c \cdot \gamma_c = 0{,}3240 \cdot 25 = 8{,}10 \text{ kN/m}$

$$M_{g1} = \frac{8{,}10 \cdot 16^2}{8} = 259{,}20 \text{ kN} \cdot \text{m}$$

Ação variável F: $M_F = \dfrac{F \cdot l}{4} = \dfrac{F \cdot 16}{4} = 4 \cdot F \text{ kN} \cdot \text{m (F em kN)}$

3) Tensões normais devido aos carregamentos externos (g_1 e F):

$$\sigma_{c,inf,g_1} = -\sigma_{c,sup,g_1} = \frac{M_{g1}}{W_c} = \frac{259{,}20}{0{,}09945} = 2.606{,}33 \text{ kPa}$$

$$\sigma_{c,inf,F} = -\sigma_{c,sup,F} = \frac{M_F}{W_c} = \frac{4 \cdot F}{0{,}09945} = 40{,}22 \cdot F \text{ kPa (F em kN)}$$

4) Tensões normais provocadas por N_p:

$e_p \geq 0$ (e_p em metros)

$$\sigma_{c,inf,N_p} = \frac{-975}{0{,}3240} + \frac{(-975) \cdot e_p}{0{,}09945} = (-3.009{,}26 - 9.803{,}92 \cdot e_p) \text{ kPa}$$

$$\sigma_{c,sup,N_p} = \frac{-975}{0{,}3240} + \frac{(-975) \cdot e_p}{(-0{,}09945)} = (-3.009{,}26 + 9.803{,}92 \cdot e_p) \text{ kPa}$$

5) Diagramas de tensões normais:

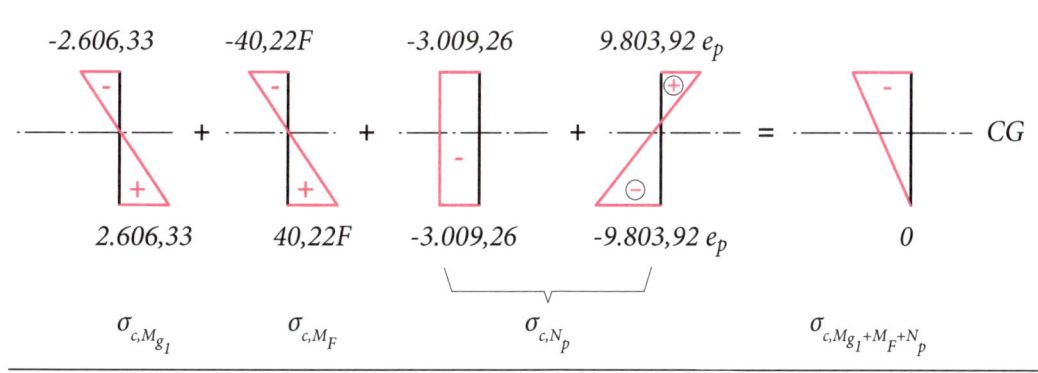

Figura 154: Diagrama de tensões normais.

6) Determinação de F e diagramas de tensões:

Condição: não pode ter tensões de tração $\sigma_{c,\,inf} \leq 0$

$$\Sigma\sigma = +2.606{,}33 + 40{,}22 \cdot F - 3.009{,}26 - 9.803{,}92 \cdot e_p \leq 0$$

a) N_p no CG → $e_p = 0$

$$2.606{,}33 + 40{,}22 \cdot F - 3.009{,}26 \leq 0 \quad \therefore \quad F \leq 10{,}018 \text{ kN}$$

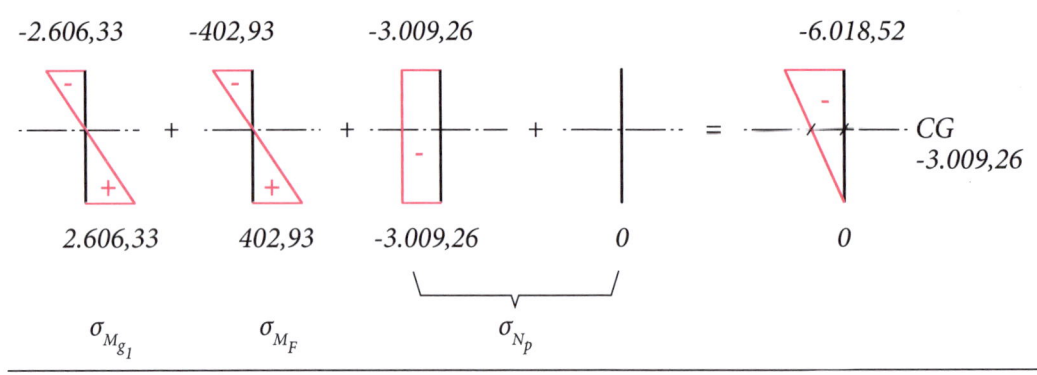

Figura 155: Diagrama de tensões normais.

b) N_p no $K_{c,\,sup}$ → $e_p = +0{,}3069$ m

$$2.606{,}33 + 40{,}22 \cdot F - 3.009{,}26 - 9.803{,}92 \cdot 0{,}3069 \leq 0$$

$$2.606{,}33 + 40{,}22 \cdot F + \underbrace{\frac{-3.009{,}26 - 3.009{,}26}{-6.018{,}52}} \leq 0$$

$$\therefore F \leq 84{,}838 \text{ kN}$$

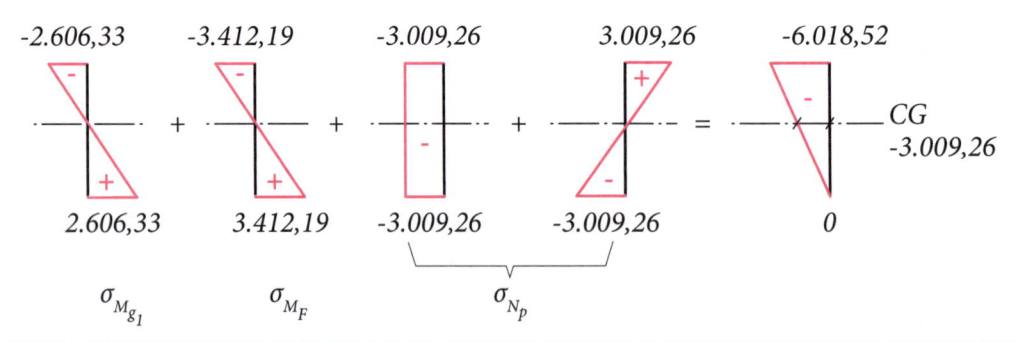

Figura 156: Diagrama de tensões normais.

c) N_p com $e_p = +0,45$ m

$$2.606,33 + 40,22 \cdot F - 3.009,26 - 9.803,92 \cdot 0,45 \leq 0$$

$$2.606,33 + 40,22 \cdot F + \underbrace{-3.009,26 - 4.411,76}_{-7.421,02} \leq 0$$

$$\therefore F \leq 119,708 \text{ kN}$$

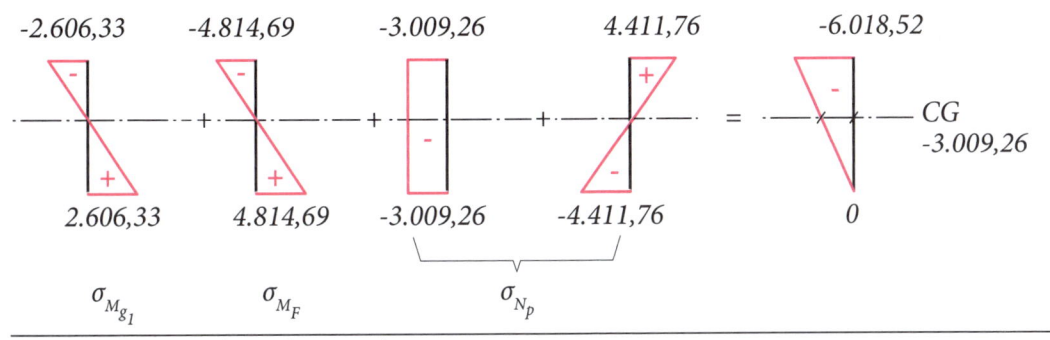

Figura 157: Diagrama de tensões normais.

d) $e_{p,máx} = y_{c,inf} - y_0 = 0,60 - 0,07 = 0,53$ m

$$2.606,33 + 40,22 \cdot F - 3.009,26 - 9.803,92 \cdot 0,53 \leq 0$$

$$2.606,33 + 40,22 \cdot F + \underbrace{-3.009,26 - 5.196,07}_{-8.205,33} \leq 0$$

$$\therefore F \leq 139,209 \text{ kN}$$

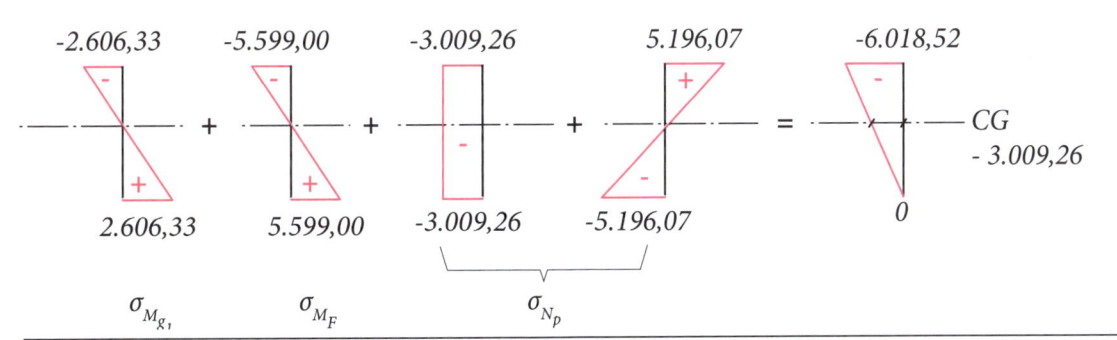

Figura 158: Diagrama de tensões normais.

7) Considerações finais:

A eficiência da protensão aumenta com a excentricidade e_p da força N_p.

$139 / 10 = 13,9 \cdot$ (aumento de F)

O diagrama final das tensões é o mesmo nos quatro casos, porque existe uma relação linear entre F e e_p:

$$2.606,33 + 40,22 \cdot F - 3.009,26 - 9.803,92 \cdot e_p \leq 0$$

$$40,22 \cdot F - 9.803,92 \cdot e_p - 402,93 \leq 0$$

$$e_p = 0 \quad \rightarrow \quad F \leq 10,018 \text{ kN}$$

$$e_p = 0,3069 \rightarrow \quad F \leq 84,838 \text{ kN}$$

$$e_p = 0,45 \quad \rightarrow \quad F \leq 119,708 \text{ kN}$$

$$e_p = 0,53 \quad \rightarrow \quad F \leq 139,209 \text{ kN}$$

Quando a solicitação externa for flexão simples, a tensão normal no CG, para qualquer excentricidade, vale a parcela devido à força normal da protensão N_p / A_c.

$$\sigma_{CG,N_p} = \frac{N_p}{A_c} = -975 / 0,3240 = -3.009,26 \text{ kPa}$$

5.3. MACRORROTEIRO DE PROJETO DE ESTRUTURAS DE CONCRETO PROTENDIDO COM PÓS-TENSÃO

A seguir, apresentamos o resumo do macrorroteiro:

ÍNICIO

DADOS DO PROJETO

ANTEPROJETO

PROJETO:

1) Tipo de concreto estrutural
2) Materiais
3) Características geométricas
4) Modelo matemático
5) Definição dos carregamentos
6) Análise estrutural
7) Seções mais solicitadas
8) Dimensionamento em estado-limite último (ELU) t∞ → A_p, A_s
9) Verificação dos estados-limites de serviço (ELS) t_∞
10) Verificação do estado-limite último (ELU) t_0 ato da protensão
11) Traçado geométrico
12) Perdas imediatas e progressivas
13) Outras verificações
14) Detalhamento e cálculos complementares

PLANILHAS

FIM

A seguir, apresentamos um macrorroteiro de projeto para peças estruturais em concreto protendido com pós-tensão. Esse macrorroteiro, além de apresentar a sequência da lógica do cálculo de elementos estruturais, também elenca um resumo dos tópicos do curso de concreto protendido apresentado nesta publicação (projeto: até o cálculo de perdas).

INÍCIO		*Contratação para o início do desenvolvimento do projeto.*
DADOS DO PROJETO		*O cliente deve apresentar os dados iniciais, os quais servirão de base para o desenvolvimento do projeto. São eles:* • *Localização.* • *Projeto básico de arquitetura.* • *Finalidade de uso.* • *Necessidades especiais desejadas (estéticas e funcionais).* • *Ações (trem-tipo, sobrecargas úteis, etc.).*
ANTEPROJETO		*O projetista deve desenvolver alguns estudos com as possíveis soluções técnicas e apresentar ao cliente uma ou mais alternativas de solução, para que o cliente aprove uma opção a ser desenvolvida.*
PROJETO		*TIPO DE CONCRETO ESTRUTURAL* *Escolher o tipo de concreto estrutural em função da classe de agressividade ambiental (CAA).*
		MATERIAIS *Escolher os materiais:* • *Concreto (f_{ck});* • *Aço Passivo (CA);* • *Aço Ativo (CP);* • *Estimar Pré-alongamento $t = t_\infty$ ($\Delta\varepsilon_{pi\infty}$).*
		CARACTERÍSTICAS GEOMÉTRICAS *Escolher (pré-dimensionar) as seções transversais para cada elemento estrutural.* A_c, I_c, $W_{c,inf}$, $W_{c,sup}$, $Y_{c,inf}$, $Y_{c,sup}$, $K_{c,inf}$, $K_{c,sup}$.

PROJETO

MODELO MATEMÁTICO

Escolher os modelos matemáticos que se aproximem dos comportamentos reais das estruturas.

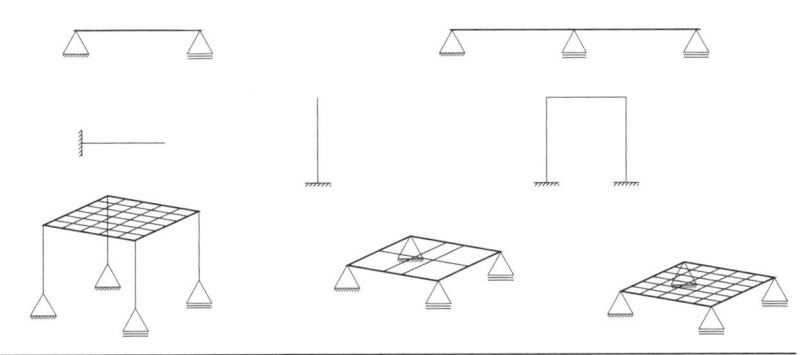

Esquemas de modelos matemáticos.

DEFINIÇÃO DOS CARREGAMENTOS

Calcular e definir as ações:
- *Permanentes (diretas e indiretas).*
- *Variáveis (diretas e indiretas).*
- *Excepcionais.*

Utilizar os valores representativos, levando-se em consideração os fatores de combinação da NBR 8681: Ψ_0, Ψ_1, Ψ_2.

ANÁLISE ESTRUTURAL

Através de programa de análise estrutural, com base em:
- *Modelo matemático.*
- *Características geométricas.*
- *Carregamentos.*

Determinam-se os esforços solicitantes para cada carregamento:
- *Momentos fletores (M).*
- *Forças normais (N).*
- *Forças cortantes (V).*
- *Momentos torsores (T).*

SEÇÕES MAIS SOLICITADAS

Identificar a seção mais solicitada de cada elemento estrutural e iniciar o dimensionamento por essa seção.

DIMENSIONAMENTO EM ESTADO-LIMITE ÚLTIMO (ELU) t_∞

Confirmar a geometria adotada e calcular A_p e A_s.
Determinar os esforços resistentes N_{Rd}, M_{Rd}.
Fixar a força final de protensão N_{p_∞} ($t = t_\infty$).

PROJETO

VERIFICAR OS ESTADOS-LIMITES DE SERVIÇO (ELS)
Protensão:

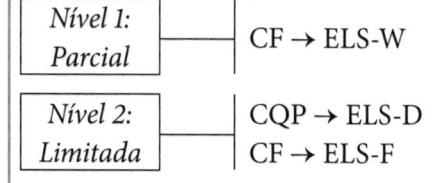

- Nível 1: Parcial — CF → ELS-W
- Nível 2: Limitada — CQP → ELS-D; CF → ELS-F
- Nível 3: Completa — CF → ELS-D; CR → ELS-F

Verificar as tensões nas fibras extremas com $N_{p_0}(t = t_0)$.
Fixar a força inicial de protensão $N_{p_0}(t = t_0)$.

VERIFICAÇÃO DO ESTADO-LIMITE ÚLTIMO (ELU) NO ATO DA PROTENSÃO $t = t_0$

Verificar e determinar a sequência das protensões dos cabos em função das resistências dos materiais e das ações mobilizadas.

TRAÇADO GEOMÉTRICO

- Determinar a equação ($\eta = a \cdot \xi^2$) de cada cabo.
- Traçar os desenhos em planta e elevação dos cabos na peça.
- Cortes e detalhes.

PERDAS IMEDIATAS

- Diagrama $P_0 \cdot x$.
- Atrito e alongamento teórico.
- Acomodação das ancoragens.
- Deformação imediata do concreto.

PERDAS PROGRESSIVAS

- Diagrama $P_\infty \cdot x$.
- Retração do concreto.
- Fluência do concreto.
- Relaxação do aço.

VERIFICAÇÕES FINAIS

- Verificar ELU t_∞.
- Verificar ELS t_∞.
- Verificar as demais seções.

DETALHAMENTO E CÁLCULOS COMPLEMENTARES

- Cisalhamento.
- Fretagens.
- Nichos.
- Ancoragens.
- Detalhes diversos.

PLANILHAS	Quantidade de: • Concreto. • Aço. • Bainhas. • Ancoragens.
FIM	

OBS.: *o desenvolvimento de um projeto é um processo iterativo. Por isso, a cada fase que se avança é necessário confirmar se as hipóteses adotadas foram atendidas. Caso contrário, é necessário voltar, acertar ou ajustar os valores considerados e refazer os cálculos.*

PROJETO

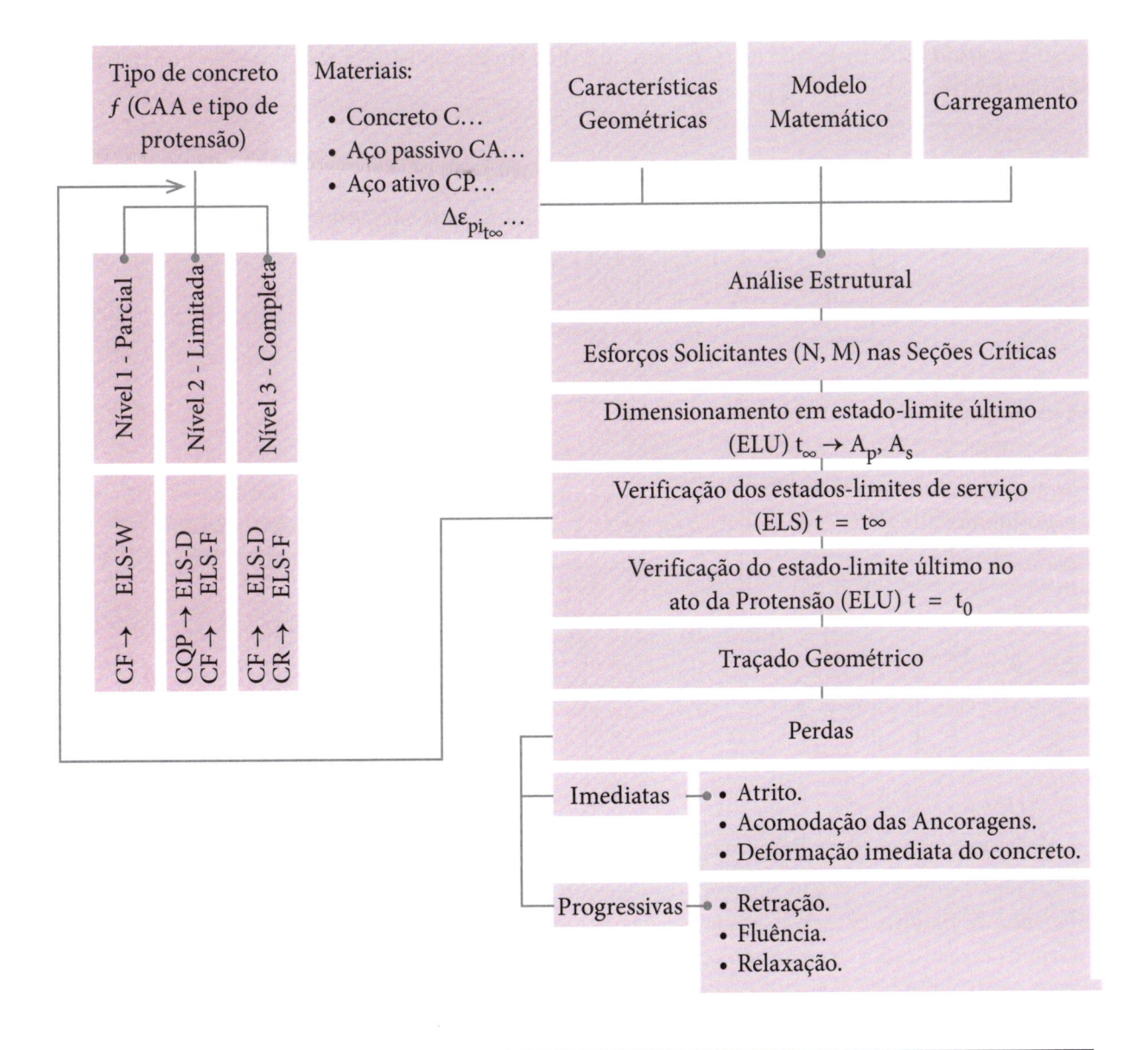

Tipo de concreto f (CAA e tipo de protensão)

Materiais:
- Concreto C…
- Aço passivo CA…
- Aço ativo CP…
  $\Delta\varepsilon_{pi_{t\infty}}$…

Características Geométricas

Modelo Matemático

Carregamento

- Nível 1 - Parcial
- Nível 2 - Limitada
- Nível 3 - Completa

- CF → ELS-W
- CQP → ELS-D / CF → ELS-F
- CF → ELS-D / CR → ELS-F

Análise Estrutural

Esforços Solicitantes (N, M) nas Seções Críticas

Dimensionamento em estado-limite último (ELU) $t_\infty \rightarrow A_p, A_s$

Verificação dos estados-limites de serviço (ELS) $t = t_\infty$

Verificação do estado-limite último no ato da Protensão (ELU) $t = t_0$

Traçado Geométrico

Perdas

Imediatas
- Atrito.
- Acomodação das Ancoragens.
- Deformação imediata do concreto.

Progressivas
- Retração.
- Fluência.
- Relaxação.

5.4. VERIFICAÇÃO DOS ESTADOS-LIMITES DE SERVIÇO

5.4.1. TIPOS DE PROTENSÃO EM FUNÇÃO DOS ESTADOS-LIMITES DE SERVIÇO (ELS)

Nível 1 – Parcial $\quad \{ \text{CF} \rightarrow \text{ELS-W} \rightarrow w_k \leq 0{,}2 \text{ mm}$

Nível 2 – Limitada $\quad \begin{cases} \text{CQP} \rightarrow \text{ELS-D} \\ \text{CF} \rightarrow \text{ELS-F} \end{cases}$

Nível 3 – Completa $\quad \begin{cases} \text{CF} \rightarrow \text{ELS-D} \\ \text{CR} \rightarrow \text{ELS-F} \end{cases}$

5.4.2. ESTADOS-LIMITES DE SERVIÇO (ELS)

Descompressão (ELS-D): estado no qual a tensão é nula em um ou mais pontos da seção transversal, não havendo tração no restante da seção.

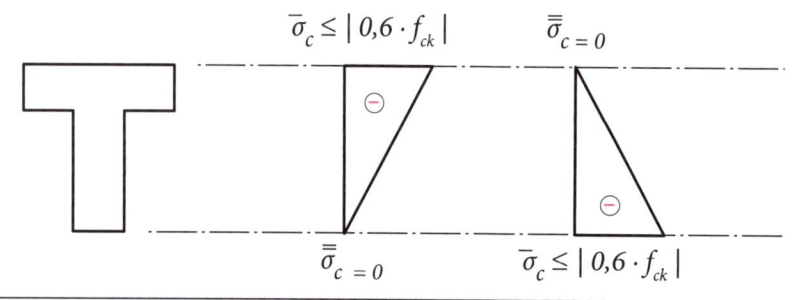

Figura 159: Diagrama de tensões normais (descompressão).

Formação de fissuras (ELS-F): estado em que se inicia a formação de fissuras. Admite-se que esse estado-limite é atingido quando a tensão de tração máxima na seção transversal for igual a "$f_{\text{ctk},f}$".

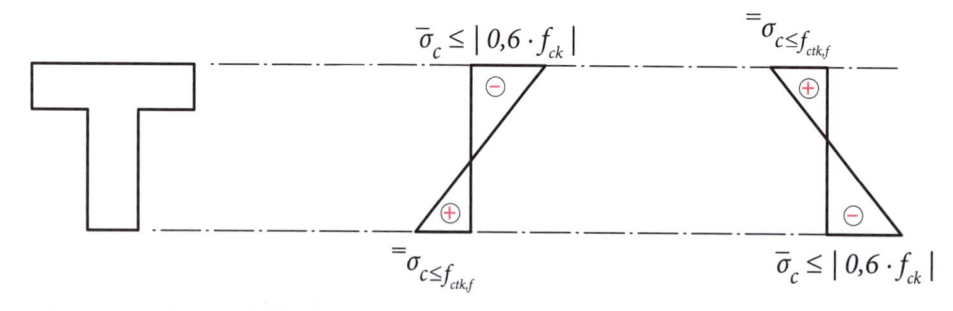

Figura 160: Diagrama de tensões normais (formação de fissuras).

Abertura de fissuras (ELS-W): estado em que as fissuras se apresentam com aberturas iguais aos máximos especificados. No caso do concreto protendido nível 1 (protensão parcial), $w_k \leq 0{,}2$ mm para a combinação frequente.

5.4.3. COMBINAÇÕES DE SERVIÇO

São classificadas de acordo com a sua probabilidade de permanência na estrutura. Acompanhe na sequência:

Quase permanentes (CQP): podem atuar durante grande parte do período de vida da estrutura.

$$F_{d,ser} = \sum_{i=1}^{m} F_{gi,k} + \sum_{j=1}^{n} \Psi_{2j} \cdot F_{qj,k}$$

Frequentes (CF): repetem-se muitas vezes durante o período de vida da estrutura.

$$F_{d,ser} = \sum_{i=1}^{m} F_{gi,k} + \Psi_1 \cdot F_{q1,k} + \sum_{j=2}^{n} \Psi_{2j} \cdot F_{qj,k}$$

Raras (CR): ocorrem algumas vezes durante o período de vida da estrutura.

$$F_{d,ser} = \sum_{i=1}^{m} F_{gi,k} + F_{q1,k} + \sum_{j=2}^{n} \Psi_{1j} \cdot F_{qj,k}$$

5.4.4. EXERCÍCIOS

5.4.4.1. EXERCÍCIO DE DIMENSIONAMENTO À FLEXÃO COM PROTENSÃO COMPLETA E VERIFICAÇÃO SIMPLIFICADA DO ELU EM FASE DE EXECUÇÃO

Um edifício é constituído, em seu primeiro pavimento, por um conjunto de vigas em balanço, protendidas com aderência posterior, conforme o detalhamento a seguir.

As vigas em balanço são solicitadas pelas seguintes ações, além da protensão:

g_1 – peso próprio

g_2 – ação permanente do 1º pavimento = 45 kN/m

G_3 – ações permanentes dos pilares (pavimentos superiores) = 3.100 kN

Q_1 – ações variáveis dos pilares (pavimentos superiores) = 1.200 kN

q_2 – ações variáveis do 1º pavimento = 28 kN/m

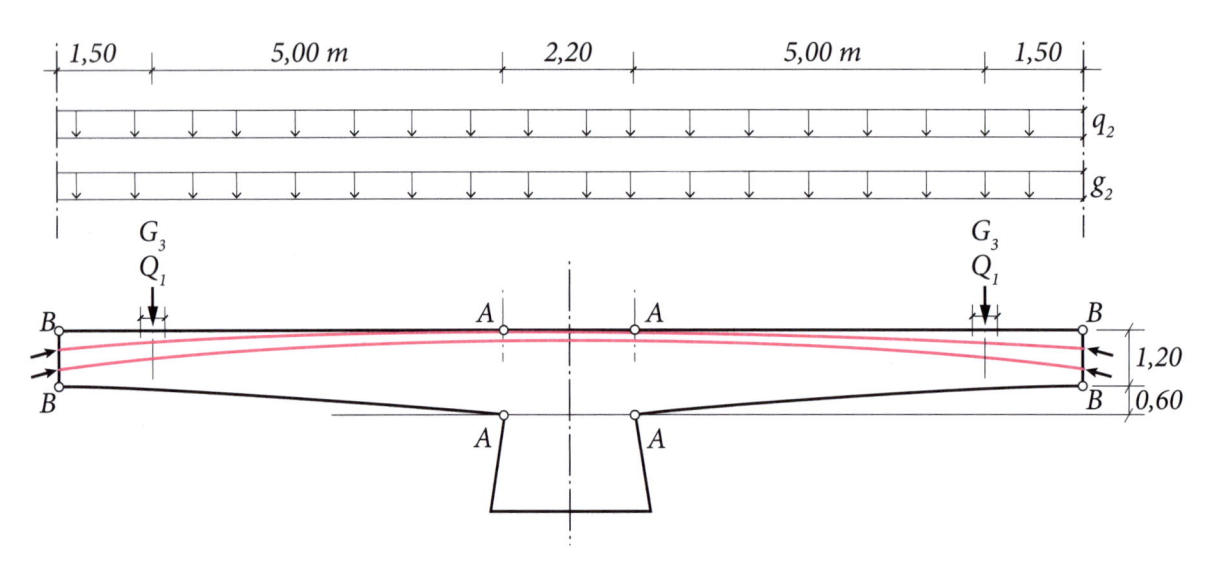

```
  1,50      5,00 m       2,20       5,00 m       1,50
```

CORTE B-B (EXTREMIDADE)   CORTE A-A (ENGASTE)

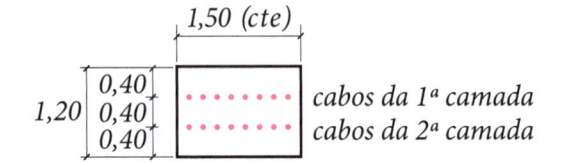

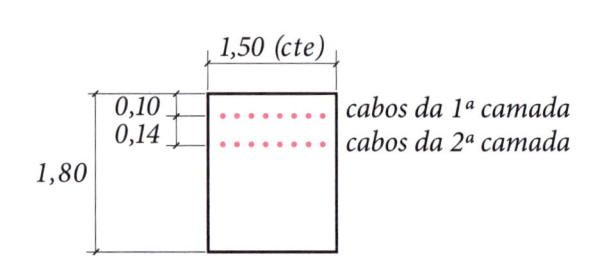

```
   1,50 (cte)                                  1,50 (cte)
  0,40                                         0,10
1,20  0,40   ······ cabos da 1ª camada        0,14   ······ cabos da 1ª camada
      0,40   ······ cabos da 2ª camada               ······ cabos da 2ª camada
                                        1,80
```

Figura 161: Elevação e cortes.

Dados complementares:

a) Valores dos fatores de combinação:

	Ação	Ψ_1	Ψ_2
Principal →	Q_1	0,7	0,6
	q_2	0,6	0,4

b) Concreto: $\gamma_c = 25$ kN/m³
$f_{ck} = 30$ MPa
$f_{ctk} = 2$ MPa

c) Estados-limites de serviço:

ELS-D (*descompressão*) $\quad \begin{cases} \overline{\overline{\sigma}}_c = 0 \\ \overline{\sigma}_c = 0{,}6\, f_{ck} \end{cases}$

ELS-F (*formação de fissuras*) $\quad \begin{cases} \overline{\overline{\sigma}}_c = 1{,}5\, f_{ctk} \\ \overline{\sigma}_c = 0{,}6\, f_{ck} \end{cases}$

d) Fase de execução aos 7 dias de idade: *protensão* + g_l.

$\gamma_p = 1{,}1 \qquad\qquad N_{p0} = -134{,}55$ kN/cordoalha

$f_{ckj=7} = 0{,}85\, f_{ck} \qquad \overline{\sigma}_c = 0{,}7\, f_{ckj}$

$f_{ctmj=7} = 1{,}70$ MPa $\qquad \overline{\overline{\sigma}}_c = 1{,}2\, f_{ctmj}$

PERGUNTAS

1) Determinar o número mínimo de cabos de 12Ø12,7 mm, distribuídos igualmente em duas camadas, com força útil, após todas as perdas, de 12 · 115 = 1.380 kN/cabo na seção A-A de engastamento, para atender às hipóteses de protensão completa.

2) Verificar quantos cabos da 1ª camada podem ser protendidos aos 7 dias de idade quando atuarem a protensão e o peso próprio g_l.

RESOLUÇÃO

1) Características geométricas:

    Seção A-A

$$A_c = 1{,}50 \cdot 1{,}80 = 2{,}70 \text{ m}^2$$

$$W_{c,inf} = W_{c,sup} = 1{,}50 \cdot 1{,}80^2 / 6 = 0{,}810 \text{ m}^3$$

    Seção B-B (extremidade)

$$A_c = 1{,}50 \cdot 1{,}20 = 1{,}80 \text{ m}^2$$

2) *Modelo estrutural, carregamentos e esforços solicitantes:*

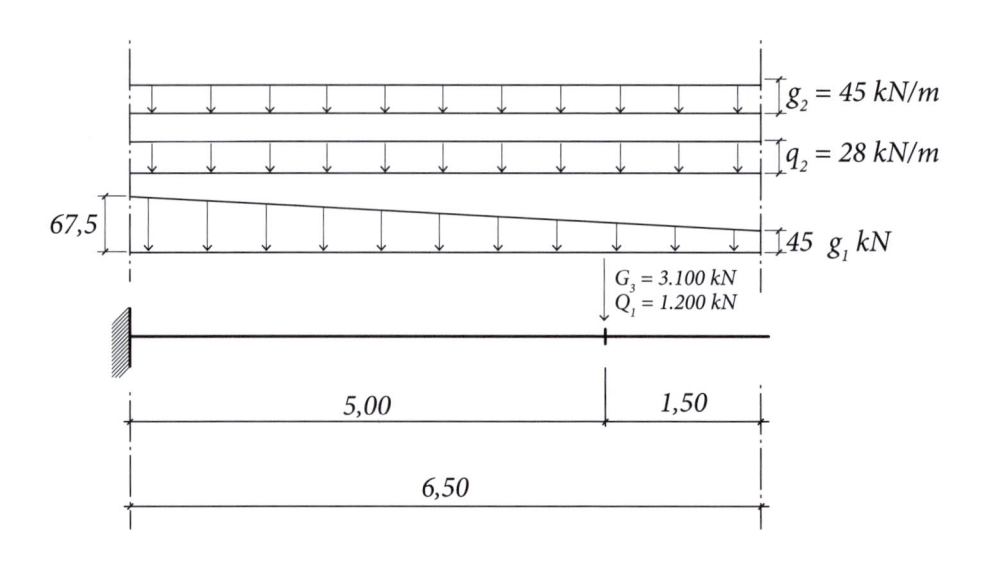

$g_2 = 45\ kN/m$
$q_2 = 28\ kN/m$
$45\ g_1\ kN$
67,5
$G_3 = 3.100\ kN$
$Q_1 = 1.200\ kN$
5,00 | 1,50
6,50

Momentos fletores na seção A-A:

$M_{g_1} = -[(45,0 \cdot 6,50^2 / 2) + (22,5 \cdot 6,50 / 2) \cdot (6,50 / 3)] = -1.109,06\ kN \cdot m$

$M_{g_2} = -45,0 \cdot 6,50^2 / 2 = -950,62\ kN \cdot m$

$M_{q_2} = -28,0 \cdot 6,50^2 / 2 = -591,50\ kN \cdot m$

$M_{G_3} = -3.100 \cdot 5,0 = -15.500,00\ kN \cdot m$

$M_{Q_1} = -1.200 \cdot 5,0 = -6.000,00\ kN \cdot m$

3) *Tensões normais na seção A-A devidas aos carregamentos externos:*

$\sigma_{c,inf} = M / W_{c,inf}$ $\sigma_{c,sup} = M / W_{c,sup}$

$W_{c,inf} = 0,81\ m^3$ $W_{c,sup} = 0,81\ m^3\ (-)$

Ação	M (kN.m)	$\sigma_{c,sup}$ (kPa)	$\sigma_{c,inf}$ (kPa)
g_1	-1.109,06	1.369,21	-1.369,21
g_2	-950,62	1.173,60	-1.173,60
G_3	-15.500,00	19.135,80	-19.135,80
Q_1	-6.000,00	7.407,41	-7.407,41
q_2	-591,50	730,25	-730,25

4) Tensões normais na seção A-A, devidas à protensão de um cabo de 12Φ12,7 mm a tempo infinito (após todas as perdas):

$$N_{p\infty}^{(0)} = 12 \cdot (-115) = -1.380,00 \text{ kN}$$

$$y_0 = 0,10 + 0,07 = 0,17 \text{ m}$$

$$e = y_{c,sup} - y_0 = -(0,90 - 0,17) = -0,73 \text{ m}$$

$$\sigma_{c,sup,N_{p\infty}^{(0)}} = \frac{-1.380}{2,70} - \frac{(-1.380) \cdot (-0,73)}{0,81} = -511,11 - 1.243,70 = -1.754,81 \text{ kPa}$$

$$\sigma_{c,inf,N_{p\infty}^{(0)}} = \frac{-1.380}{2,70} + \frac{(-1.380) \cdot (-0,73)}{0,81} = -511,11 + 1.243,70 = +732,59 \text{ kPa}$$

5) Verificação do dimensionamento à flexão com as hipóteses da protensão completa:

a) Combinações frequentes

$$\text{ELS-D} \begin{cases} \sigma_c = 0,6 \cdot f_{ck} = 18 \text{ MPa} \\ \overline{\overline{\sigma}}_c = 0 \end{cases}$$

i) Fibra superior:

$$\sigma_{c,sup,N_{p\infty}} + g_1 + g_2 + G_3 + \Psi_1 \cdot Q_1 + \Psi_2 \cdot q_2 \leq 0$$

$$m \cdot (-1.754,81) + 1.369,21 + 1.173,60 + 19.135,80 + 0,7 \cdot 7.407,41 + 0,4 \cdot 730,25 \leq 0$$

$$m \geq 15,48$$

$$m = 16 \quad (\text{OK!})$$

ii) Fibra inferior:

$$\sigma_{c,inf,N_{p\infty}} + g_1 + g_2 + G_3 + \Psi_1 \cdot Q_1 + \Psi_2 \cdot q_2 \geq -0,6 f_{ck}$$

$$16 \cdot (732,59) - 1.369,21 - 1.173,60 - 19.135,80 - 0,7 \cdot 7.407,41 - 0,4 \cdot 730,25 \geq -18.000 \text{ kPa}$$

$$-15.434,46 \geq -18.000$$

$$|-15.434,46| < |-18.000| \quad (\text{OK!})$$

b) *Combinações raras*

$$\text{ELS-F} \begin{cases} \overline{\sigma}_c = 0{,}6\, f_{ck} \\ \overline{\overline{\sigma}}_c = f_{ctk,f} = k \cdot f_{ctk} = 1{,}5 \cdot 2{,}0 = 3{,}0\, MPa = 3.000\, kPa \end{cases}$$

i) *Fibra superior:*

$$\sigma_{c,sup,N_{p_\infty}} + g_1 + g_2 + G_3 + Q_1 + \Psi_1 \cdot q_2 \leq \overline{\overline{\sigma}}_c = 3.000\, kPa$$

$$m \cdot (-1.754{,}81) + 1.369{,}21 + 1.173{,}60 + 19.135{,}80 + 7.407{,}41 + 0{,}6 \cdot 730{,}25 \leq 3.000\, kPa$$

$$m \geq 15{,}12$$

$$m = 16 \quad (OK!)$$

ii) *Fibra inferior:*

$$\sigma_{c,inf,N_{p_\infty}} + g_1 + g_2 + G_3 + Q_1 + \Psi_1 \cdot q_2 \geq \overline{\sigma}_c = -18.000\, kPa$$

$$16 \cdot (732{,}59) - 1.369{,}21 - 1.173{,}60 - 19.135{,}80 - 7.407{,}41 - 0{,}6 \cdot 730{,}25 \geq -18.000\, kPa$$

$$-17.802{,}73 \geq -18.000$$

$$|\ -17.802{,}73\ | < |\ -18.000\ | \quad (OK!)$$

Conclusão: para atender à hipótese de protensão completa são necessários 16 cabos (8 cabos em cada camada).

6) *Verificação da fase de execução $j = 7$ dias com protensão $+ g_1$:*

$$N_{P_0}^{(0)} = 12 \cdot (-134{,}55) = -1.614{,}60\, kN$$

$$y_0 = 0{,}10\, m$$

$$e = -(y_{c,sup} - y_0) = -(0{,}90 - 0{,}10) = -0{,}80\, m$$

$$\sigma_{c,sup,N_{p0}} = -\frac{1.614{,}60}{2{,}70} - \frac{(-1.614{,}60) \cdot (-0{,}80)}{0{,}81} = -598{,}00 - 1.594{,}67 = -2.192{,}67\, kPa$$

$$\sigma_{c,inf,N_{p0}} = -598{,}00 + 1.594{,}67 = +996{,}67\, kPa$$

Limites: $\overline{\sigma}_c = 0{,}7\, f_{ckj} = 0{,}7 \cdot (0{,}85 \cdot 30{,}00) = 0{,}70 \cdot 25{,}50 = 17{,}85\, MPa$

$\overline{\overline{\sigma}}_c = 1{,}2\, f_{ctmj} = 1{,}2 \cdot 1{,}7 = 2{,}04\, MPa$

a) Fibra inferior:

$$\sigma_{c,inf,\gamma_p \cdot N_{p0}} + g_1 \leq \bar{\bar{\sigma}}_c$$

$n \cdot 1{,}1 \cdot (+996{,}67) - 1.369{,}21 \leq 2.040$

$n \leq 3{,}11 \text{ cabos}$

b) Fibra superior:

$$\sigma_{c,sup,\gamma_p \cdot N_{p0}} + g_1 \leq \bar{\bar{\sigma}}_c$$

$n \cdot 1{,}1 \cdot (-2.192{,}67) + 1.369{,}21 \geq -17.850$

$n \leq 7{,}97 \text{ cabos}$

Conclusão: aos 7 dias podem ser protendidos no máximo 3 cabos.

5.4.4.2. EXERCÍCIO DE DIMENSIONAMENTO EM ESTADO-LIMITE DE SERVIÇO COM PROTENSÃO COMPLETA E VERIFICAÇÃO SIMPLIFICADA DO ESTADO-LIMITE ÚLTIMO EM FASE DE EXECUÇÃO

A estrutura esquematizada a seguir é constituída de um pilar e de duas vigas em balanço. As peças serão montadas com módulos de concreto pré-moldados, de forma que são proibidas tensões de tração nas juntas.

As ações externas são as seguintes: g_1 (peso próprio), g_2 (ação distribuída), G_3 (ação concentrada na extremidade da viga), q_1, q_2 (ações variáveis distribuídas) e Q_3 (ação variável concentrada).

Determinar o número mínimo de cordoalhas por cabo, para que a estrutura seja protendida dentro das hipóteses da protensão completa.

Considerar, na análise estrutural, as hipóteses de carregamento mais desfavoráveis.

Considerar, no dimensionamento, seção A-A para o pilar e seção C-C para a viga.

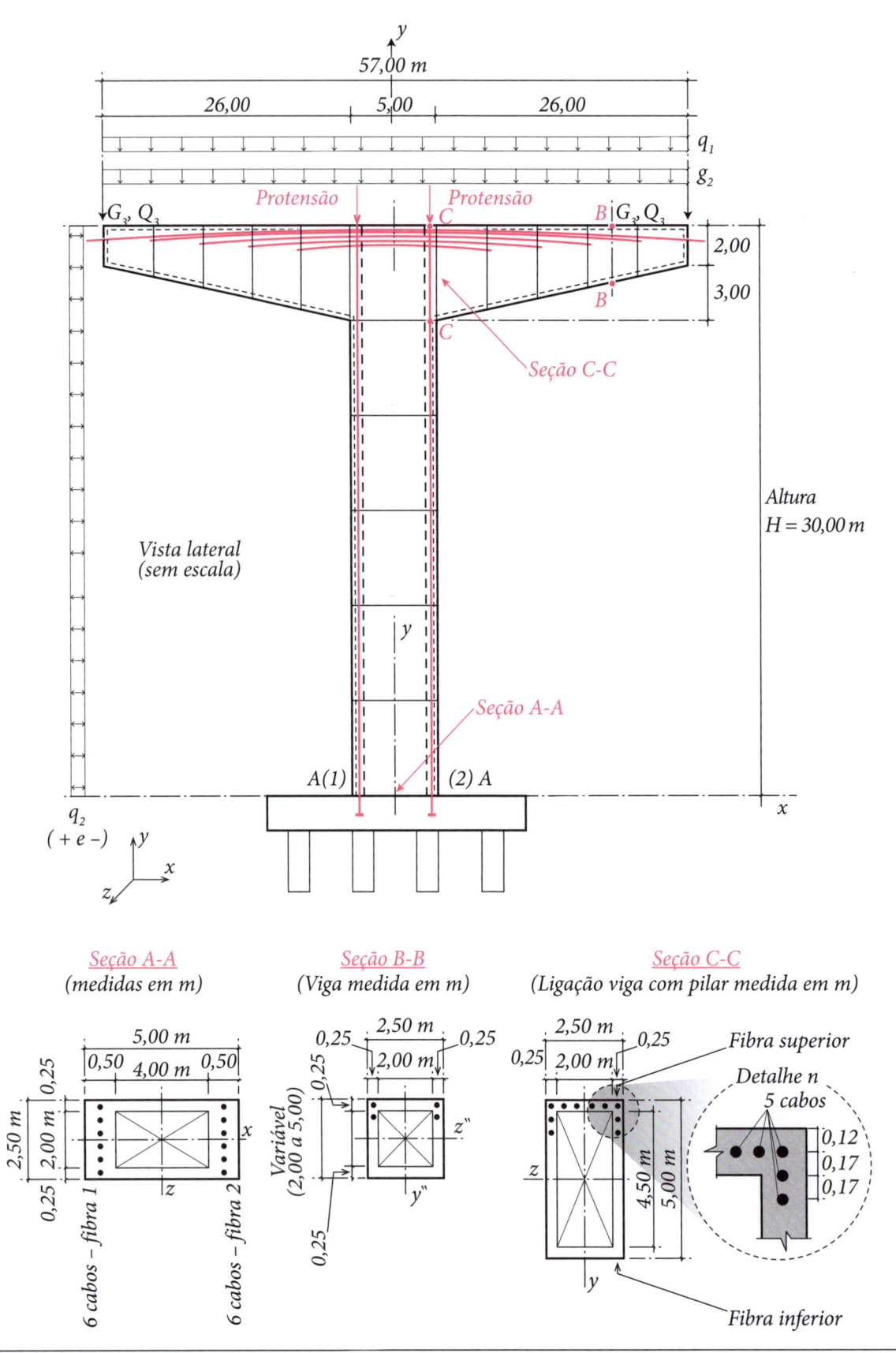

Figura 162: Elevações e seções transversais.

Dados complementares:

a) Peso específico do concreto: $\gamma_e = 25\ kN/m^3$

b) Valores das ações:

$g_2 = 12{,}5\ kN/m$

$G_3 = 500\ kN$

$q_1 = 5{,}0\ kN/m$

$q_2 = 5{,}0\ kN/m$ (vento)

$Q_3 = 1.000{,}0\ kN$

c) Valores dos fatores de combinação:

Ação		Ψ_1	Ψ_2
Principal	Q_3	0,8	0,6
	q_1	0,7	0,6
	q_2	0,2	0,0

d) A seção do pilar é constante e a altura das vigas varia linearmente. Desprezar os pesos dos fechamentos das extremidades livres das vigas e do topo do pilar.

e) A ação variável Q_3 pode ocorrer apenas de um lado ou dos dois lados.

f) Concreto $f_{ck} = 32\ MPa$

Tensões-limites para o concreto:

Estado-limite de descompressão: $\left| \begin{array}{l} \overline{\sigma}_c = 0{,}6 \cdot f_{ck}; \\ \overline{\overline{\sigma}}_c = 0 \end{array} \right.$

g) Forças de protensão, por cordoalha ø15,2 mm:

N_{p0} = -210 kN/cordoalha

$N_{p\infty}$ = -160 kN/cordoalha

O pilar tem 12 cabos (protensão centrada).

A viga, na seção C-C, tem 10 cabos (ver detalhe η).

Todos os cabos devem ter igual número de cordoalhas.

Sabendo-se que, na protensão, o concreto já apresentava a resistência de projeto, verificar a fase de execução quando atuarem protensão + peso próprio g_1, com
$\begin{cases} \overline{\sigma}_c = 0{,}7 \cdot f_{ck} \\ \overline{\overline{\sigma}}_c = 0 \\ \gamma_p = 1{,}1 \end{cases}$

Resolução:

1) CARACTERÍSTICAS GEOMÉTRICAS

Viga: seção C-C:

$A_c = 5{,}00 \cdot 2{,}50 - 2{,}00 \cdot 4{,}50 = 3{,}50 \text{ m}^2$

$I_c = \dfrac{2{,}50 \cdot 5{,}00^3}{12} - \dfrac{2{,}00 \cdot 4{,}50^3}{12} = 10{,}8542 \text{ m}^4$

$W_{c,sup} = W_{c,inf} = 10{,}8542 / 2{,}50 = 4{,}3417 \text{ m}^3$

$A_{c,extrema} = 2{,}50 \cdot 2{,}00 - 2{,}00 \cdot 1{,}50 = 2{,}00 \text{ m}^2$

Pilar: seção constante:

$A_c = 2{,}50 \cdot 5{,}00 - 2{,}00 \cdot 4{,}00 = 4{,}50 \text{ m}^2$

$I_c = \dfrac{2{,}50 \cdot 5{,}00^3}{12} - \dfrac{2{,}00 \cdot 4{,}00^3}{12} = 15{,}3750 \text{ m}^4$

$W_{c1} = W_{c2} = 15{,}3750 / 2{,}50 = 6{,}1500 \text{ m}^3$

2) CARREGAMENTOS E ESFORÇOS SOLICITANTES

A estrutura é um pórtico isostático engastado livre.

Carregamento g_1 da viga: $\quad g_{1,a} = 3{,}50 \cdot 25 = 87{,}50$ kN/m

$\quad\quad\quad\quad\quad\quad\quad\quad\quad\quad\quad g_{1,b} = 2{,}00 \cdot 25 = 50{,}00$ kN/m

Pilar: $g_{1,v} = 4{,}50 \cdot 25 = 112{,}50$ kN/m

Modelo estrutural:

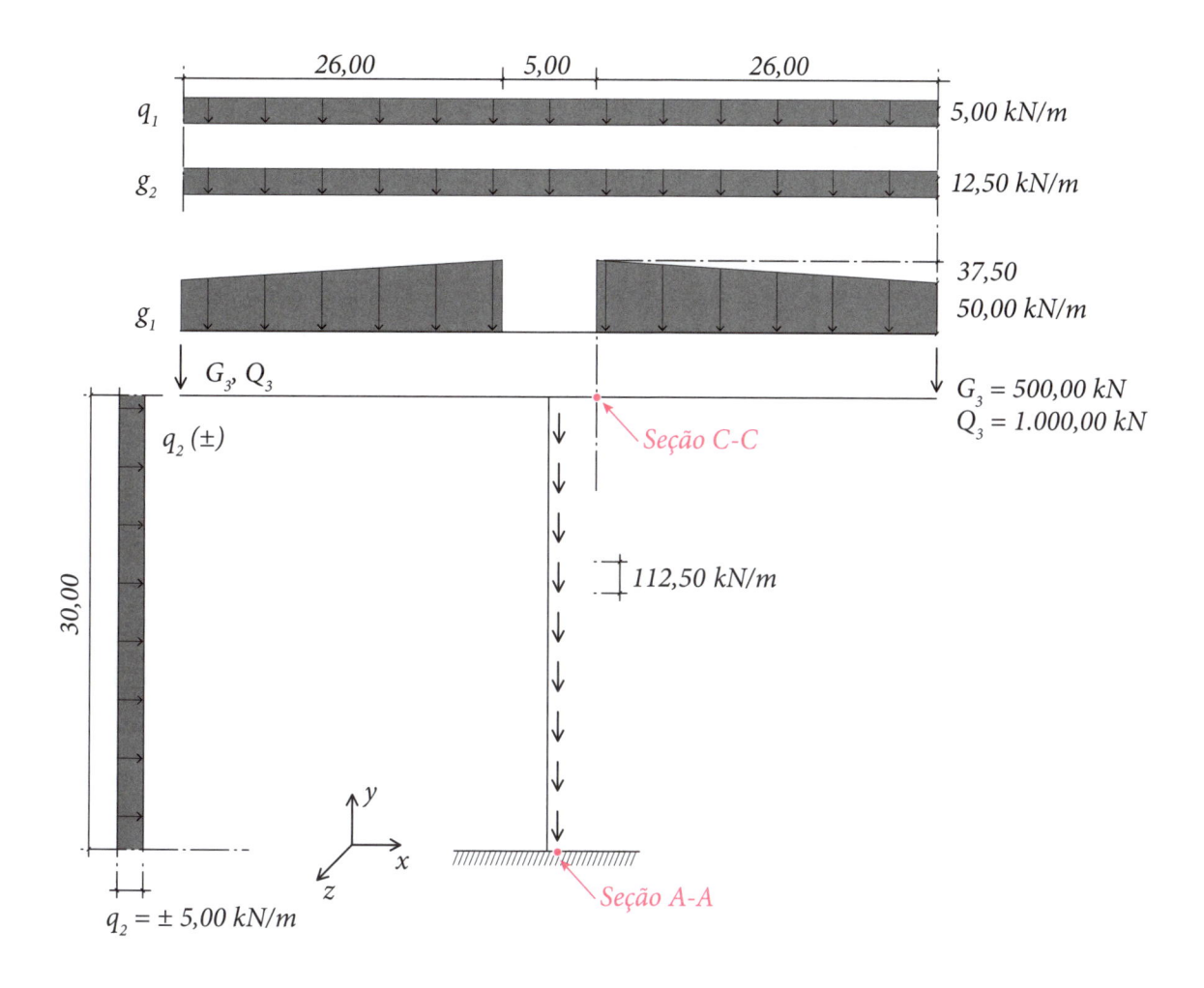

Figura 163: Modelo estrutural com indicação das ações.

- **Viga:** seção C-C (*considerados apenas os momentos fletores*):

  Devido g_1: $M_{g1} = -\left[\dfrac{50 \cdot 26{,}00^2}{2} + \dfrac{37{,}50 \cdot 26}{2} \cdot \dfrac{26}{3}\right] = -21.125{,}00 \text{ kN} \cdot \text{m}$

  Devido g_2: $M_{g2} = -[\,12{,}50 \cdot 26{,}00^2 / 2\,] = -4.225{,}00 \text{ kN} \cdot \text{m}$

  Devido G_3: $M_{G3} = -500{,}0 \cdot 26{,}00 = -13.000{,}00 \text{ kN} \cdot \text{m}$

  Devido q_1: $M_{q1} = -[\,5{,}0 \cdot 26{,}00^2 / 2\,] = -1.690{,}00 \text{ kN} \cdot \text{m}$

  Devido q_2: efeito de força normal, desprezível.

  Devido Q_3: $M_{Q3} = -1.000{,}0 \cdot 26 = -26.000{,}00 \text{ kN} \cdot \text{m}$

• **Pilar: seção A-A** (*considerados apenas os momentos fletores e as forças normais*):

AÇÕES PERMANENTES (forças normais):

Devido g_1: $N_{y,g1}$ = -[112,50 · 30,00 + 50,00 · 26,00 · 2 + (37,5 · 26,00 / 2) · 2] = -6.950,00 kN

Devido g_2: $N_{y,g2}$ = 12,50 · 57,00 = -712,50 kN

Devido G_3: $N_{y,G3}$ = 2 · (-500,0) = -1.000,0 kN

AÇÕES VARIÁVEIS (momentos fletores e forças normais):

Hipótese 1: somente um lado carregado e ação simultânea do vento (q_2).

Devido q_1: $N_{y,q1}$ = -5,00 · 28,50 = -142,50 kN

M_{q1} = 5,00 · 28,50² / 2 = 2.030,62 kN · m

Devido q_2: M_{q2} = 5,00 · 30,00² / 2 = 2.250,00 kN · m

Devido Q_3: $N_{y,Q3}$ = -1.000 kN

M_{Q3} = 1.000,00 · 28,50 = 28.500,00 kN · m

Hipótese 2: os dois lados carregados e ação simultânea do vento (q_2).

Devido q_1: $N_{y,q1}$ = -5,00 · 57,00 = -285,00 kN

Devido q_2: M_{q2} = 5,00 · 30,00² / 2 = 2.250,00 kN · m

Devido Q_3: $N_{y,Q3}$ = -2 · 1.000 = -2.000,00 kN

3) TENSÕES NORMAIS DEVIDAS ÀS AÇÕES EXTERNAS, EM KPa

• **Viga: seção C-C:**

Devido g_1: $\sigma_{c,sup,g1}$ = -$\sigma_{c,inf,g1}$ = 21.125,00 / 4,3417 = 4.865,61 kPa

Devido g_2: $\sigma_{c,sup,g2}$ = -$\sigma_{c,inf,g2}$ = 4.225,00 / 4,3417 = 973,12 kPa

Devido G_3: $\sigma_{c,sup,G3}$ = -$\sigma_{c,inf,G3}$ = 13.000,00 / 4,3417 = 2.994,22 kPa

Devido q_1: $\sigma_{c,sup,q1}$ = -$\sigma_{c,inf,q1}$ = 1.690,00 / 4,3417 = 389,25 kPa

Devido q_2: tensões desprezíveis.

Devido Q_3: $\sigma_{c,sup,Q3}$ = $-\sigma_{c,inf,Q3}$ = 26.000,00 / 4,3417 = 5.988,44 kPa

- **Pilar: seção A-A:**

Devido g_1: $\sigma_{c,1}$ = $\sigma_{c,2}$ = -6.950,00 / 4,50 = -1.544,44 kPa

Devido g_2: $\sigma_{c,1}$ = $\sigma_{c,2}$ = -712,50 / 4,50 = -158,33 kPa

Devido G_3: $\sigma_{c,1}$ = $\sigma_{c,2}$ = -1.000,00 / 4,50 = -222,22 kPa

Hipótese 1: somente um lado carregado e com vento.

Devido q_1: $\sigma_{c,1}$ = $\sigma_{c,2}$ = -142,50 / 4,50 = -31,67 kPa

$\sigma_{c,1}$ = $-\sigma_{c,2}$ = 2.030,62 / 6,15 = 330,18 kPa

Devido q_2: $\sigma_{c,1}$ = $-\sigma_{c,2}$ = 2.250,00 / 6,15 = 365,85 kPa

Devido Q_3: $\sigma_{c,1}$ = $\sigma_{c,2}$ = -1.000,00 / 4,50 = -222,22 kPa

$\sigma_{c,1}$ = $-\sigma_{c,2}$ = 28.500,00 / 6,15 = 4.634,15 kPa

Hipótese 2: os dois lados carregados e com vento.

Devido q_1: $\sigma_{c,1}$ = $\sigma_{c,2}$ = -285,00 / 4,50 = −63,33 kPa

Devido q_2: $\sigma_{c,1}$ = $-\sigma_{c,2}$ = 2.250,00 / 6,15 = 365,85 kPa

Devido Q_3: $\sigma_{c,1}$ = $\sigma_{c,2}$ = -2.000,00 / 4,50 = -444,44 kPa

4) TENSÕES NORMAIS DEVIDAS À PROTENSÃO DE UMA CORDOALHA, A TEMPO ∞ (APÓS TODAS AS PERDAS) EM kPa

- **Viga: seção C-C:**

    $N_{P_\infty}^{(0)}$ = -160 kN/cordoalha

    Posição do CG: y_0 = [6 · 0,12 + 2 · 0,29 + 2 · 0,46] / 10 = 0,222 m

    e_p = -(2,50 – 0,222) = -2,278 m

    $\sigma_{c,sup,N_{P_\infty}}^{(0)}$ = -160 / 3,50 – [(-160 · (-2,278) / 4,3417)] = -45,71 – 83,95 = -129,66 kPa/cordoalha

    $\sigma_{c,inf,N_{P_\infty}}^{(0)}$ = -160 / 3,50 + [(-160 · (-2,278) / 4,3417)] = -45,71 + 83,95 = +38,24 kPa/cordoalha

- **Pilar: seção A-A:**

    $N_{P_\infty}^{(0)}$ = -160 kN/cordoalha

    Protensão centrada: e_p = 0

    $\sigma_{c_1, N_{P_\infty}}^{(0)}$ = $\sigma_{c_2, N_{P_\infty}}^{(0)}$ = -160 / 4,50 = -35,56 kPa/cordoalha

5) DIMENSIONAMENTO: DETERMINAÇÃO DO NÚMERO DE CORDOALHAS POR CABO COM PROTENSÃO COMPLETA

- **Viga: seção C-C:**

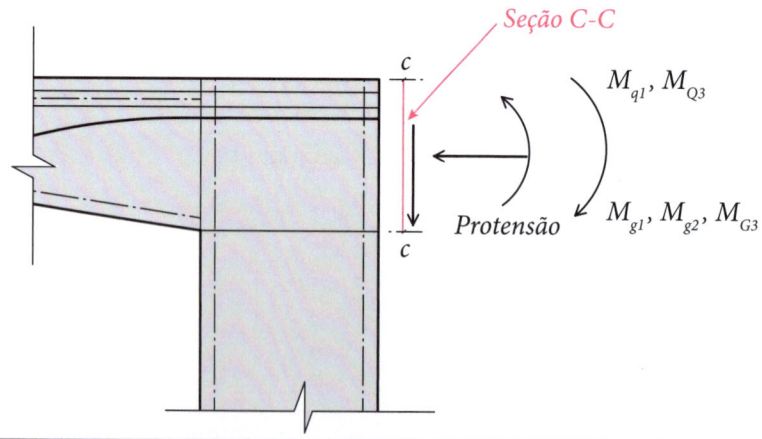

Figura 164: Esforços solicitantes na seção C-C.

> **OBS.:** *será considerado o estado-limite de descompressão nas duas combinações (frequentes e raras).*

a) Para combinações frequentes:

$$\begin{cases} \overline{\sigma}_c = 0{,}6\, f_{ck} = 19{,}20\ \text{MPa} = 19.200\ \text{kPa} \\ \overline{\overline{\sigma}}_c = 0 \end{cases}$$

Na fibra superior:

$$\sigma_{c,sup,N_{p\infty}} + g_1 + g_2 + G_3 + \Psi_1 \cdot Q_3 + \Psi_2 \cdot q_1 \leq \overline{\overline{\sigma}}_c = 0$$

$$m \cdot (-129{,}66) + 4.865{,}61 + 973{,}12 + 2.994{,}22 + 0{,}8 \cdot 5.988{,}44 + 0{,}6 \cdot 389{,}25 \leq 0$$

Resulta: $m \geq 106{,}87$ cordoalhas

Adotado: 110 cordoalhas ou 10 cabos de 11Ø15,2 mm.

Na fibra inferior, com 110 cordoalhas:

$$\sigma_{c,inf,N_{p\infty}} + g_1 + g_2 + G_3 + \Psi_1 \cdot Q_3 + \Psi_2 \cdot q_1 \leq |\overline{\sigma}_c| = |-19.200|$$

$$110 \cdot (+38{,}24) - 4.865{,}61 - 973{,}12 - 2.994{,}22 + 0{,}8 \cdot (-5.988{,}44) + 0{,}6 \cdot (-389{,}25) = |-9.650{,}85|$$
$$|-9.650{,}85| < |-19.200| \quad (\text{OK!})$$

b) Para combinações raras:

$$\begin{cases} \overline{\sigma}_c = 0{,}6\, f_{ck} = 19{,}20\ \text{MPa} \\ \overline{\overline{\sigma}}_c = 0 \end{cases}$$

Na fibra superior:

$$\sigma_{c,sup,N_{p\infty}} + g_1 + g_2 + G_3 + Q_3 + \Psi_1 \cdot q_1 \leq \overline{\overline{\sigma}}_c = 0$$

$$m \cdot (-129{,}66) + 4.865{,}61 + 973{,}12 + 2.994{,}22 + 5.988{,}44 + 0{,}7 \cdot 389{,}25 \leq 0$$

Resulta: $m \geq 116{,}41$ cordoalhas

Adotado: 120 cordoalhas ou 10 cabos de 12Ø15,2 mm.

Na fibra inferior, com 120 cordoalhas:

$$\sigma_{c,inf,N_{p\infty}} + g_1 + g_2 + G_3 + Q_3 + \Psi_1 \cdot q_1 \leq |\overline{\sigma}_c| = |-19.200|$$
$$120 \cdot (+38{,}24) - 4.865{,}61 - 973{,}12 - 2.994{,}22 - 5.988{,}44 - 0{,}7 \cdot 389{,}25 = |-10.505{,}06|$$
$$|-10.505{,}06| < |-19.200| \quad (\text{OK!})$$

Conclusão: protensão completa com 10 cabos de 12Ø15,2 mm

Pilar: seção A-A:

Hipótese 1: somente um lado carregado e ação simultânea do vento.

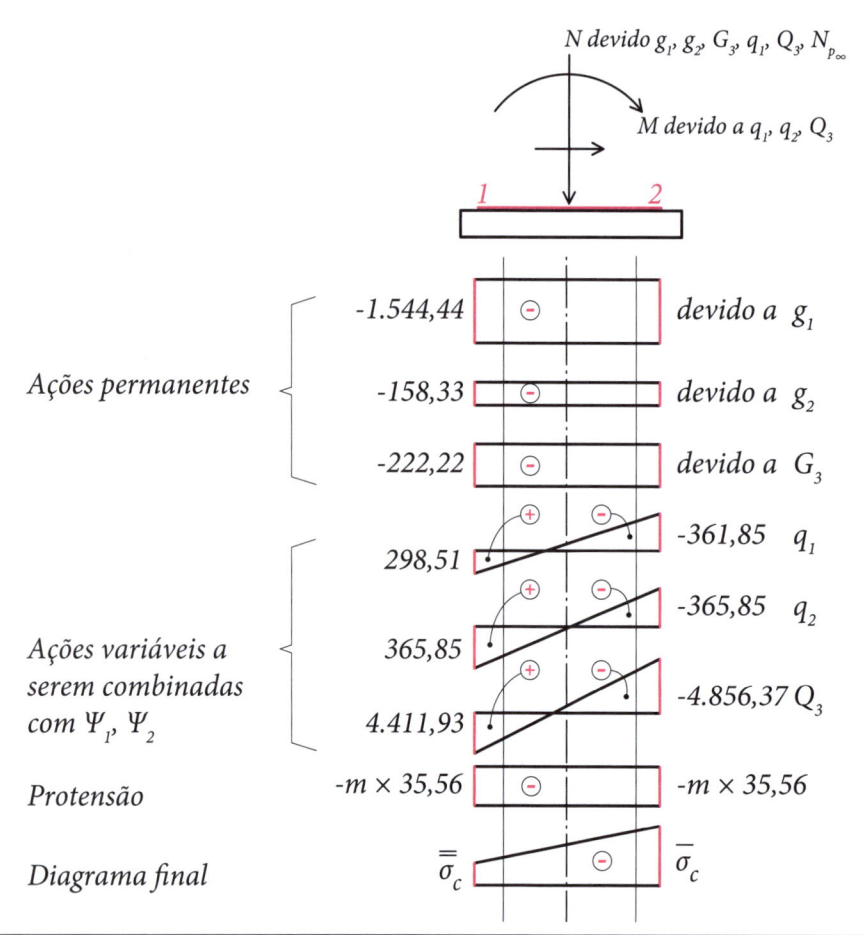

N devido g_1, g_2, G_3, q_1, Q_3, $N_{p\infty}$

M devido a q_1, q_2, Q_3

Ações permanentes	-1.544,44 ⊖	devido a g_1
	-158,33 ⊖	devido a g_2
	-222,22 ⊖	devido a G_3
Ações variáveis a serem combinadas com Ψ_1, Ψ_2	298,51 ⊕/⊖ -361,85	q_1
	365,85 ⊕/⊖ -365,85	q_2
	4.411,93 ⊕/⊖ -4.856,37	Q_3
Protensão	$-m \times 35,56$ ⊖ $-m \times 35,56$	
Diagrama final	$\bar{\bar{\sigma}}_c$ ⊖ $\bar{\sigma}_c$	

Figura 165: Diagramas de tensões normais.

OBS.: *no dimensionamento do pilar, também será considerado apenas o estado-limite de descompressão nas combinações (frequentes e raras).*

a) Para combinações frequentes:

$\bar{\sigma}_c = 0,6\, f_{ck} = 19,20$ MPa

$\bar{\bar{\sigma}}_c = 0$

Na fibra 1:

$$\overline{\sigma}_{c1,N_{p\infty}} + g_1 + g_2 + G_3 + \Psi_1 \cdot Q_3 + \Psi_2 \cdot q_1 + \Psi_2 \cdot q_2 \leq \overline{\overline{\sigma}}_c = 0$$

m · (-35,56) -1.544,44 - 158,33 − 222,22 + 0,8 · 4.411,93 + 0,6 · 298,51 + 0 ≤ 0

Resulta: m ≥ 50,16 cordoalhas

Adotados: 60 cordoalhas ou 12 cabos de 5Ø15,2 mm.

Na fibra 2, com 60 cordoalhas:

$$\sigma_{c2,N_{p\infty}} + g_1 + g_2 + G_3 + \Psi_1 \cdot Q_3 + \Psi_2 \cdot q_1 + \Psi_2 \cdot q_2 \leq |\overline{\sigma}_c| = |-19.200|$$

60 · (-35,56) − 1.544,44 − 158,33 − 222,22 + 0,8 · (-4.856,37) + 0,6 · (-361,85) + 0 = -8.160,80

| -8.160,80 | < | -19.200 | (OK!)

b) Para combinações raras:

$$\overline{\sigma}_c = 0{,}6\, f_{ck} = 19{,}20 \text{ MPa}$$
$$\overline{\overline{\sigma}}_c = 0$$

Na fibra 1:

$$\sigma_{c1,N_{p\infty}} + g_1 + g_2 + G_3 + Q_3 + \Psi_1 \cdot q_1 + \Psi_1 \cdot q_2 \leq \overline{\overline{\sigma}}_c = 0$$

m · (-35,56) − 1.544,44 - 158,33 - 222,22 + 4.411,93 + 0,7 · 298,51 + 0,2 · 365,85 ≤ 0

Resulta: m ≥ 77,87 cordoalhas

Adotados: 84 cordoalhas ou 12 cabos de 7Ø15,2 mm.

Na fibra 2, com 84 cordoalhas:

$$\sigma_{c2},N_{p\infty} + g_1 + g_2 + G_3 + Q_3 + \Psi_1 \cdot q_1 + \Psi_1 \cdot q_2 \leq |\overline{\sigma}_c| = |-19.200|$$

84 · (-35,56) − 1.544,44 − 158,33 − 222,22 − 4.856,37 + 0,7 · (-361,85) + 0,2 · (-365,85) = − 10.094,86

| −10.094,86 | < | -19.200 | (OK!)

Conclusão: para protensão completa, 12 cabos de 7Ø15,2 mm = 84 cordoalhas.

Hipótese 2: os dois lados carregados e com vento.

OBS.: *serão verificadas as tensões normais, com uma protensão de 12 cabos de 7Ø15,2 mm, para as combinações raras.*

a) Para combinações raras:

$$\begin{cases} \bar{\sigma}_c = 0{,}6\,f_{ck} = 19{,}20 \text{ MPa} \\ \bar{\bar{\sigma}}_c = 0 \end{cases}$$

Na fibra 1:

$\sigma_{c1,Np_\infty} + g_1 + g_2 + G_3 + Q_3 + \Psi_1 \cdot q_1 + \Psi_1 \cdot q_2 \leq \bar{\bar{\sigma}}_c = 0$

$84 \cdot (-35{,}56) - 1.544{,}44 - 158{,}33 - 222{,}22 - 444{,}44 + 0{,}7 \cdot (-63{,}33) + 0{,}2 \cdot (+365{,}85) = -5.327{,}63$

$-5.327{,}63 < 0$ (OK!)

Na fibra 2:

$\sigma_{c2,Np_\infty} + g_1 + g_2 + G_3 + Q_3 + \Psi_1 \cdot q_1 + \Psi_1 \cdot q_2 \leq |\bar{\sigma}_c| = |-19.200|$

$84 \cdot (-35{,}56) - 1.544{,}44 - 158{,}33 - 222{,}22 - 444{,}44 + 0{,}7 \cdot (-63{,}33) + 0{,}2 \cdot (-365{,}85) = -5.473{,}97$

$|-5.473{,}97| < |-19.200|$ (OK!)

Dimensionamento: resumo final

Viga: seção C-C → 10 cabos de 12Ø15,2 mm

Pilar: seção A-A → 12 cabos de 7Ø15,2 mm

6) FASE DE EXECUÇÃO

A fase de execução será caracterizada pela atuação da protensão equilibrada pelo carregamento g_1, com os seguintes dados:

$$\bar{\sigma}_c = 0{,}7\, f_{ck} = 0{,}7 \cdot 32 = 22{,}40\ \text{MPa} = 22.400\ \text{kPa}$$

$$\bar{\bar{\sigma}}_c = 0$$

$$\gamma_p = 1{,}1$$

$$N_{p0}^{(0)} = -210\ \text{kN/cordoalha}$$

- **Viga: seção C-C:**

Considerando-se a mesma excentricidade, tem-se:

$$\sigma_{c,\text{sup},N_{p0}}^{(0)} = -210/3{,}50 - [(-210 \cdot -2{,}278)/4{,}3417] = -60 - 110{,}18 = -170{,}18\ \text{kPa/cordoalha}$$

$$\sigma_{c,\text{inf},N_{p0}}^{(0)} = -210/3{,}50 + [(-210 \cdot -2{,}278)/4{,}3417] = -60 + 110{,}18 = +50{,}18\ \text{kPa/cordoalha}$$

Condição: $\sigma_{c,\text{sup},1{,}1 \cdot N_{p0}} + g_1 \geq 0{,}7\, f_{ck} = -22.400$

$$n \cdot [1{,}10 \cdot (-170{,}18)] + 4.865{,}61 \geq -22.400$$

Resulta: $n \leq 145{,}65$ cordoalhas

Condição: $\sigma_{c,\text{inf},1{,}1 \cdot N_{p0}} + g_1 \leq 0$

$$n \cdot [1{,}10 \cdot (+50{,}18)] - 4.865{,}61 \leq 0$$

Resulta: $n < 88{,}14$ cordoalhas

Conclusão: adotado n = 84 cordoalhas, ou seja, dos 10 cabos de 12Ø15,2 mm (120 cordoalhas) poderão ser protendidos apenas 7 cabos de 12Ø15,2 mm (84 cordoalhas).

OBS.: *a rigor, deveria ser feita uma nova verificação com a excentricidade correspondente aos 7 cabos.*

- **Pilar: seção A-A:**

Considerando-se a protensão centrada, tem-se:

$$\sigma^{(0)}_{c1,N_{P_0}} = \sigma^{(0)}_{c2,N_{P_0}} = -210 / 4{,}50 = -46{,}67 \text{ kPa/cordoalha}$$

Na protensão dos 12 cabos de 7Ø15,2 mm, em conjunto com a atuação de g_1, resultaria:

$$\sigma_{c1,1,1 \cdot N_{P_0}} + g_1 = \sigma_{c2,1,1 \cdot N_{P_0}} + g_1 \leq |\, 0{,}7\, f_{ck}\, | = |\, -22.400\, |$$

$$1{,}10 \cdot 12 \cdot 7 \cdot (-46{,}67) - 1.544{,}44 = -5.856{,}75$$

Resulta: $|\, -5.856{,}75\, | < |\, -22.400\, |$ (OK!)

Conclusão: a protensão pode ser executada em uma única etapa.

7) CONSIDERAÇÕES COMPLEMENTARES

a) Se, por motivo de acesso físico, as protensões ficarem prejudicadas com montagem progressiva de módulos pré-moldados, novas distribuições de cablagem seriam estudadas, de tal modo que fosse possível manter o número de cordoalhas. Tal situação poderia ocorrer com a viga.

b) Com g_1 podem ser protendidos no máximo 7 cabos. As demais etapas de protensão devem ser programadas com atuações simultâneas e parciais das ações g_2 e G_3 (seção C-C).

c) É obrigatória a verificação do estado-limite último para solicitações normais. Este assunto foi tratado no Capítulo 3.

5.5. TRAÇADO GEOMÉTRICO

5.5.1. PONTO DE PARTIDA

Para iniciar-se o Traçado Geométrico é necessário que já se tenha desenvolvido os seguintes itens:

a) Determinação do número de cordoalhas (*cabos*) na seção de dimensionamento.

b) Disposição dos cabos na(s) seção(ões) de dimensionamento, respeitando os cobrimentos, espaçamentos mínimos e disposições construtivas.

c) Disposição das ancoragens nas extremidades, respeitando as dimensões dos nichos e placas de ancoragem, espaçamentos mínimos e disposições construtivas.

Exemplo 1: *Viga Isostática*

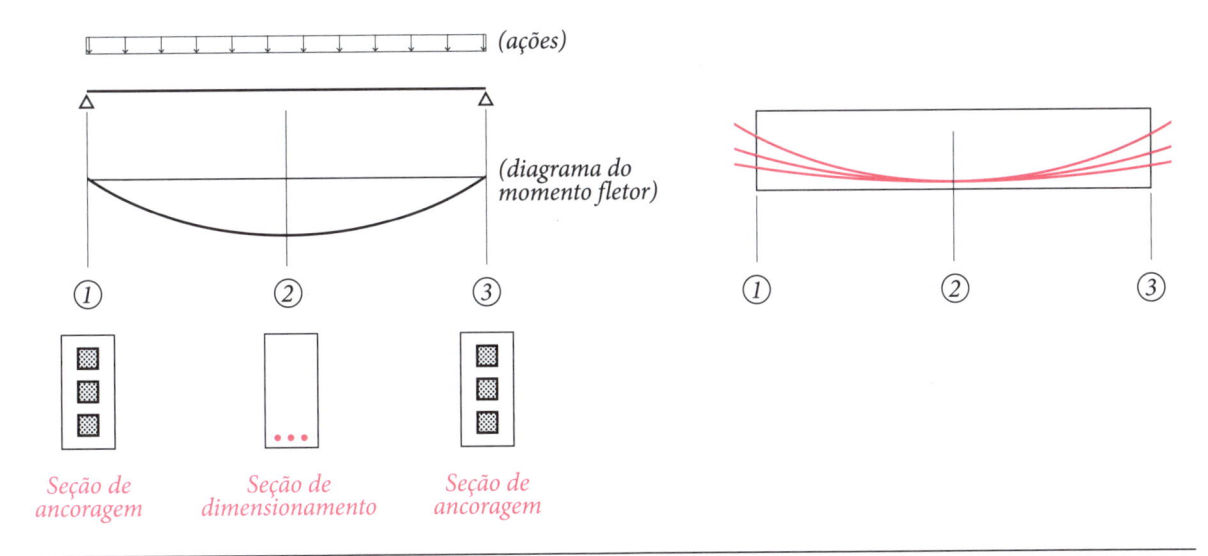

Figura 166: Elevação e seções transversais – viga isostática.

Exemplo 2: *Viga Contínua*

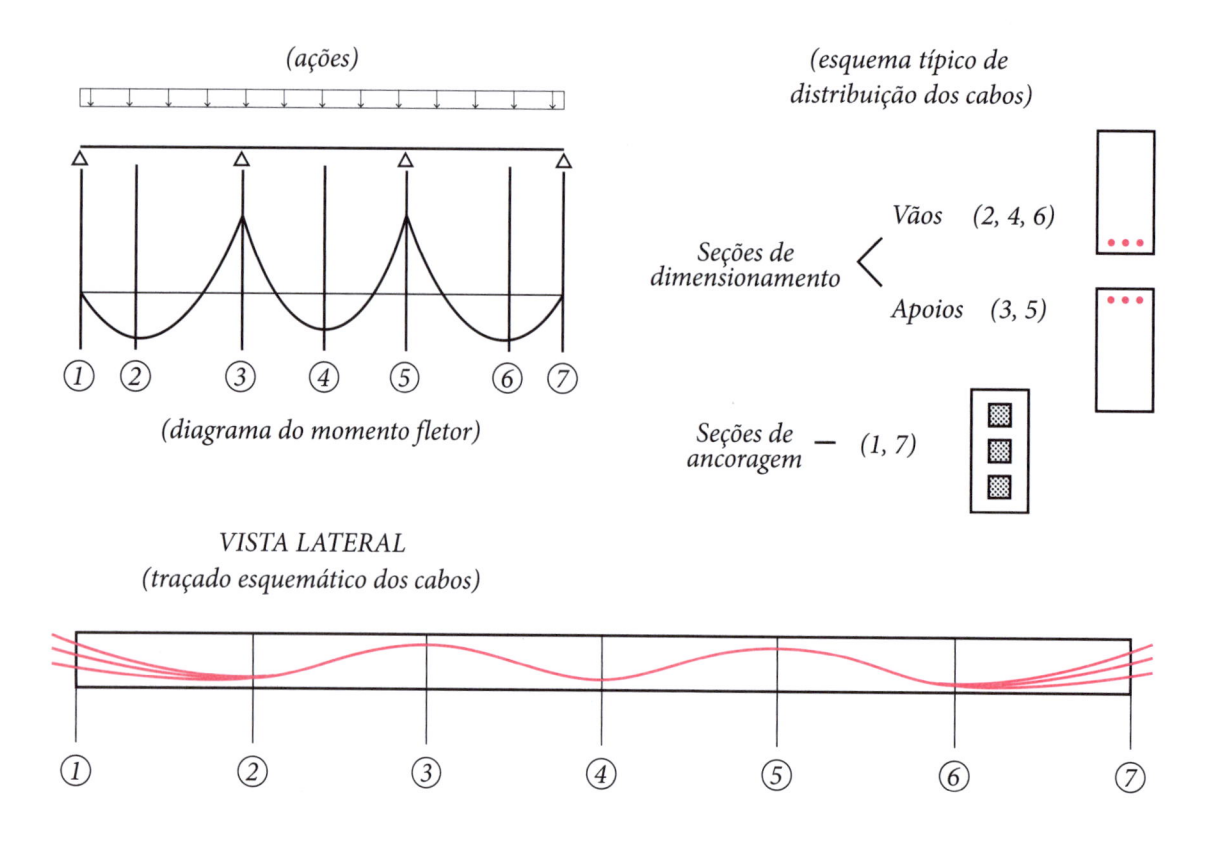

Figura 167: Elevação e seções transversais – viga contínua.

O traçado geométrico constitui-se na determinação de curvas (lugares geométricos) que passam por pontos extremos previamente estabelecidos, ou seja, pontos nas seções de dimensionamento e pontos nas seções de ancoragem.

5.5.2. CONSIDERAÇÕES GERAIS

1) Os cabos podem ser ancorados nas extremidades ou nos flanges superiores (*mesas*) das vigas. Os cabos ancorados nas partes superiores das vigas podem apresentar problemas construtivos, além de exigirem nichos de grandes dimensões para a execução, afetando as seções resistentes das vigas.

2) É importante conhecer as diversas etapas de protensão no traçado.

3) Quando existirem saídas de cabos no flange superior da viga e, além disso, os mesmos forem de etapas posteriores de protensão, deve-se posicionar os cabos pertencentes às fases anteriores de protensão nas camadas inferiores.

4) No caso de vigas isostáticas posicionadas em sequência e de topo, os cabos das etapas posteriores de protensão devem ser ancorados no flange superior.

> OBS.: *este item ocorre, por exemplo, em estruturas pré-moldadas de diversos tramos, onde a protensão, muitas vezes, é realizada antes que o concreto atinja a resistência de projeto (f_{ckj} = 28 dias) e o peso próprio da estrutura (g_1) não é parcela significativa dos carregamentos permanentes, existindo a necessidade de duas ou mais etapas de protensão. As protensões seguintes são equilibradas pelos demais carregamentos permanentes (g_2, g_3, ..., g_n), além do concreto apresentar resistências mais elevadas devido à maturação do mesmo.*

5) Recomenda-se ancorar na extremidade a maioria dos cabos da seção de dimensionamento. A resultante das componentes normais dos cabos deve estar situada dentro do núcleo central de inércia da seção de ancoragem, tendo em vista que os momentos fletores, devido aos carregamentos externos, são nulos nessa seção, na maioria dos casos.

> OBS.: **esta recomendação da resultante contida no núcleo central se aplica a cada etapa de protensão.**

6) Na região de ancoragem das armaduras deve-se ter atenção especial. Os nichos e as placas de ancoragem devem ser distribuídos respeitando-se os espaçamentos mínimos recomendados. As tensões provocadas pela protensão devem ser analisadas de acordo com a teoria dos blocos parcialmente carregados e, a partir dessas, especifica-se a armadura de fretagem necessária (*fendilhamento - efeito de cunha*). O equilíbrio dos esforços deve estar garantido, podendo até utilizar armadura passiva suplementar se necessário.

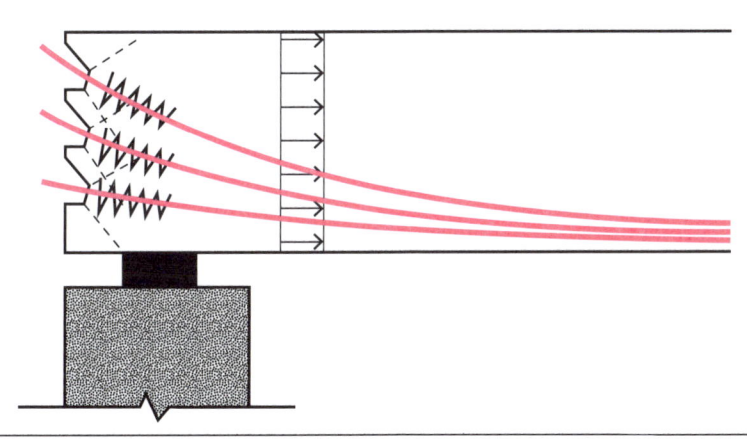

Figura 168: Elevação – detalhe esquemático na região da ancoragem.

Figura esquemática da cablagem

a) Recomendações:

α_1 até α_4: variáveis de 0° a 20°, de preferência múltiplos de 2° ou 5°;

α_5, α_6 e α_7: variáveis de 20° a 30°, de preferência iguais.

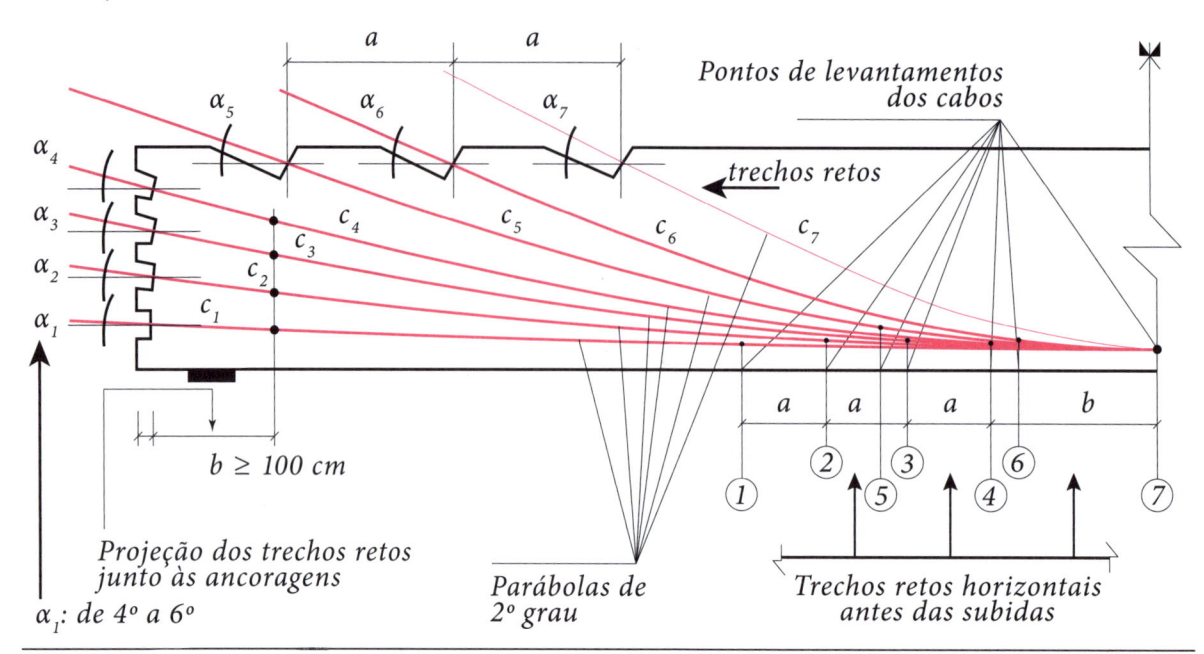

Figura 169: Traçado geométrico esquemático da cablagem em elevação.

b) Medidas dos trechos retos horizontais:

$1{,}00 \leq a \leq 2{,}50$ m

$1{,}00 \text{ m} \leq b \leq (0{,}10 \cdot \ell)$ m

OBS.: *como os valores de α_i serão arredondados, os valores de a serão apenas semelhantes.*

c) Detalhes dos cabos C3 e C7:

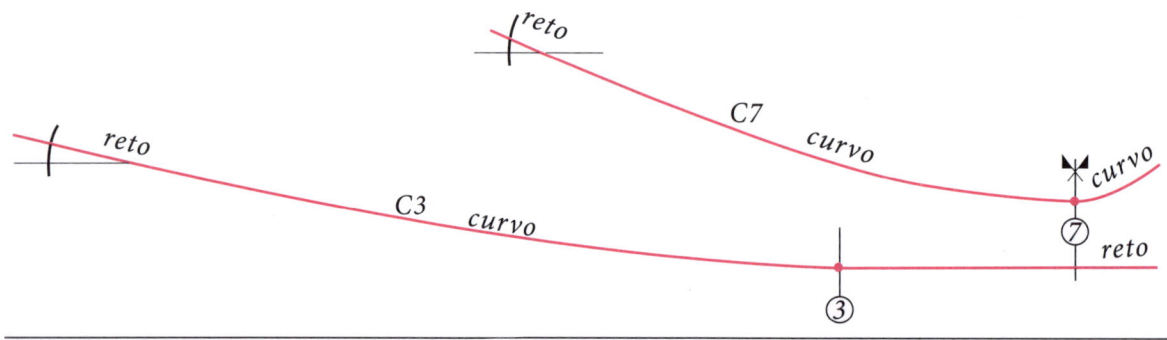

Figura 170: Detalhes dos cabos C3 e C7.

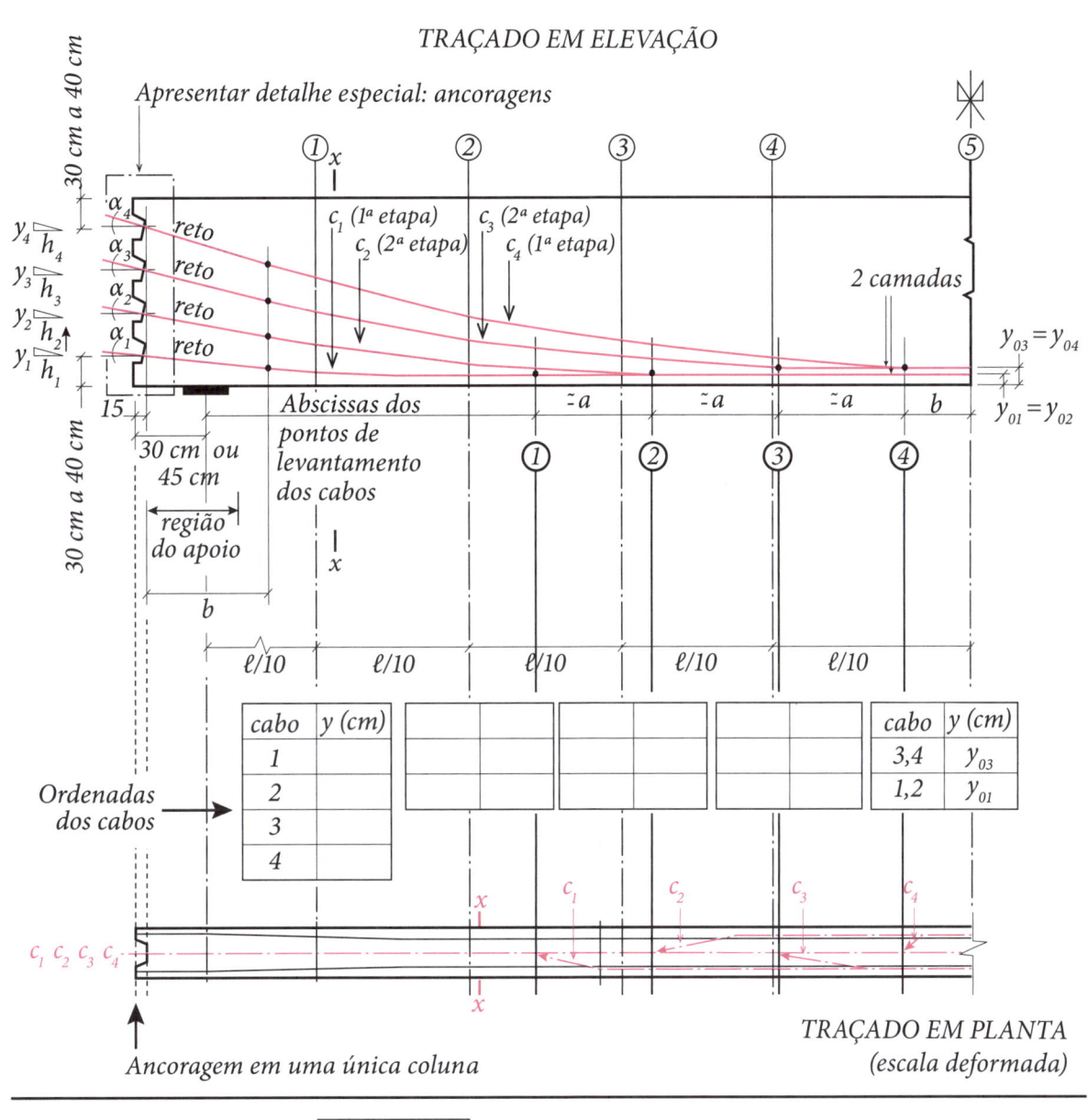

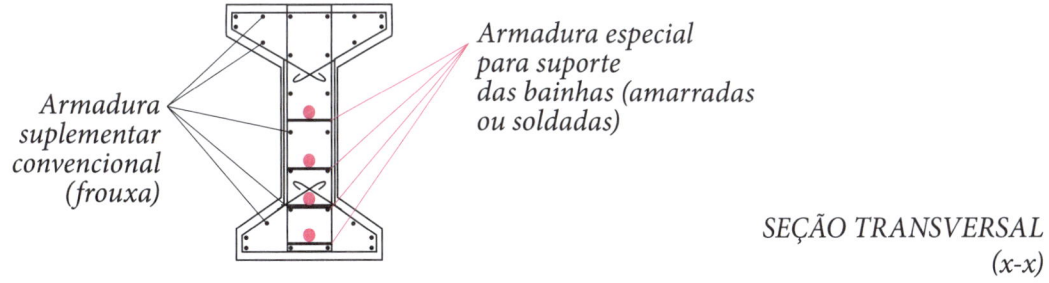

Figura 171: Traçado geométrico – elevação, planta e seção.

Traçado geométrico: cálculo analítico

OBS.: *o cálculo será desenvolvido para o trecho reto com 1,00 m.*

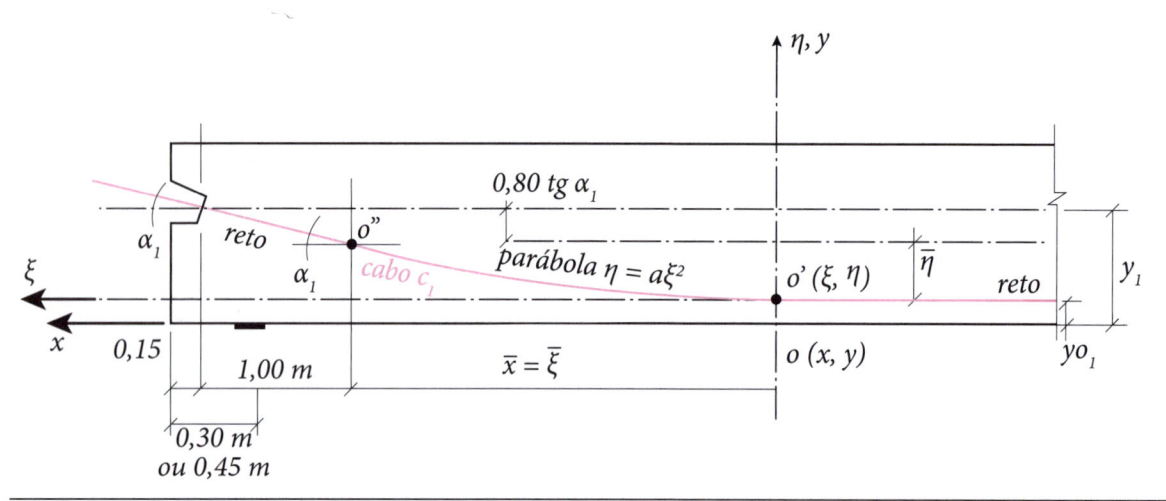

Figura 172: Traçado geométrico em elevação.

0' = ponto de levantamento do cabo

0'0'' = trecho curvo de equação $\eta = a \cdot \xi^2$ \hfill (1)

$\bar{x} = \bar{\xi}$ = projeção da parábola na horizontal

$\bar{\eta}$ = projeção da parábola na vertical

$\eta = a \cdot \xi^2 \rightarrow d\eta / d\xi = 2 \cdot a \xi = \tg \alpha$ \quad (válida para qualquer ξ, η)

quando $\alpha = \alpha_1 \rightarrow \xi = \bar{\xi}$ e $\eta = \bar{\eta} \rightarrow \tg \alpha_1 = 2 \cdot a \cdot \bar{\xi}$ \hfill (2)

de (1) vem: $\eta = a \cdot \xi \cdot \xi$

ou

$\bar{\eta} = a \cdot \bar{\xi} \cdot \bar{\xi}$

ou

$a \cdot \bar{\xi} = \bar{\eta} / \bar{\xi}$

ou

$2 \cdot a \cdot \bar{\xi} = 2 \cdot \bar{\eta} / \bar{\xi}$ \hfill (3)

de (3) com (2) resulta: $\tg \alpha_1 = 2 \cdot \bar{\eta} / \bar{\xi}$ \hfill (4)

ou

$\bar{\xi} = 2 \cdot \bar{\eta} / \tg \alpha_1$

$y_1 = y_{01} + \bar{\eta} + b \cdot \tg \alpha_1 \rightarrow \bar{\eta} = y_1 - y_{01} - b \cdot \tg \alpha_1$ \hfill (5)

de (4) com (5) resulta:

$\bar{\xi} = 2 \cdot (y_1 - y_{01} - b \cdot \tg \alpha_1) / \tg \alpha_1$ \hfill (6)

Procedimento a ser adotado no projeto

a) Valores conhecidos: y_{01} e y_1 (detalhes das seções $\ell/2$ e do apoio).

b) Vamos adotar o ponto 0' (levantamento do cabo) de acordo com as orientações anteriores, ou seja, adotar $\bar{\xi}$.

c) Conhecendo-se a projeção horizontal da parábola ou, em outras palavras, fixadas as origens 0" e 0', determinaremos a inclinação do cabo no apoio, isolando α_1 em (6):

$$\operatorname{tg}\alpha_1 = 2 \cdot (y_1 - y_{01}) / (2 \cdot b + \bar{\xi}) \quad \text{ou} \quad \alpha_1 = \operatorname{arctg}(2 \cdot (y_1 - y_{01}) / (2 \cdot b + \bar{\xi})).$$

d) O valor de α_1 será arredondado para maior (inteiro e múltiplo de 2° ou de 5°) e recalcularemos

$$\bar{\xi} = \frac{2 \cdot (y_1 - y_{01} - b \cdot \operatorname{tg}\alpha_1)}{\operatorname{tg}\alpha_1},$$ ou seja, aumentaremos o trecho reto central.

e) $\bar{\eta} = y_1 - y_{01} - b \cdot \operatorname{tg}\alpha_1$.

O valor da constante $a = \bar{\eta}/\bar{\xi}^2$ nos permite o estudo completo da curva: $\eta = a \cdot \xi^2$.

EXEMPLO NUMÉRICO 1

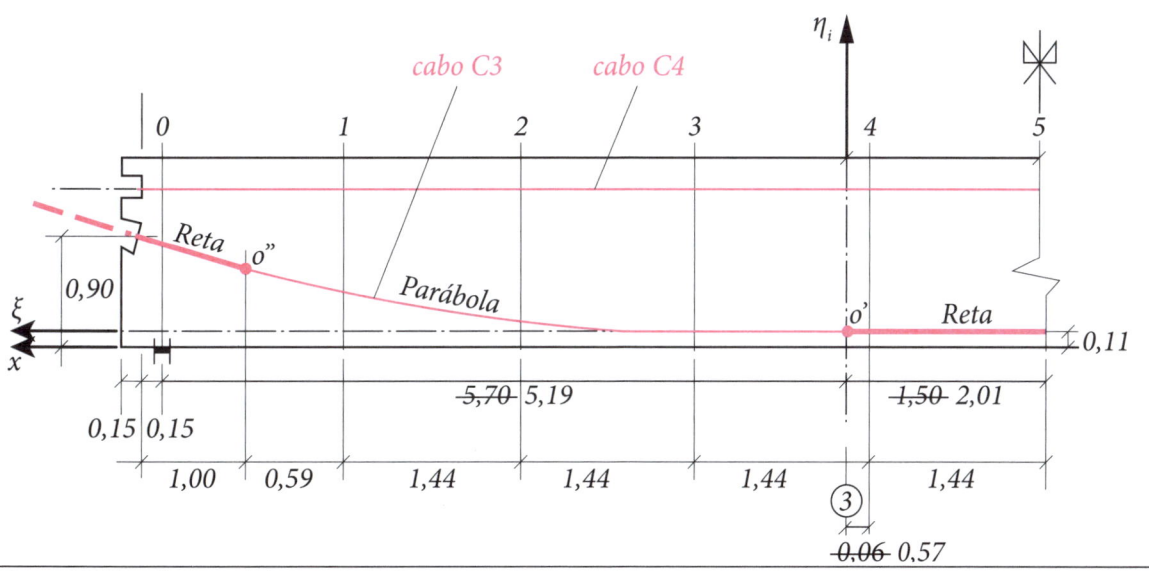

Figura 173: Traçado geométrico em elevação.

No exemplo, tem-se uma viga com quatro cabos de 7Ø12,7 mm. Estamos interessados em estudar a geometria do cabo C3. O vão entre apoios é de 14,40 m. Trecho reto b = 1,00 m.

Dados obtidos em etapas anteriores do projeto:

$0'$ = inicialmente a 1,50 m do centro da viga;

y_{03} = 0,11 m;

y_3 = 0,90 m.

1ª tentativa: com $0'$ fixado $\to \xi$ = 5,70 + 0,15 − 1,00 = 4,85 m

α_3 = arctg [2 · (0,90 − 0,11) / (2 · 1,00 + 4,85)] = arctg 1,58 / 6,85 = arctg 0,2307

α_3 = 12,99°

Adotando α_3 = 14° (tg 14° = 0,2493), tem-se:

$\overline{\xi}$ = [2 · (0,90 − 0,11 − 1,00 · 0,2493)] / 0,2493 = 4,34 m

$\overline{\eta}$ = 0,90 − 0,11 − 1,00 · 0,2493 = 0,5407

a = 0,5407 / 4,34² = 0,02871 $\to \eta$ = 0,02871 · ξ^2

ξ = 1,44 − 0,57 = 0,87 $\to \eta$ = 0,022 m $\to$ y = 0,132 m

ξ = 0,87 + 1,44 = 2,31 $\to \eta$ = 0,153 m $\to$ y = 0,263 m

ξ = 2,31 + 1,44 = 3,75 $\to \eta$ = 0,404 m $\to$ y = 0,514 m

ξ = 3,75 + 0,59 = 4,34 $\to \eta$ = 0,541 m $\to$ y = 0,651 m

EXEMPLO NUMÉRICO 2

Para a viga protendida abaixo indicada, desenvolver o traçado longitudinal e transversal dos cabos.

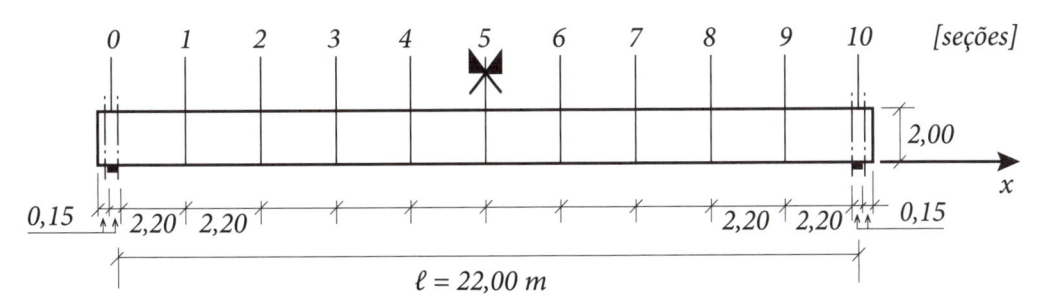

VISTA LATERAL: definição das seções

- $\ell = 22,00$ m
- Seções 0 a 10, espaçamento 2,20 m
- Extremidades: 0,15 m; trechos iniciais 2,20 + 2,20
- Altura: 2,00 m

SEÇÃO TRANSVERSAL 5: distribuição dos cabos
- Altura total: 0,20 + 1,60 + 0,20
- Larguras inferiores: 0,30 | 0,20 | 0,60 | 0,20 | 0,30

Detalhe 1 (Unidade: m)
- Cabos 1, 3, 2 na base; cabo 4 acima
- Espaçamentos: 0,10 | 0,10
- Alturas: 0,075 e 0,10

8 cabos de 6 cordoalhas de Ø12,7 mm

$y_{01} = y_{02} = y_{03} = 0,075$

$y_{04} = 0,175$

Bainhas: $\varnothing_{ext} = 50$ mm

$b = 1,00$ m

SEÇÕES TRANSVERSAIS nas ancoragens — vista de topo
- Cabos 1, 2, 3, 4 em duas colunas
- Larguras: 0,30 | 0,40 | 0,20 | 0,40 | 0,30

VISTA LATERAL definição das ordenadas medidas nos centros das ancoragens
- $y_4 = 1,70$
- $y_3 = 1,25$
- $y_2 = 0,75$
- $y_1 = 0,30$
- 0,15 ; 0,15
- 1,00 (Projeção do trecho reto)

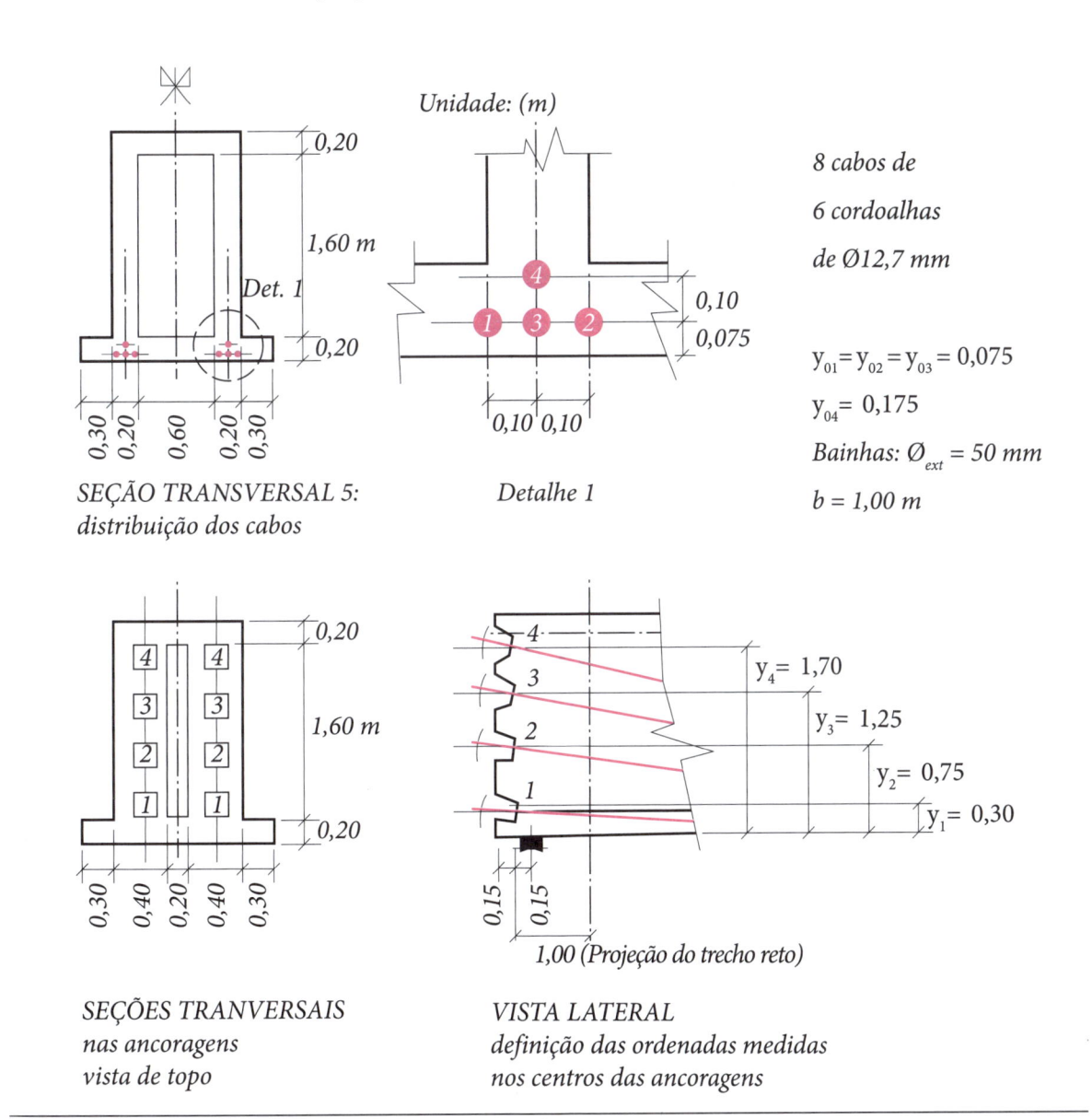

Figura 174: Elevação, seções transversais, detalhe e vista lateral.

Considerações gerais

- A armadura protendida é constituída por 8 cabos de 6 cordoalhas de Ø12,7 mm, em bainhas de $\emptyset_{ext} = 50$ mm.

- O vão teórico da viga é de 22,00 m. O traçado geométrico deverá estabelecer as ordenadas dos eixos das bainhas, de todos os cabos, nas seções de 0 a 10.

- Nas proximidades das ancoragens, os cabos deverão apresentar um trecho reto com 100 cm de projeção horizontal.

Um cabo típico apresentará o aspecto detalhado a seguir:

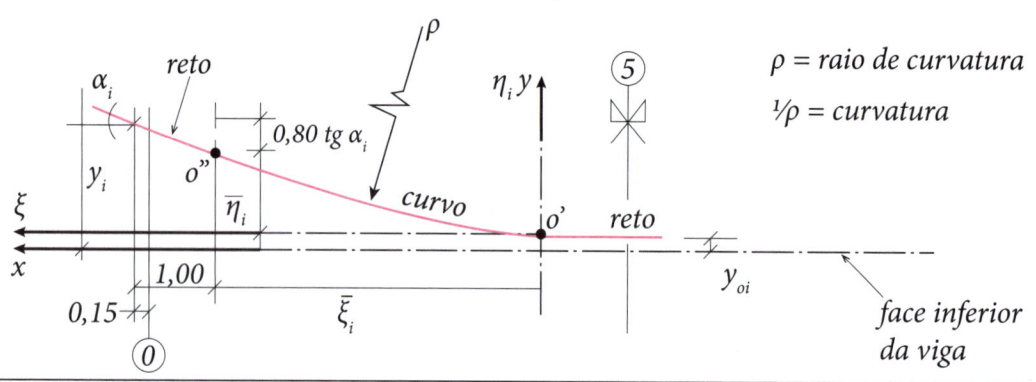

Figura 175: Traçado de um cabo típico.

Notação a ser empregada

$\bar{\xi}'_i$: projeção horizontal da curva (valor inicial);

$\bar{\xi}_i$: projeção horizontal da curva (valor final);

α'_i: valor calculado inicial (em geral, fracionário);

α_i: valor final adotado, maior que α_i, normalmente múltiplo de 2° ou 5°;

$\bar{\eta}_i$: projeção vertical da curva;

0'0": trecho curvo (parabólico) do cabo.

Formulário: equação da curva: $\eta_i = a_i \cdot \xi^2_i$

$$\alpha'_i = \text{arctg}\, [2 \cdot (y_i - y_{0i}) / (\bar{\xi}'_i + 2 \cdot b)]$$

$$\bar{\xi}_i = 2 \cdot (y_i - y_{0i} - b \cdot \text{tg}\, \alpha_i) / \text{tg}\, \alpha_i$$

$$\bar{\eta}_i = y_i - y_{0i} - b \cdot \text{tg}\, \alpha_i$$

$$a_i = \bar{\eta}_i / \bar{\xi}^2_i$$

Detalhamento do cabo 4

O primeiro cabo a ser detalhado é o situado na camada mais superior. Admitiremos, inicialmente, que a curvatura começa no centro da viga (seção 5).

$$\overline{\xi}'_4 = 5 \cdot 2{,}20 + 0{,}15 - 1{,}00 = 10{,}15 \text{ m}$$

$$\alpha'_4 = \text{arctg}\,[2 \cdot (1{,}70 - 0{,}175) / (10{,}15 + 2 \cdot 1{,}00)]$$

$$\alpha'_4 = \text{arctg}\,0{,}2510 \rightarrow \alpha'_4 \approx 14{,}1°$$

Adotaremos $\alpha_4 = 15° \rightarrow \text{tg}\,15° = 0{,}2679$

$$\overline{\xi}_4 = 2 \cdot (1{,}70 - 0{,}175 - 1{,}00 \cdot 0{,}2679) / 0{,}2679 = 9{,}385 \text{ m}$$

$$\overline{\eta}_4 = 1{,}70 - 0{,}175 - 1{,}00 \cdot 0{,}2679 = 1{,}257$$

$$a_4 = 1{,}257 / 9{,}385^2 = 0{,}01427 \text{ m}^{-1} \qquad \eta_4 = 0{,}01427 \cdot \xi_4^2$$

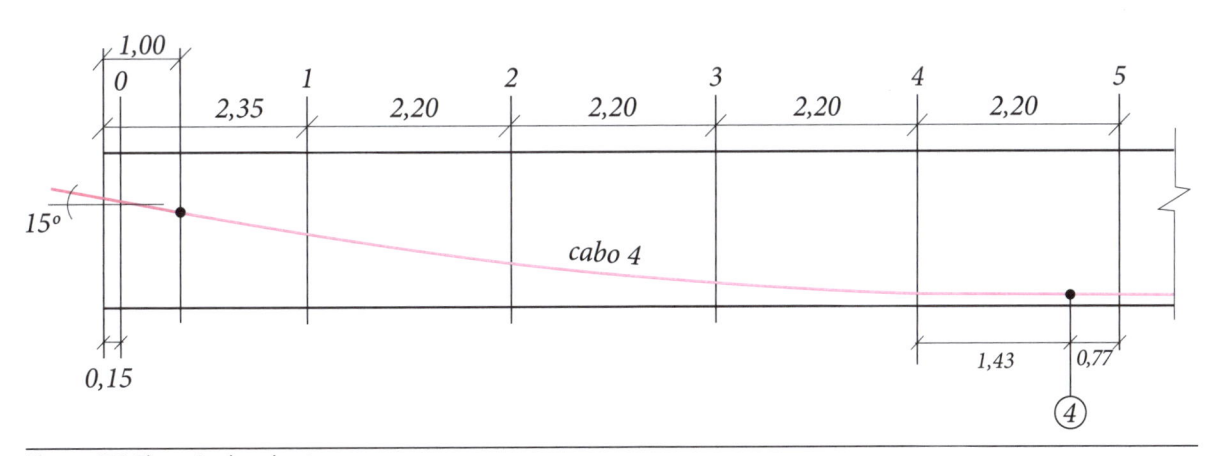

Figura 176: Elevação do cabo 4.

$$\overline{\xi}'_4 - \overline{\xi}_4 = 10{,}15 - 9{,}385 = 0{,}765 \approx 0{,}77$$

$$y_{4,5} = 0{,}175$$

$$y_{4,4} = 0{,}01427 \cdot (2{,}20 - 0{,}77)^2 + 0{,}175 = 0{,}204 \text{ m}$$

$$y_{4,3} = 0{,}01427 \cdot (1{,}43 + 2{,}20)^2 + 0{,}175 = 0{,}363 \text{ m}$$

$$y_{4,2} = 0{,}01427 \cdot (1{,}43 + 4{,}40)^2 + 0{,}175 = 0{,}660 \text{ m}$$

$$y_{4,1} = 0{,}01427 \cdot (1{,}43 + 6{,}60)^2 + 0{,}175 = 1{,}095 \text{ m}$$

Na ancoragem $y_4 = 1{,}70$ m

Detalhamento do cabo 3

É importante observar que a menor distância entre os centros dos cabos é de 2 $\varnothing_{ext}$. Além disso, é preciso obedecer a uma sequência lógica para "levantamento" dos cabos, que deve ser em linha, assim como as posições das ancoragens no topo da viga.

Sendo assim, adotaremos, inicialmente, a mesma posição de levantamento do cabo 4.

$$\bar{\xi}'_3 = \bar{\xi}_4 = 9{,}38 \text{ m}$$

$$\alpha'_3 = \operatorname{arctg}[2 \cdot (1{,}25 - 0{,}075) / (9{,}38 + 2 \cdot 1{,}00)] = 0{,}2065 \to \alpha_3 = 11{,}7°$$

Adotaremos $\alpha_3 = 12° \to \operatorname{tg} 12° = 0{,}2126$

$$\bar{\xi}_3 = 2 \cdot (1{,}25 - 0{,}075 - 1{,}00 \cdot 0{,}2126) / 0{,}2126 = 9{,}053 \text{ m}$$

$$\bar{\eta}_3 = 1{,}25 - 0{,}075 - 1{,}00 \cdot 0{,}2126 = 0{,}9624$$

A distância horizontal entre os inícios de levantamento dos cabos 4 e 3 é
$\bar{\xi}'_3 - \bar{\xi}_3 = 9{,}38 - 9{,}05 = 0{,}33 \text{ m}$

$$a_3 = 0{,}9624 / 9{,}053^2 = 0{,}01175 \text{ m}^{-1}$$

$$\eta_3 = 0{,}01175 \cdot \xi^2_3$$

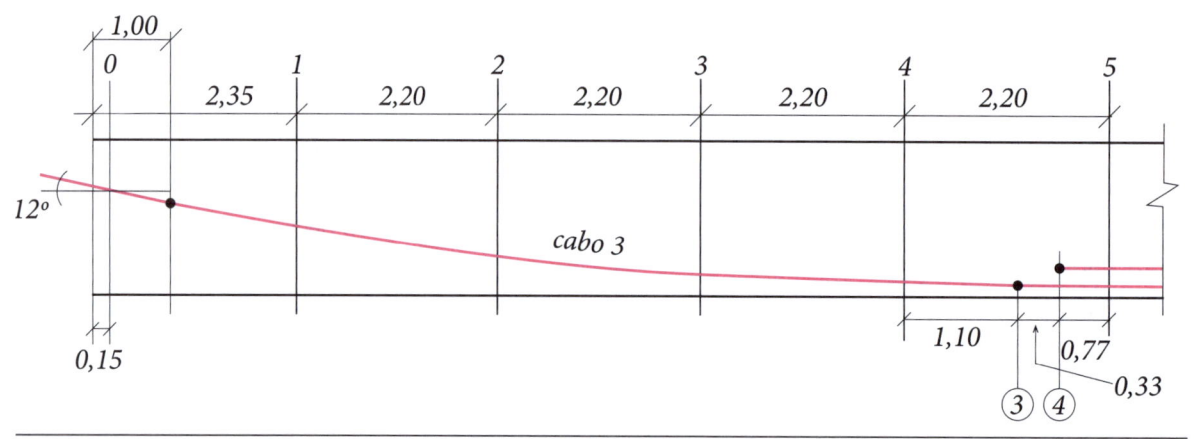

Figura 177: Elevação do cabo 3.

$$y_{3,5} = 0{,}075 \text{ m}$$

$$y_{3,4} = 0{,}01175 \cdot (1{,}10)^2 + 0{,}075 = 0{,}089 \text{ m}$$

$$y_{3,3} = 0{,}01175 \cdot (1{,}10 + 2{,}20)^2 + 0{,}075 = 0{,}203 \text{ m}$$

$$y_{3,2} = 0{,}01175 \cdot (1{,}10 + 4{,}40)^2 + 0{,}075 = 0{,}430 \text{ m}$$

$$y_{3,1} = 0{,}01175 \cdot (1{,}10 + 6{,}60)^2 + 0{,}075 = 0{,}772 \text{ m}$$

Na ancoragem $y_3 = 1{,}25$

Detalhamento do cabo 2

Como o cabo 2, nas proximidades da Seção 5, está na mesma camada que o cabo 3, o início de levantamento somente será possível quando o cabo 3 estiver em uma posição $\eta_3 \geq 2\,\varnothing_{ext}$.

$$\eta_3 = 2\,\varnothing_{ext} = 0{,}10\text{ m}$$

$$\eta_3 = 0{,}01175 \cdot \xi_3^2 = 0{,}10\text{ m} \rightarrow \Delta\xi_3 = (0{,}10\,/\,0{,}01175)^{1/2} \approx 2{,}92$$

$$\overline{\xi'}_2 = \overline{\xi}_3 - 2{,}92 = 9{,}05 - 2{,}92 \approx 6{,}13$$

$$\alpha'_2 = \text{arctg}\,[2 \cdot (0{,}75 - 0{,}075)\,/\,(6{,}13 + 2 \cdot 1{,}00)]$$

$$\alpha'_2 = \text{arctg}\,0{,}1660 \rightarrow \alpha'_2 \approx 9{,}4°$$

Adotaremos $\alpha_2 = 10° \rightarrow \text{tg}\,10° = 0{,}1763$

$$\overline{\xi}_2 = 2 \cdot (0{,}75 - 0{,}075 - 1{,}00 \cdot 0{,}1763)\,/\,0{,}1763$$

$$\overline{\xi}_2 = 5{,}657\text{ m}$$

$$\overline{\eta}_2 = 0{,}75 - 0{,}075 - 1{,}00 \cdot 0{,}1763 = 0{,}499$$

$$a_2 = 0{,}499\,/\,5{,}657^2 = 0{,}01559\text{ m}^{-1}$$

$$\eta_2 = 0{,}01559 \cdot \xi_2^2$$

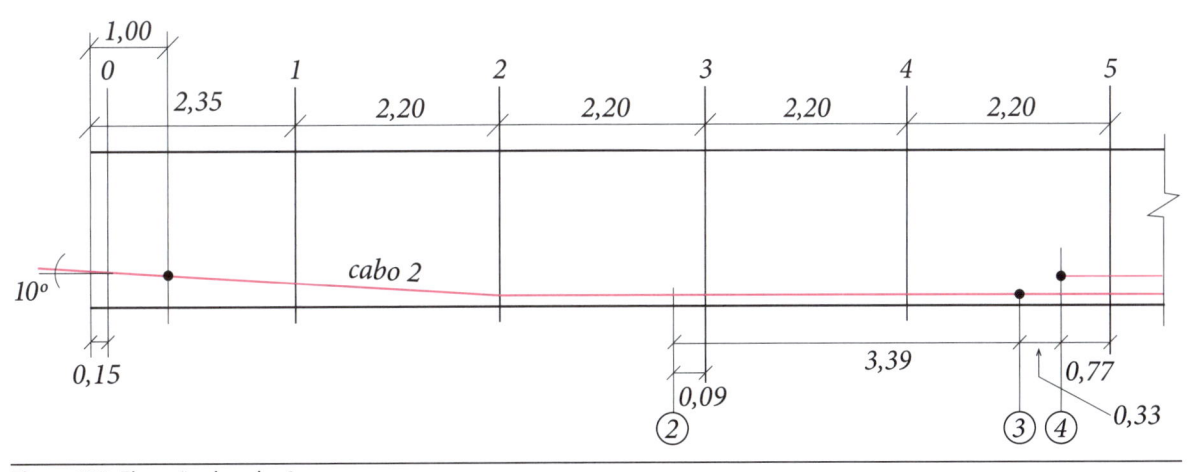

Figura 178: Elevação do cabo 2.

$$\bar{\xi}_3 - \bar{\xi}_2 = 9{,}05 - 5{,}56 = 3{,}39$$

$$y_{2,5} = y_{2,4} = y_{2,3} = 0{,}075 \text{ m}$$

$$y_{2,2} = 0{,}01559 \cdot (2{,}11)^2 + 0{,}075 = 0{,}144 \text{ m}$$

$$y_{2,1} = 0{,}01559 \cdot (2{,}11 + 2{,}20)^2 + 0{,}075 = 0{,}365 \text{ m}$$

Na ancoragem $y_2 = 0{,}75$ m

Detalhamento do cabo 1
Analogamente ao caso anterior, a curvatura do cabo 1 deverá ser iniciada quando $\eta_2 \geq 2\,\emptyset_{ext}$.

$$\eta_2 = 0{,}01599 \cdot \xi_2^2$$

$$\Delta\xi_2 = (0{,}10 / 0{,}01559)^{1/2} \approx 2{,}53 \text{ m}$$

$$\bar{\xi}'_1 = \bar{\xi}_2 - 2{,}53 = 5{,}66 - 2{,}53 \approx 3{,}13 \text{ m}$$

$$\alpha'_1 = \text{arctg}\,[2 \cdot (0{,}30 - 0{,}075) / (3{,}13 + 2 \cdot 1{,}00)]$$

$$\alpha'_1 = \text{arctg}\,0{,}0877 \rightarrow \alpha'_1 \approx 5{,}1°$$

Adotaremos $\alpha_1 = 6° \rightarrow \text{tg}\,6° = 0{,}1051$

$$\bar{\xi}_1 = 2 \cdot (0{,}30 - 0{,}075 - 1{,}00 \cdot 0{,}1051) / 0{,}1051$$

$$\bar{\xi}_1 = 2{,}282 \text{ m}$$

$$\bar{\eta}_1 = 0{,}30 - 0{,}075 - 1{,}00 \cdot 0{,}1051 = 0{,}120$$

$$a_1 = 0{,}120 / 2{,}282^2 = 0{,}02304 \text{ m}^{-1}$$

$$\eta_1 = 0{,}02304 \cdot \xi_1^2$$

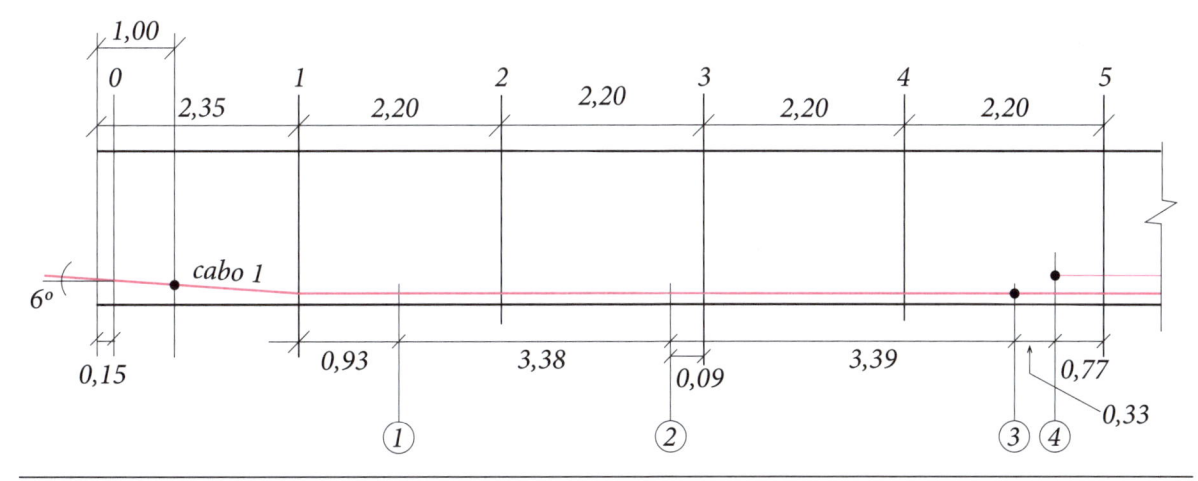

Figura 179: Elevação do cabo 1.

$\bar{\xi}_2 - \bar{\xi}_1 = 5{,}66 - 2{,}28 = 3{,}38$

$y_{1,5} = y_{1,4} = y_{1,3} = y_{1,2} = 0{,}075 \text{ m}$

$y_{1,1} = 0{,}02304 \cdot (0{,}93)^2 + 0{,}075 = 0{,}095 \text{ m}$

Na ancoragem $y_1 = 0{,}30 \text{ m}$

DESENHO ESQUEMÁTICO DA GEOMETRIA FINAL

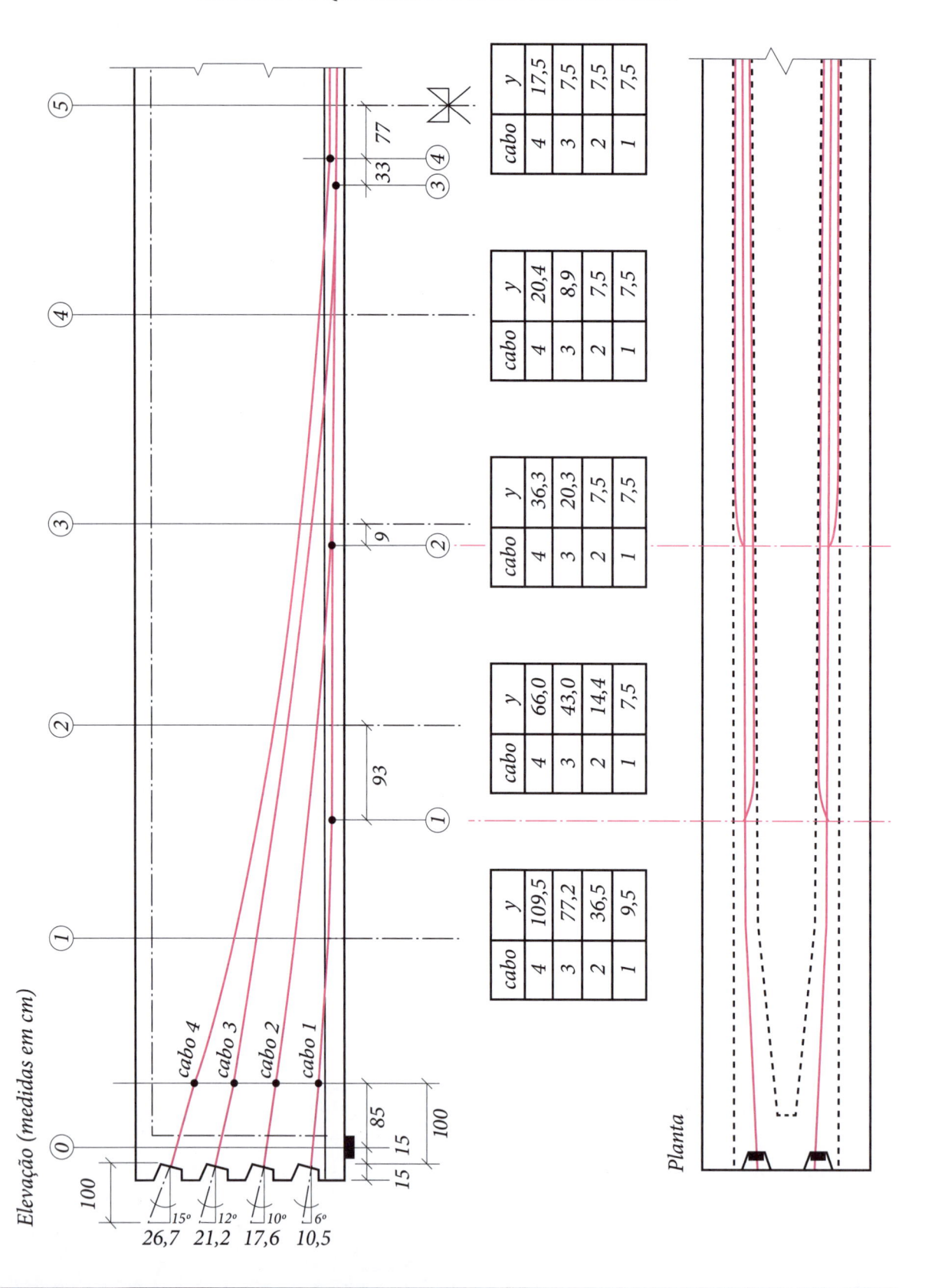

cabo	y
4	17,5
3	7,5
2	7,5
1	7,5

cabo	y
4	20,4
3	8,9
2	7,5
1	7,5

cabo	y
4	36,3
3	20,3
2	7,5
1	7,5

cabo	y
4	66,0
3	43,0
2	14,4
1	7,5

cabo	y
4	109,5
3	77,2
2	36,5
1	9,5

Figura 180: Traçado Geométrico – Elevação e planta.

Capítulo 6

6.1. EXERCÍCIOS RESOLVIDOS

6.1.1. INTRODUÇÃO

Este capítulo é uma coletânea de exercícios resolvidos aplicados em provas da disciplina de concreto protendido do curso de graduação da Escola de Engenharia Civil.

Os problemas de dimensionamento quanto aos estados-limites de serviço devem ser complementados com a verificação do estado-limite último, obrigatória por norma.

6.1.2. FORMULÁRIO: COMBINAÇÕES DA NBR 8681

COMBINAÇÕES DE SERVIÇO:

- Combinações quase permanentes

$$F_{d,ser} = \sum_{i=1}^{m} F_{gi,k} + \sum_{j=1}^{n} \Psi_{2j} \cdot F_{qj,k}$$

- Combinações frequentes

$$F_{d,ser} = \sum_{i=1}^{m} F_{gi,k} + \Psi_1 \cdot F_{q_1,k} + \sum_{j=2}^{n} \Psi_{2j} \cdot F_{qj,k}$$

- Combinações raras

$$F_{d,ser} = \sum_{i=1}^{m} F_{gi,k} + F_{q_1,k} + \sum_{j=2}^{n} \Psi_{1j} \cdot F_{qj,k}$$

COMBINAÇÕES ÚLTIMAS:

- Combinações últimas normais

$$F_d = \sum_{i=1}^{m} \gamma_{gi} \cdot F_{gi,k} + \gamma_q \cdot [F_{q_1,k} + \sum_{j=2}^{n} \Psi_{0j} \cdot F_{qj,k}]$$

Ψ_0, Ψ_1 e Ψ_2 : conforme a NBR 8681;
γ_{gi} e γ_q: coeficientes de ponderação conforme NBR 8681.

6.2. DIMENSIONAMENTO

6.2.1. EXERCÍCIO 1

A estrutura abaixo representa uma laje, de seção transversal constante, em balanço, submetida às ações:

g = peso próprio, com γ_c = 25 kN/m³

q = 2 kPa   (carga acidental distribuída)

G = 50 kN   (carga concentrada permanente)

Q = 20 kN   (carga concentrada acidental)

A laje deverá ser protendida com cabos de 4 cordoalhas de 15,2 mm, com força útil de protensão, após todas as perdas, de 150 kN por cordoalha, na seção de engastamento (A). Dimensionar a armadura de protensão, na seção de engastamento (A), com protensão completa, seguindo as diretrizes da NBR 6118.

VISTA LATERAL

Modelo de cálculo   *Seção transversal (A)*

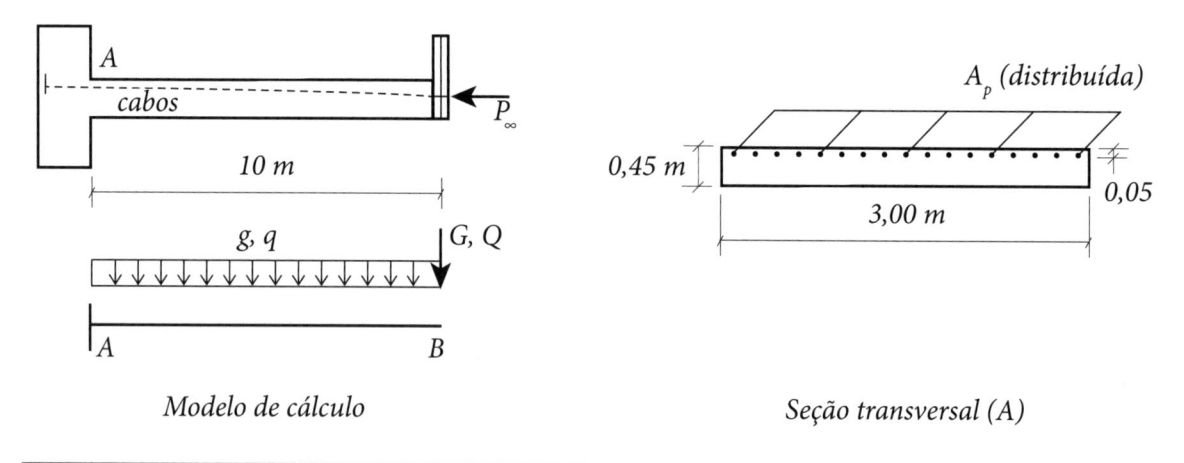

Figura 181: Vista lateral e seção transversal.

DADOS COMPLEMENTARES

- Utilizar um número inteiro de cabos;

- f_{ck} = 30 MPa; f_{ctk} = 2 MPa;

- Adotar CG dos cabos a 5 cm da borda superior: y_0 = 0,05 m.

- Fatores de utilização:

Ação	Ψ_1	Ψ_2
q	0,7	0,6
Q	0,6	0,5

- Tensões máximas para os estados-limites:

Estado	$\bar{\bar{\sigma}}_c$	$\bar{\sigma}_c$
Descompressão	$0,6\, f_{ck}$	0
Formação de fissuras	$0,6\, f_{ck}$	$1,5\, f_{ctk}$

RESOLUÇÃO

a) Características geométricas:

$$A_c = 3,00 \cdot 0,45 = 1,35 \text{ m}^2$$

$$I_{cx} = 3,00 \cdot (0,45)^3 / 12 = 0,02278 \text{ m}^4$$

$$W_{c,sup} = W_{c,inf} = 0,02278 / 0,225 = 0,10124 \text{ m}^3$$

b) Ações externas:

$$g = 1,35 \cdot 25 = 33,75 \text{ kN/m}$$

$$q = 2 \cdot 3 = 6,00 \text{ kN/m}$$

$$G = 50 \text{ kN}$$

$$Q = 20 \text{ kN}$$

c) Esforços solicitantes na seção (A):

$$M_{g,A} = 33,75 \cdot (10)^2 / 2 = 1.687,5 \text{ kN.m}$$

$$M_{q,A} = 6,00 \cdot (10)^2 / 2 = 300 \text{ kN.m}$$

$M_{G,A} = 50 \cdot 10 = 500 \text{ kN.m}$

$M_{Q,A} = 20 \cdot 10 = 200 \text{ kN.m}$

d) Tensões normais devidas às ações externas:

g: $\sigma_{c,sup,g} = -\sigma_{c,inf,g} = 1.687,5 / 0,10124 = 16.668 \text{ kPa}$

q: $\sigma_{c,sup,q} = -\sigma_{c,inf,q} = 300 / 0,10124 = 2.963 \text{ kPa}$

G: $\sigma_{c,sup,G} = -\sigma_{c,inf,G} = 500 / 0,10124 = 4.939 \text{ kPa}$

Q: $\sigma_{c,sup,Q} = -\sigma_{c,inf,Q} = 200 / 0,10124 = 1.975 \text{ kPa}$

e) Tensões normais devidas à protensão de 4ϕ15,2 a tempo ∞ na seção (A):

$e_p = 0,225 - 0,05 = 0,175 \text{ m}$

$P_\infty = 4 \cdot (-150) = -600 \text{ kN/cabo}$

$\sigma^{(0)}_{c,sup,Np_\infty} = (-600 / 1,35) - [-600 \cdot (-0,175) / 0,10124] = -444,44 - 1.037,14 = -1.481,58 \text{ kPa}$

$\sigma^{(0)}_{c,inf,Np_\infty} = -444,44 + 1.037,14 = 592,70 \text{ kPa}$

f) Dimensionamento: Protensão Completa:

i) Combinações frequentes (descompressão):

$$\begin{cases} \overline{\sigma}_c = 0,6 \, f_{ck} = 18.000 \text{ kPa} \\ \overline{\overline{\sigma}}_c = 0 \end{cases}$$

Na fibra superior:

$\sigma_{c,sup,p_\infty} + g + G + \Psi_{1q} + \Psi_{2Q} = 0$

$16.668 + 4.939 + 0,7 \cdot 2.963 + 0,5 \cdot 1.975 + m' \cdot (-1.481,58) = 0$

$m' = 16,65 \rightarrow$ adotado 17 cabos

Verificação da fibra inferior com 17 cabos:

17 · 592,70 − (16.668 + 4.939 + 0,7 · 2.963 + 0,5 · 1.975) = -14.592,70

| -14.592,70 | < | -18.000 | ∴ (OK!)

ii) Combinações raras (formação de fissuras):

$$\begin{cases} \bar{\sigma}_c = 18.000 \text{ kPa} \\ \bar{\bar{\sigma}}_c = 1,5 \cdot 2.000 = 3.000 \text{ kPa} \end{cases}$$

Na fibra superior:

$\sigma_{c,\text{sup},p_\infty} + g + G + q + \Psi_{1Q} \leq \sigma_c$

16.668 + 4.939 + 2.963 + 0,6 · 1.975 + m" · (-1.481,58) ≤ 3.000

m" = 15,35 → adotado 16 cabos

Verificação da fibra inferior com 16 cabos:

16 · 592,70 − (16.668 + 4.939 + 2.963 + 0,6 · 1.975) = -16.271,80

| -16.271,80 | < | -18.000 | ∴ (OK!)

Resposta:

m = 17 cabos de 4ϕ15,2, distribuídos na largura de 3 m, na parte superior, a cada ~17 cm.

6.2.2. EXERCÍCIO 2

O pilar central de uma passarela, construído com formas deslizantes, com seção transversal constante, foi protendido segundo a direção vertical (protensão centrada), conforme indica a figura.

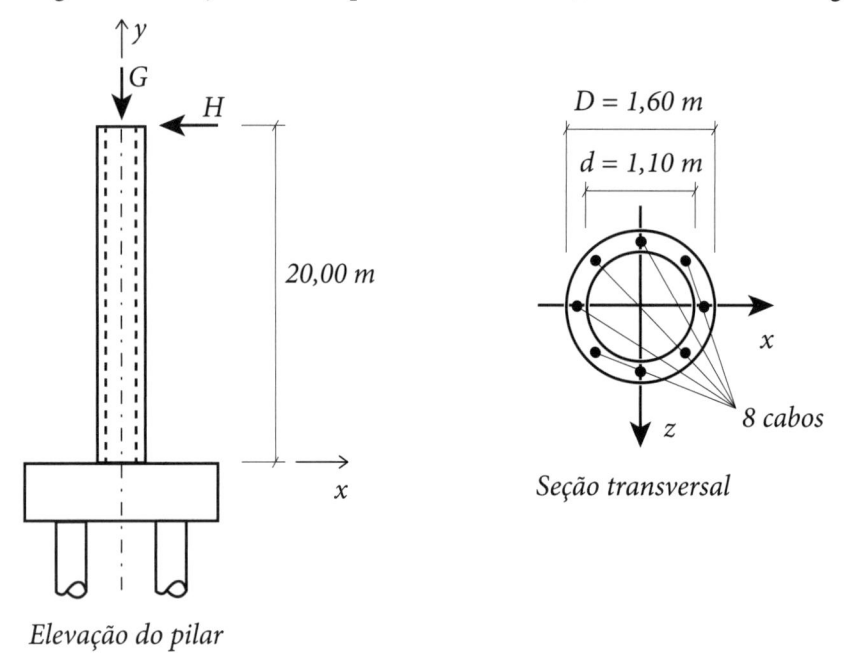

Figura 182: Elevação e seção transversal.

Ações atuantes, além da protensão:

- G = 2.000 kN   reação da superestrutura, representando as cargas permanentes;
- H = 180 kN   força horizontal acidental (com Ψ_1 = 0,6);
- G_1 → peso próprio do pilar com γ = 25 kN/m³.

Sabendo-se que o pilar foi projetado com 8 cabos, determinar o número de cordoalhas por cabo para se ter protensão total na seção de engastamento bloco x pilar. A força de protensão, após todas as perdas, é p_∞ = -110 kN.

DADOS COMPLEMENTARES

- Características: $I_c = (\pi / 64) \cdot (D^4 - d^4)$, $W_c = I_c / (D / 2)$
- Utilizar concreto com f_{ck} = 35 MPa e f_{ctk} = 3 MPa
- Os cabos devem conter igual número de cordoalhas
- Desprezar efeitos de 2ª ordem e cisalhamento

Combinações de Serviço

a) Combinações frequentes:

$$F_{d,ser} = \sum_{i=1}^{m} F_{gi,k} + \Psi_1 \cdot F_{q_1,k} + \sum_{j=2}^{n} \Psi_{2j} \cdot F_{qj,k}$$

com $\overline{\sigma}_c = 0{,}6 f_{ck}$ e $\overline{\overline{\sigma}}_c = 0$

b) Combinações raras:

$$F_{d,ser} = \sum_{i=1}^{m} F_{gi,k} + F_{q_1,k} + \sum_{j=2}^{n} \Psi_{1j} \cdot F_{qj,k}$$

com $\overline{\sigma}_c = 0{,}6 f_{ck}$ e $\overline{\overline{\sigma}}_c = 1{,}2 f_{ctk}$

RESOLUÇÃO

a) Características:

$$A_c = 0{,}7854 \cdot [(1{,}60)^2 - (1{,}10)^2] = 1{,}0603 \text{ m}^2$$

$$I_c = (\pi/64) \cdot [(1{,}60)^4 - (1{,}10)^4] = 0{,}2498 \text{ m}^4$$

$$W_c = 0{,}2498 / 0{,}80 = 0{,}3123 \text{ m}^3$$

b) Ações externas, no engastamento:

$$G = 2.000 \text{ kN}$$

$$G_1 = 1{,}0603 \cdot 20 \cdot 25 = 530{,}15 \text{ kN}$$

$$MH = 180 \cdot 20 = 3.600 \text{ kN.m}$$

c) Tensões externas:

devido a G → $\sigma_G = -2.000 / 1{,}0603 = -1.886{,}26$ kPa

devido a G_1 → $\sigma_{G_1} = -530{,}15 / 1{,}0603 = -500{,}00$ kPa

devido a MH → $\sigma_{MH,máx,mín} = \pm 3.600 / 0{,}3123 = \pm 1.527{,}38$ kPa

d) Tensões devidas à protensão de 1 cordoalha:

$$\sigma_{P_\infty}^{(0)} = -110 / 1{,}0603 = -103{,}74 \text{ kPa}$$

e) Dimensionamento/verificações:

i) Combinações frequentes:

Fibra mais tracionada: $\sigma_{c,p_\infty} + G + G_1 + \Psi_1 \cdot F_{Q_1} \leq 0$

m' · (-103,74) − 1.886,26 − 500,00 + 0,6 · 11.527,38 ≤ 0

m' ≥ 43,7 cordoalhas → adotado m_1 = 48 cordoalhas

Fibra mais comprimida: $\sigma_{c,p_\infty} + G + G_1 + \Psi_1 \cdot F_{Q_1} \leq |0,6\, f_{ck}|$

48 · (-103,74) − 1.886,26 − 500,00 − 0,6 · 11.527,38 = -14.282,21

| -14.282,21 | < | -0,6 · 35.000 | = | -21.000 | ∴ (OK!)

ii) Combinações raras:

Fibra mais tracionada: $\sigma_{c,p_\infty} + G + G_1 + F_{Q_1} \leq 1,2\, f_{ctk}$

m" · (-103,74) − 1.886,26 − 500,00 + 11.527,38 ≤ 1,2 · 3.000

m" ≥ 53,41 cordoalhas → adotado m_2 = 56 cordoalhas

Fibra mais comprimida: $\sigma_{c,p_\infty} + G + G_1 + F_{Q_1} \leq |0,6\, f_{ck}|$

56 · (-103,74) − 1.886,26 − 500,00 − 11.527,38 = -19.723,08

| -19.723,08 | < | -21.000 | ∴ (OK!)

f) Representação gráfica: combinações frequentes e raras:

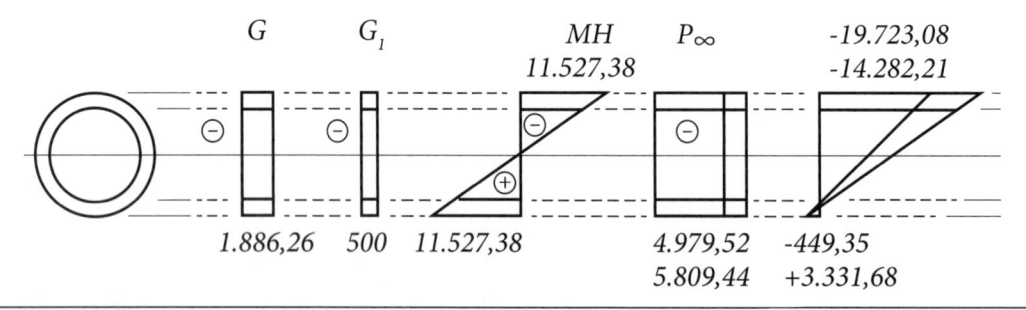

Figura 183: Diagramas de tensões normais.

Resposta:

Adotado: 56 cordoalhas (8 cabos de 7 cordoalhas cada).

6.2.3. EXERCÍCIO 3

Dimensionar a armadura de protensão da viga abaixo esquematizada, com protensão completa, segundo as recomendações da NBR 6118.

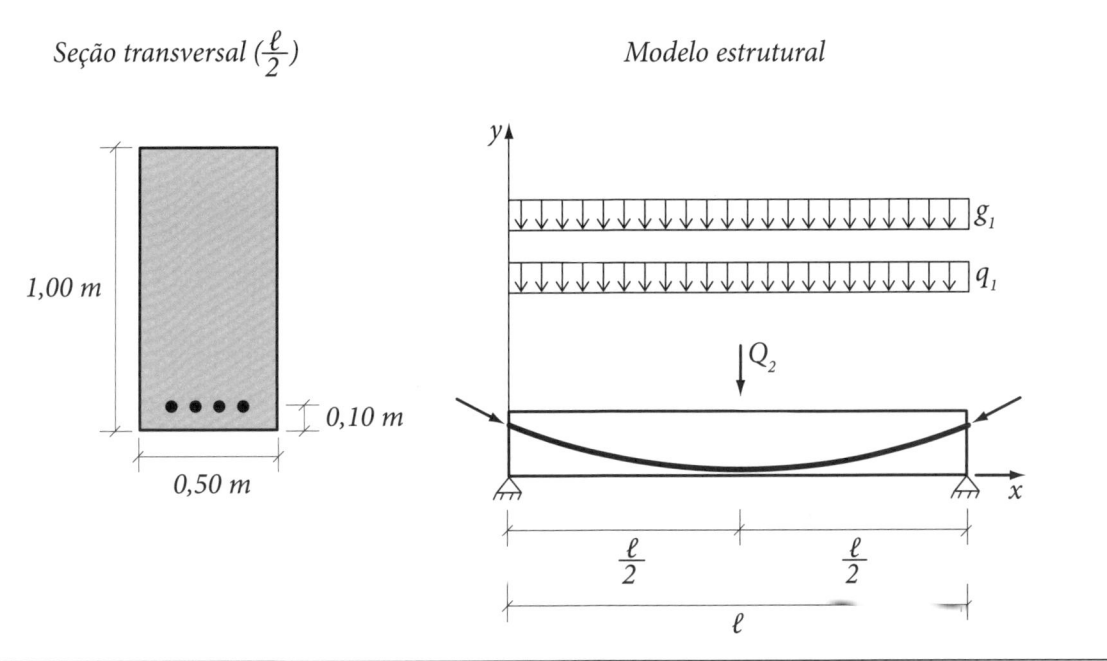

Seção transversal ($\frac{\ell}{2}$)   *Modelo estrutural*

Figura 184: Elevação e seção transversal.

DADOS COMPLEMENTARES

- Utilizar cordoalhas de 12,7 mm

- Força útil de protensão após todas as perdas: N_∞ = -115 kN/cordoalha

- Adotar igual número de cordoalhas por cabo

- Número de cabos = 4

- $I = b \cdot h^3 / 12$; $W = I / y$

- M_{g1} = 400 kN.m

- M_{q1} = 300 kN.m $\Psi_1 = 0{,}8$ $\Psi_2 = 0{,}6$

- M_{Q_2} = 200 kN.m $\Psi 1 = 0{,}8$ $\Psi_2 = 0{,}6$

- Concreto: f_{ck} = 30 MPa; f_{ctk} = 2,0 MPa

Tensões máximas para os estados-limites

Estado	$\bar{\sigma}_c$	$\bar{\bar{\sigma}}_c$
Descompressão	$0,6\, f_{ck}$	0
Formação de fissuras	$0,6\, f_{ck}$	$1,5\, f_{ctk}$

Combinações de Serviço

i) Combinações frequentes:

$$F_{d,ser} = \sum_{i=1}^{m} F_{gi,k} + \Psi_1 \cdot F_{q_1,k} + \sum_{j=2}^{n} \Psi_{2j} \cdot F_{qj,k}$$

ii) Combinações raras:

$$F_{d,ser} = \sum_{i=1}^{m} F_{gi,k} + F_{q_1,k} + \sum_{j=2}^{n} \Psi_{1j} \cdot F_{qj,k}$$

RESOLUÇÃO

a) Características geométricas:

$$A_c = 0,50 \cdot 1,00 = 0,50 \text{ m}^2$$

$$I_c = 0,50 \cdot (1,00)^3 / 12 = 0,0417 \text{ m}^4$$

$$W_{c,sup} = W_{c,inf} = 0,0417 / 0,5 = 0,0833 \text{ m}^3$$

b) Carregamentos externos:

$$M_{g1} = 400 \text{ kN.m}$$

$$M_{q1} = 300 \text{ kN.m}$$

$$M_{Q2} = 200 \text{ kN.m}$$

c) Tensões normais externas:

devido a $g_1 \rightarrow \sigma_{c,inf,g1} = -\sigma_{c,sup,g1} = 400 / 0,0833 + 4.800$ kPa

devido a $q_1 \rightarrow \sigma_{c,inf,q1} = -\sigma_{c,sup,q1} = 300 / 0,0833 + 3.600$ kPa

devido a $Q_2 \rightarrow \sigma_{c,inf,Q2} = -\sigma_{c,sup,Q2} = 200 / 0,0833 + 2.400$ kPa

d) Tensões normais devidas à protensão de 1 cordoalha de 12,7 mm, a tempo ∞:

$y_o = 0,10$ m; $e = 0,50 - 0,10 = 0,40$ m; $N_{p_\infty} = -115$ kN

$\sigma^{(0)}_{c,sup,N_{p_\infty}} = -115 / 0,50 + 115 \cdot 0,40 / 0,0833 = -230 + 552 = 322$ kPa

$\sigma^{(0)}_{c,inf,N_{p_\infty}} = -230 - 552 = -782$ kPa

e) Dimensionamento com protensão completa:

i) Combinações frequentes (descompressão):

$$\begin{cases} \overline{\sigma}_c = 0,6\, f_{ck} = 18.000 \text{ kPa} \\ \overline{\overline{\sigma}}_c = 0 \end{cases}$$

Na fibra inferior: $\sigma_{c,inf,p_\infty} + g_1 + \Psi_1 \cdot q_1 + \Psi_2 \cdot Q_2 = 0$

$(-782) \cdot m_1 + 4.800 + 0,8 \cdot 3.600 + 0,6 \cdot 2.400 = 0$

$m_1 = 11,66$ cordoalhas   ($: 4 = 2,92$)

→ Adotado $3 \cdot 4 = 12$ cordoalhas de 12,7 mm

Verificação da fibra superior, com 12 cordoalhas de 12,7 mm:

$12 \cdot 322 - 4.800 - 0,8 \cdot 3.600 - 0,6 \cdot 2.400 < |-18.000|$

$|-5.256| < |-18.000| \therefore$ (OK!)

ii) Combinações raras (formação de fissuras):

$$\begin{cases} \overline{\sigma}_c = 18.000 \text{ kPa} \\ \overline{\overline{\sigma}}_c = 1,5 \cdot 2.000 = 3.000 \text{ kPa} \end{cases}$$

Na fibra inferior: $\sigma_{c,inf,p_\infty} + g_1 + q_1 + \Psi_1 \cdot Q_2 \leq 3.000$

$(-782) \cdot m_2 + 4.800 + 3.600 + 0,8 \cdot 2.400 \leq 3.000$

$-782 \cdot m_2 \leq 3.000 - 10.320$

$-782 \cdot m_2 \leq -7.320$

$m_2 \geq 9{,}36$ → adotado 12 cordoalhas de 12,7 mm

Verificação da fibra superior, com 12 cordoalhas de 12,7 mm:

$12 \cdot 322 - 4.800 - 3.600 - 0{,}8 \cdot 2.400 < |-18.000|$

$|-6.456| < |-18.000| \therefore$ (OK!)

Resposta:

Adotado: 12 cordoalhas de 12,7 mm, ou seja, 4 cabos de 3ϕ12,7 mm cada.

6.2.4. EXERCÍCIO 4

A estrutura abaixo representa uma viga de seção transversal constante, biapoiada, submetida às ações g_1 (peso próprio), g_2 (sobrecarga permanente distribuída) e Q (carga concentrada acidental). A viga deverá ser protendida com cabos de quatro cordoalhas de 15,2 mm, com força útil de protensão, após todas as perdas, de 150 kN por cordoalha, na seção central de momento máximo. Dimensionar a seção central, com protensão limitada, seguindo as diretrizes da NBR 6118, utilizando um número inteiro de cabos.

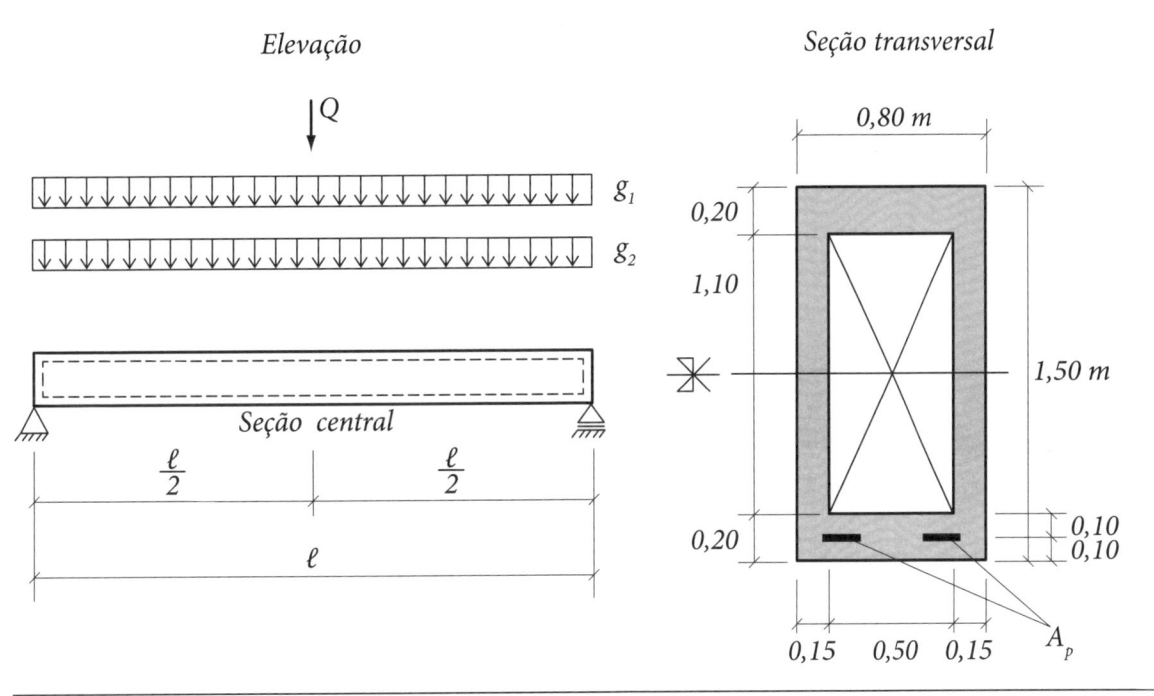

Figura 185: Elevação e seção transversal.

DADOS COMPLEMENTARES

- $A_c = 0,65 \text{ m}^2$
- $I_c = 0,1695 \text{ m}^4$
- $f_{ck} = 30 \text{ MPa}$; $f_{ctk} = 2,0 \text{ MPa}$
- $\ell = 20 \text{ m}$
- $g_2 = 34 \text{ kN/m}$
- $Q = 300 \text{ kN}$
- $\gamma_c = 25 \text{ kN/m}^3$
- Adotar CG dos cabos em $y_0 = 0,10 \text{ m}$
- Fator de utilização para Q: $\Psi_1 = 0,7$ e $\Psi_2 = 0,6$

- Não considerar o estado-limite último e fases de execução (protensão):

Combinações de Serviço

i) **Combinações quase permanentes:**

$$F_{d,ser} = \sum_{i=1}^{m} F_{gi,k} + \sum_{j=1}^{n} \Psi_{2j} \cdot F_{qj,k}$$

ii) **Combinações frequentes:**

$$F_{d,ser} = \sum_{i=1}^{m} F_{gi,k} + \Psi_1 \cdot F_{q_1,k} + \sum_{j=2}^{n} \Psi_{2j} \cdot F_{qj,k}$$

Tensões-limites

$$\begin{cases} \overline{\sigma}_c = 0{,}6\, f_{ck} \\ \\ \overline{\overline{\sigma}}_c = 0 \text{ ou } \sigma_c = 1{,}2\, f_{ctk} \end{cases}$$

RESOLUÇÃO

a) Características geométricas:

$A_c = 0{,}65 \text{ m}^2$ $W_{c,sup} = W_{c,inf} = 0{,}226 \text{ m}^3$

$I_c = 0{,}1695 \text{ m}^4$ $Y_{c,sup} = Y_{c,inf} = 0{,}75 \text{ m}$

b) Carregamentos: momentos fletores na seção central:

$g_1 = 0{,}65 \cdot 25 = 16{,}25 \text{ kN/m}$ $M_{g_1} = 16{,}25 \cdot (20)^2 / 8 = 812{,}50 \text{ kN.m}$

$g_2 = 34 \text{ kN/m}$ $M_{g_2} = 34 \cdot (20)^2 / 8 = 1.700{,}0 \text{ kN.m}$

$Q = 300 \text{ kN}$ $M_Q = 300 \cdot 20 / 4 = 1.500{,}0 \text{ kN.m}$

c) Tensões normais devidas às ações externas:

devido a g_1: $\sigma_{c,inf,g_1} = -\sigma_{c,sup,g_1} = 812{,}50 / 0{,}226 = 3.595{,}13 \text{ kPa}$

devido a g_2: $\sigma_{c,inf,g_2} = -\sigma_{c,sup,g_2} = 1.700{,}0 / 0{,}226 = 7.522{,}12 \text{ kPa}$

devido a Q: $\sigma_{c,inf,Q} = -\sigma_{c,sup,Q} = 1.500{,}0 / 0{,}226 = 6.637{,}17 \text{ kPa}$

d) Tensões normais devidas à protensão de 1 cabo de 4 cordoalhas:

1 cabo = N_{p_∞} = 4 · (-150) = -600 kN

e_p = 0,75 − 0,10 = 0,65 m

$\sigma^{(0)}_{c,inf,N_{p_\infty}}$ = [(-600) / 0,65] + [(-600) · 0,65 / 0,226] = -923,08 − 1.725,66 = -2.648,74 kPa

$\sigma^{(0)}_{c,sup,N_{p_\infty}}$ = -923,08 + 1.725,66 = 802,58 kPa

e) Número de cabos: protensão limitada:

   i) **Combinações quase permanentes:**

   $$\begin{cases} \bar{\sigma}_c = 0,6\, f_{ck} \\ \bar{\bar{\sigma}}_c = 0 \end{cases}$$

   Na fibra inferior: $\sigma_{c,inf}(g_1 + g_2 + P_\infty) + \Psi_{2\cdot Q} = 0$

   3.595,13 + 7.522,12 + 0,6 · 6.637,17 + m' · (- 2.648,74) = 0

   m' = 5,70 → adotado m' = 6 cabos

   Na fibra superior, com m' = 6 cabos:

   6 · 802,58 − (3.595,13 + 7.522,12 + 0,6 · 6.637,17) = -10.284,07 kPa

   | -10.284,07 | < | -0,6 · 30.000 | = | -18.000 | kPa ∴ (OK!)

   ii) **Combinações frequentes:**

   $$\begin{cases} \bar{\sigma}_c = 0,6\, f_{ck} \\ \bar{\bar{\sigma}}_c = 1,2\, f_{ctk} = 2.400\ \text{kPa} \end{cases}$$

   Na fibra inferior: $\sigma_{c,inf}(g_1 + g_2 + P_\infty) + \Psi_{1\cdot Q} \leq 1,2\, f_{ctk}$

   3.595,13 + 7.522,12 + 0,7 · 6.637,17 + m" · (-2.648,74) = 2.400

   m" = 5,05 → adotado m" = 6 cabos

Na fibra superior, com m" = 6 cabos:

6 · 802,58 − (3.595,13 + 7.522,12 + 0,7 · 6.637,17) = -10.947,79 kPa

| -10.947,79 | < | -18.000 | kPa ∴ (OK!)

Resposta:

6 cabos de 4 cordoalhas de 15,2 mm.

6.2.5. EXERCÍCIO 5

Uma viga de seção transversal em forma de T, conforme detalhe a seguir, deverá resistir aos seguintes esforços solicitantes:

M_{g1} = 280 kN.m   devido ao peso próprio

M_{g2} = 60 kN.m   devido ao revestimento g_2

M_{q1} = 400 kN.m   sobrecarga 1: Ψ_1 = 0,6 Ψ_2 = 0,4

M_{q2} = 220 kN.m   sobrecarga 2: Ψ_1 = 0,3 Ψ_2 = 0,2

Seção transversal

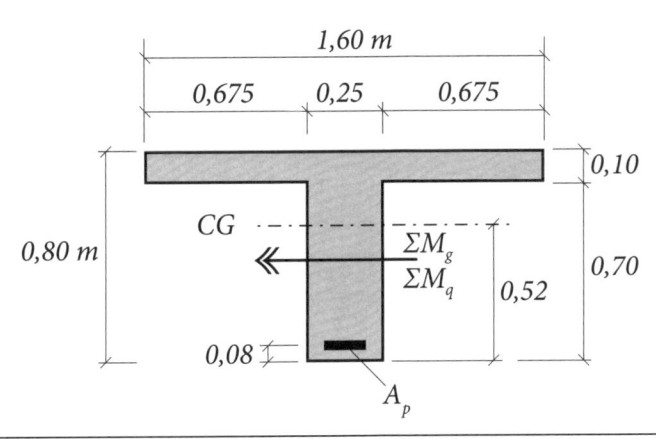

Figura 186: Seção transversal.

A viga será protendida com cabos de cordoalhas de 15,2 mm, com força útil de protensão, após todas as perdas, de 160 kN/cordoalha.

a) Considerando-se as NBR 6118 (Concreto) e NBR 8681 (Ações e segurança), descrever os tipos de protensão quanto aos estados-limites de serviço.

b) Dimensionar a seção, ou seja, calcular o número mínimo de cordoalhas para que se tenha, segundo a NBR 6118, protensão limitada.

DADOS COMPLEMENTARES

- A_c = 0,335 m²
- I_c = 0,01803 m⁴
- $y_{c,sup}$ = 0,28 m
- $y_{c,inf}$ = 0,52 m

- $W_{c,sup} = 0{,}0644 \text{ m}^3$
- $W_{c,inf} = 0{,}0347 \text{ m}^3$
- $y_0 = 0{,}08 \text{ m}$ (posição do CG dos cabos)
- $f_{ck} = 30 \text{ MPa}; \ f_{ctk} = 2{,}1 \text{ MPa}$

Combinações de Serviço, conforme NBR 8681

i) Combinações quase permanentes:

$$F_{d,ser} = \sum_{i=1}^{m} F_{gi,k} + \sum_{j=1}^{n} \Psi_{2j} \cdot F_{qj,k}$$

ii) Combinações frequentes:

$$F_{d,ser} = \sum_{i=1}^{m} F_{gi,k} + \Psi_1 \cdot F_{q_1,k} + \sum_{j=2}^{n} \Psi_{2j} \cdot F_{qj,k}$$

iii) Combinações raras:

$$F_{d,ser} = \sum_{i=1}^{m} F_{gi,k} + F_{q_1,k} + \sum_{j=2}^{n} \Psi_{1j} \cdot F_{qj,k}$$

Tensões-limites

$$\begin{cases} \overline{\sigma}_c = 0{,}6 \, f_{ck} \\ \overline{\overline{\sigma}}_c = 0 \text{ ou } \sigma_c = 1{,}2 \, f_{ctk} \end{cases}$$

RESOLUÇÃO

a) Tipos de protensão segundo os estados-limites de serviço (NBRs 6118 e 8681):

Nas classificações são utilizadas as combinações quase permanentes, as frequentes e as raras. Os estados-limites de serviço estão associados à fissuração do concreto, podendo ser de descompressão, formação de fissuras e abertura de fissuras.

As protensões podem ser completa, limitada e parcial, conforme a seguinte sinopse:

Combinações	Completa	Limitada	Parcial
Quase permanentes	–	Descompressão	–
Frequentes	Descompressão	Formação de fissuras	Abertura $w_k \leq 0{,}2$ mm
Raras	Formação de fissuras	–	–

Em todas as combinações deve ser respeitado o estado-limite último.

b) Dimensionamento da seção:

i) Esforços solicitantes

$M_{g1} = 280$ kN.m

$M_{g2} = 60$ kN.m

$M_{q1} = 400$ kN.m

$M_{q2} = 220$ kN.m

ii) Tensões normais devidas às ações externas

devido a g_1: $\sigma_{c,inf,g_1} = 8.069{,}16$ kPa $\sigma_{c,sup,g_1} = -4.347{,}83$ kPa

devido a g_2: $\sigma_{c,inf,g_2} = 1.729{,}17$ kPa $\sigma_{c,sup,g_2} = -931{,}68$ kPa Ψ_1 Ψ_2

devido a q_1: $\sigma_{c,inf,q_1} = 11.527{,}38$ kPa $\sigma_{c,sup,q_1} = -6.211{,}18$ kPa   0,6   0,4

devido a q_2: $\sigma_{c,inf,q_2} = 6.340{,}06$ kPa $\sigma_{c,sup,q_2} = -3.416{,}15$ kPa   0,3   0,2

iii) Tensões normais devidas à protensão de 1 cordoalha a tempo ∞

$y_{0,inf} = 0{,}08$ m

$e_p = 0{,}52 - 0{,}08 = 0{,}44$ m

$\sigma^{(0)}_{c,inf,p_\infty} = [(-160)/0{,}335] + [(-160) \cdot 0{,}44 / 0{,}0347] = -477{,}62 - 2.028{,}82 = -2.506{,}44$ kPa

$\sigma^{(0)}_{c,sup,p_\infty} = [(-160)/0{,}335] - [(-160) \cdot 0{,}44 / 0{,}0644] = -477{,}62 + 1.093{,}17 = 615{,}55$ kPa

iv) Determinação do número de cordoalhas com protensão limitada

• **Para combinações quase permanentes**

$$\begin{cases} \overline{\sigma}_c = 0{,}6\, f_{ck} \\ \overline{\overline{\sigma}}_c = 0 \end{cases}$$

$\sigma_{c,sup,p_\infty} + \Sigma g + \Sigma \Psi_{2j} \cdot F_{qj,k} \leq |\sigma_c|$

$\sigma_{c,inf,p_\infty} + \Sigma g + \Sigma \Psi_{2j} \cdot F_{qj,k} = 0$

Na fibra inferior:

$$\sigma_{c,inf,p_\infty} + \Sigma g + \Sigma \Psi_{2j} \cdot F_{qj,k} = 0$$

m' · (-2.506,44) + 8.069,16 + 1.729,17 + 0,4 · 11.527,38 + 0,2 · 6.340,06 = 0

m' = 6,25 → Adotado: 7 cordoalhas

Na fibra superior, com 7 cordoalhas:

$$\sigma_{c,sup,p_\infty} + \Sigma g + \Sigma \Psi_{2j} \cdot F_{qj,k} \leq |-0{,}6 \cdot 30.000| = |-18.000|$$

7 · 615,55 − 4.347,83 − 931,68 + 0,4 · (-6.211,18) + 0,2 · (-3.416,15) = -4.138,36

|-4.138,36| < |-18.000| ∴ (OK!)

- **Para combinações frequentes:**

$$\begin{cases} \overline{\sigma}_c = 0{,}6 \, f_{ck} \\ \overline{\overline{\sigma}}_c = 1{,}2 \, f_{ctk} = 2{,}52 \end{cases}$$

$$\sigma_{c,sup,p_\infty} + \Sigma g + \Psi_1 \cdot F_{q_1,k} + \Sigma \Psi_{2j} \cdot F_{qj,k} \leq |\sigma_c|$$

$$\sigma_{c,inf,p_\infty} + \Sigma g + \Psi_1 \cdot F_{q_1,k} + \Sigma \Psi_{2j} \cdot F_{qj,k} = 2.520$$

Na fibra inferior:

$$\sigma_{c,inf,p_\infty} + \Sigma g + \Psi_1 \cdot q_1 + \Psi_2 \cdot q_2 = 2.520$$

m" · (-2.506,44) + 8.069,16 + 1.729,17 + 0,6 · 11.527,38 + 0,2 · 6.340,06 = 2.520

m" = 6,17 → Adotado: 7 cordoalhas

Na fibra superior, com 7 cordoalhas:

$$\sigma_{c,sup,p_\infty} + \Sigma g + \Psi_1 \cdot q_1 + \Psi_2 \cdot q_2 \leq |-18.000|$$

7 · 615,55 − 4.347,83 − 931,68 + 0,6 · (-6.211,18) + 0,2 · (-3.416,15) = -5.380,60

|-5.380,60| < |-18.000| ∴ (OK!)

Resposta:

m = 7 cordoalhas de 15,2 mm; P_∞ = -1.120 kN.

6.2.6. EXERCÍCIO 6

A estrutura abaixo representa uma viga-calha de cobertura de um galpão industrial, com seção transversal constante, biapoiada, submetida às seguintes ações externas:

g_1 → peso próprio com $\gamma = 25$ kN/m³.

g_2 → ação permanente (telhas);

q → ação variável (água e sobrecarga);

Q → ação variável concentrada (talha).

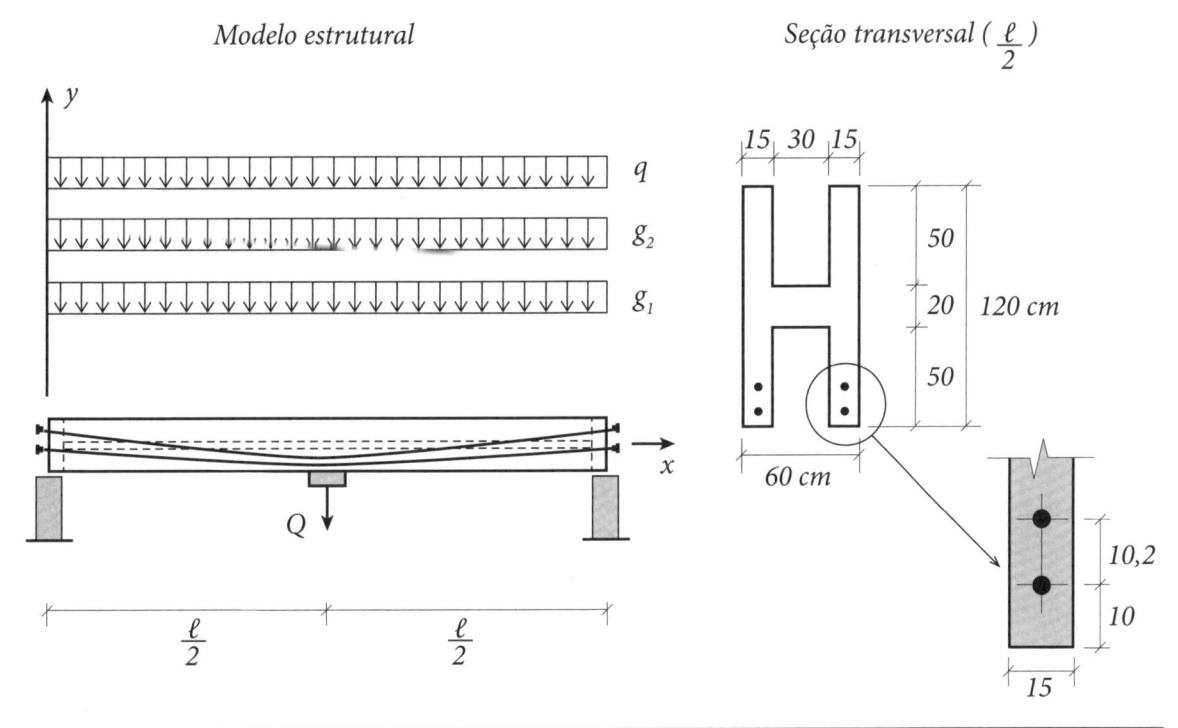

Figura 187: Elevação e seção transversal.

A viga deverá ser dimensionada com protensão através de quatro cabos, simetricamente distribuídos, com igual número de cordoalhas. As cordoalhas serão de 12,7 mm, com força útil de protensão, após todas as perdas, de 115 kN/cordoalha, na seção central (seção mais solicitada).

Dimensionar a armadura de protensão, com protensão limitada, segundo as recomendações da NBR 6118.

DADOS COMPLEMENTARES

- $f_{ck} = 30$ MPa; $f_{ctk} = 2,04$ MPa
- $\ell = 16,00$ m

- $q = 14{,}00 \text{ kN/m}$

- $g_2 = 18{,}00 \text{ kN/m}$

- $Q = 60{,}00 \text{ kN}$

- Desprezar engrossamentos junto aos apoios

- Não há necessidade, para simplificar, da verificação da execução e estado-limite último

Fatores de Utilização

	Ψ_1	Ψ_2
q	0,8	0,6
Q	0,6	0,4

Tensões Máximas para os estados-limites

	$\bar{\sigma}_c$	$\bar{\bar{\sigma}}_c$
Descompressão	$0{,}6\, f_{ck}$	0
Formação de fissuras	$0{,}6\, f_{ck}$	$1{,}2\, f_{ctk}$

RESOLUÇÃO

a) Características geométricas:

$A_c = 0{,}15 \cdot 1{,}20 \cdot 2 + 0{,}20 \cdot 0{,}30 = 0{,}42 \text{ m}^2$

$I_c = 2 \cdot 0{,}15 \cdot (1{,}20)^3 / 12 + 0{,}30 \cdot (0{,}20)^3 / 12 = 0{,}0434 \text{ m}^4$

$W_{c,sup} = W_{c,inf} = 0{,}0434 / 0{,}60 = 0{,}07233 \text{ m}^3$

b) Carregamentos externos (momentos fletores):

$\ell = 16{,}00 \text{ m}$

$g_1 = 0{,}42 \cdot 25 = 10{,}50 \text{ kN/m}$

$g_2 = 18,00$ kN/m

$q = 14,00$ kN/m

$Q = 60,00$ kN

$M_{g1} = 10,50 \cdot (16,00)^2 / 8 = 336,00$ kN.m

$M_{g2} = 18,00 \cdot (16,00)^2 / 8 = 576,00$ kN.m

$M_q = 14,00 \cdot (16,00)^2 / 8 = 448,00$ kN.m

$M_Q = 60 \cdot 16,00 / 4 = 240,00$ kN.m

c) Tensões normais externas:

devido a g_1: $\sigma_{c,inf,g_1} = -\sigma_{c,sup,g_1} = 336,00 / 0,07233 = 4.645,38$ kPa

devido a g_2: $\sigma_{c,inf,g_2} = -\sigma_{c,sup,g_2} = 576,00 / 0,07233 = 7.963,50$ kPa

devido a q: $\sigma_{c,inf,q} = -\sigma_{c,sup,q} = 448,00 / 0,07233 = 6.193,83$ kPa

devido a Q: $\sigma_{c,inf,Q} = -\sigma_{c,sup,Q} = 240,00 / 0,07233 = 3.318,13$ kPa

d) Tensões normais devidas à protensão de 1 cordoalha de 12,7 mm, a tempo ∞:

$y_0 = 0,10 + 0,051 = 0,151$ m

$e = 0,60 - 0,151 = 0,449$ m

$N_{p_\infty} = -115$ kN

$\sigma^{(0)}_{c,sup,Np_\infty} = [(-115) / 0,42] + [115 \cdot 0,449 / 0,07233] = -273,81 + 713,88 = 440,07$ kPa

$\sigma^{(0)}_{c,inf,Np_\infty} = -273,81 - 713,88 = -987,69$ kPa

e) Dimensionamento com Protensão Limitada:

i) **Combinações quase permanentes:**

$$\begin{cases} \overline{\sigma}_c = 0,6 f_{ck} \\ \overline{\overline{\sigma}}_c = 0 \end{cases}$$

Na fibra inferior:

$\sigma_{c,inf,N_{p\infty}} + g_1 + g_2 + \Psi_2 \cdot q + \Psi_2 \cdot Q \leq 0$

$4.645,38 + 7.963,50 + 0,6 \cdot 6.193,83 + 0,4 \cdot 3.318,13 + m \cdot (-987,69) \leq 0$

$m \geq 17,87$ cordoalhas → adotado $4 \times 5 = 20$ cordoalhas

Na fibra superior, com 20 cordoalhas:

$-4.645,38 - 7.963,50 + 0,6 \cdot (-6.193,83) + 0,4 \cdot (-3.318,13) + 20 \cdot 440,07 = -8.851,03$

$|-8.851,03| < |-18.000| \therefore$ (OK!)

ii) Combinações frequentes:

$$\begin{cases} \overline{\sigma}_c = 0,6\, f_{ck} \\ \overline{\overline{\sigma}}_c = 1,2\, f_{ctk} \end{cases}$$

Na fibra inferior:

$\sigma_{c,inf,N_{p\infty}} + g_1 + g_2 + \Psi_1 \cdot q + \Psi_2 \cdot Q \leq 1,2\, f_{ctk}$

$4.645,38 + 7.963,50 + 0,8 \cdot 6.193,83 + 0,4 \cdot 3.318,13 + m' \cdot (-9.87,69) \leq 2.448$

$m' \geq 16,65$ cordoalhas → Adotado: $4 \times 5 = 20$ cordoalhas

Na fibra superior, com 20 cordoalhas:

$-4.645,38 - 7.963,50 + 0,8 \cdot (-6.193,83) + 0,4 \cdot (-3.318,13) + 20 \cdot (440,07) = -10.089,80$

$|-10.089,80| < |-18.000| \therefore$ (OK!)

Resposta:

Adotado: 20 cordoalhas, ou seja, quatro cabos de 5ϕ12,7 mm cada.

6.3. ESTADO-LIMITE ÚLTIMO

6.3.1. EXERCÍCIO 1

Verificar se, no estado-limite último de ruptura sob solicitações normais, a seção transversal abaixo indicada está satisfatória, considerando as armaduras ativas adotadas.

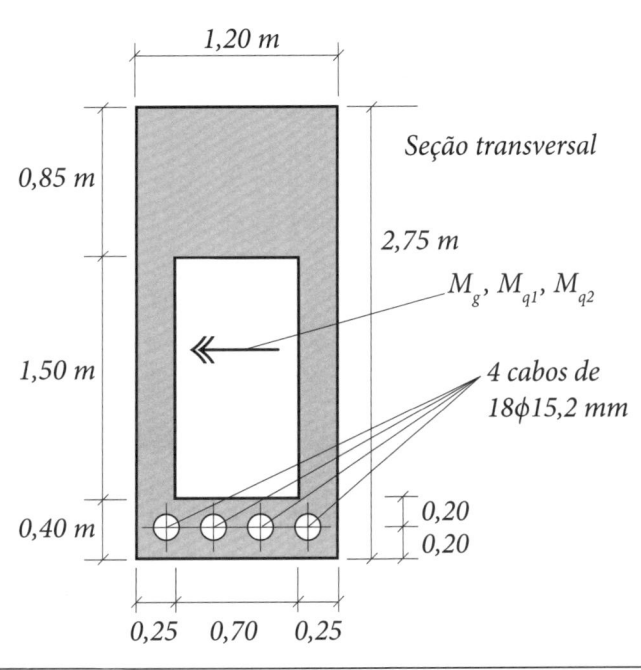

Figura 188: Seção transversal.

DADOS COMPLEMENTARES

- Concreto: f_{ck} = 30 MPa

- Aço CP190RB: f_{ptk} = 1.900 MPa

  f_{pyk} = 1.710 MPa

- $A_p^{(0)}$ = 1,40 cm² por cordoalha

- E_p = 200.000 MPa

- $\Delta\varepsilon_{pi}$ = 6‰ (pré-alongamento)

Coeficientes de ponderação

$\gamma_s = 1{,}15$

$\gamma_c = 1{,}4$

$\gamma_g = \gamma_q = 1{,}4$

Momentos fletores atuantes

$M_g = 12.800$ kN.m (permanente)

$M_{q1} = 7.600$ kN.m (acidental variável)

$M_{q2} = 4.000$ kN.m (acidental variável)

Fatores de combinação das ações

Ação	Ψ_0
q_1	0,8
q_2	0,6

Diagrama ($\sigma_p \times \varepsilon_p$) e ($\sigma_{pd} \times \varepsilon_{pd}$) do aço CP190RB

$\varepsilon_{pyk} = f_{pyk} / E_p$

$\varepsilon_{pyd} = f_{pyd} / E_p$

$\varepsilon_{puk} \approx 30‰$ a $40‰$

Tabela de Deformação Simplificada Aço: CP190210		
Categoria	ε_{pyk}	ε_{pyd}
CP190	8,55‰	7,43‰
CP210	9,45‰	8,22‰

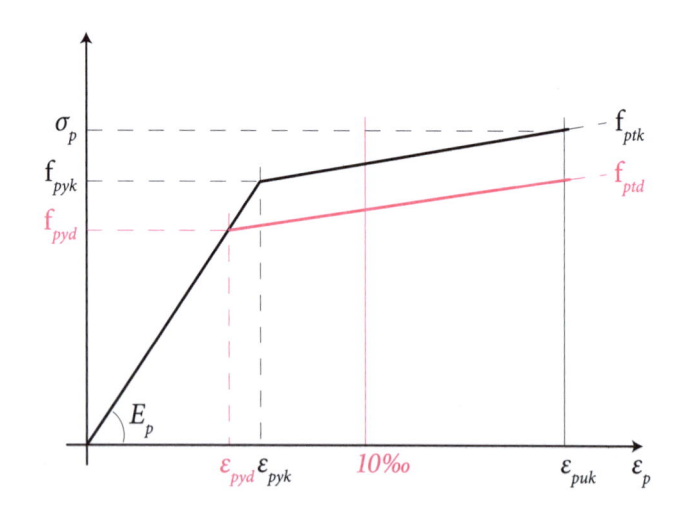

Figura 189: Diagrama tensão – deformação simplificado do aço CP.

Adotar:

No intervalo $0 \le \varepsilon_{pd} \le 7{,}43‰ \to \sigma_{pd} = E_p \cdot \varepsilon_{pd}$

No intervalo $\varepsilon_{pd} \ge 7{,}43‰ \to \sigma_{pd} = f_{pyk}/\gamma_s$

RESOLUÇÃO

a) CG dos cabos:

$y_0 = 0{,}20$ m $d_p = 2{,}75 - 0{,}20 = 2{,}55$ m

b) Momento de cálculo solicitante (M_{Sd}):

$M_{Sd} = 1{,}4 \cdot (12.800) + 1{,}4 \cdot (7.600 + 0{,}6 \cdot 4.000) = 31.920$ kN.m

c) Equilíbrio da seção transversal:

Adotando-se inicialmente $\sigma_{pd} = f_{pyk}/\gamma_s = 1.710/1{,}15 = 1.486{,}96$ MPa

Força de tração na armadura protendida:

$N_{Pd} = A_p \cdot \sigma_{pd} = 4 \cdot 18 \cdot 1{,}40 \cdot (10)^{-4} \cdot 1.486{,}96 \cdot (10)^3 = 14.988{,}56$ kN

Área comprimida da seção de concreto: $\sigma_{cd} = (30/1{,}4) \cdot 0{,}85 = 18{,}214$ MPa

$N_{cd} = A_{cc} \cdot \sigma_{cd} = N_{Pd} \to A_{cc} = N_{Pd}/\sigma_{cd} = 14.988{,}56/18{,}214 \cdot (10)^3 = 0{,}823$ m²

Posição da LN: $y = A_{cc}/b = 0{,}823/1{,}2 = 0{,}686 < 0{,}85 \therefore$ (OK!)   (LN na mesa)

$x = y/0{,}8 = 0{,}686/0{,}8 = 0{,}857$ m

Deformação $\Delta\varepsilon_{pd}$: $\Delta\varepsilon_{pd} = [(d_p - x)/x] \cdot 3{,}5‰ = [(2{,}55 - 0{,}857)/0{,}857] \cdot 3{,}5 = 6{,}913‰$

Alongamento total: $\varepsilon_{pd} = \Delta\varepsilon_{pd} + \Delta\varepsilon_{pi} = 6{,}913 + 6{,}00 = 12{,}913‰$

$\varepsilon_{pd} = 12{,}913‰ > \varepsilon_{pyd} = 7{,}43‰ \to \sigma_{pd} = 1.486{,}96$ MPa $\therefore$ confirmada

d) Momento resistente de cálculo (M_{Rd}):

$z_p = 2{,}55 - y/2 = 2{,}55 - 0{,}686/2 = 2{,}207$ m

$M_{Rd} = N_{Pd} \cdot zp = 14.988{,}56 \cdot 2{,}207 = 33.079{,}75$ kN.m

e) Verificação:

$M_{Rd} = 33.079{,}75$ kN.m $> M_{Sd} = 31.920$ kN.m

Resposta: satisfaz.

6.3.2. EXERCÍCIO 2

Dimensionar a armadura de protensão, no estado-limite último, para a seção abaixo esquematizada:

Seção transversal

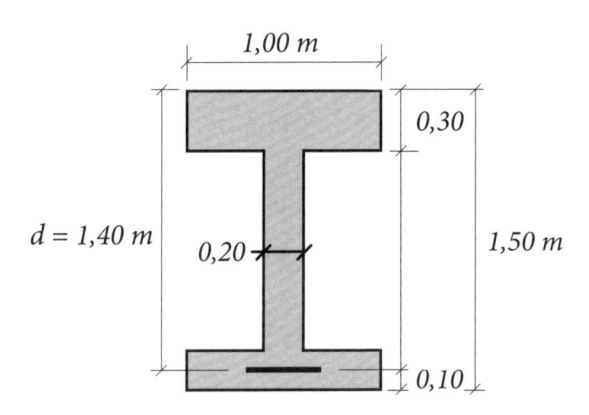

Figura 190: Seção transversal.

DADOS COMPLEMENTARES

- Concreto $f_{ck} = 35$ MPa

- Aço CP190RB

- $\gamma_c = \gamma_g = \gamma_q = 1,4$

- Pré-alongamento da armadura $\Delta\varepsilon_{pi} = 5,0‰$

- $\sigma_{cd} = 0,85 \cdot f_{cd}$

- $y = 0,8 \cdot x$

- $\beta_x = x / d$

Ações Permanentes
$M_{g1} = 2.500$ kN.m
$M_{g2} = 1.000$ kN.m

Ações Variáveis
$M_{q1} = 2.000$ kN.m $\qquad \Psi_0 = 0,7$
$M_{q2} = 500$ kN.m $\qquad \Psi_0 = 0,6$

- Combinações últimas normais:

$$F_d = \sum_{i=1}^{m} \gamma_{gi} \cdot F_{gi,k} + \gamma_q [F_{q1,k} + \sum_{j=2}^{n} \Psi_{0j} \cdot F_{qj,k}]$$

RESOLUÇÃO

a) Momento de cálculo solicitante (M_{Sd}):

$M_{Sd} = 1,4 \cdot (2.500 + 1.000) + 1,4 \cdot (2.000 + 0,6 \cdot 500) = 8.120$ kN.m

$M_{Sd} = 8,120$ MN.m

b) Verificação da posição da Linha Neutra (LN):

$$K6 = \frac{b \cdot d^2}{M_{Sd}} = \frac{1,00 \cdot 1,40^2}{8,120} = 0,241 \quad \xrightarrow{\text{Tabela 14}} \quad \beta_x = 0,28$$

$x = \beta_x \cdot d = 0,28 \cdot 1,40 = 0,392$ m

$y = 0,80 \cdot x = 0,80 \cdot 0,392 = 0,314 > h_f = 0,30$ m

∴ LN na alma

c) Momento absorvido pela flange superior ($M_{Sd,f}$):

$M_{Sd,f} = N_{cd,f} \cdot (d - y/2)$ $\qquad b_f = 1,0 - 0,2 = 0,80$ m

$\qquad\qquad\qquad\qquad\qquad\qquad y = h_f = 0,30$ m

$\qquad\qquad\qquad\qquad\qquad\qquad x = 0,30 / 0,8 = 0,375$

$N_{cd,f} = b_f \cdot y \cdot \sigma_{cd} = 0,80 \cdot 0,30 \cdot 0,85 \cdot (35 / 1,4) = 5,10$ MN

$M_{Sd,f} = 5,10 \cdot (1,40 - 0,30 / 2)$

$M_{Sd,f} = 6,375$ MN.m

d) Momento absorvido pela alma:

$$\Delta M_d = M_{Sd} - M_{Sd,f} = 8{,}120 - 6{,}375 = 1{,}745 \text{ MN.m}$$

$$K6 = b \cdot d^2 / \Delta M_d = 0{,}20 \cdot (1{,}40)^2 / 1{,}745 = 0{,}225$$

$K6 = 0{,}225$ $\quad\xrightarrow{\text{Tabela 14}}\quad$ $\beta_x = 0{,}30$
$\beta_z = 0{,}875$
$\Delta\varepsilon_{pd} = 8{,}167\text{‰}$

$$\varepsilon_{pd} = 8{,}167 + 5{,}00 = 13{,}167\text{‰} \rightarrow \sigma_{pd} = 1.515 \text{ MPa}$$

$$A_{s,\Delta M_d} = (1{,}745 \cdot 10^4) / (0{,}875 \cdot 1{,}40 \cdot 1.515) = 9{,}40 \text{ cm}^2$$

$$A_{p,f} = N_{cd,f} / \sigma_{cd} = 5{,}10 \cdot 10^4 / 1.515 = 33{,}66 \text{ cm}^2$$

e) Armadura final:

$$A_p = A_{p,f} + A_{s,\Delta M_d} = 33{,}66 + 9{,}40 = 43{,}06 \text{ cm}^2$$

$$\therefore\ 43{,}06 / 1{,}40 = 30{,}76 \rightarrow 32 \text{ cordoalhas de } 15{,}2 \text{ mm}$$

Resposta:

Adotado: 8 cabos de 4ϕ15,2 mm.

6.3.3. EXERCÍCIO 3

Dimensionar a seção abaixo esquematizada, sabendo-se que nela atuam os seguintes momentos fletores:

Ação permanente → M_{g1} = 1.800 kN.m

Ação permanente → M_{g2} = 1.230 kN.m

Ação acidental principal → M_{q1} = 1.000 kN.m Ψ_0 = 0,7

Ação acidental → M_{q2} = 780 kN.m Ψ_0 = 0,6

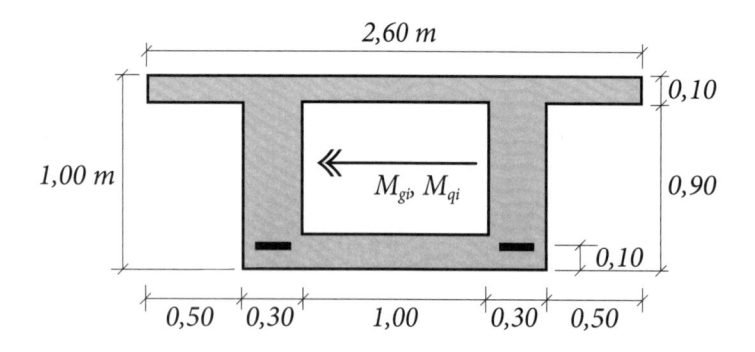

Utilizar cordoalhas ϕ15,2 mm

$A_{p(o)}$ = 1,40 cm²/cordoalha

Pré-alongamento da armadura
$\Delta\varepsilon_{pi}$ = 5,5‰

OBS: Utilizar apenas armadura ativa A_p
(número par de cordoalhas)

Figura 191: Seção transversal.

DADOS COMPLEMENTARES

- Concreto: f_{ck} = 35 MPa
- Aço ativo CP190RB: E_p = 200.000 MPa
- Coeficientes de ponderação:

    γ_s = 1,15

    γ_c = 1,4

    γ_g = γ_q = 1,4

- σ_{cd} = 0,85 f_{cd}
- y = 0,8 x
- $\beta_x = \dfrac{x}{d}$

- Combinações últimas normais:

$$F_d = \sum_{i=1}^{m} \gamma_{gi} \cdot F_{gi,k} + \gamma_q \left[F_{q1,k} + \sum_{j=2}^{n} \Psi_{0j} \cdot F_{qj,k} \right]$$

RESOLUÇÃO

a) Momento de cálculo solicitante:

$M_{Sd} = 1,4 \cdot (1.800 + 1.230) + 1,4 \cdot (1.000 + 0,6 \cdot 780) = 6.297,20$ kN.m

$M_{Sd} = 6,2972$ MN.m

b) Verificação da posição da Linha Neutra (LN):

$K6 = \dfrac{b \cdot d^2}{M_{Sd}} = \dfrac{2,60 \cdot 0,90^2}{6,2972} = 0,334$ $\xrightarrow{\text{Tabela 14}}$ $\beta_x = 0,19$

$x = \beta_x \cdot d = 0,19 \cdot 0,90 = 0,171$

$y = 0,80x = 0,8 \cdot 0,171 = 0,137 > h_f = 0,10$

∴ LN na alma

c) Momento absorvido pelo flange superior:

$M_{Sd,f} = N_{cd,f} \cdot (d - h_f / 2)$

$N_{cd,f} = A_{ccf} \cdot \sigma_{cd} = 2,00 \cdot 0,10 \cdot 0,85 \cdot (35 / 1,4) = 4,25$ MN

$M_{Sd,f} = 4,25 \cdot (0,90 - 0,10 / 2)$

$M_{Sd,f} = 3,6125$ MN.m

d) Momento absorvido pela alma ($M_{Sd,alma} = \Delta M_d$):

$\Delta_{Md} = M_{Sd} - M_{Sd,f} = 6{,}2972 - 3{,}6125 = 2{,}6847$ MN.m

$K6 = b \cdot d^2 / \Delta M_d = 0{,}60 \cdot (0{,}90)^2 / 2{,}6847 = 0{,}181$

$K6 = 0{,}181 \xrightarrow{\text{Tabela 14}} \beta_x = 0{,}39$

$\beta_z = 0{,}838$

$\Delta_{\varepsilon pd} = 5{,}50\text{‰}$

$x = \beta_x \cdot d = 0{,}39 \cdot 0{,}90 = 0{,}351$ m

$\varepsilon_{pd} = 5{,}50 + 5{,}50 = 11{,}00\text{‰} \xrightarrow{\text{Tabela 14}} \sigma_{pd} = 1.505$ MPa

$A_{p,alma} = (2{,}6847 \cdot 10^4) / (0{,}838 \cdot 0{,}90 \cdot 1.505) = 23{,}65$ cm²

$A_{p,f} = N_{cd,f} / \sigma_{pd} = 4{,}25 \cdot 10^4 / 1.505 = 28{,}24$ cm²

e) Armadura final:

$A_p = A_{p,f} + A_{p,alma} = 28{,}24 + 23{,}65 = 51{,}89$ cm²

$A_p^{(0)} = 1{,}40$ cm²

$\therefore 51{,}89 / 1{,}40 = 37{,}1$

Resposta: $A_p \geq 38\phi 15{,}2$ mm.

6.3.4. EXERCÍCIO 4

Verificar se, no estado-limite último de ruptura sob solicitações normais, a seção a seguir indicada apresenta condições satisfatórias de segurança, considerando as armaduras ativas e passivas.

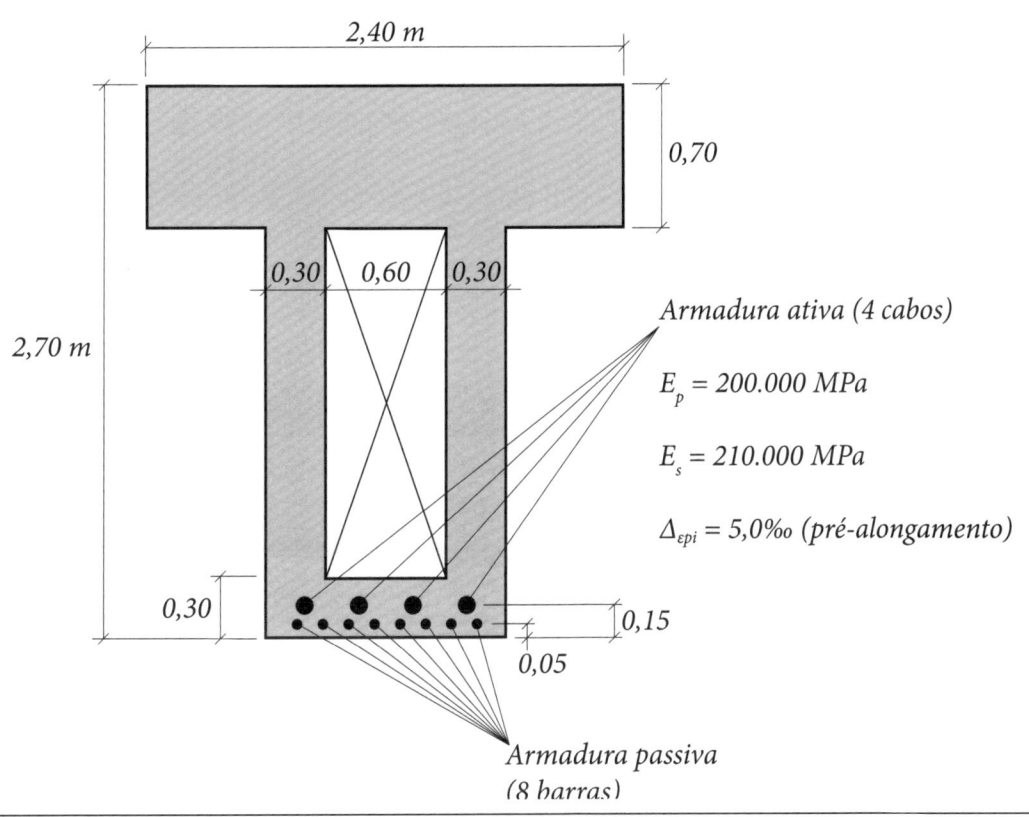

Figura 192: Seção transversal.

Dados da figura:
- Largura da mesa: 2,40 m
- Altura total: 2,70 m
- Espessura da mesa: 0,70
- Alma: 0,30 | 0,60 | 0,30
- Armadura passiva a 0,05 e 0,15 do fundo; largura da base 0,30
- Armadura ativa (4 cabos): $E_p = 200.000$ MPa
- $E_s = 210.000$ MPa
- $\Delta_{\varepsilon pi} = 5,0\text{‰}$ (pré-alongamento)
- Armadura passiva (8 barras)

ARMADURA ATIVA: 4 cabos com 28 cordoalhas de 15,2 mm cada

- $A_P^{(0)} = 1{,}40$ cm²/cordoalha

ARMADURA PASSIVA: 8ϕ16 mm

- $A_s^{(0)} = 2{,}00$ cm²/barra

Materiais

- Concreto: $f_{ck} = 30$ MPa
- Aço ativo CP190RB: $f_{ptk} = 1.900$ MPa
- $f_{pyk} = 1.710$ MPa

- Aço passivo CA50A: $f_{yk} = 500$ MPa

Coeficientes de ponderação

$\gamma_s = 1{,}15$

$\gamma_c = 1{,}4$

$\gamma_g = \gamma_q = 1{,}4$

Momentos fletores atuantes

$M_{g1} = 10.000$ kN.m

$M_{g2} = 8.000$ kN.m

$M_{q1} = 18.000$ kN.m $\Psi_0 = 0{,}8$

$M_{q2} = 8.000$ kN.m $\Psi_0 = 0{,}6$

Combinações últimas normais

$$F_d = \sum_{i=1}^{m} \gamma_{gi} F_{gi,k} + \gamma_q [F_{q1,k} + \sum_{j=2}^{n} \Psi_{0j} F_{qj,k}]$$

Diagrama ($\sigma_p \times \varepsilon_p$) e ($\sigma_{pd} \times \varepsilon_{pd}$) do aço CP190RB

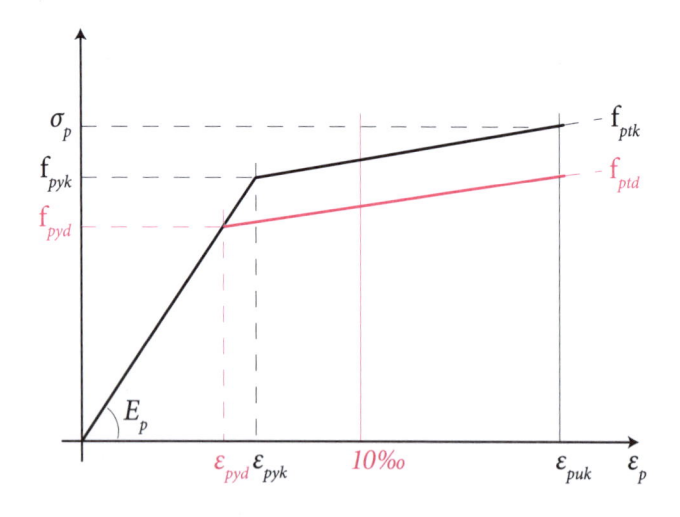

$\varepsilon_{pyk} = f_{pyk} / E_p$

$\varepsilon_{pyd} = f_{pyd} / E_p$

$\varepsilon_{puk} \approx 30‰$ a $40‰$

Tabela de Deformação Simplificada Aço: CP190-210		
Categoria	ε_{pyk}	ε_{pyd}
CP190	8,55‰	7,43‰
CP210	9,45‰	8,22‰

Figura 193: Diagrama tensão – deformação simplificado do aço CP.

Adotar:

No intervalo $0 \leq \varepsilon_{pd} \leq 7{,}43‰ \rightarrow \sigma_{pd} = E_p \cdot \varepsilon_{pd}$

No intervalo $\varepsilon_{pd} \geq 7{,}43‰ \rightarrow \sigma_{pd} = f_{pyk}/\gamma_s$

RESOLUÇÃO

a) Momento solicitante de cálculo (M_{Sd}):

$$M_{Sd} = \gamma_g \cdot (M_{g1} + M_{g2}) + \gamma_q \cdot (M_{q1} + \Psi_0 \cdot M_{q2})$$

$$M_{Sd} = 1{,}4 \cdot (10.000 + 8.000) + 1{,}4 \cdot (18.000 + 0{,}6 \cdot 8.000) = 57.120{,}0 \text{ kN.m} = 57{,}12 \text{ MN.m}$$

b) Equilíbrio da seção transversal:

i) Força de tração resultante: $R_T = R_{st} + R_{pt}$

- Armadura passiva: $A_s = 8\phi 16 = 8 \cdot 2{,}0 = 16{,}00 \text{ cm}^2$

- Armadura ativa: $A_p = 4 \cdot 28\phi 15{,}2 = 4 \cdot 28 \cdot 1{,}40 = 156{,}80 \text{ cm}^2$

*Tensões **adotadas** nas armaduras*

$$\sigma_{sd} = \frac{f_{yk}}{\gamma_s} = \frac{500}{1{,}15} = 434{,}78 \text{ MPa}$$

$$\sigma_{pd} = \frac{f_{yk}}{\gamma_s} = \frac{1.700}{1{,}15} = 1.486{,}96 \text{ MPa}$$

$$R_{std} = A_s \cdot \sigma_{sd} = 16{,}00 \cdot (10)^{-4} \cdot 434{,}78 \cdot (10)^3 = 695{,}65 \text{ kN}$$

$$R_{ptd} = A_p \cdot \sigma_{pd} = 156{,}80 \cdot (10)^{-4} \cdot 1.486{,}96 \cdot (10)^3 = 23.315{,}53 \text{ kN}$$

$$\therefore R_{Td} = 695{,}65 + 23.315{,}53 = 24.011{,}18 \text{ kN}$$

ii) Área de concreto comprimida:

$$\sigma_{cd} = 0{,}85 \cdot \frac{f_{ck}}{\gamma_c} = 0{,}85 \cdot \frac{30}{1{,}4} = 18{,}2143 \text{ MPa} = 18.214{,}29 \text{ kPa}$$

$$R_{Td} = R_{ccd}$$

$$R_{ccd} = A_{cc} \cdot \sigma_{cd} \rightarrow A_{cc} = \frac{R_{ccd}}{\sigma_{cd}} = \frac{24.011{,}18}{18.214{,}29} = 1{,}3183 \text{ m}^2$$

$$b = b_f = 2{,}40 \text{ m}$$

$$y = \frac{A_{cc}}{b} = \frac{1{,}3183}{2{,}40} = 0{,}5493 \text{ m} < h_f = 0{,}70 \text{ m} \therefore \text{ (OK!) (LN na mesa)}$$

$$x = \frac{y}{0{,}8} = \frac{0{,}5493}{0{,}8} = 0{,}6866 \text{ m}$$

iii) Deformações:

$$\varepsilon_{sd} = \frac{d_s - x}{x} \cdot 3{,}5 = \frac{(2{,}70 - 0{,}05) - 0{,}6866}{0{,}6866} \cdot 3{,}5 = 10{,}01\text{‰} \qquad \therefore \sigma_{sd} \text{ confirmada!}$$

$$\Delta\varepsilon_{pd} = \frac{d_p - x}{x} \cdot 3{,}5 = \frac{(2{,}70 - 0{,}15) - 0{,}6866}{0{,}6866} \cdot 3{,}5 = 9{,}50\text{‰}$$

$$\Delta\varepsilon_{pi} = 5{,}0\text{‰}$$

$$\varepsilon_{pd} = \Delta\varepsilon_{pd} + \Delta\varepsilon_{pi} = 9{,}5 + 5{,}0 = 14{,}5\text{‰} \qquad \therefore \sigma_{pd} \text{ confirmada!}$$

c) Momento resistente de cálculo (M_{Rd}):

$$M_{Rd} = R_{std} \cdot (d_s - \frac{y}{2}) + R_{ptd} \cdot (d_p - \frac{y}{2})$$

$$M_{Rd} = 695{,}65 \cdot (2{,}65 - \frac{0{,}5493}{2}) + 23.315{,}53 \cdot (2{,}55 - \frac{0{,}5493}{2})$$

$$M_{Rd} = 1.652{,}41 + 53.050{,}99 = 54.703{,}40 \text{ kN.m} = 54{,}70 \text{ MN.m}$$

d) Comparação:

$$M_{Sd} : M_{Rd}$$

$$M_{Sd} = 57{,}12 \text{ MN.m} > M_{Rd} = 54{,}70 \text{ MN.m}$$

Resposta: a seção não satisfaz o estado-limite último.

6.4. TRAÇADO GEOMÉTRICO, PERDAS E ALONGAMENTO

6.4.1. EXERCÍCIO 1

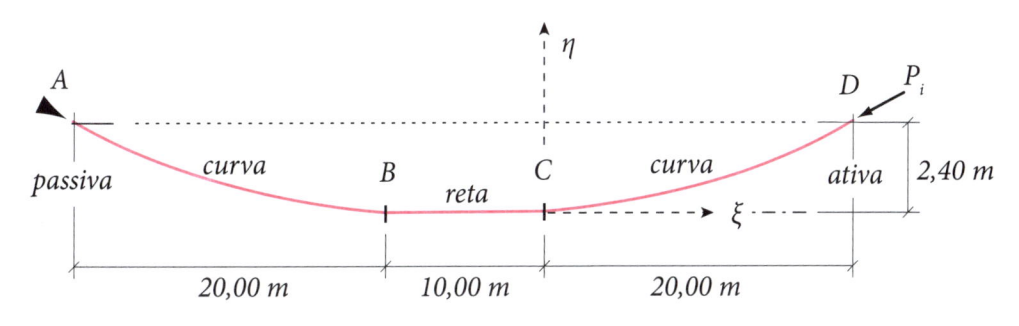

Figura 194: Desenho esquemático do cabo.

Para o cabo acima desenhado determinar:

a) A equação geométrica do traçado, sabendo-se que os trechos curvos são parábolas do 2º grau com equação $\eta = a\xi^2$ (tg $\alpha = d\eta / d\xi$). Determinar a ordenada η da abscissa $\xi = 10$ m.

b) As perdas por atrito, alongamento teórico e as perdas por acomodação da ancoragem, com os seguintes dados:

- $A_p = 12 \cdot 1{,}40 = 16{,}80$ cm²

- $E_p = 200.000$ MPa

- Aço CP190RB: $f_{ptk} = 1.900$ MPa

  $f_{pyk} = 1.710$ MPa

- $\mu = 0{,}22$ (coeficiente de atrito)

- $K = 0{,}01\,\mu$

- $\Delta w = 3$ mm (escorregamento da ancoragem)

DADOS COMPLEMENTARES

A é uma ancoragem passiva e D é ativa.

$\sigma_{pi} = 0{,}74\, f_{ptk}$ ou $0{,}82\, f_{pyk}$ (o menor valor)

$P_i = A_p \cdot \sigma_{pi}$ (força aplicada junto ao macaco)

$P_0(x) = P_i \cdot e^{-[\mu \Sigma \alpha + Kx]}$ $\quad \Sigma \alpha \cong 2\, Y_i / l_i$

$\Delta_{l,x} = (1 / E_p A_p) \int_0^x P_0(x)\, d_x$: considerar as projeções horizontais e folga de 20 cm em D

$w = \sqrt{\Delta w\, E_p A_p / \Delta p} \leq 20{,}00$ m, com Δp = coeficiente angular da reta $P_0(x)$

RESOLUÇÃO

a) Traçado geométrico:

Equação da curva AB ou CD: $\eta = a\, \xi^2$, origem em B ou C

para $\xi = 20{,}00 \rightarrow \eta = 2{,}40$ m $\rightarrow a = 2{,}40 / (20{,}00)^2 = 0{,}006$

∴ Equação da curva: $\eta = 0{,}006\, \xi^2$

para $\xi = 10{,}00 \rightarrow \eta = 0{,}6$ m

para $\xi = 20{,}00 \rightarrow \eta = 2{,}40$ m

$d\eta / d\xi = 0{,}012\, \xi$ $\quad (d\eta / d\xi)_D = 0{,}012 \cdot 20{,}00 = 0{,}24$ rad (13,49°)

b) Perdas por atrito:

Força inicial de protensão (P_i)

$0{,}74\, f_{ptk} = 0{,}74 \cdot 1.900 = 1.406{,}00$ MPa

$0{,}82\, f_{pyk} = 0{,}82 \cdot 1.710 = 1.402{,}20$ MPa (adotada)

$P_i = A_p \cdot \sigma_{pi} = 16{,}80 \cdot (10)^{-4} \cdot 1.402{,}20 \cdot (10)^3 = 2.355{,}70$ kN

Ponto D: $P_0(x = 0) = 2.355{,}70$ kN (D)

Trecho DC: $\Sigma \alpha = 2 \cdot 2{,}40 / 20 = 0{,}24$ rad

Ponto C: $P_0(x = 20) = 2.355{,}70 \cdot e^{-[0{,}22\, \cdot\, 0{,}24\, +\, 0{,}01\, \cdot\, 0{,}22\, \cdot\, 20]} = 2.138{,}36$ kN (C)

Trecho CB: $\Sigma \alpha = 0{,}24 + 0 = 0{,}24$ rad

Ponto B: $P_0(x=30) = 2.355{,}70 \cdot e^{-[0{,}22 \cdot 0{,}24 + 0{,}01 \cdot 0{,}22 \cdot 30]} = 2.091{,}83$ kN (B)

Trecho BA: $\Sigma\alpha = 0{,}24 + 0 + 0{,}24 = 0{,}48$ rad

Ponto A: $P_0(x=50) = 2.355{,}70 \cdot e^{-[0{,}22 \cdot 0{,}48 + 0{,}01 \cdot 0{,}22 \cdot 50]} = 1.898{,}83$ kN (A)

Diagrama $P_0(x)$

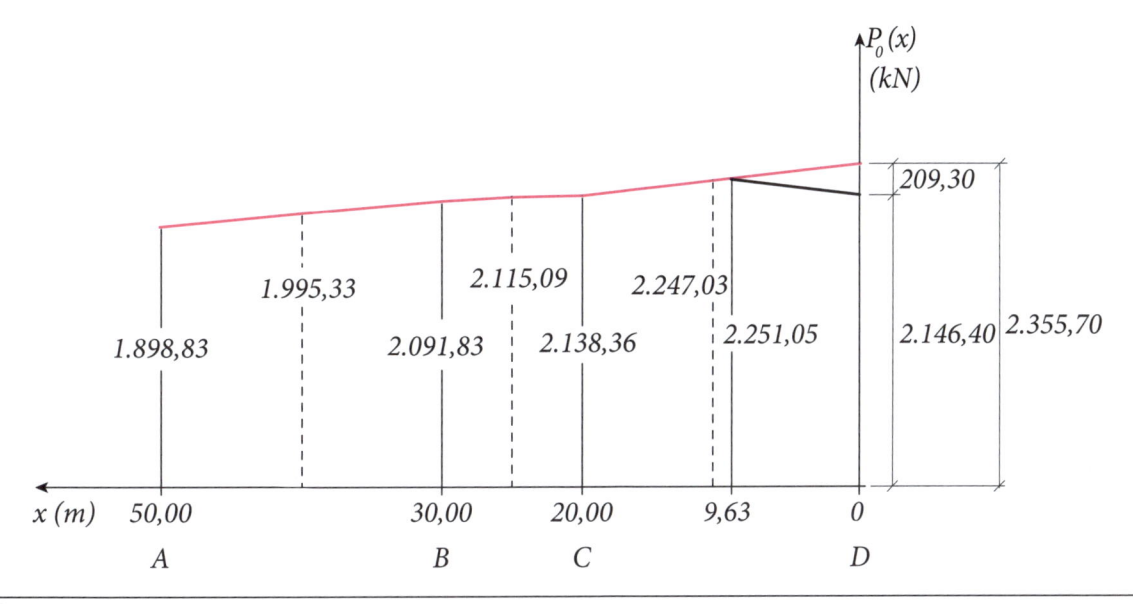

Figura 195: Diagrama $P_0(x) \cdot x$.

c) Alongamento teórico:

$$\Delta_{l,total} = [1 / 200.000 \cdot (10)^3 \cdot 16{,}80 \cdot (10)^{-4}] \cdot [20{,}0 \cdot 1.995{,}33 +$$

$$+ 10{,}00 \cdot 2.115{,}09 + 20{,}2 \cdot 2.247{,}03] = 0{,}3168 \text{ m} \quad (\text{ou } 6{,}31 \text{ mm/m})$$

d) Encunhamento:

Δp (trecho DC) $= (2.355{,}70 - 2.138{,}36) / 20 = 10{,}867$ kN/m

$w = \sqrt{3 \cdot (10)^{-3} \cdot 200.000 \cdot (10)^3 \cdot 16{,}80 \cdot (10)^{-4} / 10{,}867} = 9{,}63$ m $< 20{,}00$ m $\therefore$ (OK!)

$P_0(x=w) = P_0(x=9{,}63) = 2.355{,}70 - 9{,}63 \cdot 10{,}867 = 2.251{,}05$ kN

$P_0(x=0) = 2.355{,}70 - 2 \cdot 9{,}63 \cdot 10{,}867 = 2.146{,}40$ kN

6.4.2. EXERCÍCIO 2

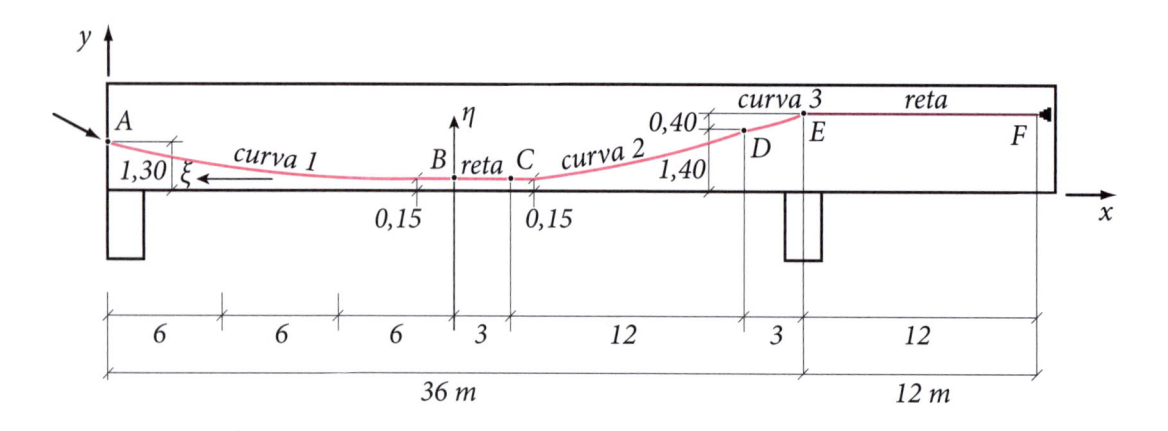

Figura 196: Traçado em Elevação.

Para o cabo acima esquematizado, determinar:

a) Traçado geométrico:

i) Equação da curva que representa o eixo do cabo no trecho AB.

ii) Ordenada do cabo no ponto x = 6,00 m.

iii) Ordenada do cabo no ponto x = 12,00 m.

b) Perdas imediatas: atrito e cravação:

i) Calcular as perdas por atrito.

ii) Calcular as perdas por cravação da ancoragem.

iii) Traçar o diagrama das perdas.

c) Alongamento teórico:

i) Calcular o alongamento teórico do cabo.

DADOS COMPLEMENTARES

- Ponto A: ancoragem ativa

- Ponto F: ancoragem passiva

- Aço CP190RB: $f_{ptk} = 1.900$ MPa

  $f_{pyk} = 1.700$ MPa

$E_p = 200.000$ MPa

$\sigma_{pi} = 0{,}74\, f_{ptk}$ ou $0{,}82\, f_{pyk}$ (o menor valor)

$P_i = A_p \cdot \sigma_{pi}$

$\eta = a \cdot \xi^2$

$P_0(x) = P_i \cdot e^{-[\mu \Sigma \alpha + Kx]}$ $\Sigma \alpha = 2\, Y_i / l_i$ (por trecho)

$w = \sqrt{\Delta w\, E_p\, A_p / \Delta p}$ $w \leq 18{,}00$ m

$\Delta_{l,x} = (1 / E_p\, A_p) \int_0^x P_0(x)\, d_x$
- utilizar projeção horizontal para os comprimentos
- acrescentar 30 cm em A

$\mu = 0{,}20$

$K = 0{,}01\, \mu$

$\Delta w = 6{,}0$ mm

$A_p = 16{,}80$ cm²

RESOLUÇÃO

a) Traçado Geométrico:

$\eta = a\, \xi^2$

i) Trecho AB: $\eta = 1{,}30 - 0{,}15 = 1{,}15$ m

$\xi = 3 \cdot 6{,}00 = 18{,}00$ m

$a = \eta / \xi^2 = 1{,}15 / (18)^2 = 0{,}00355$

∴ Equação da curva no trecho AB $\eta = 0{,}00355\,\xi^2$

ii) Ordenada para x = 12,0 m: $\xi = 6{,}0$ m

$\eta = 0{,}128$ m $y_{(x=12)} = 0{,}278$ m

$y_0 = 0{,}15$ m

iii) Ordenada para x = 6,0 m: $\xi = 12{,}0$ m

$\eta = 0{,}511$ m $y_{(x=6)} = 0{,}661$ m

$y_0 = 0{,}15$ m

b) Perdas Imediatas:

i) Força inicial de protensão (P_i):

$0{,}74\,f_{ptk} = 0{,}74 \cdot 1.900 = 1.406{,}00$ MPa

$0{,}82\,f_{pyk} = 0{,}82 \cdot 1.710 = 1.402{,}20$ MPa (adotada)

∴ $\sigma_{pi} = 1.402{,}20$ MPa

$P_i = A_p \cdot \sigma_{pi} = 16{,}80 \cdot (10)^{-4} \cdot 1.402{,}20 \cdot (10)^3 = 2.355{,}70$ kN

ii) Perdas por atrito:

Trecho AB: $y_i = 1{,}30 - 0{,}15 = 1{,}15$ m

$l_i = 18{,}00$ m

$\Sigma\alpha = 2 \cdot 1{,}15 / 18{,}00 = 0{,}1278$ (7,3°)

Trecho BC: $y_i = 0$

$l_i = 3{,}00$ m

$\Sigma\alpha = 0$

Trecho CD: $y_i = 1{,}40 - 0{,}15 = 1{,}25$ m

$l_i = 12{,}00$ m

$\Sigma\alpha = 2 \cdot 1{,}25 / 12{,}00 = 0{,}2083$ (11,9°)

Trecho DE: $y_i = 0,40$ m

$l_i = 3,00$ m

$\Sigma\alpha = 2 \cdot 0,40 / 3,00 = 0,2667$ \qquad (15,3°)

Trecho EF: $y_i = 0$

$l_i = 12,00$ m

$\Sigma\alpha = 0$

Variação da força por trecho:

$P_0(x) = P_i \cdot e^{-[\mu\Sigma\alpha + K \cdot x]}$ \qquad $P_i = 2.355,70$ kN

$\mu = 0,20$

$K = 0,01\,\mu = 0,002$

Ponto A: $x = 0$ \qquad $P_0(x=0) = 2.355,70$ kN

Ponto B: $x = 18,00$ m \qquad $P_0(x=18) = 2.355,70 \cdot e^{-[0,20 \cdot 0,1278 + 0,002 \cdot 18]}$

$\Sigma\alpha = 0,1278$ \qquad $P_0(x=18) = 2.215,06$ kN

Ponto C: $x = 21,00$ m \qquad $P_0(x=21) = 2.355,70 \cdot e^{-[0,20 \cdot 0,1278 + 0,002 \cdot 21]}$

$\Sigma\alpha = 0,1278$ \qquad $P_0(x=21) = 2.201,81$ kN

Ponto D: $x = 33,00$ m \qquad $P_0(x=33) = 2.355,70 \cdot e^{-[0,20 \cdot 0,3361 + 0,002 \cdot 33]}$

$\Sigma\alpha = 0,3361$ \qquad $P_0(x=33) = 2.061,88$ kN

Ponto E: $x = 36,00$ m \qquad $P_0(x=36) = 2.355,70 \cdot e^{-[0,20 \cdot 0,6028 + 0,002 \cdot 36]}$

$\Sigma\alpha = 0,6028$ \qquad $P_0(x=36) = 1.943,09$ kN

Ponto F: $x = 48,00$ m \qquad $P_0(x=48) = 2.355,70 \cdot e^{-[0,20 \cdot 0,6028 + 0,002 \cdot 48]}$

$\Sigma\alpha = 0,6028$ \qquad $P_0(x=48) = 1.897,00$ kN

iii) Perdas por acomodação das ancoragens:

Hipótese: w ≤ 18,00 m   Δw = 6,0 mm

Δp = (2.355,70 − 2.215,06) / 18,00 = 7,8133 kN/m

$w = \sqrt{\Delta w\, E_p\, A_p / \Delta p}$

$w = \sqrt{6 \cdot (10)^{-3} \cdot 200.000 \cdot (10)^3 \cdot 16,80 \cdot (10)^{-4} / 7,8133}$ = 16,06 m < 18,00 m ∴ (OK!)

P_0 (x = 16,06) = P_i − w · Δp = 2.355,70 − 7,8133 · 16,06 = 2.230,22 kN

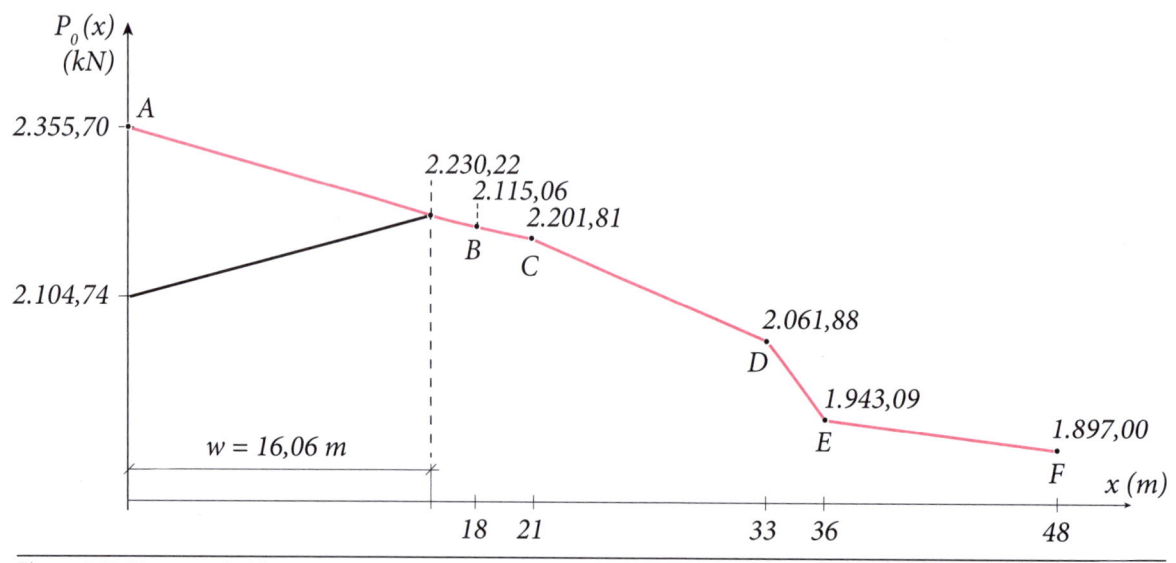

P_0 (x = 0) = P_i − 2 · w · Δp = 2.355,70 − 2 · 7,8133 · 16,06 = 2.104,74 kN

Figura 197: Diagrama P_0 (x) · x.

c) Alongamento Teórico do Cabo:

ℓ = 48,00 + 0,30 = 48,30 m

$\Delta \ell_x = (1 / E_p\, A_p) \int_0^x P_0(x)\, d_x$

Trecho	P_0 (médio)	$\Delta\ell$	P_0 (médio) · $\Delta\ell$
AB	2.235,38	18,30	40.907,45
BC	2.158,43	3,00	6.475,30
CD	2.131,84	12,00	25.582,14
DE	2.002,48	3,00	6.007,45
EF	1.920,04	12,00	23.040,54
			Σ = 102.012,88

$\Delta\ell$ total = [1 / 200.000 · $(10)^3$ · 16,80 · $(10)^{-4}$] · 10.2012,88 = 0,3036 m

$\Delta\ell$ total = 30,36 cm = 303,6 mm

∴ Alongamento unitário aproximado = 303,6 / 48,30 = 6,29 mm/m

6.4.3. EXERCÍCIO 3

A viga a seguir detalhada é protendida longitudinalmente com aderência posterior, com quatro cabos de 10ϕ15,2 mm, sendo solicitada, além da protensão, pelos seguintes esforços externos:

M_{g1} = 1.320 kN.m → momento fletor devido ao peso próprio

M_{g2} = 3.680 kN.m → momento fletor devido aos revestimentos

$M_{Q,máx}$ = 3.000 kN.m → devido às ações variáveis

Seção transversal

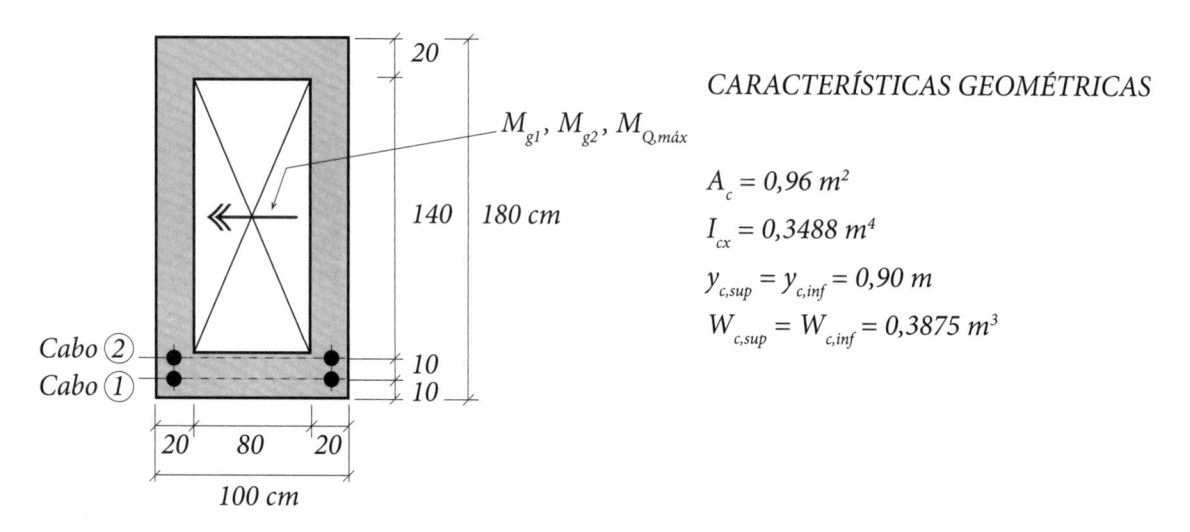

CARACTERÍSTICAS GEOMÉTRICAS

$A_c = 0{,}96 \ m^2$

$I_{cx} = 0{,}3488 \ m^4$

$y_{c,sup} = y_{c,inf} = 0{,}90 \ m$

$W_{c,sup} = W_{c,inf} = 0{,}3875 \ m^3$

Figura 198: Seção transversal.

Determinar as perdas de protensão no cabo ②, situado na 2ª camada, devidas à retração e fluência do concreto, sabendo-se que:

1) A força inicial aplicada em cada cabo foi: $P_i = -\ 2.048{,}20$ kN

2) A protensão dos 4 cabos é efetuada em uma única operação aos 21 dias (idades fictícias para a retração = 30 dias e para a fluência = 55 dias)

3) As forças de protensão atuantes na seção, descontadas as perdas imediatas, são as seguintes:

• cabo 1: $P_{01} = -1.800$ kN

• cabo 2: $P_{02} = -1.700$ kN

4) $\alpha = E_p / E_{c28} = 6{,}50$ com $E_p = 200.000$ MPa

5) Área de 1 cabo de 10ø15,2 mm = 14,0 cm²

6) Idades do concreto nos instantes da aplicação dos carregamentos:

   t = 21 dias: protensão + g_1 t = 30 dias (fictícia) para a retração

   t = 55 dias (fictícia) para a fluência

   t = 60 dias: carregamento g_2 t = 130 dias (fictícia) para a fluência

7) Coeficientes para retração e fluência:

   $\varepsilon_{cs}(\infty, 30) = -12{,}0 \cdot (10)^{-5}$

   $\phi(\infty, 55) = 1{,}88$

   $\phi(\infty, 130) = 1{,}42$

8) $\sigma_{p0} = P_0 / A_p$: tensão inicial no aço de protensão, descontadas as perdas imediatas, no instante da protensão (valor > 0)

9) Expressão para determinação das perdas por retração e fluência (tensão média):

$$\Delta\sigma_{p,c+s} = \frac{\varepsilon_{cs}(\infty, 30) \cdot E_p + \alpha \cdot \phi(\infty, 55) \cdot [\sigma_{c,p0} + \sigma_{cg1}] + \alpha \cdot \phi(\infty, 130) \cdot \sigma_{cg2}}{1 - \alpha \cdot [\sigma_{c,p0} + \sigma_{p0}] \cdot [1 + \phi(\infty, 55)/2]}$$

OBS.: *a expressão acima pode ser aplicada, com os devidos ajustes, para cada um dos dois tipos de cabos.*

10) Perda de força de protensão:

   $\Delta P_{\infty(c+s)} = \Delta\sigma_{p,c+s} \cdot A_p$

RESOLUÇÃO

a) Tensões provocadas pelos carregamentos permanentes na fibra adjacente ao cabo ②:

devido a g_1: $\sigma_{cg_1} = M_{g_1} \cdot y_{cabo\,2} / I_c = 1.320 \cdot (0{,}90 - 0{,}20) / 0{,}3488 = 2.649{,}08$ kPa

devido a g_2: $\sigma_{cg_2} = M_{g_2} \cdot y_{cabo\,2} / I_c = 3.680 \cdot 0{,}70 / 0{,}3488 = 7.385{,}32$ kPa

b) Tensões devidas à protensão, na posição do cabo ②:

$$\sum_{i=1}^{4} P_{0i} = 2 \cdot (-1.800 - 1.700) = -7.000 \text{ kN}$$

$$\sum_{i=1}^{4} P_{0i} \cdot e_{pi} = 2 \cdot (-1.800 \cdot 0,80 - 1.700 \cdot 0,70) = -5.260 \text{ kN.m}$$

$$\sigma^{(2)}_{c,p0} = -7.000 / 0,96 - 5.260 \cdot 0,7 / 0,3488 = -7.291,67 - 10.556,19 = -17.847,86 \text{ kPa}$$

c) Tensão σ_{p0} do cabo ②:

$$\sigma^{(2)}_{p0} = -1.700 / (14,0 \cdot 10^{-4}) = 1.214,3 \text{ MPa}$$

d) Cálculo das perdas:

Numerador

$$= -12,00 \cdot 10^{-5} \cdot 200.000.000 + 6,50 \cdot 1,88 \cdot (-17.847,86 + 2.649,08) + 6,50 \cdot 1,42 \cdot 7.385,32$$

$$= -24.000,00 - 185.729,09 + 68.166,50$$

$$= -141.562,59 \text{ kPa}$$

Denominador

$$= 1 - 6,50 \cdot (-17.847,86 / 1.214.300,00) \cdot (1 + 1,88 / 2) = 1,185$$

$$\Delta\sigma^{(2)}_{c,p_{c+s}} = -141.562,59 / 1,185 = -119.462,10 \text{ kPa}$$

e) Perda da força de protensão do cabo ②:

$$\Delta P^{(2)}_{\infty(c+s)} = \Delta\sigma^{(2)}_{c,p_{c+s}} \cdot A_p = -119.462,10 \cdot 14,0 \cdot 10^{-4} = -167,25 \text{ kN}$$

% de perda: $(167,25 / 1.700) \cdot 100 = 9,83\%$

Força após fluência e retração = $-(1.700 - 167,25) = -1.532,75$ kN

% de perda em relação a P_i: $[(2.048,20 - 1.532,75) / 2.048,20] \cdot 100 = 25,17\%$

Resposta: perda de 25,17%.

Referências Bibliográficas

ABNT – ASSOCIAÇÃO BRASILEIRA DE NORMAS TÉCNICAS. *NBR 6120:1980:* cargas para o cálculo de estruturas de edificações: procedimento. Rio de Janeiro, 1980.

ABNT – ASSOCIAÇÃO BRASILEIRA DE NORMAS TÉCNICAS. *NBR 6123:1988*: forças devidas ao vento em edificações. Rio de Janeiro, 1988.

ABNT – ASSOCIAÇÃO BRASILEIRA DE NORMAS TÉCNICAS. *NBR NM 67:1998*: concreto: determinação da consistência pelo abatimento do tronco de cone. Rio de Janeiro, 1998.

ABNT – ASSOCIAÇÃO BRASILEIRA DE NORMAS TÉCNICAS. *NBR 8681:2003*: ações e segurança nas estruturas: procedimento. Rio de Janeiro, 2003.

ABNT – ASSOCIAÇÃO BRASILEIRA DE NORMAS TÉCNICAS. *NBR 7482:2008*: fios de aço para estruturas de concreto protendido: especificação. Rio de Janeiro, 2008.

ABNT – ASSOCIAÇÃO BRASILEIRA DE NORMAS TÉCNICAS. *NBR 7483:2008*: cordoalhas de aço para estruturas de concreto protendido: especificação. Rio de Janeiro, 2008.

ABNT – ASSOCIAÇÃO BRASILEIRA DE NORMAS TÉCNICAS. *NBR 7484:2009*: barras, cordoalhas e fios de aço destinados a armaduras de protensão: método de ensaio de relaxação isotérmica. Rio de Janeiro, 2009.

ABNT – ASSOCIAÇÃO BRASILEIRA DE NORMAS TÉCNICAS. *NBR 6118:2014*: projeto de estruturas de concreto: procedimento. Rio de Janeiro, 2014.

ABNT – ASSOCIAÇÃO BRASILEIRA DE NORMAS TÉCNICAS. *NBR 8953:2015*: concreto para fins estruturais: classificação pela massa específica, por grupos de resistência e consistência. Rio de Janeiro, 2015.

ABNT – ASSOCIAÇÃO BRASILEIRA DE NORMAS TÉCNICAS. *NBR 8522:2017*: concreto: determinação dos módulos estáticos de elasticidade e de deformação à compressão. Rio de Janeiro, 2017.

Bibliografia recomendada

BUCHAIN, R. *Concreto protendido*: tração axial, simples e força cortante. Londrina: Eduel, 2007.

CAUDURO, E. L. *Manual para a boa execução de estruturas protendidas usando cordoalhas de aço engraxadas e plastificadas*. São Paulo: Belgo Bekaert Arames, 2002.

FUSCO, P. B. *Estruturas de concreto*: solicitações normais. Rio de Janeiro: Guanabar Dois, 1981.

LEONHARDT, F. *Construções de concreto*. Rio de Janeiro: Interciência, 1983. v. 5.

MEHTA, P. K.; MONTEIRO, P. J. M. *Concreto*: microestrutura, propriedades e materiais. São Paulo: Ibracon, 2008.

PFEIL, W. *Concreto protendido*. Rio de Janeiro: LTC, 1984. v.3.

VASCONCELOS, A. C. *Manual prático para a correta utilização dos aços no concreto protendido*. Belo Horizonte: LTC, 1980.